"十三五" 国家重点出版物出版规划项目

国家自然科学基金重点项目资助（项目编号：51534008）

SAFETY SCIENCE AND
ENGINEERING

新创理论安全模型

Newly Invented Theoretical Models
Applied to Safety and Security

◎吴超　黄浪　王秉　著

U0245448

机械工业出版社

CHINA MACHINE PRESS

本书共 8 章，主要内容包括：理论安全模型之建模理论、系统安全新模型、安全信息认知与传播新模型、安全大数据新模型、事故致因新模型、行为安全管理新模型、城市群公共安全资源共享新模型、安全文化新模型。本书中介绍的数十个理论安全模型均为近年作者的新创。

本书主要作为高等院校安全科学与工程类及相关专业的研究生教材，可作为"安全原理"等课程的教学参考书，也可供从事安全科学研究的专业人员学习参考。

图书在版编目（CIP）数据

新创理论安全模型／吴超，黄浪，王秉著 . —北京：机械工业出版社，2018.12

"十三五"国家重点出版物出版规划项目

ISBN 978-7-111-61394-7

Ⅰ . ①新… Ⅱ . ①吴… ②黄… ③王… Ⅲ . ①安全工程–工程模型 Ⅳ . ①X93

中国版本图书馆 CIP 数据核字（2018）第 261011 号

机械工业出版社（北京市百万庄大街22号 邮政编码100037）
策划编辑：冷 彬 责任编辑：冷 彬 刘 静
责任校对：刘雅娜 封面设计：张 静
责任印制：孙 炜
保定市中画美凯印刷有限公司印刷
2018 年 12 月第 1 版第 1 次印刷
184mm×260mm · 18.75 印张 · 522 千字
标准书号：ISBN 978-7-111-61394-7
定价：79.00 元

凡购本书，如有缺页、倒页、脱页，由本社发行部调换

电话服务 网络服务
服务咨询热线：010-88379833 机工官网：www.cmpbook.com
读者购书热线：010-88379649 机工官博：weibo.com/cmp1952
教育服务网：www.cmpedu.com
封面无防伪标均为盗版 金 书 网：www.golden-book.com

前　言

模型有很多种类，如数学模型、物理模型、结构模型、仿真模型等，而模型方法已成为人们认识世界、改造世界，使研究形式化、定量化、科学化的一种主要思考工具和研究手段。真正有价值的科学模型可以揭示一个学科的本质，展示一个学科的核心，并由它可以演绎和拓展成为一个学科体系，具有普适性和科学性。

科学模型可分为两类：一类是物质形式的，另一类是理论形式的。前者即实物模型，它成为人们观察、实验的直接对象，比较好懂；后者属于思维形式，它是客体的一种抽象化、理想化、理论化的形态，具体表现为抽象概念、逻辑模型和数学模型等，成为人们进行理论分析、推导和计算的对象。

同样，在安全科学领域，安全模型的种类也很多，可分为实体安全模型和理论安全模型。本书只关注理论安全模型。理论安全模型通常可以表达涉及安全的机理、机制、模式等，比如通过逻辑推导得到表示某一行为过程或生产过程各有关因素之间的关系。

理论安全模型是从理论出发、运用逻辑或数学等方法来表达的安全因素的关系，从科学原理层面来理解，理论安全模型应属于安全科学原理的内容。对于安全科学这类大交叉综合学科，如果按安全科学原理的发源领域分类，在研究安全科学原理过程中，部分安全科学原理是以安全的目的从系统中提炼和归纳出来的，这里称之为自安全科学原理（Self Safety Science Principle）；部分安全科学原理是以安全的目的从与安全交叉的学科中提炼和归纳出来的，这里称之为他安全科学原理（Other Safety Science Principle）。根据上述分类，理论安全模型属于前者，而且也可以说是安全科学原理的核心内容，因为它是源于安全科学自身的研究而诞生的。

安全科学属于典型的交叉综合学科和复杂性科学，无论从哪个视角划分的研究对象都具有复杂性特点，并最终回归到系统问题。对于一个难于直接着手研究的复杂客体，怎样着手研究，能不能顺利地进行研究，其关键常常在于能否针对所要研究的科学问题构建出一个合适的科学模型。

虽然安全科学与工程在我国已经成为一级学科，但学界还是存在对安全科学的科学性的质疑，缺乏富有安全科学特色的理论模型是其重要的原因之一。只有上升到理论模型构建层面，并且真正建立起属于自己的、富有安全科学特色的理论模型，安全科学才真正上升到科学层次，才能立足于科学之林。因此，能否建模和是否有成熟的安全科学理论模型，是衡量安全科学的科学性的重要标志。综合上述分析，开展理论安全建模基础性问题研究，具有重要的理论价值。

迄今，从检索得到的安全科学领域的理论安全模型有数百个之多，但由于安全系统的复杂性和多样性，现有的理论安全模型远远不能满足实际的需要，而且由于社会技术系统的不断演变和发展，新的复杂系统和新问题不断涌现，因此，理论安全模型不仅需要不断更新，而且需要与时俱进，甚至超前开展研究和构建新的理论安全模型。正是洞察到这一发展需求，本课题组近几年积极地投入到理论安全模型的创建研究中，并取得了丰硕的研究成果。

首先，从科学学的高度，对理论安全模型的建模思想进行了探索，构建了科学层面的安全概念、系统思维的理论安全建模范式、理论安全模型的建模方法论，预测了理论安全模型的建模发展趋势。在此基础上，从系统安全、安全信息认知与传播、安全大数据、事故致因、行为安全管理、城市群公共安全资源共享、安全文化等方面，构建了广义安全模型、系统安全韧性的理论模型、复杂系统安全信息不对称模型、基于安全信息处理与事件链的系统安全行为模型、安全信息认知通用模型、SI-SB 系统安全模型、安全教育信息传播模型、个体安全信息力概念模型、复杂安全系统降维理论模型、安全大数据共享模型、公共安全大数据资源共享模型、安全生产大数据的 5W2H 模型、信息流事故致因理论模型、多级安全信息不对称事故致因模型、重大事故的复杂链式演化模型、能量流系统致灾与防灾模型、风险感知偏差机理概念模型、工伤保险赔偿与心理创伤关联模型、行为安全管理元模型、个人不安全行为分类及其责任认定模型、人的双重安全态度理论模型、风险感知行为安全模型、城市群公共安全物资共享体系模型、城市群公共安全信息共享体系模型、城市群公共安全检验检测能力共享体系模型、安全文化系列新模型等数十个新的理论安全模型。

在上述研究成果的基础上，考虑到迄今国内还没有一部理论安全模型著作问世，作者觉得有必要将其汇总成一部新的专著，使之及时得到推广应用并填补安全科学领域的一个空白。由于本书没有编入过去已有的理论安全模型，故起名为《新创理论安全模型》。

本书除了采用吴超、黄浪和王秉三人撰写的 20 多篇相关论文外，还采纳了欧阳秋梅、杨冕、李思贤、黄玺、谢优贤、高开欣、贾楠、方胜明、张书莉、尹敏、涂思羽等多名已毕业或在读的研究生与第一作者合作发表的 10 多篇论文，欧阳秋梅协助了本书第 4 章的撰写，杨冕协助了本书第 2.3 节和第 2.5 节的撰写，在此一并表示衷心感谢。本书内容的研究和出版得到了国家自然科学基金重点项目（项目编号：51534008）的资助，在此也特别表示感谢。

由于作者学术水平有限，文中难免有疏漏和不妥之处，恳请大家批评指正。

著　者

目　录

第1章

理论安全模型之建模理论

1.1 | 科学层面的安全概念及其系列推论模型

【本节提要】

为给出科学层面的安全定义，在全面考察并分析现有安全定义的基础上，以重点突出人是安全概念的本质与核心为导向，基于安全科学高度和刘潜提出的安全定义，给出科学层面的安全定义是："安全是指一定时空内理性人的身心免受外界危害的状态。"基于此，分析新的安全定义的内涵与外延，并运用严谨的逻辑工具，推导出其他安全科学基础概念的定义。

定义是对一种事物的本质特征或一个概念的内涵和外延确切而简要的说明。一个学科具有科学性的元定义可揭示学科的本质，彰显学科的核心，并能演绎出该学科的体系，意义十分重大。但定义在不同学科中的重要性并非一样，定义的唯一性越高，其重要性越强。安全学科属于大交叉综合学科，安全科学研究者可基于不同视角阐释同一定义，导致学科定义的唯一性不高，统一定义的难度极大，即使是"安全"的定义，学界至今仍未明确和统一，且争议颇多。鉴于安全科学的理论研究源于对"安全"一词的定义，若此元概念都不确切或是不一致，即可视为安全科学无根基，安全科学理论更是无法统一。因此，继续探讨并给出科学层面的安全元定义极为重要。

本节内容主要选自本书作者发表的研究论文《科学层面的安全定义及其内涵、外延与推论》[1]。

1.1.1 现有安全定义评述

千百年来，国内外研究者对"安全"下了较多定义，对其梳理，可以概括出两个层面：

（1）社会层面的安全定义。古代历史上虽然已有诸多涉及安全的概念，但均不属于科学层面的安全定义的范畴。发展到近代，20 世纪 70 年代以前，社会安全概念主要与国家相联，而威胁的形式则来自于军事、政治、环境等方面，安全研究涵盖社会安全、经济安全、政治安全、军事安全和环境安全等，贯穿全球安全、国家安全、民族安全和个体安全等。此类定义有利于拓宽安全理论的视角，但它以安全所涉及的宏领域为主要关注对象，难以深入安全概念的本质与核心。

（2）生活和生产层面的安全定义。古代历史上涉及生活安全的概念很多，但都不是作为定义使用的。直到近代工业革命以来，国际上在生产作业等领域中提出的安全定义才慢慢增多。半个多世纪以来，我国安全科技工作者在参考国际上有关安全定义的基础上，也给出了不少安全定义。概括起来，我国安全工程领域的学者对安全概念的理解主要有五种类型：一是认为安全就是没有危险的客观状态，主要依据是《现代汉语词典》（第7版）对"安全"的解释，即"没有危险；平安"；二是认为安全是将系统的损害控制在人类可接受水平的状态，即免除了不可接受的损害风险的状态；三是认为安全是一种没有引起死亡、伤害、职业病或财产、设备的损坏或环境破坏的条件；四是认为安全是具有特定功能或属性的事物免遭非期望损害的现象；五是认为安全是人们能够接受的最低风险。其中，第二种类型得到较多的认同。以上定义或从反面定义安全，或借助其他概念表述安全，易于理解，在学科的理论传播中发挥了重要作用，遗憾的是，这些定义均未指明安全科学以人为本的实质。

无论是从社会层面还是生活和生产安全层面提出的安全定义，它们共同的缺点是看不出安全概念的核心是人，内容缺少心理安全或心理伤害的比重，体现不出科学性和普适性，因此这些定义无法演绎出更多的外延乃至整个安全学科体系。如果坚持以人为本的核心理念，则物质安全必然处于人的安全之下。我国安全界的前辈之一刘潜给出的安全定义比较具有科学性和普适性。刘潜将安全定义为："安全是人的身心免受外界因素危害的存在状态（或称健康状况）及其保障条件。"[2]该定义特征显著，有别于其他定义，更重要的是该定义能够表达安全的内涵并有可能演绎出安全的外延及安全学科的体系。刘潜本人对该定义曾做过多次改动，但还需要对该定义做进一步完善，如该定义对人和时空都未限定，一句话中还用了括号加以说明，"存在状态"已包含了其"保障条件"；另外对"安全"一词下定义之后，并没有做更系统的深入诠释。

1.1.2 安全新定义的内涵

基于上述分析，把刘潜的定义修改为："安全是指一定时空内理性人的身心免受外界危害的状态（Safety is an existence condition that rational person's body and mind are not harmed by external factors in a certain time and space）。"新定义的内涵包括：

（1）新的安全定义对时间和空间进行了限定。不同时期、不同地区、不同国家对安全状态的认同度有很大的不同，没有时空的限定谈安全将会产生混乱。在新的安全定义中加入"一定时空"表明安全是随时空的迁移而变化的。

（2）新的安全定义强调安全以人为本。定义中用理性人是为了表达安全是以绝大多数正常人为本，如果安全是以极少数非正常人为本，那就失去了安全的大众意义。由此也可以推断，个别非正常人和正常人在非理性状态时，均不属于安全定义中所指的理性人。另外，定义中没有将物质与人并列是基于物质是在人之下的东西，也就是说任何有形和无形的物质均是在人的安全之下的。

（3）新的安全定义指出人受到的危害一定是来自外界，把安全与人自身的生老病死区别开来。人自身的生老病死不是安全科学的课题，而是医学和生命科学等学科的课题，这一点也把安全科学与医学和生命科学区别开来。若一个人完全没有受到外界危害而自认为很不安全，则这类人属于非正常人（例如精神病人）。

（4）新的安全定义指出人受到外界因素的危害可分为三类：一是身体受到危害，对身体的伤害一般与人的距离较近，而且是较短时间的，身体的伤害痊愈后，还可能留下心理创伤；二是心理受到危害，对心理的伤害可以与人的距离很远，而且可能是长期连续的伤害；三是两种危害的同时作用与交互作用。由此推断，仅仅注意到人的身体危害是不科学的，心理危害有时更加突出。

（5）有价值物质的损失必然是人不希望看到的现象，物质损失对人的危害可归属为对人心理和生理的伤害。因此，新的安全定义间接反映了物质损失的危害情况。有价值的非物质文化损失和精神摧残等同样是对人的一种伤害，理应归属于对人心理的伤害，在新的安全定义中也可以表达出来。

（6）"外界"是指人-物-环、社会、制度、文化、生物、自然灾害、恐怖活动等各种有形无形的事物，因此新的安全定义可以涵盖大安全的问题；同时也表达了人的安全一定是与外界因素联系在一起的，不能孤立地谈安全。由此可以推断，安全实际上一定存在于一个系统之中，讨论安全需要以系统为背景，需要具有系统观。

（7）"人的身心免受外界危害"自然包括了职业健康或职业卫生问题，即新的安全定义包含了职业健康或职业卫生，不需要像其他安全定义一样对职业健康或职业卫生做专门注解。

（8）由新的安全定义可看出，安全科学的研究对象是关于保障人的身心免受外界危害的基本规律及其应用。

1.1.3　安全新定义的外延

（1）新的安全定义可指明"降低外界因素对人的危害程度"的三条主要途径：①从免受外界因素对"身"的危害出发防控外界的不利因素，这类因素主要是物因所致，包括自然物和人造物，其控制主要靠与安全有关的自然科学技术；②从免受外界因素对"心"的不利影响出发防控外界的不利因素，若仅是人的因素，则更多依靠与安全相关的社会科学来解决；③上述两类问题的复合和交互作用，这类因素更加复杂，包括人的因素和物的因素及二者的复合作用，需依靠与安全有关的自然科学和社会科学的综合作用才能解决。上述三条防控途径又可进一步用于建立安全模型，并构建安全学科体系。

（2）外界对"身"的危害往往有时空限制，只要脱离特定的时空范围就可避开。从免受外界因素对"身"的危害出发，需研究构筑各类安全保障的条件，包括自然和人为灾害的防范，确保系统内人的安全；同时也需对人进行安全教育，使人自身有安全意识、知识和技能等，能够辨识外界危险因素或有效应对各种伤害。

（3）外界对"心"的危害是没有时空限制的，可随时随地长时间影响或伤害个体或群体。若从避免外界因素对"心"的伤害出发，这需涉及政治稳定、社会和谐、文化繁荣、气候宜人、防灾减灾和保险机制健全、个人物质财产无损等宏观层面的问题，同时也涉及人自身安全观念、安全心理和安全文化素养等内容。

（4）外界对人的危害更多情况是对"身"和"心"同时造成伤害或交互造成伤害。上述（2）和（3）中所阐述的保障"身"与"心"免受伤害的所有内容应当同时进行，由此看出，安全学科无疑是涉及广泛的综合学科。

（5）如果用一个数值来表达系统在某一时空的安全状态，那么这个数值一定是个平均值，是大多数理性人所感知的安全数值的平均值。既然是平均值，那么每一个具体的理性人认为安全的数值一定与平均值有偏差，但偏差必须限定在允许的范围内，此时系统的安全标准趋于一致。

（6）理论而言，若某个体认为的安全数值与平均值有较大偏差，就可将此个体归属为非正常人，由此也可照此原则辨识过于小心谨慎的人或过于放纵冒险的人，可对人群进行分类和界定。若系统中部分个体认为的安全数值远远超出平均安全数值，则此系统的安全标准很难趋于一致。

（7）系统中存在过于小心谨慎的人或是过于放纵冒险的人，对系统的经济可靠运行都是不利的。这类人越多，系统就越不安全可靠，或者说系统越危险。为保障系统安全可靠，可将这类偏离安全允许数值的个体（或构成的群体）作为安全管理的重点对象。具体解决办法有：①把这类人剔出系统，使系统内人群的安全标准趋于一致，这是简单可靠的方法，但由于安全人性决定了正常人在不同时空里也会变成非正常人甚至变成恐怖分子，因此这种方法实际上是一种理想化且不太可行的方法；②纠正这类人的安全认知偏差，这需用到多种方式方法，实施过程比较困难。

（8）按照新的安全定义，借助逻辑工具，可构建安全模型，进而构建安全学科体系，形成安全学科的研究方向，促进安全专业学科的建设和开展安全科学研究，也可指导具体系统的安全管理等工作。

1.1.4 安全新定义的推论

（1）根据新的安全定义及相关定义，可以推论出一系列安全科学的基础定义及其逻辑表达，见表1-1。

表1-1 由新的安全定义推论而来的安全科学基础定义及其逻辑表达

编号	概　念	定　义	逻 辑 表 达
1	危害 L	危害是指一定时空内理性人的身心受到外界损害的状态	$L = f(x_1, x_2)$ x_1——人身伤亡；x_2——心理创伤
2	安全 S	安全是指一定时空内理性人的身心免受外界危害的状态	$S = \{x \mid x \in L, L \leq 0\}$ x 包括 x_1 和 x_2
3	危险 D_1	危险是指一定时空内理性人的身心可能受到外界危害的状态	$D_1 = kL,\ 0 < k < 1$ k——危害的程度
4	风险 R	风险是指一定时空内理性人的身心受到外界危害的可能性 P_L 及其严重度 C_L	$R = P_L C_L$
5	事故 A	事故是指一定时空内理性人的身心已经受到外界危害的结果	$x \in A \mapsto \forall x : L(x)$
6	隐患 D_2	隐患是可能造成一定时空内理性人身心危害的外界因素	$D_2 = \{x_1, x_2, \cdots, x_n\}, L \subsetneqq D_1$
7	危险源 H	危险源是确定能够造成一定时空内理性人身心危害的外界因素	$x \in H \mapsto \forall x : D_1(x)$
8	重大危险源 BH	重大危险源是在特定时空里存在着确定的可以使人的身心受到重大危害的外界因素	$x \in BH \mapsto \forall x : D_1(x),\ R > k_0$ k_0——临界值

按以上例子类推，还可以推论出更多的安全学科新定义或新概念，由表1-1可以看出，新的安全定义威力很大，便于用其描述安全科学中其他的定义，而且具有逻辑性，可以运用逻辑工具进行表达。

（2）根据新的安全定义，可以对安全学科中各分支学科的概念进行定义，例如，"安全教育学"是以保障一定时空内理性人的身心免受外界危害为目标的教育学。通用的定义表达为"安全 X 是以保障一定时空内理性人的身心免受外界危害为目标的 X"，其中 X 的取值如下：

$$X = \begin{bmatrix} 技术 & 科学 & 人性 & 人性学 & 法规 & \cdots & 法学 \\ 工程 & 系统学 & 心理 & 心理学 & 管理 & \cdots & 管理学 \\ 观念 & 哲学 & 行为 & 行为学 & 经济 & \cdots & 经济学 \\ \vdots & \vdots & \vdots & \vdots & \vdots & & \vdots \\ 伦理 & 伦理学 & 教育 & 教育学 & 文化 & \cdots & 文化学 \end{bmatrix} \quad (1\text{-}1)$$

（3）根据新的安全定义，可以推论出各行业安全术语的定义，例如，"农业安全"是指人们在从事农业活动时，其身心免受外界危害的状态。通用的定义表达为"Y 安全是指人们在从事 Y 活动时，其身心免受外界危害的状态"，需补充说明的是"Y 活动的工艺技术装备安全应主要归属于 Y 技术"，例如，农业活动的工艺技术装备安全应主要归属于农业技术，商业活动的金融安全应主要归属于金融财务。其中 Y 的取值如下：

$$Y = \begin{bmatrix} 职业 & 生产 & 工业 & 化工 & 矿业 & \cdots & 冶金 \\ \vdots & \vdots & \vdots & \vdots & \vdots & & \vdots \\ 建筑 & 农业 & 交通 & 商业 & 信息 & \cdots & 互联网 \end{bmatrix} \tag{1-2}$$

（4）根据新的安全定义，可以推论出各类行业安全科学术语的定义，例如，"农业安全科学"是在农业活动中保障人的身心免受外界危害的基本规律及其构成的知识体系。通用的定义表达为"Z 安全科学是在 Z 活动中保障人的身心免受外界危害的基本规律及其构成的知识体系"，其中 Z 的取值如下：

$$Z = \begin{bmatrix} 职业 & 生产 & 工业 & 农业 & 商业 & 交通 & 信息 & 网络 & \cdots \end{bmatrix} \tag{1-3}$$

（5）根据新的安全定义，还可以推论出安全科学原理的内涵。原理是自然科学和社会科学中具有普遍意义的基本规律，是在大量观察、实践的基础上，经过归纳、概括而得出的结论，既能指导实践，又必须接受实践的检验。因此，安全科学原理是使人的身心免受外界危害的具有普遍意义的基本规律。第一，研究"人的身心免受危害"所总结出的普遍性规律可称为安全生命科学原理；第二，外界因素主要包括自然因素、技术因素和社会因素（将自然因素和技术因素分开是由于考虑到"天然"和"人工"的差异性），因此研究避免外界因素的危害所总结出的普遍性规律可分别称为安全自然科学原理、安全技术科学原理及安全社会科学原理；第三，人的身心免受外界因素的危害构成了涉及上述生命、自然、技术、社会四个因素的系统，从系统角度研究保障人的身心免受外界危害所得到的普遍性规律称为安全系统科学原理。综上，安全科学原理包括了安全生命科学原理、安全自然科学原理、安全技术科学原理、安全社会科学原理和安全系统科学原理。

若将以上推论绘制成树状逻辑图的形式，可以更直观地感受到新的安全定义的强大演绎力量，如图 1-1 所示。

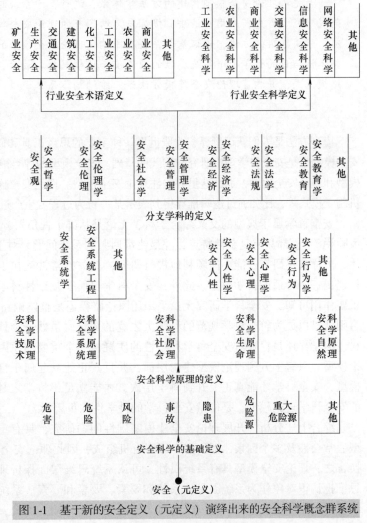

图 1-1　基于新的安全定义（元定义）演绎出来的安全科学概念群系统

1.1.5　结论

（1）安全是一定时空内理性人的身心免受外界危害的状态。物质安全是处于人的安全之下的，物质损失实际上对人造成心理和生理伤害。新的安全定义更加突出了人是安全概念的本质与核心，具有科学性和普适性，其内涵和外延十分丰富，可以衍生出许多重要的安全科学基本定义或概念，具有重大意义。

（2）新的安全定义与现有其他安全定义的重要区别和最大优势是：借助数理逻辑工具，可以从新的安全定义推理演绎整个安全科学的概念群，从而构建出安全科学的学科体系，为开展安全学科建设提供指导，这是现有其他安全定义所不能实现的。

1.2　系统思维的理论安全建模思想与范式

【本节提要】

为完善理论安全模型构建的方法学体系，进行基于系统思维的安全科学理论建模思想与范式研究。首先，采用归纳法，提炼与总结已有的理论安全模型常见的构建思路和分类。其次，采用思辨的方法，论证基于系统思维构建理论安全模型的必要性与可行性，并论述基于整体性与目的性等七个系统属性的理论安全建模思想。最后，分析基于系统思想的理论安全建模范式，并构建理论安全建模方法论三维结构体系。

模型方法是人们认识世界、改造世界一种主要的思考工具和研究手段。同样，在安全科学领域，安全模型也是安全科学理论研究与实践的基础。安全模型的种类很多，如果将安全模型分为实体安全模型和理论安全模型，那么这里只关注理论安全模型。理论安全模型通常可以表达涉及安全的机理、机制、模式等，比如通过逻辑推导得到表示某一行为过程或生产过程各有关因素之间的关系。

安全科学属于典型的交叉综合学科，无论是从哪个视角划分的研究对象（如安全说、事故说、风险说等），都具有复杂性特点，并最终都回归到系统问题。对于一个难于直接着手研究的复杂客体，怎样着手研究，能不能顺利地进行研究，其关键常常就在于能不能针对所要研究的科学问题构建出一个合适的科学模型。此外，安全科学也属于复杂性科学。根据模型方法对复杂性科学的重要作用可知，安全科学研究无论采用还原论路径还是整体论路径，都不能停留在隐喻的层面上，否则就难以成为符合科学规范的科学大家庭的成员。虽然安全科学与工程在我国已经成为一级学科，但学界还是存在对安全科学科学性的质疑，一个重要的原因就是缺乏富有安全科学特色的理论模型。只有上升到理论模型建构层面，并且真正建立起属于自己的、富有安全科学特色的理论模型，安全科学才能真正上升到科学层次，才能立足于科学之林。总之，能否建模和有没有成熟的安全科学理论模型，是衡量安全科学的科学性的重要标志。

综合上述分析，开展理论安全建模基础性问题研究，具有重要的理论价值。由于理论安全模型通常会涉及多个因素，即由多个因素有机组成，因此理论安全模型都可以说是表达了一个系统。换言之，理论安全模型具有系统属性，可从系统思维层面探析理论安全建模的方法学问题。系统思维把认识对象作为系统，是从系统和要素、要素和要素、系统和环境的相互联系、相互作用中综合地考察安全现象的一种安全思维方法，强调整体观。因此，从安全科学学的高度，从研究视角，在梳理现有理论安全模型常见构建思路和分类的基础上，分析基于系统思维的理论安全建模思想与范式，并进行实践分析，以期从更高、更系统的层面为理论安全建模奠定方法学基础。

1.2.1 已有理论安全模型常见的建模思路梳理

文献［3］综述了120多种道路安全模型。实际上世界现有的理论安全模型数不胜数。不同的学者根据不同的研究领域、不同的研究目的，基于自身的安全知识结构和安全理论体系的理解，在构建安全模型时通常会有不同的建模思路。最典型的思路有：①从事故出发，以系统事故预防为主线的逆向构建路径，构建安全界人士很熟悉的事故致因模型；②从未形成事故的风险或隐患出发，并以系统风险控制为主线的中间构建路径，构建风险管理模型；③从本原安全开始，并以系统安全为主线的正向构建路径，构建人机环管等组成的系统安全综合模型；④单点致因的"点形"构建路径、线性致因的"线形"构建路径、交叉性致因的"面形"构建路径和系统性致因的"体形"构建路径；等等。已有理论安全模型建模思路分类及实例见表1-2。

表 1-2 已有理论安全建模思路分类及实例

序号	建模思路分类标准	分类实例
1	基于模型性质	概念安全模型、框图安全模型、逻辑安全模型、符号安全模型、数学安全模型，等等
2	基于模型的学科层次	上游（哲学层面的学科基础理论）安全模型、中游（学科层面的应用基础）安全模型、下游（应用层面）安全模型，等等
3	基于模型的通用性	普适性理论安全模型、一般性理论安全模型、有限性理论安全模型，等等
4	基于模型的科学性	理论的安全模型、经验的安全模型、半理论半经验的安全模型，等等
5	基于模型的应用领域	按具体应用范围分：作业单元、车间、工厂、某工程等；按行业分：矿业、冶金、土木、交通等；等等
6	基于模型的量化程度	定性分析理论安全模型、定量分析理论安全模型、半定性定量理论安全模型，等等
7	基于模型的静动状态	静态理论安全模型、动态理论安全模型、突变的理论安全模型，等等
8	基于模型的连接形式	串联理论安全模型、并联理论安全模型、复杂连接理论安全模型，等等
9	基于模型的线性非线性	线性理论安全模型、非线性理论安全模型、高阶的理论安全模型，等等
10	基于模型的维度	一维理论安全模型、二维理论安全模型、三维理论安全模型、四维理论安全模型、多维理论安全模型，等等
11	基于模型的知识领域	自然科学的理论安全模型、社会科学的理论安全模型、技术科学的理论安全模型、生命科学的理论安全模型、系统科学的理论安全模型，等等
12	基于模型的要素	人的理论安全模型、机的理论安全模型、环的理论安全模型、管的理论安全模型、复合的理论安全模型，等等
13	基于模型的尺度	微观的理论安全模型、中观的理论安全模型、宏观的理论安全模型，等等
14	基于模型的形状	多米诺骨牌安全模型、奶酪安全模型、蝴蝶安全模型、链安全模型、网安全模型、屏障安全模型，等等
15	基于模型的时间	过去式的理论安全模型、现在式的理论安全模型、将来式的理论安全模型，等等
16	基于模型的能动性	主动的理论安全模型、被动的理论安全模型，等等
17	基于模型的可视化程度	显性的理论安全模型、隐性的理论安全模型，等等
18	基于人的行为	个人行为理论安全模型、群体行为理论安全模型、内隐行为安全模型、外显行为安全模型，等等
19	基于组织行为	宏观组织行为安全模型、中观组织行为安全模型、微观组织行为安全模型，等等
…	…	…

需指出的是，表1-2所归纳的现有建模思路本质上也体现了系统思维，例如，"基于模型性

质"的建模思路,其概念、框图、逻辑、符号、数学等模型类型的划分就是自成体系的,而且这些建模思路也取得了非常有价值的应用效果。但是这些建模思路并没有把系统思维提高到应有的高度,也没有相关的系统梳理和论述。因此,即将提出的基于系统思维的理论安全建模思想与现有的建模思路并不冲突,而且可以用于指导各种理论安全模型的建模思维方式,并与之互相补充和配合。现有的建模思路可为基于系统思维的建模思路提供实践经验,基于系统思维的建模思路可丰富和完善现有的建模思路。

1.2.2 基于系统思维的理论安全建模思想

1. 基于系统思维构建理论安全模型的必要性与可行性论证

从以下三方面充分论证基于系统思维构建理论安全模型的必要性与可行性:

(1) 从系统思维构建理论安全模型在安全科学理论研究中的关键作用来看,理论安全模型是安全科学理论体系的基石。安全系统科学原理是安全科学原理和系统安全原理的核心,而安全系统思维是安全科学原理的核心思想,安全系统科学是安全科学学科的主体。此外,系统思维也是交叉学科研究的方法论基础。由此推知,系统思维在安全科学理论研究中具有科学核心作用,进一步推知,理论安全模型也必须体现系统思想。

(2) 从构建理论安全模型需解决和需面对的实际安全现象来看(此处用"安全现象"代替常用的"安全问题",因为安全现象还包括了积极的一面,而安全问题只是反映现实中消极的一面),安全现象总是发生于特定时空的系统,而任何一种安全现象背后都隐藏着千丝万缕的复杂关联,并且随着社会-技术系统复杂性和耦合性的提高,所要研究的系统安全现象的时空属性和综合属性也快速提高,更需要用系统思维去解决和面对系统安全现象。

(3) 从理论安全模型自身属性来看,由于理论安全模型通常会涉及多个因素,即由多个因素组成,因此理论安全模型都可以说是表达了一个系统。换言之,理论安全模型具有系统属性。既然理论安全模型是一个系统,则建立的每个理论安全模型都要考虑或都具有系统的这些属性,如整体性、目的性、相关性(包含反馈性、有序性)、动态性、涌现性(包含创新性、预见性)、实践性、开放性等,反过来,理论安全模型也可以根据系统的特性来创建。

更重要的是,上述系统属性分析也为基于系统思维的理论安全建模提供了具体的、可操作的实施路径。因此,可将基于系统思维的理论安全建模思想归纳为:系统整体性思想、目的性思想、相关性思想、动态性思想、实践性思想、人因思想和涌现性思想。而开放性是客观存在的,任何子系统安全都没有绝对的边界,也不是完全孤立存在的。

2. 基于系统思维的理论安全建模"七思想"

(1) 由系统整体性思想创建理论安全模型。要创建一个表达系统整体性的理论安全模型,首先需要对系统做一个普适性的分析。从辩证唯物主义观点来看,客观世界的事物都是普遍联系的。能够反映和概括客观事故普遍联系这个实际和本质特征最基本和最重要的概念就是系统。所谓系统是指由一些相互联系、相互作用、相互影响的组成部分构成并具有某些功能的整体。这样定义的系统在客观世界是普遍存在的。客观世界包括自然、社会和人本身。

从人本出发,现代社会系统的构成可归为三类要素:①人(人以外的动物当作物质);②自然,即自然界基本要素:物质、能量、信息;③社会,即由人缔造的各类有形和无形的人造系统及其社会关系。具体解析如下:①人是任何系统的直接或间接设计或操控者,也是任何系统的直接或间接的受益者或受害者,因此,在理论安全模型的创建中,人因是不可遗漏的主体要素。②由于自然界组成的系统中最基本的要素是物质、能量和信息,因此,整体性的理论安全模型离不开上述三要素。③马克思说,人的本质是一切社会关系的总和。人类所处的整个社会系统中各种复杂的行为和关系都是由人类所为的，这些复杂行为和关系主要有组织行为、经济行为、文化行为、教育行为等。还要指出的是，信息既是自然界的组成要素，又是人、自然界和人造世界及各种社会关系的表征，具有普遍关联性。

（2）由系统目的性思想创建理论安全模型。创建任何理论安全模型都需要有目的性，这也体现系统的属性。理论安全模型的目的性可以有很多种分类方式，如：①按照模型应用的目的分，如事故致因模型、安全管理模型、安全分析模型、安全评价模型、安全预测模型、安全决策模型、安全促进模型等；②按照应用的场合分，如各种工种的安全模型、各种生产工艺过程的安全模型、各种行业的安全模型；③按照应用时态分，如解决过去时问题（事故统计等）的安全模型、解决当下问题（现在需要的）的安全模型、解决未来问题（安全预测等）的安全模型；等等。

（3）由系统相关性思想创建理论安全模型。理论安全模型中的各要素都是相互关联的，这类关联从逻辑关系上可以分为数理逻辑、顺序逻辑、推理逻辑等。

1）数理逻辑，如力学、集合论、模型论、证明论、递归论等。

2）顺序逻辑，如由一般到特殊、由特殊到一般，由抽象到具体、由具体到抽象，由主要到次要、由次要到主要，由现象到本质、由本质到现象，由原因到结果、由结果到原因，由概念到应用、由应用到概念，由理论到实践、由实践到理论，由直接到间接、由间接到直接，由大到小、由小到大（空间逻辑），由里到外、由外到内（层次逻辑），由低梯度到高梯度、由高梯度到低梯度（梯度逻辑），正向到逆向等。

3）推理逻辑，如演绎、归纳、类比、相似等，还有线性推理、条件推理等。

此外，按照理论安全模型中各要素的关联形式可以分为：一维关联、二维关联、三维关联、高维关联；流的关联、场的关联、立体的关联、复杂关联等。

（4）由系统动态性思想创建理论安全模型。根据系统演化论，系统层级结构与相应功能在时间和空间中是不断涌现与演化的，系统状态（或性质）在时空中生灭、平衡、稳定、运动、传递、相变、转化、适应、进化、分化与组合、自组织与选择性随机演化等规律决定系统安全是动态的。因此，可根据系统的动态属性构建理论安全模型，进而体现理论安全模型动态特征，具体形式有：①时间序列形式，如作业分析、时间分析、动作分析、过程分析、流动分析、链式反应、多米诺骨牌效应等；②加速度形式，如运动加减速、旋转加减速等；③由失控、损失、破坏等表达动态性；④由变化、恶化、好转、反馈等表达动态性。

（5）由系统实践性思想创建理论安全模型。根据系统实践论，人类任何具体实践活动都属于系统问题，因而离不开系统实践思想的指导。因此，理论安全模型需要反映实际并用于实践。反过来根据大量实践经验也可以建立理论安全模型。例如，根据大量事故统计规律建立理论安全模型（如海因里希（H. W. Heinrich）提出的冰山模型），根据大量安全典范特征规律建立理论安全模型，根据经验类比建立理论安全模型，等等。

（6）由系统人因思想创建理论安全模型。人可以是系统安全失效的受害者，更可以是系统安全的设计者。因此，可根据系统人因思想，以人因特性为切入点创建理论安全模型：

1）人的感觉器官具有同认识直接联系的高度检测能力，没有固定的标准值且易产生飘移，具有味觉、嗅觉和触觉等。

2）人的操作器官，特别是手具有非常多的自由度，并且各自由度能够极其巧妙地协调控制，可做多种运动。来自视觉、听觉、变位和重量的感觉等高级信息被完美地反射到操作器官的控制，从而使人进行高级的运动。

3）人的认识、思维和判断具有发现、归纳特征的本领，人具有认识、联想和发明创造等高级思维活动，具有丰富的记忆、高度的经验，通过教育、训练能够适应处理多方面问题。

4）人必须适当地休息、休养、保健和娱乐，难以长时间地维持一定的紧张程度，不宜做缺乏刺激及无用的单调作业。

5）在突然紧急状态下，人完全不能应付的可能性很大。例如，作业因意欲、责任心、体质或精神上的健康情况等心理或生理条件而变化；易于出现意外的差错；不仅在个性上有差别，而且在经验上也不相同，并且能影响他人；若时间富裕、精力充沛，则处理预想之外的事情也就多。

6）和人之间的联络容易，人与人之间关系的管理很重要。

7）人相当于一台轻小型的机器；人必须饮食，必须进行教育和训练，对于安全必须采取万无一失的处置；除了工资之外，必须考虑福利、卫生和家属等。

8）意外时可能失去生命。

9）人具有独特的欲望，希望被人重视；必须生活在社会之中，不然由于孤独感、疏远感就会影响工作能力；个体之间差别大；人需要尊严和有人道主义。

（7）由系统涌现性思想创建理论安全模型。系统思想中最简单和基本的思想是系统的结构与环境共同决定系统的功能。当然，系统功能反过来也会影响其结构和环境，它们往往是相互影响的双向关系。系统环境包括自然环境与社会环境，系统结构包括物理结构与信息结构，不同时空尺度和层次结构一般对应不同的模式和功能。系统功能一般不能还原为其不同组分自身功能的简单相加，故称之为涌现（Emergence），它一般是在时间与空间中演化的。进一步，在给定环境条件下，系统的结构可以唯一决定功能，但反之则不然。换言之，涌现性可以使新建立的系统出现类似"$1+1>2$"和"$1+1<2$"的现象。对于安全系统也是如此，人们希望新设计的安全系统的可靠性比系统中单一要素发挥的作用更大或寿命更长。综合系统的多种特征建模，可以使创建的新的理论安全模型所表达的机制和原理更具科学性与新颖性，并附带出更多的额外和想不到的功能及创新效应或预见性。

综合上述分析，基于系统思维的理论安全建模思想及其实例归纳见表1-3。

表1-3　基于系统思维的理论安全建模思想及其实例

理论安全模型的建模思想	侧重系统整体性的建模思想（I）	侧重系统建模目的性的建模思想（G）	侧重系统相关性的建模思想（C）	侧重系统动态性的建模思想（D）	侧重系统实践性建模思想（P）	侧重系统人因的建模思想（H）	侧重系统涌现性的建模思想（E）
模型体现系统特征	体现整体性	体现目的性	体现相关性	体现动态性	体现实践性	体现人本特性	体现涌现性
模型内涵举例说明	人物质、能量、信息安全行为安全经济安全文化安全教育…	事故致因安全管理安全分析安全评价安全决策安全预测…	数理逻辑、顺序逻辑、推理逻辑、三段逻辑等流、场、空间、高维…	时间序列加速度失控、损失变化反馈…	事故统计安全典范经验类比…	无意失误、有意破坏生理伤害、心理伤害财产损失、人员损失…	正涌现性负涌现性零涌现性…
模型表达例子	标准化体系模型ISO系列标准…	目标管理模型人因事故模型…	FTA模型故障模式及影响分析（FMEA）模型…	多米诺骨牌模型流变-突变（R-M）模型…	海因里希模型瑞士奶酪模型…	人失误原因分类模型认知可靠性和失误分析模型…	氛围效应模型基于系统理论的事故致因与流程模型…

1.2.3　基于建模思想的建模方法论三维结构

1. 基于系统思想的理论安全建模范式

为了直观和简单明了表达各种基于不同建模思想构成的理论安全模型，可选用矩阵形式来进行表征：

（1）设系统整体性思想表达为 I，则 $I = \{I_i\} = \{$人；物质，能量，信息；人造系统及其社会关系$\}$

（2）设系统目的性思想表达为 G，则 $G = \{G_i\} = \{$应用目的；应用场合；…；应用时态$\}$

$G_1 = \{$应用目的$\} = \{$事故致因，安全管理，安全分析，安全评价，安全决策，安全预测，…，安全促进$\}$

$G_2 = \{$应用场合$\} = \{$工种，工艺，…，行业$\}$

$G_3 = \{$应用时态$\} = \{$过去问题，当下问题，…，未来问题$\}$

（3）设系统相关性思想表达为 C，则 $C = \{C_i\} = \{$数理逻辑；顺序逻辑；…；推理逻辑$\}$

$C_1 = \{$数理逻辑$\} = \{$力学，集合，模型，证明，…，递归$\}$

$C_2 = \{$顺序逻辑$\} = \{$由一般到特殊，由抽象到具体，由主要到次要，由现象到本质，由原因到结果，由概念到应用，由理论到实践，由直接到间接，由大到小，由里到外，由低梯度到高梯度，…，由正向到逆向$\}$

$C_3 = \{$推理逻辑$\} = \{$演绎，归纳，类比，相似，三段逻辑，线性推理，…，条件推理$\}$

另设系统相关性形式表达为 R，则 $R = \{R_i\} = \{$维度关联；…；矢量关联$\}$

$R_1 = \{$维度关联$\} = \{$一维关联，二维关联，三维关联，…，高维关联$\}$

$R_2 = \{$矢量关联$\} = \{$流的关联，场的关联，立体关联，…，复杂关联$\}$

（4）设系统动态性思想表达为 D，则 $D = \{D_i\} = \{$时间；加速度；失控；损失；变化；好转；…；反馈$\}$

$D_1 = \{$作业分析，时间分析，动作分析，过程分析，流动分析，链式反应分析，…，多米诺骨牌效应分析$\}$

$D_2 = \{$加速度，减速度，旋转加速度，…，旋转减速度$\}$

$D_3 = \{$失控，损失，…，破坏$\}$

$D_4 = \{$变化，恶化，好转，…，反馈$\}$

（5）设系统实践性思想表达为 P，则 $P = \{P_i\} = \{$事故统计，伤害统计，损失统计，案例统计，…，安全统计$\}$

（6）设系统人因思想表达为 H，则 $H = \{H_i\} = \{$感官，感知，思维，意识，认知，…，操作器官$\}$

（7）设系统涌现性思想表达为 E，则 $E = \{E_1, E_2, E_3, E_4, …, E_i\}$

综合上述各个建模思想的表达，如果用一个模型来表达上述的所有内容，则所有理论安全模型 T_m 可由下式来囊括：

$$T_m = I + G + C + D + P + H + E \tag{1-4}$$

在应用中，只要将式（1-4）中右边的各项内容代入和具体化，就可以得出各种具体的情况下的无穷多种理论安全模型。

2. 基于建模思想的理论安全建模方法论三维结构

理论安全模型本质上是一个系统，因此其构建过程也要遵循系统工程方法论。基于 Arthur Hall 构建的系统工程方法论结构体系，搭建包括逻辑维、时间维和知识维的理论安全建模方法论结构体系，如图1-2所示。解析如下：

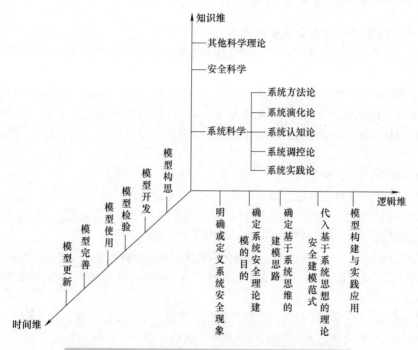

图1-2　基于建模思想的理论安全建模方法论三维结构

（1）知识维。知识维即理论安全模型构建所需的知识体系与理论基础，包括安全科学、系统科学与其他科学理论。其中系统科学包括：①系统方法论，如演绎与归纳、还原与综合、局部与整体、定性与定量、机理与唯象、结构与功能、确定与随机、先验与后验、激励与抑制、理论与应用等相互结合或互补的方法论。②系统演化论，如自组织理论、稳定性与鲁棒性理论、动力系统理论、混沌理论、突变理论、多（自主）体系统、复杂网络、复杂适应系统等。③系统认知论，如认知科学、建模理论、估计理论、学习理论、通信理论、信息处理、滤波与预测理论、模式识别、自动推理、数据科学与不确定性处理等。④系统调控论，如优化理论、控制理论与博弈理论等。⑤系统实践论，即系统学应用于各门具体学科和领域时的相应理论。理论安全模型构建属于系统问题，离不开系统实践论指导。

（2）逻辑维。逻辑维即面对某个系统安全现象或安全科学理论，构建理论安全模型需要遵循的一般思维步骤，主要分为：①明确或定义系统安全现象，无论是处于模型新建、完善还是更新阶段，首先需要确定面对的系统安全现象，这也是由系统动态性思想构建理论安全模型的体现之一；②确定系统安全理论建模的目的，这是由系统目的性思想构建理论安全模型的体现；③根据系统建模思想，确定理论安全建模的思路、方法等；④根据建模思想分析，代入基于系统思维的理论安全建模范式，即式（1-4）；⑤进行理论安全模型的构建、实践、完善、更新等后续相关建模研究活动。

（3）时间维。任何事物都有特定的生命周期，因此，理论安全建模实践需要考虑从模型构思到模型构建再到模型退役的整个过程，这也是系统建模思想的体现。理论安全建模的整个生命周期可以划分为：模型构思、模型开发、模型检验、模型使用、模型完善和模型更新（或模型退役）。每个阶段都要遵循特定的建模逻辑思路。

1.2.4　结论

理论安全建模是重要的安全科学研究内容，也是重要的安全科学研究手段与方法。主要结论如下：

（1）首次全面归纳出现有建模思路，其本质上也体现系统思维。在实际应用时，基于系统思维的理论安全建模思想与现有的建模思路并不冲突，而且前者可以指导后者，应用中可以互相配合和互相补充。

（2）从理论安全模型在安全科学理论研究中的关键作用、理论安全理论模型构建需解决的安全问题和面对的实际安全现象、理论安全模型自身属性三方面充分论证得出，基于系统思维构建理论安全模型必要与可行，作为一种方法论可以推广使用。

（3）系统属性分析为基于系统思维的理论安全建模提供了具体的、可操作的实施路径。将基于系统思维的理论安全建模思想归纳为系统整体性思想（I）、目的性思想（G）、相关性思想（C）、动态性思想（D）、实践性思想（P）、人因思想（H）和涌现性思想（E）。

（4）根据建模思想分析，得出所有理论安全模型 T_m 的表达式：$T_m = I + G + C + D + P + H + E$。构建包括时间维、逻辑维和知识维的基于系统思维的理论安全建模方法论三维结构。研究结果丰富了理论安全建模的方法学理论体系，可为理论安全建模提供理论参考。

1.3　理论安全模型的构建方法论

【本节提要】

　　为完善理论安全模型构建方法论体系，促进其原创研究与应用，论述理论安全模型的定义、内涵与结构等基础问题，并提炼其方法论理论基础和构建原则。基于此，从系统粒度、安全科学原理研究路径与模型表达形式抽象程度三个维度厘清理论安全模型的研究取向，并构建理论安全模型的体系空间。论述理论安全模型构建的一般方法，从"已有""未知"两大视角探析安全模型的构建程式，进而建立理论安全模型构建方法论的基本范式。

通过构建模型来揭示原型的形态、特征和本质，是科学研究的常用方法。同样，在安全科学研究领域，模型也被广泛应用于阐释事故发生机理、风险控制与管理原理、安全科学原理等，被称为理论安全模型。随着安全科学内涵和外延不断拓展，其研究对象日益复杂，而建模却能化繁为简。因此，理论安全模型构建在安全科学研究中具有不可替代性。但如何构建科学的理论安全模型？这需要以安全模型基础理论及构建方法论为指导。换言之，理论安全模型构建方法论研究具有学术价值与现实意义。

目前学界理论安全模型的构建主要集中在两方面：①基于"逆向构建"范式（即以事故预防为主线，并以事故为切入点）构建的理论安全模型；②基于"中间构建"范式（即以风险控制与管理为主线，从风险、未形成事故的隐患出发）构建的安全模型。上述研究表明理论安全模型在安全科学理论研究与实践中发挥着指导和纲领作用，但遗憾的是并没有相关研究指导我们如何构建理论安全模型，即理论安全模型上层的方法论理论研究还处于空白状态，这也证明了理论安全模型方法论研究的学术价值所在。鉴于此，本节论述理论安全模型的定义、结构与特征等基础问题，从科学方法论的视角出发，分析不同类型理论安全模型的研究取向，提炼其构建的一般方法和步骤，并得出其构建方法论的范式体系，以期为理论安全模型的原创研究与发展提供必要的理论指导。

本节内容主要选自本书作者发表的研究论文《安全理论模型构建的方法论研究》[4]。

1.3.1 理论安全模型概述

1. 定义与内涵

理论安全模型是在安全科学研究中构建的反映研究对象安全或危险本质规律的抽象表述。其内涵如下：①理论安全模型是对安全科学客体的一种合理抽象，与实际原型相比，具有简化和理想化的特点，可直观地体现科研路径、方法和科研成果；②理论安全模型是安全科学研究与实践活动中主体与客体之间的一种特殊中介，既是研究工具，又是研究对象；③理论安全模型是安全科学认识的阶段性成果，其构建过程实际上是对已有的安全经验和知识进行去伪存真的思维加工过程；④理论安全模型融入安全科学工作者新的猜测和假设，含有新的思想和概念，因此，理论安全模型又是进一步研究原型客体的新起点；⑤随着安全科学的发展、安全内涵和外延的不断拓展以及安全科学研究对象复杂性的提高，理论安全模型可将相互隔离的自然科学和社会科学的概念和方法汇聚起来。

2. 结构

任何模型都具有一定的系统性，任何系统又都有一定的结构。理论安全模型由四要素构成，即模型目的、知识、程式和规则，各要素间的逻辑关系如图1-3所示。这四种要素在理论安全模型中具有不同的功能和作用：①目的是理论安全模型的灵魂，它决定着知识、程式和规则，其他要素都是为目的服务的，并随着目的的改变而改变；②知识是构建理论安全模型的基础和依据，它为目的、程式、规则提供经验和理论；③程式是理论安全模型的实践程序和规定，它标志着理论安全模型构建和应用所遵循的路径；④规则是理论安全模型中诸要素的法约，它规定着诸要素的适用范围，并从总体上指导研究主体应用理论安全模型的行为。

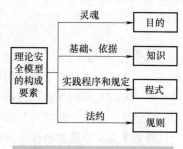

图1-3 理论安全模型构成要素

1.3.2 理论安全模型构建取向和模型体系空间

科学的理论安全模型分类是其构建方法论的基础，归纳得出三条分类依据：①从系统粒度层面分类；②从安全科学原理研究路径层面分类；③从模型表达形式抽象程度层面分类。

1. 理论安全模型构建取向

（1）从系统粒度层面。由于实际安全系统都可分解为若干子系统，而子系统又可以分解为若干子子系统，因此，可对大安全系统（宏系统）、子安全系统（中系统）、子子安全系统（微系统）分别通过粗粒度（宏匹配）、中粒度（中匹配）与细粒度（微匹配）构建相应的理论安全模型。

1）微系统安全模型，即用细小的量化单位或知识基元描述子子系统本质特征所形成的安全模型。如果对微系统包含的人、事、物范畴做一个比较明确的说明，它主要是指类似一个工厂车间范围的安全生产系统。

2）中系统安全模型，即利用中等规模的量化单位或知识基元描述子系统本质特征所形成的安全模型。如果对中系统的范围做一个具体的说明，它主要是指安全生产范畴。

3）宏系统安全模型，即用粗大的量化单位或知识基元描述大系统本质特征所形成的安全模型。如果对宏系统的范围做一个具体的说明，它主要涉及大安全范畴，超出生产安全的领域。

系统粒度层面的理论安全模型研究取向如图 1-4 所示。需指出的是，安全科学研究开始将过去相互隔离的自然科学和社会科学的概念和方法汇聚在一些复杂系统的理论安全模型中。因此，在上述三类模型的基础上，有必要将理论安全模型广义化，称为广义安全模型。

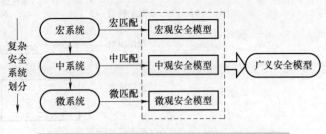

图 1-4 系统粒度层面的理论安全模型研究取向

（2）从安全科学原理研究路径层面。按照安全科学原理研究的三条路径，将理论安全模型构建路径分为三类，如图 1-5 所示：①逆向构建路径，即从事故出发，以系统事故预防为主线进行理论安全模型构建（此类安全模型简称逆向安全模型）；②中间构建路径，即从未形成事故的隐患出发以系统风险控制为主线进行理论安全模型构建（此类安全模型简称中间安全模型）；③正向构建路径，即从本原安全开始以系统安全为主线构建理论安全模型（此类安全模型简称正向安全模型）。第三种安全模型通常需要以第一种和第二种安全模型为基础。

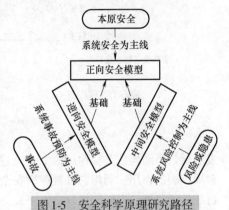

图 1-5 安全科学原理研究路径层面的理论安全模型研究取向

（3）从模型表达形式抽象程度层面。依据模型表达形式的抽象程度，可将理论安全模型分为：

1）概念安全模型。即以形式化的方法揭示安全科学领域人们关注的主要概念、定义以及它们之间的逻辑关系，是对安全科学研究对象和内容的第一次抽象与假设，它将零散的、非结构化的安全科学知识转换为系统的、结构化的、可读性强的学科共享知识，为后续研究的开展奠定良好的知识表达基础。

2）逻辑安全模型与图论安全模型。在安全系统中存在各种各样的关联关系，可用逻辑学和图论方法表达与建立相应的关联关系模型，其中逻辑安全模型是指安全问题研究与实践时的逻辑表达方式，着重用逻辑过程描述对象系统，主要包括演绎逻辑安全模型和归纳逻辑安全模型。

3）数学安全模型。这是指运用安全科学理论和数学理论，将系统安全问题归结为相应的数学问题，在此基础上利用数学的概念、方法和理论建立起来的描述系统安全与危险的内在本质关系的数学结构。数学安全模型从定性或定量的角度刻画系统安全与危险变化发展趋势，并为实现系统安全提供精确的数据和可靠的决策指导。

2. 理论安全模型的体系空间

在上述理论安全模型研究取向的基础上，可用"模型的体系空间"表示理论安全模型体系，如图 1-6 所示。图中 X 表示从逆向、中间和正向构建的理论安全模型；Y 表示从系统粒度层面划分的微系统模型、中系统模型和宏系统模型；Z 表示从定性到定量层面划分的概念模型、图论模型、逻辑模型和数学模型。值得注意的是，该体系中的坐标维度可以增加，各个坐标轴都还可细化，以便表示任意粒度、不同构建范式、不同抽象程度的理论安全模型。

理论安全模型的体系空间的某一子空间表示某类理论安全模型，如：$S(X,Y)$ 表示通过中间构建路径构建的中系统理论安全模型；$S(X,Z)$ 表示通过中间构建路径构建的逻辑安全模型；$S(X,Y,Z)$

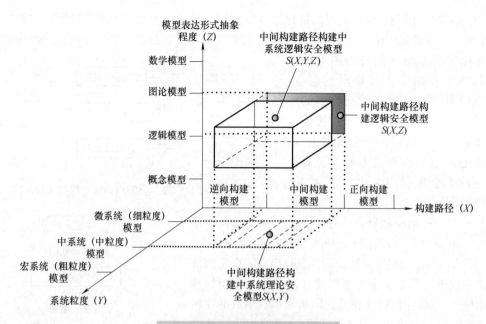

图 1-6 理论安全模型的体系空间

表示通过中间构建路径构建的中系统逻辑安全模型。该理论安全模型体系空间具有类似于化学元素周期表的作用，利用它可对理论安全模型进行分析与综合：①可对现有的各种理论安全模型进行统计和分类，以便于加以适当交叉、组合与集成；②可查询与分析理论安全模型体系的空白区，为理论安全模型的构建和发展指明方向。

1.3.3 理论安全模型构建原则、一般方法、一般程式与基本范式

1. 理论安全模型的构建原则

理论安全模型构建的方法论是关于理论安全模型构建一般方法的理论、指导思想和基本原则，是为解决理论安全模型研究与实践问题而形成的一套关于选择具体方法和程序的思想、原则和步骤的知识体系。在进行理论安全模型构建时不能把其研究方法论等同于研究方法，而应该用完备的方法论体系去指导和探讨具体研究方法。此外，理论安全模型需要不断地经受实践检验和不断地加以改进，还需安全科学工作者在综合运用多种方法的同时遵循一定的构建原则，见表1-4。

表 1-4 理论安全模型的构建原则

原　　则	原　则　释　义
有效性	能够反映安全科学客体的基本特征和属性，通过研究理论安全模型足以获得有关原型的一切必要信息，谨防片面地追求理论的漂亮而忽视原型的倾向，避免出现 X 的模型不反映 X 原型的情形
简单性	理论安全模型比原型简单，力求把原型的一切可压缩的信息压缩。从原型到模型是一类信息压缩的操作过程，即在保持原型主要特征的前提下，把信息压缩到最低程度
可操作性	能进行实验和理论研究与实践的理论安全模型才具有学术价值。对于物质形式的安全模型，就是要便于进行观察和测量等实验性操作；对于思维形式的安全模型，就是要便于进行逻辑推理和数学演算等理论性操作
可检验性	如果一个理论安全模型不具有可检验性，就不是一个科学的模型。安全科研工作者应主动、自觉地利用模型的可检验性进行检验。如果通过检验发现模型的缺陷，就要对模型进行修正，甚至代之以新的安全模型

2. 理论安全模型构建的一般方法

基于科学方法论的视角，通过分析与归纳现有理论安全模型构建思路与方法，提炼的理论安全模型构建的一般方法包括相似-简单法、结构-功能法、演绎-归纳法、分解-联合法，见表1-5。对于安全科学研究来说，一个新的理论安全模型实际上是一条新的研究路径和一种新的研究思路，通过这些方法构建的理论安全模型必须经过实践的检验，并加以不断完善。

表1-5　理论安全模型构建的一般方法

方　法	方　法　释　义
相似-简单法	在相似性方面，按照所要研究的安全科学问题的性质和目的，通过对原型客体进行科学抽象，突出主要因素、主要矛盾和主要关系，抓住原型关键属性，从而建立与原型具有本质上相似性的安全模型。在简单性方面，对原型所处的状态、环境和条件进行分析比较，做出一些合理的简化与假设，以便能够运用已有的科学知识和科学工具，用低层次事物和比较简单的模型去解释高层次复杂性安全问题
结构-功能法	结构方法和功能方法相结合在现代科学认识中具有极其重要的作用。根据模型的结构决定功能这个辩证关系原理，在构建安全模型时通过优化模型结构使模型发挥最佳功能；同时，还可根据安全模型的内部结构来推测和预见它的功能。此外，安全模型的功能以不同方式反作用于结构，因此可以通过改变安全模型的输出功能来调整安全模型的结构，也可从所期望的安全模型功能来推知安全模型的内部结构
演绎-归纳法	演绎-归纳法通常采用演绎法或专家经验法，确定安全模型的类别和结构，然后用归纳法辨识和确定模型参数。其中，演绎法是根据安全系统的一般原理、定律、系统结构和参数等的具体信息和数据，进行从一般到特殊的演绎推理和论证，建立面向子系统的安全模型；归纳法是利用实际安全系统的输入或输出的观测数据与统计数据，运用记录或实验资料，进行特殊到一般的归纳和总结，建立系统的外部等效模型
分解-联合法	在大系统理论安全模型构建中，建议采用"分解-联合"建模法。首先，将大系统分解为若干子系统，不计各子系统之间的相互关系，根据子系统的具体情况，采用相应的方法和粒度，建立各系统局部的子模型。其次，根据子系统之间的定性、定量、静态、动态的相互影响、相互联系，建立各子系统之间的关系模型，利用各种关联关系，将子模型联合起来，构成大系统的全局的总模型

3. 理论安全模型研究与构建的一般程式

理论安全模型在安全科学研究中的纲领性与指导性主要体现在其对安全现象的解释与预测、对安全规律和安全科学的刻画方面，其构建方法论的研究应该着眼于各类安全模型构建一般步骤与方法的升华。因此，按照理论安全模型的存在形态，从已有和未知（待提出）两个层面论述理论安全模型构建程式。

（1）已有理论安全模型研究程式。在进行安全科学研究时，很多时候需要用到已经存在的理论安全模型。理论安全模型本身固有的局限性，决定已有理论安全模型的使用范围和作用是有限度的。因此，在运用已有理论安全模型进行安全科学实践时，需要对不同的理论安全模型进行比较、评价和筛选，其研究步骤如图1-7所示。

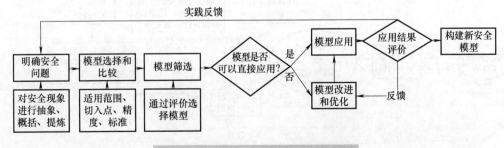

图1-7　已有理论安全模型的研究步骤

（2）未知（待提出）理论安全模型构建程式。理论安全模型的构建过程实际上也是对原型客体本质属性和内在矛盾的认识过程，科学抽象的作用正在于发现并析取客体的某一或某些本质属性、关系和联系。因此，按照科学抽象的一般程式（即从"感性的具体"到"抽象的规定"，再到"思维的具体"，最后到"实践的检验"），提出构建理论安全模型的一般步骤，如图 1-8 所示：建模准备、模型假设、模型建立、模型求解、模型分析、模型检验、模型应用。

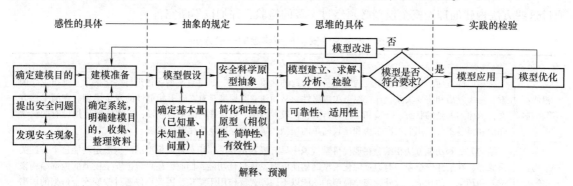

图 1-8　未知理论安全模型的构建步骤

其中，"感性的具体"是指在实践过程中得到的关于安全科学客体的感性直观；"抽象的规定"是指运用安全科学思维对系统整体进行分解与分析，过滤其中偶然的和非本质的要素，抽出必然的和本质的要素，并对系统各方面的本质加以规定；"思维的具体"是指客观系统与主观思维形式的统一，它使安全科研工作者掌握原型各方面的本质以及它们的相互联系，进而对各种安全现象做出深刻而全面的解释和预测；"实践的检验"是指用实际现象、数据等检验理论安全模型的合理性和适用性。理论安全模型在实践中的运用既是安全科学研究的终点，也是更高基础上的起点，从而构成安全科学研究与实践的螺旋式上升运动。理论安全模型的生命力及其科学价值也正在于此。

4. 理论安全模型构建的基本范式

综合理论安全模型构建取向、一般方法以及已有和未知理论安全模型的构建程式，建立理论安全模型构建的基本范式，如图 1-9 所示。理论安全模型的构建是以安全科学研究者为主体的一个动态、有序和系统的过程，研究主体的思维、知识、背景与技巧等影响着其对安全现象和安全问题的抽象以及理论安全模型构建取向的判断，进而影响着研究成果的客观性和科学性。新的理论安全模型要能够说明各种有关的安全实验现象，能够对过去已知的事实做出回溯性的科学解释，能预见新的安全事实。此外，理论安全模型的使用过程同时也是经受检验、获得评价和逐个更替的过程。

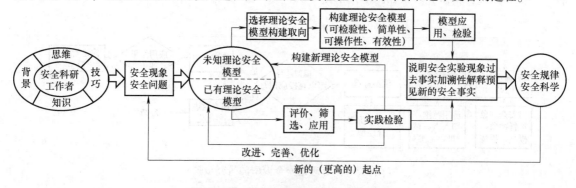

图 1-9　理论安全模型构建的基本范式

1.3.4　结论

所做研究系统化了理论安全模型构建的方法论体系，可为理论安全模型的原创研究和实践提供方法论理论指导，主要结论如下：

（1）论述理论安全模型的定义，并解析其内涵；给出理论安全模型由目的、知识、程式和规则组成的结构体系，并厘清各构成要素之间的逻辑关系。

（2）从系统粒度（微系统、中系统与宏系统）、安全科学原理研究的路径（逆向、中间与正向）与模型表达形式抽象程度（概念安全模型、逻辑安全模型、图论安全模型与数学安全模型）三维度论述理论安全模型的研究取向，并构建理论安全模型的体系空间。

（3）从有效性、简单性、可操作性和可检验性四方面探析理论安全模型构建原则，论述构建理论安全模型的一般方法（相似-简单法、结构-功能法、演绎-归纳法、分解-联合法），从已有理论安全模型和待提出的理论安全模型两个层面论述其构建程式，在此基础上，建立理论安全模型构建的基本范式。

1.4　事故致因建模的方法及其发展趋势

【本节提要】

为完善事故致因建模的基础理论体系，从微观、中观与宏观三个层面归纳国内外现有的 50 余种事故致因模型，并以"点-线-面-体"为主线论述事故致因模型的结构体系。基于此，从方法学的视角论述事故致因建模的理论基础，并提炼相似比较法、概率统计法等五种一般建模方法。最后分析事故致因建模方法的发展趋势。

事故致因理论是从大量典型事故调查与分析中提炼出的事故发生机理，大量研究与实践已经证明事故致因模型在安全科学理论研究与事故预防实践中的重要性，具体表现在：①是事故预防与控制的理论依据，也是事故调查与分析工具；②是安全科学原理研究的路径之一，安全学是从研究生产安全事故层面发展起来的；③是特定时期人们安全理念的集中反映，同时事故模型影响人们对安全的认识。虽然学界已经提出大量事故致因模型，但目前缺少对事故致因模型进行系统的梳理，对事故致因建模的基本问题（如方法论、结构体系等）等的研究还不足。鉴于此，本节对目前国内外的事故致因模型进行总结与归纳，提炼事故致因建模的一般方法等基础性问题。在此基础上，对未来事故致因建模所遇到的挑战和发展趋势进行展望，以期为事故致因建模的研究与应用提供借鉴。

本节内容主要选自本书作者发表的研究论文《事故致因模型体系及建模一般方法与发展趋势》[5]。

1.4.1　事故致因模型综述与分析

1. 已有事故致因模型归类比较

吴超、黄浪等将安全系统划分为微观安全系统、中观安全系统和宏观安全系统；Jean-Christophe Le Coze 指出在系统安全分析和事故致因分析中，在个人层级和社会层级之间建立"微观-中观-宏观"联系属于基础理论和方法论问题；Christopher Durugbo 从"微观-中观-宏观"三个维度论述系统信息流建模研究现状；Young Sik Yoon 等认为在事故分析是应该从宏观、中观和微观三个层面分析事故致因。基于此，以系统粒度为切入点，从微观、中观、宏观三个层面综述与比较事故致因模型，如图1-10所示：①微观层面的事故致因模型主要着眼于微观安全系统，如以人或机为中心的、以人机交互为中心的事故致因模型；②中观层面的事故致因模型主要着眼于中观安全系统，如以公司等组织系统为中心的事故致因模型；③宏观层面的事故致因模型主要着眼于宏观安全系统，如以社会技术系统的大环境为背景的事故致因模型。对现有事故致因模型的归纳分析见表1-6。

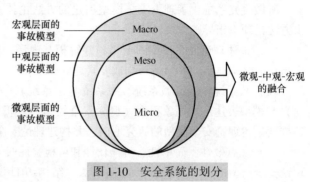

图 1-10　安全系统的划分

表 1-6　事故致因模型归类

系 统 划 分		模 型 归 类
微系统层面	以人为中心	事故频发倾向性（APT）模型、事故遭遇倾向性模型、瑟利模型（Surry's Model）、安德森模型、劳伦斯模型、海尔模型、流行病学模型（EM）、推动力模型（DFM）、认知可靠性和失误分析模型（CREAM）、功能振荡事故模型（FRAM）、人的故障模型（MHM）、人的信息处理模型（HIPM）、认知失误回顾和预测分析模型（TRACEr）、芬兰模型（FM）、系统致因分析技术（SCAT）、认知-行为模型、事故潜势模型、事故致因的人因调查工具（HFIT）模型
	以物（能量）为中心	能量意外释放模型、能量观点的事故因果连锁模型、Wigglesworch 模型、两类危险源理论、三类危险源理论、能量流系统模型、基于危险源的事故致因模型、变化-失误模型、扰动起源理论模型、故障模式及影响分析（FMEA）模型、突变模型
中系统层面		多米诺骨牌模型（Heinrich 事故因果连锁模型）、博德（Bird）事故因果连锁模型、亚当斯（Adams）事故因果连锁模型、轨迹交叉模型、动态变化模型、教育模型、瑞士奶酪模型（SCM）、运转经验反馈（OEF）系统模型、ATSB 调查分析模型、管理疏忽和风险树（MORT）模型、重大事故防范金字塔模型（PyraMAP）、人-技术-组织（MTO）分析模型、三脚架法（Tripod-DELTA）事故致因模型、北川彻三因果连锁模型、改进的三脚架模型、认知-约束模型、树生模型、流变-突变（R-M）模型、人因分析与分类系统（HFACS）模型、2-4 模型、缺陷塔（FTM）模型、变化-失误理论模型
宏系统层面		风险管理框架（RMF）模型、AcciMap 模型、综合论模型、基于系统理论的事故致因与流程（STAMP）模型

从表1-6可知，现有事故致因模型主要集中在微系统层面和中系统层面，这是由生产方式的变化、人在生产过程中所处地位的变化和人们安全理念的变化决定的。可以预见的是随着科学技术的发展，宏系统层面的事故致因模型将会得到越来越多的关注，这也是面对 Nancy Leveson 提出的技术飞速发展、事故本质发生改变、新的危险源类型的出现、系统复杂性和耦合性的提高、单类型事故容错性下降、安全需求和功能需求冲突等挑战时，新一代事故致因模型最基本的特征。

2. 事故致因的结构体系

根据上述分析，人们对事故致因的认识经历了从局部到系统的转变，即从系统元素到系统整体的转变。因此，以"点-线-面-体"为主线分析事故致因的结构体系，如图1-11所示。

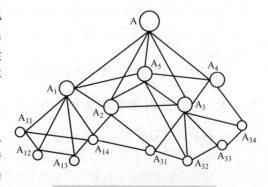

图 1-11　事故致因的结构体系

1）点源事故致因模型将事故归咎于单一致因（如图 1-11 中的 A_1-A、A_2-A 等），只是从某一方面或某一角度研究事故发生规律，如早期的事故频发倾向性理论和事故遭遇倾向性理论。该类模型忽略了事物间的普遍联系，因此逐渐被新的事故链模型所取代，由单一致因因素向多因素理论发展。

2）线源事故致因模型将单个的点源因素视为有前后关联的事件，将事故描述为线性的链式结构（如图 1-11 中的 A_{11}-A_1-A、A_{31}-A_{14}-A_1-A 等），如 Heinrich 提出的事故因果连锁模型，以及后期 Bird、Adams 和北川彻三改进事故因果连锁模型以后提出的事故因果连锁模型。线源事故模型从纵深方向厘清了事故致因，但忽视了因素间的横向关联。此外，该类模型将线的末端作为事故的初始事件，这和点源事故致因模型类似。

3）随着系统复杂程度的提高，事故致因的范围不再局限于单一的点源或线源事故模型，而是多点、多线组成的事故致因网络，即面源事故致因模型（如图 1-11 中的 A_{11}-A_1-A 和 A_{31}-A_3-A 组成的事故致因网），如轨迹交叉模型、瑟利模型、流行病学模型、2-4 模型等。

4）事故致因不再是简单的事故链，也不是同一层面的事故致因网络，而是在线源事故致因和面源事故致因的基础上，考虑不同致因链关键节点之间的横向关联，即事故致因具有等级层次结构的立体网状结构（如图 1-11 中的 A_{11}-A_1-A、A_{13}-A_{14}-A_2-A、A_{31}-A_3-A 与 A_{11}-A_{14}-A_{31} 之间的立体事故致因体系）。该类模型即体源事故模型，它们指出事故因素间存在递进的层次结构，这种层次结构的跃迁对应着事故的涌现过程，如综合论模型、AcciMap 模型、STAMP 模型等。

1.4.2　事故致因建模的一般方法

方法是一种特定顺序或形式，即单一目的的规程或实践，方法学是研究方法、方式的综合与提炼。在对上述 50 余种事故致因模型归纳分析的基础上，从建模的理论基础与建模的一般方法两方面提炼事故致因建模的方法学基础性问题。事故是复杂的系统涌现现象，事故致因理论建模涉及多种建模理论，如模型论、相似理论、系统论和系统辨识等最基本理论，还有复杂系统理论、自组织理论、网络理论、定性理论等。

基于安全科学方法学的视角，通过分析与归纳现有事故致因模型的构建思路与方法，提炼事故致因建模的一般方法：相似比较法、概率统计法、推理归纳法、组合改进法、因果分析法，见表 1-7。

表 1-7　事故致因理论建模一般方法

方法		方法释义及实例分析
相似比较法	方法释义	按照所要研究的安全科学问题的性质和目的，突出主要因素、主要矛盾和主要关系，抓住原型关键属性，从而建立与原型具有本质上相似性的安全模型。对原型所处的状态、环境和条件进行分析比较，做出合理的简化与假设，以便能够运用已有的科学知识和科学工具，用低层次事物和比较简单的模型去解释高层次复杂性安全问题
	实例分析	如：Gorden 认为事故发生过程和疾病传染过程具有相似性，都需要受害者（host）、致病媒介（agent）和环境（environment），因此利用流行病传染机理来分析事故致因，提出"用于事故的流行病学方法"理论，并构建流行病学模型；范秀山将事故致因因素（社会缺陷→政府缺陷→企业缺陷→管理缺陷→现场缺陷→事故）对应到塔体（塔体（T）、塔段（R）、塔壁（W）、缺陷缝（S）、管道（P）、阀门（X））的缺陷，构建缺陷塔模型（FTM）；冯庆善认为可按照树的枯死或干枝折断等模拟逻辑关系分析事故致因，进而构建事故致因的树生模型
概率统计法	方法释义	用统计学、概率论等方法，通过对一般事故致因因素、随机事件、时间、空间等的统计与归纳，得出事故发生与发展，以及事故后果等的一般性规律，构建事故致因理论模型

（续）

方法		方法释义及实例分析
概率统计法	实例分析	如：Heinrich 通过对 55 万件机械事故的调查，得出机械事故中，死亡、重伤、轻伤和无伤害事故的比例为 1∶29∶300（海因里希冰山模型或海因里希法则）；Greenwood 等人通过对工厂伤害事故发生次数按照泊松分布、偏倚分布、非均等分布进行统计检验，发现事故频发倾向者的存在是工业事故发生的主要原因，提出事故频发倾向性模型；Gordon 等在分析 18 个事故报告与致因分析系统的基础上，提出事故致因的人因调查工具模型（HFIT）
推理归纳法	方法释义	确定安全模型的类别，然后用归纳法辨识和确定模型参数与结构。根据安全系统的一般原理、定律、系统结构和参数等的具体信息和数据，进行从一般到特殊的演绎推理和论证，建立面向子系统的安全模型。利用实际安全系统的输入或输出的观测数据与统计数据，运用记录或实验资料，进行特殊到一般的归纳和总结，建立系统的外部等效模型
	实例分析	如：何学秋等根据事物的安全演变过程具有流变-突变（Rheology-Mutation）的特点，构建事故致因的流变-突变（R-M）模型；Leveson 利用控制理论和系统动力学方法分析系统事故中的控制失效问题，着重于系统组件之间的交互和系统安全运行的控制机制，把系统看作分层级的控制和约束，提出基于系统理论的事故致因与流程（STAMP）模型；Rasmussen、Svedung 等提出 AcciMap 模型，以图示化的方式反映系统整体故障，以及面对事故时的决策和行动，采用以控制理论为基础的系统思维方法进行事故致因分析，即把事故看作失去对潜在有害物理过程的控制而导致的
组合改进法	方法释义	①根据事故分析与调查需求，分析不同事故致因模型的应用范围、条件、优劣等，将不同的事故致因模型按照"取长补短"的原则组合起来，构建满足事故分析需求的组合型事故致因模型。②分析现有模型的缺陷，运用新的安全科学理论、事故分析理论，改进已有事故致因模型（改进型事故致因模型）。③对于关系和层次明显复杂的系统，可按属性结构分层并在确定聚合特性的基础上，将系统分解为若干子系统，根据子系统的具体情况，采用相应的方法和粒度，建立各系统局部的子模型。然后根据子系统之间的定性、定量、静态、动态的相互影响、相互联系，建立各个系统之间的关系模型，利用各种关联关系，将子模型联合起来，构成系统的全局的总模型
	实例分析	如：Lawrence 在 Benner 提出的事故致因综合概念和术语的逻辑图的基础上，构建扰动起源理论模型；田水承在陈宝智提出的两类危险源理论基础上提出三类危险源理论；Bird、Adams 和北川彻三在 Heinrich 提出的事故致因模型基础上，分别提出 Bird 事故因果连锁模型、Adams 事故因果连锁模型和北川彻三因果连锁模型，刘燕等运用解释结构模型（ISM）方法，提出了改进的 Tripod-DELTA 模型；Michael Zabetakis 依据 Gibson 和 Haddon 的能量意外释放理论，构建能量观点的事故因果连锁模型；Lawrence 在 Wigglesworch 和 Surry 等人的人失误模型的基础上，提出针对金矿企业以人失误为主因的劳伦斯模型
因果分析法	方法释义	这是事故致因理论建模的最基本方法，即分析事故的原因（直接原因、间接原因、基本原因、根本原因、根源原因等），并厘清这些事故致因之间的层次与逻辑关系，构建事故致因模型
	实例分析	如 Gibson 和 Haddon 认为能量的意外释放并作用于人是事故和伤害的直接原因，进而提出事故致因能量意外释放模型；Johnson 将"变化"看作一种潜在的事故致因，并构建变化-失误模型；袁大祥等提出吸引子（有目的的系统必然存在吸引子）是系统维护动态稳定和安全状态、实现系统功能的根本内因，分岔点是系统可能发生事故的关键，基于此建立事故潜势模型；还有海因里希事故因果连锁模型、Bird 事故因果连锁模型、Adams 事故因果连锁模型和北川彻三因果连锁模型

1.4.3 事故致因建模方法的发展趋势

不同的生产力发展阶段出现的安全问题不同，现有模型都是在特定的时代和特定的应用背景下提出来的，因此也就有其特定的适用范围。随着社会技术系统复杂性的提高，尤其是进入信息时代、大数据时代、工业 4.0 时代、人工智能时代以后，传统的事故致因模型将不能满足复杂系统事故调查与分析。因此，如何抓住科技和社会变革时机，扭转传统的事故致因建模理论、方法与技术滞后于科学技术发展的局势，提前对事故致因建模所受到的冲击和变革进行研究，将会对人类的安全发展以及安全科学学科发展带来巨大影响。

(1) 大数据思维与方法将对事故调查与分析、事故致因建模产生变革性影响：

1) 由于数据统计和分析方法的限制，传统的事故致因建模时可能忽视或简化了一些致因因素，大数据将改变安全数据的采集、挖掘和分析方法，实现安全数据的全样本采集与分析，更加科学地揭示事故致因。

2) 传统事故致因模型注重因果关系分析和对事故的解释（解释型事故致因模型），基于大数据的事故致因建模更加注重事故现象和安全数据之间关联关系的分析。

3) 传统的事故致因模型基本都是定性分析，基于大数据的事故模型可发现事故发生的潜在规律，如事故发生的周期性、关联性、地域性、时间性等规律，使事故致因分析从定性向定量转变。

4) 传统的事故模型都是在对已经发生的事故分析的基础上构建的，尽管对预防事故具有重要意义，但通过经历事故来获取预防措施具有滞后性。大数据的核心理念是如何利用大数据进行预测，基于大数据的事故模型有助于提前、快速地识别将要发生的事故，真正做到事故的超前预防。

5) 基于大数据事故致因模型可构建全新的安全科学分支学科（即安全大数据学），进而拓展安全科学的内涵和外延。

(2) 在人工智能时代和工业 4.0 时代，社会技术系统越来越数字化、网络化、复杂化与智能化，将对传统的事故致因建模产生深远影响：

1) 复杂巨系统事故的多米诺骨牌效应越来越大，而这些变化都是以信息驱动为基础的，系统对信息的依赖性更强，系统信息流（信息损失、不正确信息和信息流异常流动）或信息不对称在事故致因中将越来越突出，基于"安全信息"的事故致因建模可能成为新一代的主流事故模型。

2) 传统的事故致因理论和系统安全各自发展，从不同的视角提供事故预防的手段，但二者之间缺少联系，新形势下人类的安全认识观和安全价值观将发生变化，向事故学习的观念也将发生变化。

3) 虽然系统思维已经成为社会技术系统事故分析的主导范式，认为事故是一种复杂的系统现象，但对事故的认识仍然是不完全的，社会技术系统重特大事故依然时有发生。此外，基于传统事故模型的事故调查与分析还可导致处于系统"尖底"的人或设备被不正确指责。

4) 事故性质的变化，数码技术、信息技术、互联网技术、大数据技术给大多数行业带来一场革命，带来新的系统故障模式，进而改变事故性质。例如一些应用于电器元件的传统方法（冗余），在面对使用数字技术和软件技术而导致的事故时是不充分的。冗余在某种程度上增加了系统的复杂性，进而增加系统风险。

5) 安全科学的研究对象和研究手段也将发生变化，事故调查与分析、事故致因建模需要跨学科、跨领域、跨部门的新研究模式。

此外，新的安全科学研究范式（如安全韧性理论、高可靠性理论、正常事故理论等）也会对事故致因模型及其建模方法产生冲击。

1.4.4 结论

(1) 以系统粒度为切入点，提出以"微观-中观-宏观"为主线的事故致因模型比较分析框架，并对现有国内外已经提出的 50 余种事故模型进行归纳分析。

(2) 通过分析现有事故致因模型从系统局部到系统整体的发展沿革，提炼以"点-线-面-体"为分析主线的事故致因模型结构体系。

(3) 基于安全科学方法学的视角，通过分析与归纳现有事故致因模型的构建思路与方法，提炼事故致因建模的一般方法：相似比较法、概率统计法、推理归纳法、组合改进法与因果分析法，并通过实例分析，论证了所提炼方法的合理性和科学性。

（4）对事故致因建模方法的发展趋势进行了分析。

1.5 大数据视阈下的系统安全理论建模范式

【本节提要】

为明晰大数据视阈下的系统安全理论建模范式变革，首先，分析数据和信息在系统安全研究中的双重性质演变。其次，构建包括数据维、系统维和安全维的系统安全理论建模范式转变框架，采用理论思辨法，分析大数据视阈下现有系统安全理论建模面临的挑战与机遇。最后，在分析建模技术路径、建模逻辑主线和建模原理的基础上，构建基于大数据的系统安全理论建模新范式。

对于任何一个系统，其安全科学核心问题是理论安全模型构建。理论安全模型是系统安全各要素间逻辑关系和机制的抽象表述，是安全科学知识体系的基石，是事故预防与控制的钥匙，是构筑系统安全的指南。构建理论安全模型，把安全理论建模作为系统安全研究的一种手段与方法，是人类在认识系统安全和塑造系统安全过程中的一大创造。社会技术系统复杂性的提高，系统复杂性与耦合性、数字化与智能化的快速提高，使传统的理论安全模型不能满足复杂系统安全研究与实践需求。

数据是科学研究的重要基础，大数据已经成为各行各业的研究热点，《自然》（*Nature*）和《科学》（*Science*）杂志分别于 2008 年、2011 年推出有关大数据的专刊。尽管现在还存在大数据的出现是否推动了科学研究第四范式（即数据密集型科学研究）产生的质疑，但不可否认的是，大数据作为人类认识世界的一种新方法与新工具，在改变我们的生活、工作和思维方式的同时，也对科研思维和科研方法产生深远影响，产生了数据密集型和驱动型科研方法，并在诸多领域得到广泛应用。无论是大数据应用于其他领域还是安全科学领域，其基础性问题都是理论模型构建。

因此，在大数据时代数据驱动的科研信息化（E-science）背景下，本节探讨传统安全理论建模所遇到的挑战与机遇，并分析基于大数据的系统安全理论建模范式变革，以期为后续大数据应用安全科学领域或其他学科领域提供理论指导[5-8]。本节内容主要选自本书作者发表的研究论文《大数据视阈下的系统安全理论建模范式变革》[9]。

1.5.1 数据与信息在系统安全中的双重性质演变

理论安全建模主客体关系的本质是安全生产活动的主客体关系。随着大数据、人工智能等研究的深入，信息社会不断推进，人类生存、生产与生活活动关系发生了重大改变。传统生产活动的主客体关系（主体是人，客体是物质实体）决定了传统理论安全建模的主客体关系（主体是人，客体是物或机）。例如，经典的轨迹交叉模型认为人（主体）的不安全行为和物（客体）的不安全状态相交叉（同一时间、同一空间发生）必然导致事故发生。进入大数据时代，大数据、人工智能等技术的应用从根本上改变了复杂社会技术系统的人、机、环安全生产活动关系，这必然对安全理论研究与实践产生变革性影响。因此，探讨大数据背景下安全生产活动主客体关系的演变，对探析系统理论安全建模在大数据时代的机遇与挑战至关重要。

复杂社会技术系统客体组成元素的构成和演变远远超出了人的反应速度，以数据和信息为驱动的人工智能扩展增强了人的认识、分析和决策能力，在一定情境下同时也担当着安全生产活动主体的角色，在某些领域开始出现"无人化"，如自动驾驶系统、自动飞行系统、高速列车控制系统等，实现对信息的自动采集、处理、决策和执行等功能于一体。以人-车系统为例，在蒸汽机时代，机车运行速度慢，依靠机车驾驶员和调度人员的目视判断及手动操作就能实现机车系统安全运转。进入电力时代，机车大幅度提速，仅靠机车驾驶员和调度人员的感知觉系统和较低层次的自动化水平已经不能满足机车系统安全运转的要求，进而出现了机车自身的软件控制系统和机车运转的软件调度系统。在如今的高速铁路时代，必须借助庞大的数据系统、信息系统与软件系统的智能控制，才能实现机车的安全运转。虽然人依然是数据、信息和软件的主要控制者，但是人们安全信息的获取、安全信息的分析、安全预测与决策、安全信息利用等安全行为需要数据、信息和软件的智能支撑。换言之，以数据、信息为驱动的人工智能系统延伸了人类的智能，在安全生产活动中既具有主体性质又具有客体性质。

由上述分析可知，传统理论安全建模将数据和信息系统当作人-机系统中的机来对待，忽视了数据和信息系统所具有的类似人的能动性。实际上，进入大数据时代，安全活动的主体已经超出了生物人的范畴，出现了人脑与电脑组合的控制系统。换言之，安全生产活动的主体已经从单纯的人变成了由人和以数据信息为驱动的智能系统构成的整体，数据和信息系统在安全生产活动中既是客体又是主体，具有主客体双重性质（图1-12）。在进行系统安全建模时，必须考虑数据和信息在安全生产活动中的主体角色。此外，由于数据和信息技术的限制，传统人-机系统分析模式下的人-机界面属于物理层面的人-机界面（人和机直接接触），重点关注的是处于人-机界面的单人、单机，人-机交互受到时空限制。但是在大数据时代，随着数字和信息技术的快速发展，已经由物理层面的人-机界面发展为数字化、信息化的人-机界面，在该人-机交互模式下，系统安全分析需要关注多人（人群）、多机（机群），人-机交互不受时空限制，数字和信息已经成为人-机交互的核心纽带，数字技术和信息技术成为系统安全分析与控制的关键手段。

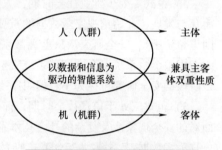

图1-12 系统安全中数据和信息的主客体双重性质

1.5.2 大数据时代系统安全理论建模的挑战与机遇

1. 数据驱动下的系统安全理论建模范式转变

基于数据和信息在系统安全中的双重性质演变分析，可构建系统安全理论建模范式转变的数据-系统-安全三维模型（图1-13）。解析如下：①数据维，根据安全数据技术自身的发展，以及人们对数据在安全生产活动中的角色演变的认识，可将数据维划分成经验型认识阶段、小数据时代和大数据时代。②系统维，根据人们对安全的认识范围（系统）的扩大，从系统粒度视角，可将系统维划分为微系统、中系统和宏系统三阶段，例如生产车间、工段属于微系统，生产企业或组织属于中系统，生产组织所属的经济社会系统属于宏系统。③安全维是对安全科学研究阶段的划分，将系统安全研究划分为三个阶段，分别是农业社会时期的古典安全范式、工业社会时期的近代安全范式和信息社会的大安全范式。

根据上述三个维度的划分，可将数据驱动的系统安全研究分为三范式：

1）范式一处于农业社会时期，该时期人们只关注来自自然环境的危险，主要靠日积月累的经验面对危险，所关注的也只是个体所在的局部范围（微系统），但并没有系统安全研究，可称之为经验型-微系统-古典安全范式。

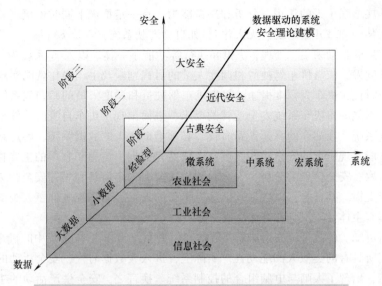

图 1-13　数据驱动下的系统安全理论建模范式转变三维模型

2）范式二处于工业社会时期，人们面对的危险主要来自新技术与新工业，系统安全研究开始萌芽与发展，开始重视安全数据的重要性，并通过数据统计得出系列安全法则指导安全生产（海因里希法则），安全研究从只重视微系统层面的单人或单机，到重视人-机交互，再到采取系统思维考虑整个微系统安全，随着系统安全研究的深入，又由微系统安全研究转向了中系统安全研究，该阶段的安全研究可称为小数据-中系统-近代安全范式。

3）范式三处于信息社会时期，前已述及，大数据技术使信息社会"量变"到"质变"，人们面对的安全现象涉及复杂的社会技术系统（宏系统），大安全观进入研究视野，该阶段的安全研究可称为大数据-宏系统-大安全范式或大数据-大系统-大安全范式。需指出的是，图 1-13 中三个阶段并没有严格的划分界限，相互之间存在交叉。

在大数据-大系统-大安全范式下，和诸多技术创新和思维革新一样，大数据应用于系统安全理论建模的驱动力主要是挑战-机遇机制或拉-推机制（Pull-push Mechanism）。拉力（挑战）体现为：为了实现既定目标需要新技术与新方法；推力（机遇）体现为：新技术使人或组织能够实现更高更新的目标。解释如下。

2. 现有理论安全模型面临的挑战

（1）在现有的中小系统型理论安全模型方面。目前的理论安全模型主要集中于微观系统和中观系统，但是随着社会技术系统（Sociotechnical system）复杂性、耦合性和智能性的快速提高，中小系统型理论安全模型将不能满足复杂系统安全分析需求。而这些变化都是以数据和信息驱动为基础的，复杂系统安全对数据和信息的依赖性更强；同时复杂社会技术系统将产生大量安全数据，由于传统数据统计和分析方法的限制，传统的事故致因建模可能忽视或简化了一些致因因素，将不能适应安全数据的指数型增长。传统的系统安全理论建模思维和方法将不能满足复杂系统安全需求，未来复杂系统安全研究需要以现代计算机技术和信息技术为基础的新技术与新思维。

（2）在现有的还原型理论安全模型方面。安全理论建模方法论从宏观来说主要由整体论方法论和还原论方法论构成。基于还原论的安全理论建模方法预设系统安全问题的"某一侧面"，针对某个问题来获取安全数据。基于整体论的安全理论建模方法不分解系统，把系统视作一个整体，主要从系统的输入输出判断系统结构和功能。传统安全理论建模主要采用还原论方法，把复杂、多样、多变的安全现象首先通过还原论还原为某个逻辑基点，即将系统不断地分解，找出系统的构成组分及其内部机制（可能遗漏一些关键要素），针对各个逻辑基点和系统组分构建理论安全模型，以解释系统的行为和功能。从事故致因模型的发展与演变主线，即点型事故模型（以人或机为中心）→线型事故模型（链式事故模型）→面型事故模型（轨迹交叉类事故模型）→体型事故模型（系统事故模型），以及从不同系统粒度视角对理论安全模型的划分（微系统安全模型、中系统安全模型和宏系统安全模型）可以看出，随着安全科学的发展，安全理论建模已经进入系统范式，需要系统论（或整体论）思想与方法，从系统安全本源出发构建安全模型。需指出的是，还原论和整体论安全理论建模方法并不冲突，而是互相补充。

（3）在现有的小数据型安全模型理论方面。在传统安全理论建模范式下，由于数据采集、数据储存、数据分析等技术的限制，可获得的数据比较少、冗余数据少、数据结构和类型单一，可应用抽样统计方法，通过分析抽样出来的少量安全数据得出系统安全特征，用尽可能少的数据来发掘和表征出尽可能重大的发现。例如海因里希冰山模型或海因里希法则（通过对55万件机械事故的调查得出）、事故频发倾向性模型（通过泊松分布、偏倚分布、非均等分布进行统计分析得出）、人因调查工具（HFIT，通过分析18个事故报告得出）模型等，该类理论安全模型极大程度地推进了安全科学原理研究，但只能反映特定统计样本的事故原理。在传统安全统计建模范式下，55万样本统计结果已经令人信服，但在大数据视阈下，55万也属于小样本。换言之，基于大数据建模范式，海因里希冰山模型等"小数据"型理论安全模型的准确性和适用性将受到冲击与挑战。

（4）在现有的静态型理论安全模型方面。传统安全理论建模假设系统处于某个特定的时空位置，系统的结构（组成元素、元素之间的关联关系）和功能都是确定的。实际上，无论是微系统、中系统还是宏系统，其结构是随着时空变化而变化的，系统功能也随着时空变化，即便是相同的系统结构在不同的时空位置系统功能也可能不一样。这也是导致现有理论安全模型滞后于科学技术发展（或安全科学发展落后于科学技术发展）的原因之一。因此，不同尺度层面的微观系统、中观系统和宏观系统结构和功能都处于不断变化之中，传统的静态型安全理论建模方法不能适应复杂系统的动态变化。

（5）在现有的"解释型"理论安全模型方面。解释已经发生的安全现象和预测将来可能发生的安全现象是复杂系统理论安全模型的两个主要功能。所谓解释，就是对已经发生的现象找出因果或相关关系来说明现象之间的规律或关系。所谓预测，就是已知一些现象，通过因果或相关关系来预见未来即将发生的现象。以事故致因模型为例，现有的事故模型大都属于事故发生以后，通过总结和提炼事故致因的共性规律而构建，并随着新事故致因的出现不断丰富和完善已有事故模型。解释型理论安全模型能够分析与解释事故致因，也能根据模型制定事故预防策略，但只限于分析与预防已经发生过的类似事故，不能实现对没发生过的、未知的事故进行分析与预测。这也是一般事故和较大事故能够有效预防预控，而重特大事故频发的重要原因，因为重特大事故总是孕育着新的事故致因原理。因此，急需借助新思维范式开展预测型理论安全模型研究。

（6）在现有的"因果型"理论安全模型方面。因果性分析是各门学科的核心，尝试从事物之间的因果关系来捕捉事物之间的基本规律。在传统科学研究中，基于简单的小数据系统，比较容易做到因果分析。以事故致因模型为例，因果分析法是事故分析的基本准则，也是事故致因建模最重要的方法（原因→结果、结果→原因或原因↔结果），即通过分析事故的原因（直接原因、间接原因、基本原因、根本原因、根源原因等），并厘清这些事故致因之间的层次与逻辑关系，构建事故致因模型。该类建模方法适合于简单线性系统，可以详细地研究每个数据之间的关联，并从中找出它们之间的因果关系和微观规律。但是复杂系统安全问题实际上是非线性问题，复杂系统安全建模面临的数据量大、冗余数据多、数据结构繁杂，由于非线性、不确定性、复杂性导致因果关系不能确定（或不能快速、经济、有效地确定），一味追求因果关系将不利于快速准确地安全预测与安全决策。

（7）在现有的抽象型理论安全模型方面。系统仿真建模是系统理论建模的重要实践，在军事系统、应急救援等方面已经得到了广泛应用。在系统事故仿真建模方面，现有理论安全模型能够分析事故致因因素和致因关系，但没有考虑事故生命周期的过程仿真建模（即事故的孕育、发生、发展、扩大与消亡过程的仿真再现），随着计算机技术、虚拟仿真技术的发展，所构建的理论安全模型需要考虑为系统事故（或安全）的仿真建模提供理论基础。此外，已经发生的事故是最好的安全科学实验，这很大程度地限制了安全科学与其他科学技术的同时进步和发展，导致只能通过重特大事故的发生推动安全科学发展。目前的安全理论建模主要基于思维实验（这是和其他学科的仿真实验、技术实验、物理实验和工程实验最大不同），系统安全的仿真建模可以实现对系统"事故↔风险↔安全"演变的仿真实验，这能够较大程度地弥补安全科学理论研究思维实验缺乏检验和修正的缺陷。但目前只能通过理论安全模型进行思维层面的推演，还不能实现系统安全动态演变的仿真模拟。究其原因，很大程度是因为现有的建模仿真技术不能满足系统安全的动态性与复杂性要求。

（8）在现有的简化型理论安全模型方面。由于传统安全分析方法、安全思维模式的限制，在安全理论建模时，首先是对目标系统进行简化，找出基于当下安全理论水平的主要因素、主要属性、主要矛盾和主要关系（该过程本身还具有主观性），对目标系统所处的状态、环境和条件进行分析比较，做出合理的简化与假设，以便能够运用已有的科学知识和科学工具，用低层次事物和比较简单的模型去解释复杂系统安全问题。该类模型只是基于系统的某一侧面与某一假设，没有把系统固有的安全属性、安全矛盾和安全关联关系100%地描述出来，可能遗漏了一些关键因素，这对于复杂系统安全理论建模将是致命性缺陷。

（9）在现有的小综合小交叉型理论安全模型方面。传统的安全理论建模研究与实践中，由于思维与方法的限制，各学科、各地区、各机构的研究者只专注于各自领域的安全问题、安全理论与安全方法，这具有以下缺陷：①理论层面，从安全科学"上游-中游-下游"的学科范式来看，下游各个行业学科的安全数据、安全信息与安全知识之间处于独立状态，不能实现相互关联、融合与渗透，阻碍产生共性安全科学理论（上游），进而不利于安全科学理论的发展与完善；②实践层面，各领域研究者只能从各自的专业视角去分析复杂系统安全问题，但是复杂系统安全问题具有非线性和不确定性，需要跨学科、跨领域合作；③经济适用性层面，各个学科、各领域安全数据的封闭会造成科研资源的巨大浪费。由此，复杂系统安全理论建模急需安全科学研究者或其他学科研究者跳出自己所在领域、行业和学科所固有的思维定式，从一个更广阔的系统视角去理解和抓住复杂系统安全理论建模的多维属性。此外，从学科属性来看，安全科学是一门典型大综合大交叉学科，理应需要跨学科、跨领域、跨部门的建模范式，构建大综合大交叉型理论安全模型。

3. 基于大数据的系统安全理论建模机遇

相比于传统的安全理论建模方法，大数据技术可为安全理论建模范式带来如下变革：

（1）促使安全理论建模面向全体数据和动态数据。在小数据时代，由于采集、记录、存储和分析复杂、多样、多变的安全数据的技术和能力有限，准确分析海量安全数据、多样性安全数据（半结构化和非结构化数据）是一种挑战。进入大数据时代，安全数据已成为安全理论建模研究与实践的核心，大数据技术使安全理论建模面向全体安全数据并提供具体可行的技术途径，面对复杂系统安全，可以充分利用大数据对研究对象实现实时与全面描述，并对海量安全数据进行分析和处理，从而发现复杂系统安全规律或本质。

（2）推动安全理论建模实现还原论与整体论的融贯。基于大数据技术，不是有目的地局部收集随机样本，而是全维产生并多角度分析系统安全数据。由于处理了所涉问题的全部数据，这就让整体论中所说的全面、完整把握对象有了科学的表述，并落实到了具体的数据。而这全部数据是由一个个具体的数据构成的，因此还原论中的要素、组分、部件也得到了科学的表述。大数据技术的出现为系统的整体性和动态性分析提供了条件，放弃还原论的分解建模研究，代之以整体数据的分析，承认对复杂问题无法建模，而是直接从现实去寻找答案，这可能是新的建模思路。此外，大数据可以将分解出来的各种碎片又重新组成一个网络，再次回到整体。因此，大数据技术为安全理论建模实现复杂性科学的还原论与整体论的辩证统一提供了具体的技术实现途径。

（3）安全理论建模突出相关关系。相关性是指两个或两个以上变量的取值之间存在某种规律性，可通俗地理解为一个变量的变化有可能会引起另一个变量产生相应的变化，因果关系属于相关关系。传统安全理论建模面对的因果关系是比较容易处理的线性问题。但是，面对海量数据的复杂系统安全问题属于非线性问题，很难得到通用解，一般只能通过数值方法来得到一些特殊解，而且复杂系统安全问题未必有可行的数学模型描述因果关系。大数据技术通过寻找相关数据之间的关系，从而忽略中间过程，忽略其中的因果细节，构建认识问题的数据模型，从宏观上去把握数据之间的相关关系，使非线性问题有了具体的解决路径。通过对大数据进行相关性分析来找出事物之间的关联，既可以避免主观偏见的影响，又可为研究因果关系打下良好基础。需指出，大数据技术重视相关性忽视因果性并不意味着怀疑或否定事物之间的因果关系，或者说，相关性并没有否定因果性，只是忽略了其细节。

（4）增强理论安全模型预测功能。事故（尤其是重特大事故）的发生具有必然性和偶然性，传统的基于小数据及其线性因果关系的理论安全模型可以解释必然性，但不能预测偶然性。面对现代复杂社会技术系统，系统安全解释和预测都比较复杂。大数据技术的核心理念是如何利用大数据进行预测，基于大数据的理论安全模型有助于提前、快速地识别与判断系统未来的安全状态，真正做到系统安全的预测预控。此外，大数据模型来源于海量数据，安全数据量的增长意味着蕴含的安全信息会更多，越多的安全信息运用到模型中，安全预测就会越准确。

（5）实现系统安全动态演变仿真建模。仿真技术在很多领域得到应用，理论建模是仿真实现的基础。在系统安全理论建模与仿真领域，目前还停留在理论建模阶段，由于理论和技术的限制，还不能实现系统安全动态演变的仿真模拟。基于大数据的系统安全理论建模，一方面可以完善现有理论安全模型在实现仿真方面的不足，另一方面，为仿真的实现提供可行的技术路径，实现系统安全动态演变的仿真建模，真正实现系统安全的可视化与可感化。

（6）实现安全理论建模的大综合大交叉。安全科学的大综合大交叉学科属性决定其属于复杂性科学，复杂性科学为系统安全理论建模提供了新思维和新方法，但缺少具体的实现途径。小数据属于简单性科学思维，大数据思维本质上属于复杂性科学思维。大数据技术的兴起弥补了复杂性科学的不足，使得复杂性科学方法论变得可操作。技术层面从小数据到大数据的变革将从本质上推动科学层面从简单性安全理论建模到复杂性安全理论建模的转变，基于大数据思维与技术的安全理论建模是安全科学研究从简单性科学研究范式向复杂性科学研究范式转变的重要表现。不同领域安全数据的融合可以产生新的安全知识，同一领域的安全数据的聚合可以产生新的知识本体。大数据技术的出现和快速发展，将打破传统安全数据壁垒和安全思维定式，极大地促进安全科学共同体之间的交流、汇集与资源共享，促进各个学科（如技术科学、自然科学、社会科学、生命科学、系统科学等）的学者突破自己所在领域的局限性，实现安全科学研究的跨学科、跨地区、跨时空的大规模合作，实现安全数据、安全信息、安全知识和安全科学的资源共享与融合，推动安全理论建模研究与实践真正走向"大安全"。

综上分析，大数据技术的兴起对传统安全科学思维和安全理论建模方法带来了挑战和变革。在挑战方面，传统的中小系统型、还原型、小数据型、静态型、解释型、因果型、抽象型、简化型和小综合小交叉型理论安全模型将不能满足越发复杂的社会技术系统安全需求。在变革方面,大数据技术将促使系统安全理论建模面向全体数据和动态数据、实现还原论与整体性方法的融贯、突出相关关系、增强预测性、实现系统安全动态仿真、实现大综合大交叉。这种挑战-机遇机制(或拉-推机制)将扭转传统安全理论建模缺陷,促使安全理论建模适应新时代、新技术背景下的复杂系统安全需求。

1.5.3 基于大数据的系统安全理论建模范式

为便于论证,首先给出基于大数据的系统安全理论建模新范式[8],如图 1-14 所示,并从三方

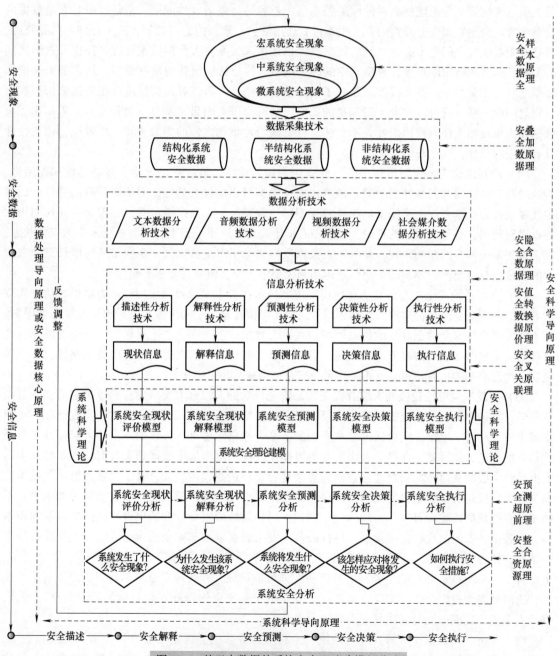

图 1-14 基于大数据的系统安全理论建模新范式

面对其进行剖析，即基于大数据的系统安全理论建模的技术路径、逻辑主线和原理。

1. 基于大数据的系统安全理论建模技术路径

大数据分析技术是数据驱动的系统安全理论建模（Data Driven System Safety Theoretical Modelling）的基础，基于不同的数据分析技术，可以构建不同的系统安全模型。根据相关研究，将大数据分析技术分为一次分析技术和二次分析技术，其中一次分析技术直接面对原始数据（如文本、声音、视频等），将采集到的结构化数据、半结构化数据和非结构化数据转化为可用信息，如文本数据分析（Text Analytics）技术、音频数据分析（Audio Analytics）技术、视频数据分析（Video Analytics）技术、社会媒介数据分析（Social Media Analytics）技术等；二次分析技术用于提取有用信息。按照不同的数据分析目的以及不同的分析过程，可将二次分析技术分为：①描述性分析（Descriptive Analytics）技术，主要用于评估系统当前的安全状态；②解释性分析（Inquisitive Analytics）技术，主要用于解释系统当前的安全状态；③预测性分析（Predictive Analytics）技术，主要用于预测系统未来的安全状态；④决策性分析（Prescriptive Analytics）技术，主要用于系统的决策；⑤执行性分析（Pre-emptive Analytics）技术，主要用于采取预防性措施。

此外，从系统工程视角可将系统安全分析分为：系统安全现状评价、解释、预测、决策、控制和执行等。因此，基于不同的大数据分析目的与方法和不同的系统安全分析目的，可将基于大数据的系统安全模型分为：①系统安全现状评价模型；②系统安全解释模型；③系统安全预测模型；④系统安全决策模型；⑤系统安全执行模型。

2. 基于大数据的系统安全理论建模逻辑主线

系统理论安全模型或系统安全研究的主要功能可以分为三个模块：①面向过去，分析导致目前安全现象的原因，即系统事故致因调查与分析；②面向现在，对目前的系统安全现象做出评价，即系统安全管理；③面向未来（预测未来的安全现象，并做出决策，即系统安全预测、决策与执行）。这三个模块都是基于系统目前的安全现象做出的。更重要的是，安全数据是安全现象的直接体现。因此，以系统安全现象作为系统安全理论建模的逻辑起点具有科学性。根据建模目的的不同，系统安全现象又可分为微系统、中系统和宏系统安全现象。可将上述过程的逻辑主线概括为安全现象（Safety Phenomenon）→ 安全数据（Safety Data）。

根据数据研究数据-信息-知识-智慧（Data-Information-Knowledge-Wisdom，DIKW）框架，以及对大数据应用于安全科学领域和事故调查的相关研究，可将这一过程概括为安全数据（Safety Data）→ 安全信息（Safety Information）→ 安全洞见（Safety Insight），其中安全洞见（Safety Insight）包括安全知识（Safety Knowledge）和安全智慧（Safety Wisdom）或安全科学（Safety Science）。安全数据→ 安全信息过程主要是从海量安全数据中提取有用的安全信息（现状信息、解释信息、预测信息、决策信息和执行信息）。安全信息→ 安全洞见过程是指从获取的安全信息中提炼安全知识和安全智慧，作为安全理论建模的基础。又根据基于大数据的系统安全理论建模技术路径，可将系统安全行为归纳为安全描述（Safety Description）→ 安全解释（Safety Inquisition）→ 安全预测（Safety Prediction）→ 安全决策（Safety Decision）→ 安全执行（Safety Action）。综上，可将系统安全理论建模路径（或逻辑主线）概括为"Safety Phenomenon → Safety Data → Safety Information → Safety Description → Safety Inquisition → Safety Prediction → Safety Decision → Safety Action"[6-8]。

3. 基于大数据的系统安全理论建模原理

大数据应用于系统安全理论建模需要以大数据技术、信息技术、系统科学、安全科学等基础技术与学科为理论基础，还需要这些基础技术与学科融合而成的具体的建模原理作为指导。在对大数据应用于安全科学领域原理研究的基础上，加入系统科学导向原理，将基于大数据的系统安全理论建模原理归纳为：安全数据全样本原理、安全数据叠加原理、安全数据核心原理（或数据处理导向原理）、安全数据隐含原理、安全数据价值转换原理、安全关联交叉原理、安全资源整合原理、安全超前预测原理、安全科学导向原理、系统科学导向原理。

各个原理在建模过程中的应用简述如下（见图1-14）：①安全数据全样本原理，主要用于数据采集阶段，根据所研究的系统安全问题和系统尺度，可将数据分为微观层面安全数据、中观层面安全数据和宏观层面安全数据；②安全数据叠加原理，主要用于依据数据特点以及数据处理技术对数据进行初选和分类；③安全数据核心原理（或数据处理导向原理），即去除"噪声"类数据，以大数据处理一般流程为导向；④安全数据隐含原理、安全数据价值转换原理和安全关联交叉原理，主要用于从安全数据提取和挖掘有用安全信息；⑤安全资源整合原理，基于大数据的系统安全建模涉及传感器技术、物联网技术、数据传输技术、信息技术、系统工程、安全工程技术等，需要在建模过程中整合现有资源与理论；⑥安全超前预测原理，大数据技术最主要的功能是预测预报，这也是基于大数据的系统安全模型主要功能；⑦安全科学导向原理，基于大数据的系统安全建模是以目的（系统安全）为导向、以数据为核心的，因此，在建模过程中需要安全科学理论指导；⑧系统科学导向原理，贯穿于整个系统安全理论建模，将数据和安全相结合，此外，理论安全模型本身就是一个系统，其建模过程属于系统工程，因此，理应需要系统科学原理。

1.5.4 结论

（1）数据和信息系统在安全生产活动中既是客体又是主体，具有主客体双重性质。在进行系统安全理论建模时，必须考虑数据和信息在安全生产活动中的主体角色。数字和信息已经成为人-机交互的核心纽带，数字技术和信息技术成为系统安全分析与控制的关键手段，系统安全分析需要关注多人（人群）、多机（机群）。

（2）构建由数据维、系统维和安全维组成的系统安全理论建模范式数据-系统-安全三维框架。将数据驱动的系统安全研究分为三范式：经验型-微系统-古典安全范式、小数据-中系统-近代安全范式与大数据-宏系统-大安全范式（或大数据-大系统-大安全范式）。

（3）分析现有九类（中小系统型、还原型、小数据型、静态型、解释型、因果型、抽象型、简化型和小综合小交叉型）理论安全模型在大数据时代面临的挑战，从面向全体数据和动态数据、实现还原论方法与整体论方法的融贯、突出相关关系、增强预测性、实现系统安全动态仿真、实现大综合大交叉六个方面分析大数据给系统安全理论建模带来的机遇。

（4）提出基于大数据的系统安全理论建模新范式，并解析：①在技术路径方面，将大数据分析技术分为一次分析技术（文本数据分析技术、音频数据分析技术、视频数据分析技术、社会媒介数据分析技术等）和二次分析技术（描述性分析技术、解释性分析技术、预测性分析技术、决策性分析技术、执行性分析技术）；②逻辑主线概括为：安全现象→安全数据→安全信息→安全描述→安全解释→安全预测→安全决策→安全执行；③将建模原理归纳为：安全数据全样本原理、安全数据叠加原理、安全数据核心原理（或数据处理导向原理）、安全数据隐含原理、安全数据价值转换原理、安全关联交叉原理、安全资源整合原理、安全超前预测原理、安全科学导向原理、系统科学导向原理，并分析各个原理在建模过程中的作用阶段。

本章参考文献

[1] 吴超，杨冕，王秉. 科学层面的安全定义及其内涵、外延与推论 [J]. 郑州大学学报（工学版），2018，39（3）：1-4，28.

[2] 刘潜. 安全科学和学科的创立与实践 [M]. 北京：化学工业出版社，2010.

［3］ HUGHES B P，NEWSTEAD S，ANUND A，et al. A review of models relevant to road safety ［J］. Accident Analysis and Prevention，2015（74）：250-270.

［4］ 黄浪，吴超，贾楠. 安全理论模型构建的方法论研究 ［J］. 中国安全科学学报，2016，26（12）：1-6.

［5］ 黄浪，吴超. 事故致因模型体系及建模一般方法与发展趋势 ［J］. 中国安全生产科学技术，2017，13（2）：10-16.

［6］ 王秉，吴超. 基于安全大数据的安全科学创新发展探讨 ［J］. 科技管理研究，2017，37（1）：37-43.

［7］ 欧阳秋梅，吴超. 大数据与传统安全统计数据的比较及其应用展望 ［J］. 中国安全科学学报，2016，26（3）：1-7.

［8］ HUANG LANG，WU CHAO，WANG BING，et al. A new paradigm for accident investigation and analysis in the era of big data ［J］. Process Safety Progress，2018. 37（1）：42-48.

［9］ 黄浪，吴超，王秉. 大数据视阈下的系统安全理论建模范式变革 ［J］. 系统工程理论与实践，2018，38（7）：1877-1887.

第2章
系统安全新模型

2.1 广义安全模型

【本节提要】

　　基于安全科学和大安全观的视角，以系统安全为切入点，提出安全模型的"正向构建"范式，并构建广义安全模型。在此基础上，分别从微匹配-微系统、中匹配-中系统、宏匹配-宏系统三个层面解析广义安全模型的内涵和模型的特征。分析所建模型在创新安全系统学子系统划分方法、促进安全科学原理深入研究、提供事故预防与安全管理途径、指导安全学科建设等方面的功能。

　　通过构建模型来揭示原型的形态、特征和本质，是人类在认识世界和改造世界的实践过程中的一大创造，也是科学研究的最常用方法。同样，在安全科学研究领域，模型也被广泛应用于阐释事故发生机理、风险控制与管理原理、安全学科建设等，被称为安全模型。由此可见，安全模型研究在安全科学领域是一个有价值的研究方向。

　　学界很早就开展了关于安全模型的构建研究，目前理论安全模型研究成果主要集中在两方面：一是基于逆向构建范式（即以事故预防为主线，并以事故为切入点）构建的安全模型；二是基于中间构建范式（即以风险控制与管理为主线，从未形成事故的隐患出发）构建的安全模型。目前学界以事故和风险为着眼点构建的安全模型可反映某类事故发生的规律性，在事故预防、安全管理、风险控制与管理实践中已得到一定的证实和应用，可为事故的定性定量分析、事故的预测预防、改进安全管理工作等提供理论指导，但这些模型只是安全模型的一部分，研究视角较窄，无法较为完整地阐述安全科学理论体系整体框架，可称之为狭义安全模型，它主要存在三点缺陷：

　　1）事故和风险只是安全科学研究的一部分，把安全科学归结为事故研究和风险研究的理念在内容和对象上过于狭窄，不利于安全学科的建设和发展，因为自然和社会的安全不是只用事故和风险可以概括的，尤其是大安全观的形成和提出以后。

2）事故只是反映其致因的一种末端状态，大量的安全研究、安全管理工作更多应该关注安全和危险状态转化规律。因为对于已经发生的已知事故的致因是可以比较容易分析清楚的，但对于未发生、未知事故的具体原因仍然未知，导致安全科学研究受到很大限制。

3）上述各个模型缺乏考虑系统性、动态性，随着安全范畴、内涵和外延的不断拓展，狭义安全模型已经不能满足于描述、演绎、归纳和解决当今诸多安全问题的需要，同时也出现了很多用现有安全模型难以解释的安全问题。

鉴于此，为克服狭义安全模型（基于"逆向构建"范式构建的安全模型、基于"中间构建"范式构建的安全模型）的不足，进一步完善安全科学理论体系，从安全科学和大安全的视角出发，以安全为基点，提出安全模型的"正向构建"范式，并构建广义安全模型，在此基础上，深入剖析广义安全模型的内涵、功能和应用前景等。这在安全科学研究领域尚未曾见，具有一定的创新性，拓宽了安全科学研究的思路和方法，并可为安全科学研究提供理论性指导。

本节内容主要选自本书作者发表的研究论文《广义安全模型构建研究》[1]。

2.1.1　广义安全模型的提出

综合上述分析，针对狭义安全模型的缺陷，结合逆向构建范式和中间构建范式，提出以系统安全为切入点的安全模型构建范式，即以系统安全为主线，从本原安全开始研究和构建安全模型，简称正向构建，并把通过这种范式构建的安全模型称为广义安全模型。广义安全模型和狭义安全模型的本质区别在于两者的构建范式、研究对象与研究内容，其中广义安全模型通过正向构建范式以安全为研究对象，更利于安全学科的建设和发展，能够有效划分安全科学理论探索活动的领域和研究活动的分工合作，也能更好地指导实践，而且可以拓展到大安全的范畴。为了便于阐述广义安全模型内涵及构建理念，先给出模型全图，如图 2-1 所示。

广义安全模型是从安全科学学的高度和大安全的视角，运用系统工程的原理和方法，通过微匹配表征人群与机群相互作用关系、中匹配表征安全科学体系内学科关系、宏匹配表征安全科学与其他学科关系，并由微观到宏观分别形成微系统、中系统和宏系统，从而构成的具有特定功能有机体系。阐释如下：

（1）模型中的"人群"是广义的，可指单个的人或多人组合；模型中的"机群"是广义的，可指系统中人以外的其他要素，如机器、物质、环境等，也可以是多因素的组合。人群和机群的匹配模型，比已有的人机匹配模型更具普适性和更加符合实际。

（2）模型的目标是以人为中心，实现人在系统中的生存、生活、生产活动的安全、健康、高效、舒适等，即无伤害事故发生、无职业病危害、满足人的心理要求和达到最优的安全效益。

（3）通过模型中的微匹配、中匹配、宏匹配以及微系统-中系统-宏系统之间的和谐匹配，实现系统和谐，进而实现模型目标。微系统、中系统和宏系统之间是渐进的关系，即从微观到宏观、从局部到整体的关系。

（4）广义安全模型是一个具有综合性、边缘模糊性、多学科交叉的复杂系统，其本身不仅具有兼容性、多元素性，且隐含着链式、网链式和系统模型关系，以及边界之间的清晰区、模糊区、交叉区。

2.1.2　广义安全模型的内涵解析

从图 2-1 看出，广义安全模型由微系统（图 2-1 中虚线的范围）、中系统（图 2-1 中点画线范围）、宏系统（图 2-1 中双点画线范围）三级子系统构成，这三级子系统各自的匹配关系由微匹配、中匹配、宏匹配分别表征，下面分别做深入的剖析。

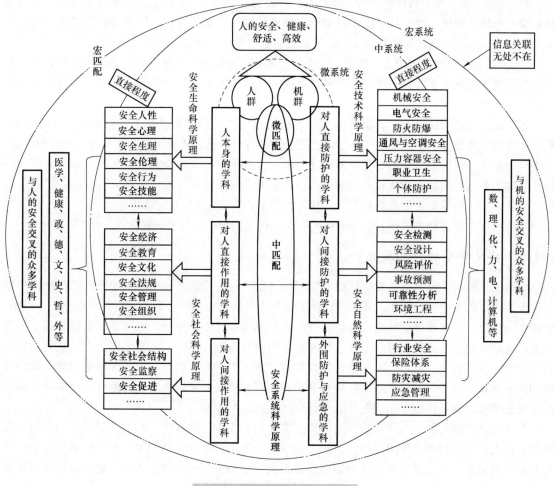

图 2-1 广义安全模型（GSM）

1. 子匹配-子系统内涵解析

（1）微匹配-微系统的含义。在图 2-1 的广义安全模型中，把人群视为中心和服务对象，同时也看作实现模型目标的要素，这体现了以人为本的理念和人的主观能动作用。人群的主要活动都是与机群相互联系的，即模型目标的实现也离不开机群这个要素，人群与机群之间的相互作用（物质、能量、信息的传递与交换）关系通过微匹配表征，微匹配是微系统人群与机群之间的关联关系，因此，由人群、机群、微匹配构成微系统。如果对微系统包含的人、事、物范畴做一个比较明确的说明，它可以指类似一个工厂车间范围的安全生产系统，是人群与机群通过微匹配关联而成的系统。微匹配-微系统的范围如图 2-1 中虚线所示，其内涵进一步解析如下：

1）安全科学是一门以人为本的学科，人是安全的主体。人可能是事故灾害的受害者，也可以是制造事故灾难的始作俑者或参与者，更是减少危险发生的防治者，安全系统的设计者、开发者及管理者等。在广义安全模型中，人群是人机匹配链条上的决定一环，人群比机群更加不稳定，由其主导系统安全性，其自身依靠的科学基础需要借鉴人性学、生理学、心理学、人体生物力学、解剖学、医学、卫生学、人类逻辑学和社会学等学科的研究成果。

2）在广义安全模型中，通过微匹配实现人机之间的沟通和协调，把人群和机群结合起来形成一个有机整体。微匹配可以分为硬匹配和软匹配，硬匹配是一般意义上的人机界面或人机接口，软匹配不仅包括点、线、面的直接接触，还包括存在距离的能量、信息的传递和控制作用等非直接接触。另外，传统的人机学模型更多的是单人单机，而广义安全模型中微系统包含人群与机群的匹配，也就是多人多机模式。

（2）中匹配-中系统的含义。所构建的广义安全模型应该体现安全学科的综合属性和安全学科的性质特点、关系结构、运动规律、社会功能等，并能在此基础上进一步研究促进安全科学发展的一般原理、原则和方法，因此，结合文献归纳提出的五类安全科学原理（安全生命科学原理、安全自然科学原理、安全技术科学原理、安全社会科学原理和安全系统科学原理），在微系统基础上，围绕人群和机群，分别构建以人为主线的直接-间接学科链（人本身的学科-对人直接作用的学科-对人间接作用的学科）和以机为主线的直接-间接学科链（对人直接防护的学科-对人间接防护的学科-外围防护与应急的学科）。在安全科学体系内，按照上述两条主线构建的学科链（两个要素）不是独立存在的，而是通过相互配合以实现模型目标，这种相互配合关系称为"中匹配"，进而构成中系统。如果对"中系统"的范围做一个具体的说明，它主要指安全生产范畴，图 2-1 中列出的学科知识就是目前各个行业安全生产所共同涉及和需要的，范围如图 2-1 中点画线标示。

1）以人为主线的直接-间接学科链。

a. 人本身的学科。安全科学研究是为了保障人类生命安全与健康，因此，首先关注安全科学与人本身的学科交叉形成的安全生命科学（安全人性、安全心理、安全生理、安全行为等），研究生命特征、生命运动规律、生命与环境的相互作用等现象对人的安全状态造成的影响，从而顺应生命规律、保障人的安全、实现人的健康和舒适。

b. 对人直接作用的学科。对人直接作用是通过对人的安全心理、安全行为产生直接影响，从而提高人的安全意识和安全技能，进而实现人的安全状态。对人直接作用的学科是从社会科学角度探索安全教育、安全经济、安全法规、安全管理等多方面对人安全的影响（安全现象），并总结保障人的安全健康的基本规律（安全规律）所形成的安全学科（安全科学）。

c. 对人间接作用的学科。对人间接作用的学科主要是探讨社会环境（安全社会结构、安全文化和安全监管监察等）对人安全行为的影响形成的知识体系。它们自身学科的研究对象并不是针对人本身，但其最终目标是为实现人的安全状态提供更加有利的环境、文化等支持或约束人的不安全行为。例如安全监管监察，其目的是企业风险的降低并消除，从而保障人的生命和财产安全。

2）以机为主线的直接-间接学科链。安全科学从人体免受外界因素（机群）危害的角度出发，并以创造保障人体安全健康条件为着眼点，在广义安全模型中这种保障条件可从对人直接防护、对人间接防护、外围防护与应急三个层面阐述。

① 对人直接防护的学科。这是指通过机群对人群的安全健康产生直接保障作用的学科，涉及对人群直接防护的学科通过运用安全自然或技术科学原理，采用如机械安全、电气安全、防火防爆、通风与空调安全、压力容器安全和职业卫生等科学技术，为保护人群提供各种有效的手段和装备及人造空间等。

② 对人间接防护的学科。这是指通过保障机群的可靠运转从而对人产生间接防护作用的学科。对人间接防护的学科通过安全自然或技术科学原理，采用安全检测、安全设计、风险评价、事故预测和可靠性分析等科学技术，这些科学技术虽然不是直接作用于人群和为人群提供直接保护作用，但也为保护人群提供更进一步的安全保障作用。

③ 外围防护与应急的学科。尽管人们千方百计地预防事故，但客观上还是有导致伤害和损失的事故发生，因此在做好事故预防和预控的同时，还应关注事故发生后如何减轻事故损失，也就是通过事故后的应急救援与外围防护最大限度地减少人员伤亡、财产损失、环境破坏以及事故处置等，这些涉及保险体系、防灾减灾、应急管理等。

3）中系统-中匹配的形成。上述以人为主线的直接-间接学科链和以机为主线的直接-间接学科链，这两条链之间仍然存在着千丝万缕的联系和互为影响作用，并构成了比微系统更大的子系统，在此称之为"中系统"，而实现这个中系统各要素之间的匹配问题，可称为中匹配。在中系统中，通过安全系统思想对安全科学体系内的各要素进行匹配，并实现中系统安全的目标。在确保中系统目标实现的过程中，不同的场合和环境条件下，以人为主线的直接-间接学科链和以机为主线的直接-间接学科链所发挥的作用或贡献率是不一样的，就生产领域发生的事故致因的比例统计结果而言，以人为主的学科链往往发挥更大的作用。

（3）宏匹配-宏系统的含义。从图 2-1 和上述分析可知，以人为主线的直接-间接学科链所关联的各门安全科学又与许多社会科学相互交叉并得到它们的支持，以机为主线的直接-间接学科链所关联的各门安全科学又与许多自然科学相互交叉并得到它们的支持。这种关系也是由安全科学是一门综合横断交叉学科的属性所决定的，安全科学的外延几乎涉及所有的领域。如果将安全科学的外延涵盖进来，它们构成一个庞大的学科体系，这里称之为宏系统，如图 2-1 双点画线标示的范围，而讨论研究宏系统的协同和谐（安全科学与其他学科之间的关联关系），则称之为"宏匹配"。如果对宏系统的范围做一个具体的说明，它主要涉及大安全范畴，远远超出了生产安全的领域。

宏系统和宏匹配也表达了安全科学的浩瀚时空属性，说明了要深刻理解安全规律、研究与开发事故的预防策略和控制事故损失，还必须吸收其他学科的原理和方法，其知识体系存在着由安全科学和哲学、法学、文学、历史学、工学、军事学、管理学、医学、农学、理学、教育学和经济学等其他领域学科交叉形成的立体网络结构。

在广义安全模型中，通过宏匹配表征上述立体网状结构关系，宏系统是安全科学按照其研究对象的内在规律通过宏匹配的跨学科研究活动而形成的有机系统。宏系统包括了中系统，中系统包括了微系统，即大安全包括了生产安全，生产安全包括了各类厂矿车间等的安全。

2. 模型特征分析

从广义安全模型的内涵、构建及解析可以归纳出其具有系统性、整体性、实践性、目的性、开放性和动态性的特征，见表 2-1。

表 2-1 广义安全模型特征

特　征	特　征　释　义
系统性与整体性	系统安全是系统整体涌现性的表现。在广义安全模型中的微匹配-微系统、中匹配-中系统、宏匹配-宏系统构成一个有机整体，脱离任何部分都谈不上整体涌现性。广义安全模型的系统性和整体性还体现在从人类活动及社会发展中的任何一个侧面、一个过程都不能全面反映安全的本质和运动规律，只有全时空、全过程、多维、静动结合地观察和探索，才能找出安全科学需要研究的问题
目的性与实践性	广义安全模型是以人的身心不受外界因素（机群）危害的角度去研究、认识和揭示安全学科的基本规律为目的的，为了探讨如何使人群和机群保持和谐匹配，在安全科学学的高度研究安全体系内的学科联系，以及安全学科体系与其他学科的关系，因此模型具有特定的目的性。另外，定理、原理都是从实践中发现和总结，然后再运用到实践中去指导实践并不断完善的，这决定了广义安全模型的实践性特征
动态性与开放性	从劳动保护到安全科学，从生产安全到公共安全，人类一切活动领域的安全，是人类生存、繁衍和发展历程的动态安全，因此，安全科学需要与时俱进，这决定了广义安全模型的动态性特征。安全科学综合学科属性决定了安全科学研究需要和能够从其他所有学科中吸收知识，以及安全科学技术的研究要从更高的视野借鉴和引用其他所有学科的精髓，决定了广义安全模型的开放性。动态性和开放性是广义安全模型在动态中保持稳定存在的前提，也是安全系统复杂性及安全与事故转换机制复杂性的重要体现

2.1.3　广义安全模型的功能分析

广义安全模型除了具有事故致因模型和事故预防与安全管理模型所表达的功能以外，还具有促进安全科学原理深入研究、指导安全学科建设、指导安全科学实验室创建等功能，见表 2-2。

表 2-2　广义安全模型的功能分析

功　能	功　能　释　义
创新安全系统学子系统划分方法	广义安全模型把安全系统分为微系统、中系统、宏系统，并阐述了这三级子系统的微匹配、中匹配、宏匹配的特征和范围，为安全系统学子系统划分提供了新方法
促进安全科学原理深入研究	用于阐释安全科学的综合学科属性，厘清安全科学和其他相关学科的交叉关系，使安全科学的研究与安全内涵外延的拓展相匹配。指导安全生命科学原理、安全社会科学原理、安全技术科学原理、安全自然科学原理和安全系统科学原理下属原理的研究与体系构建
指导安全学科建设	指导设置以人群为中心的"人本身的学科-对人直接作用的学科-对人间接作用的学科"学科链和以机群为中心的"对人直接防护的学科-对人间接防护的学科-外围防护与应急的学科"学科链所涉及的学科建设和发展，为确定安全科学学科方向、构建学科体系、厘清各安全学科逻辑层次关系，以及安全科学与其他学科之间的交叉关系提供理论指导
提供事故预防与安全管理途径	模型中的人群和机群构成了事故预防与安全管理的两个方面，从"人本身的因素-对人直接作用的因素-对人间接作用的因素"和"对人直接防护的因素-对人间接防护的因素-外围防护与应急的因素"出发，以及它们的协同，可形成和谐安全文化氛围，制定科学合理的安全管理制度，从而促进事故预防与安全管理工作的改善
提供事故致因分析层次	按照广义安全模型分析事故致因，可将事故原因分为人群的原因和机群的原因，围绕直接-间接关系继续追溯至人本身的原因、对人直接作用的原因、对人间接作用的原因，以及对人直接和间接防护的安全技术与自然方面的原因，从而形成系统的事故致因因素
指导安全科学实验室构建	指导安全科学综合实验室建设，如安全人机实验室、安全心理实验室、行为安全实验室、电气安全实验室、防火防爆实验室和职业防护实验室等

2.1.4　结论

广义安全模型丰富了安全科学理论体系，为安全科学研究与探索提供了一种全新的视角和分析问题的思路，在安全科学的研究、建设与发展层面以及安全科学的实际应用层面都具有理论指导作用。

（1）现有一些安全模型的建模思路可归纳为以事故为切入点的逆向构建范式和以风险为切入点的中间构建范式，这些模型可称为狭义安全模型。从安全科学学的高度和大安全的视角，提出以安全为出发点的安全模型正向构建范式，构建了一个新的广义安全模型。

（2）通过微匹配表征人群与机群的安全关系并形成微系统，通过中匹配表征安全科学学科体系内复杂关系并形成中系统，通过宏匹配表征安全科学与其他学科的交叉关系并形成宏系统。从微匹配-微系统、中匹配-中系统、宏匹配-宏系统这三个维度解析广义安全模型的内涵，并论述广义安全模型的系统性、动态性等特征。

（3）论述了广义安全模型在促进安全科学原理深入研究、指导安全学科建设、提供事故预防与安全管理途径、指导安全科学实验室创建以及提供事故致因分析层次等方面的功能。

2.2 | 系统安全韧性的理论模型

【本节提要】

为完善安全系统学理论体系，立足于理论思辨层面，基于韧性科学和安全系统学，提出安全韧性的定义，并解析其内涵，论述其研究意义。基于此，从三个维度构建系统安全韧性塑造体系概念模型，并对其进行扼要阐释；深入剖析系统安全韧性塑造体系的作用机理，并构建其作用模型。基于系统安全韧性曲线，构建系统安全韧性评估的数学模型，并进行系统安全韧性曲线的对比分析。

韧性是目前学界的研究热点，在生态韧性、城市韧性、工业过程韧性、交通运输系统韧性、配电网韧性、食品安全韧性与心理韧性等方面已开展大量研究，并由此形成韧性科学（Resilience Science）。在韧性科学与安全科学的交叉研究方面，对于某一系统而言，系统的安全防御与事后恢复等能力是系统韧性的重要影响因素。因此，毋庸置疑，安全韧性应是韧性科学与安全系统学交叉领域的一个有价值的研究课题。

查阅相关文献表明，目前学界尚未明确提出系统的安全韧性这一概念，仅在系统的安全防御能力方面进行相关研究，如对系统的脆弱性及安全容量与冗余等的研究，这是合乎情理的，因为预防与控制事故发生是保障系统安全的关键，但这些研究范式偏向预防层面，未能将"应变"和"重建（或提高）"提升到相同或更高的高度。此外，客观事实表明，现阶段某些事故，特别是自然灾害一定会发生，并会使系统遭到重创，而上述相关研究仅可表征系统安全韧性的系统安全防御功能，即事故预防与救援能力，缺乏考虑系统的事后恢复和优化能力。换言之，目前学界对系统的整体性安全能力（即事前、事中与事后的协同）缺乏研究，而系统的安全韧性可完整涵盖上述两方面的系统的安全能力，即系统的安全韧性研究可弥补上述研究缺陷。因此，很有必要将韧性科学理论扩展到安全科学、安全系统学领域，进而满足预防、应急和重建三者关系深入研究的需求。

鉴于此，基于安全系统学和韧性科学的相关研究，立足于理论思辨层面，深入剖析与阐释系统安全韧性的概念、内涵、塑造与评估等基本问题，以期为安全系统学研究提供新思路和新方法，以及为后期学界关于系统安全韧性的进一步研究奠定理论基础。与此同时，也引导并呼吁国内外学界更多地关注和开展系统安全韧性理论的相关研究与实践。

本节内容主要选自本书作者发表的研究论文《系统安全韧性的塑造与评估建模》[2]。

2.2.1 安全韧性的定义、内涵与研究意义

1. 定义与内涵

在韧性定义方面，不同的学者从不同的研究视角给出了不同的韧性的定义与内涵，如能力恢复说、扰动说、系统说、提升能力说等，以及国际韧性科学研究组织——韧性联盟（Resilience Alliance）给出的相关阐释。尽管上述解读有差别，但其本质都是一样的，都强调系统对外界冲击和扰动的承受、吸收、恢复与提高能力。此外，从工程韧性到生态韧性，再到演进韧性，体现了学界对韧性理论认知的飞跃，为提出系统安全韧性理论打下了坚实的理论与实践基础，同时韧性理论在心理、生态、社会与经济等领域的应用可为系统安全韧性理论的创建提供丰富的经验借鉴

和应用背景。

基于上述韧性定义、韧性科学在相关领域的应用，以及韧性科学与安全科学的交叉与渗透，提出系统安全韧性的定义：是指系统在一定时空内面对风险的冲击与扰动时，维持、恢复和优化系统安全状态的能力。在此基础上，可用系统的安全韧度表征系统的安全韧性能力。安全韧性内涵解析如下：

（1）尽管系统的安全韧性理论比较新颖，但并非横空出世，而是基于韧性理论，在脆弱性、安全容量、安全冗余等范式基础上发展起来的。安全韧性理论的基本思想也是对传统安全系统学理论的继承与发展，是实现系统和谐与安全可持续发展的新思路，同时也是安全系统学研究领域中新的理论范式和表达方式。

（2）系统安全韧性包括系统的抵抗扰动能力、缓冲扰动能力、吸收扰动能力和事后恢复与提高能力，是一种和持续不断的调整与适应能力紧密相关的动态的系统属性。当用来表征系统安全状态时，其宗旨是减少事故灾害发生概率、降低灾害冲击程度和缩短事后恢复时间，以及达到新的更加稳固的安全状态。当用来表征系统安全状态的实现过程时，系统安全韧性范式是一种新路径。

（3）传统的安全系统学研究范式主要关注物质技术系统方面的因素（因为物质技术系统的崩溃会造成直接的伤害和损失），而缺乏探讨系统中人或组织的因素。系统的安全韧性理论在传统范式的基础上，凸显人或组织在抵御风险扰动时的主导性作用，强调通过人或组织的学习和适应能力，不断调整安全制度、改善安全结构和积累安全经验等，以实现恢复和优化系统安全状态。

（4）系统安全韧性理论从韧性科学的视角审视系统安全问题，其范式内涵可分四个连续循环阶段，即维持、应对、恢复和优化，如图 2-2 所示。在实际操作层面（事故的预防预控），强调整个安全体系的营建、维护、反应和协调，即突出事前的"预测、预报、准备"，事中的"反应、响应、应变"与事后的"恢复、重建、成长"同等重要。

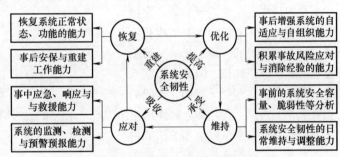

图 2-2　系统安全韧性内涵解析

（5）该定义对时间和空间进行了限定，因为现在认可的某种安全状态在古代或是未来的认同度可能是完全不同的；在不同的国家、地区或民族里，对安全状态的认同度也有很大的不同，因此没有时空的限定谈系统安全韧性将会产生混乱和没有实际意义。此外，加入"一定时空"还推论出该定义是可随时间的迁移和空间的不同而变化和发展的，符合科学语义学。

2. 研究意义

（1）为安全系统学研究提供新思路。现有从系统外部去切割和审视系统安全问题的思路，分别从相似和比较两条路径创新了安全系统学的研究方法，还需要从系统内部，即系统属性这个视角探析安全系统学研究，而韧性本来就是系统的本质属性，因此，安全韧性的提出可以在相似和比较方法创新的基础上，为安全系统学研究提供新思路。

（2）指导系统安全规划的新方法。学界虽然在系统安全规划方面业已取得了巨大成就，但现行的模式侧重于事前规划，呈现出典型的破坏之后在最短的时间内恢复到原始状态的简单被动的工程学思想，没有充分考虑系统元素所扮演的角色和所创造的价值。安全韧性理论则强调通过安全规划技术、安全规划标准等物质技术层面和公共管制、大众参与等人文社会层面结合的系统安全建构范式，全面提高系统安全韧性的结构适应能力、承受能力和重建恢复能力，进而长期增强系统的安全韧性，体现了"短期止痛"和"长期治痛"的本质区别。换言之，安全韧性理论有助于扭转在应对风险冲击与扰动时的被动局面，为风险社会背景下系统安全规划提供新方法。

（3）实现安全可持续发展的新路径。传统的可持续发展理念主要是通过工程手段和物理手段机械地迎合不断增加的安全标准来取得平衡，这是一种被动的防御性路径，忽视了系统的自组织和协调能力。系统安全韧性范式则强调增强系统适应不确定性的能力，是一种主动的适应性路径。在该范式的逻辑框架下，强调系统吸收、缓冲扰动的能力，通过系统组分之间的优化、协调和重新组合来分割和抑制相对有限的失效，最终实现系统整体的安全运行，实现系统的安全可持续发展。系统安全韧性思想的提出有助于学界对可持续发展的意义和实现模式有全新的认识。

2.2.2 系统安全韧性的塑造

1. 系统安全韧性塑造体系概念模型

安全系统具有多元性、相关性及整体性的特点，安全韧性的塑造是一项系统工程，是一个由多主体构成的具有层次性的复杂体系，在其运行和发展的过程中，涉及的影响因素众多，与系统内部各元素、环节或子系统之间的协同作用紧密相关。系统安全韧性塑造体系概念模型是对研究对象和内容的第一次抽象与假设，它将零散的、非结构化的知识转换为系统的、结构化的与可读性强的基础理论知识。因此，根据系统的基本构成（包括元素和元素间的关联关系），结合系统安全韧性的定义与内涵以及安全系统学相关研究可知，可从元素或子系统维度、关联关系表征维度和安全韧性功能维度进行系统安全韧性的塑造体系概念模型构建如图 2-3 所示，即系统的安全韧性由系统组成元素自身的韧性、元素之间关联关系的韧性和所具有的韧性功能决定。

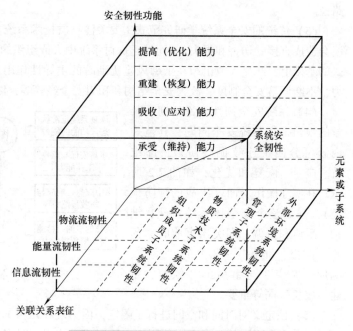

图 2-3　系统安全韧性塑造体系概念模型

（1）系统构成元素（或子系统）维度。基于典型的安全系统构成要素（人、物、环境与管理），在系统构成元素或子系统维度，将系统安全韧性的支撑体系划分为组织成员子系统、物质技术子系统、管理子系统与外部环境子系统。其中：

1）组织成员子系统对应对于单个的人（个体因素）和多个的人（组织因素），是系统安全韧性塑造体系中的主导性支撑要素。其中个体的安全韧性能力由安全认知能力、风险感知能力、安全心理、安全生理、安全意愿、安全意识、安全认同感、安全行为、安全责任心等决定。

2）物质技术子系统，在典型的安全系统理论中"物"主要是指设备实施和物质因素，含义相对比较单薄。而系统安全韧性支撑体系中物质技术子系统的含义相对广泛，不仅涵盖设备设施，还包括系统运行过程中起到安全保障作用的技术因素。其中技术包括硬件技术和软件技术，硬件技术主要是保障物的安全状态，软件技术则趋向于预防和控制人的不安全行为。因此，物质技术系统韧性能力是系统安全韧性塑造体系的物质技术保障能力。

3）管理子系统，可将安全系统理论中的"环境"要素理解为内部环境和外部环境。管理子系统与"管理"要素相对应，是系统安全韧性塑造、推动系统安全韧性演进的重要支柱，但这仅仅是塑造系统安全韧性的一种手段，而其目的是塑造系统安全环境（即内部环境系统）。

4）外部环境系统，外部环境系统对应于"环境"要素（如法规政策、自然、道路、教育、经济、政治、社会、舆论等），是安全韧性塑造体系的重要外部推动因素。

（2）关联关系维度。关联是安全系统元素与元素间通过某一介质元件所建立起来的特定安全联结关系，如常见的"物-物"安全关联、"人-物"安全关联与"人-人"安全关联等。由于任何系统组分之间或系统与外部环境之间都在不断进行物质、能量和信息的交互（这种交互关系在某种程度上可以理解为系统的代谢流），从而在时间和空间上形成物质流、能量流和信息流。这三种代谢流是系统安全韧性塑造体系的运转手段和动力机制，而传统安全系统学研究范式往往缺乏考虑系统元素之间关联关系的韧性。因此，安全系统元素之间或系统与系统之间的关联关系韧性可通过物质流韧性、能量流韧性与信息流韧性表征。

（3）功能维度。根据系统安全韧性内涵（图 2-2），从承受（维持）能力、吸收（应对）能力、重建（恢复）能力与提高（优化）能力四个层面整合系统安全韧性结构与功能。

2. 系统安全韧性塑造体系作用模型

系统安全韧性塑造体系各维度、各元素（子系统）之间的协同、均衡发展才能有效地推动整个塑造体系的演进，换言之，正是由于系统安全韧性塑造体系的三大内部支柱（组织成员子系统、物质技术子系统、管理子系统）与外部环境间的不断交互，系统安全韧性塑造体系才得以从低级系统安全韧性发展为高级系统安全韧性。

在系统安全韧性塑造体系的作用模型中，组织成员子系统、物质技术子系统和管理子系统之间及其与外部环境系统之间通过物质流、能量流和信息流的交互，形成某种协同效应，进而获得系统在某一特定时间、空间、功能和目标下的特定韧性作用结构，如图 2-4 所示，进而具备风险冲击与扰动承受（承受力）、安全韧性恢复（恢复力）和安全韧性优化（调试力）的功能。系统安全韧性塑造体系作用模型可描述系统受到风险冲击后如何调适并且恢复系统安全状态，实现系统安全可持续发展。

在该模型框架中需指出的是，当风险冲击超过系统安全阈值或者临界点时，就再也无法恢复到事前安全状态，而是进入到另一种安全状态或系统中，形成新的平衡或功能恢复。

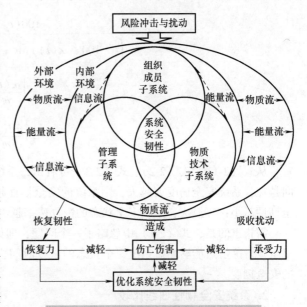

图 2-4　系统安全韧性塑造体系作用模型

2.2.3　系统安全韧性的评估

1. 系统安全韧性评估数学模型

系统安全韧性的量化（或系统安全韧性等级评估），有助于系统安全韧性理论的实践。作为新兴的研究课题，学界在气候灾害韧性、社区韧性、组织韧性与城市基础设施韧性等的评估指标选择方面进行了初步探讨。基于上述研究，把系统任一时刻的安全状态看作多维空间中的一个点，在事故灾难发生时，系统的安全状态将被打破，而系统安全状态恢复时间的长短、恢复的效率，将取决于系统的安全韧性能力。

据此，用横坐标表示时间，纵坐标表示系统的安全状态。在灾害或突发性事件发生以前，可假定系统安全状态维持在100%。在 t_0 时刻，由于系统遭受某种灾害或突发性事件，系统安全状态将从100%降低到某一程度。而灾后恢复重建工作将把系统从事故状态在一定时间内 $(t_1 - t_2)$ 恢复到初始安全状态（100%），如图2-5所示，其中，$Z(t)$ 表示系统在灾损阶段 t 时刻的安全状态，k_1 表示系统的灾损速率，$H(t)$ 表示系统在恢复重建阶段 t 时刻的安全状态，k_2 表示系统的恢复重建速率。

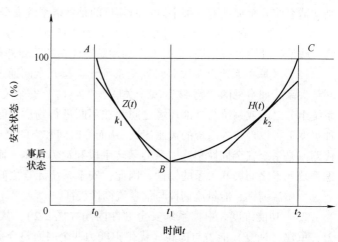

图2-5 系统安全韧性曲线

根据系统安全韧性内涵，可把系统在遭遇特定事故灾害下的安全状态下降程度与系统安全状态恢复时间作为量化评估系统安全韧度 R 的指标，用图2-5中 At_0t_2C 合围的区域面积 $S_{At_0t_2C}$ 与 ABC 合围的区域面积 S_{ABC} 之比表示，则 R 可表示为

$$R = \frac{100(t_2 - t_0)}{\int_{t_0}^{t_1} |100 - Z(t)| \, \mathrm{d}t + \int_{t_1}^{t_2} |100 - H(t)| \, \mathrm{d}t} \tag{2-1}$$

$$k_1 = \left| \frac{\partial z(t)}{\partial t} \right| \tag{2-2}$$

$$k_2 = \left| \frac{\partial H(t)}{\partial t} \right| \tag{2-3}$$

从式（2-1）、式（2-2）、式（2-3）可看出，系统安全状态损失越小、系统安全状态恢复的时间越短，系统安全韧度 R 越大，则系统的安全韧性越好；k_1 越大，也就是灾损速率越大，系统安全韧性越小；k_2 越大，系统安全状态的恢复速率越快，系统安全韧性越好。

需指出的是，式（2-1）中忽略了一个问题，即如果灾后投入大量的人力、物力和财力进行恢复重建，这虽然能够缩短系统安全状态的恢复时间，但在某种程度上并不能说明该系统具备较高的安全韧度。

2. 系统安全韧性曲线比较

尽管从理论层面构建了系统安全韧性的量化评估模型，但由于韧性科学仍然处于完善和发展阶段，韧性定义也在不断演进，系统安全韧性理论还处于提出与完善阶段，其具体实践还存在困难。因此，为了刻画系统安全韧性的表现形式，基于系统安全韧性的量化概念模型，系统安全韧性曲线对比如图2-6所示，解析见表2-3。需指出的是，该系统安全韧性曲线体系只是常见类型的比较。

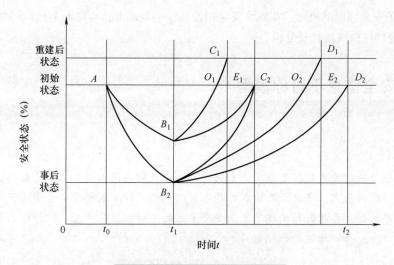

图 2-6　系统安全韧性曲线对比

表 2-3　系统安全韧性曲线对比描述

种类	系统安全韧性曲线描述	表 现 形 式
1	系统抵御风险能力和承灾能力较低，事后救援能力迟缓，应急能力欠缺，恢复能力不足，恢复到原有安全状态需较长时间	$S(AB_2D_2)$
2	系统抵御风险能力和承灾能力较低，事后救援能力充分，恢复能力较好，并且系统具备良好的适应能力和提高能力，可在恢复到原有安全状态的基础上，优化系统安全状态至更高的层次	$S(AB_2O_2 + O_2E_2D_1)$
3	系统抵御风险能力和承灾能力较低，但事后投入大量人力、物力和财力，恢复到原有安全状态时间较短（这种情况不能说明系统安全韧性高）	$S(AB_2C_2)$
4	系统具备较强的抵御风险能力和承灾能力，但应急措施能力和恢复力不足，恢复到原有安全状态时间较长	$S(AB_1C_2)$
5	系统具备较强的抵御风险能力和承灾能力，事后应急救援能力和恢复能力较好，并且系统具备良好的学习能力和提高能力，可使系统恢复到原有安全状态的基础上，并达到新的安全状态，且恢复时间较短（这是系统安全韧性的宗旨）	$S(AB_1O_1 + O_1E_1C_1)$
⋮	其他	其他

2.2.4　结论

立足于理论思辨层面，通过对系统安全韧性定义、内涵及其相关基本问题的研究，得出如下结论：

（1）提出了安全韧性定义（系统在一定时空内面对风险的冲击与扰动时，维持、恢复和优化系统安全状态的能力），并从五方面解析其内涵，重点分析在维持、应对、恢复和优化四阶段系统安全韧性能力。

（2）得出系统的安全韧性由系统组成元素自身的韧性、元素之间关联关系的韧性和所具有的韧性功能决定，从元素或子系统维度、关联关系表征维度和安全韧性功能维度构建系统安全韧性塑造体系概念模型，并论述模型内涵；深入剖析系统安全韧性塑造体系的作用机理，并构建其作用模型。

（3）提出了安全韧度的概念，在系统安全韧性曲线的基础上，构建安全韧性评估的数学模型，并进行系统安全韧性曲线的比较分析。

2.3 复杂系统安全信息不对称模型

【本节提要】

采用理论分析的方式挖掘复杂安全系统中不同事故的共同本质，从理论与实践两方面论证：对涉事外群体而言，事故后果的本质是信息的意外释放造成群体安全感的下降。提出信息不对称是事故的主要原因并构建了复杂安全系统的不对称信息模型。结论认为新模型的物理架构为系统安全分析提供了新视角。

根据现有事故致因研究，产生事故的主要原因包括人的不安全行为、物的不安全状态、组织管理的缺陷、能量的意外释放以及约束控制的缺失等，然而，前面介绍的诸多模型所描述的事故对象仅是对涉事内群体而言的，并不包含涉事外的社会公众。环顾当今，一方面，安全的内涵和外延比历史上任何时候都要丰富，时空领域比历史上任何时候都要宽广，内外因素比历史上任何时候都要复杂；另一方面，互联网和物联网将当前世界组成了大关联系统，在关联时代，微观系统显现出高敏特征，宏观系统显现出蝴蝶效应，公众很容易将一起小事故上升至意识形态和种族文明的争论，这种现象已经成为新常态，人们需要在更宏大的背景下才能理解安全工程的重要意义。因此，安全理论建模研究不仅要重视事故致因，而且更要考虑整体系统的安全响应；安全理论建模不仅要重视涉事直接人-物-环的逻辑关联，而且要侧重涉事微系统（局部问题）之外的更大系统的关联。因此，安全理论建模研究要与时俱进，不仅能够对企业微观系统中的安全生产事故进行分析决策，而且能够对社会宏观系统中千奇百怪的事故类型进行解释说明。基于以上考量，从安全信息的视角提出一种新的事故模型，通过理论分析的方式，对管理者如何在复杂系统内构建最优安全决策给出具体指引。

本节内容主要选自本书第一作者的研究生杨冕的博士论文《基于安全技术与安全管理反思的安全学理论体系构建》[3]。

2.3.1 事故后果的本质探究

一次意外事件之所以被称为事故，不仅取决于涉事人或涉事物的损失程度，而且取决于涉事外的公众群体对该事件的主观定性。就涉事外群体而言，若该事件的后果是降低了涉事外群体的安全感，则该事件就是事故；若该事件的后果是提升了涉事外群体的安全感，则称该事件为喜讯。以"踩雷事件"为例，假设踩雷者是我方成员，分析如下：

（1）事实分析。踩雷事件一旦发生，已属客观事件，形式是能量的意外释放。但我方知晓该事件的方式是突发性的噩耗传来，因此，真正伤害到我方其他成员的不是该事件中能量的意外释放，而是信息的意外释放。

（2）逻辑分析。如果理性的受害人提前获得了更多的信息，那么他不会做出不安全行为，踩雷意外不会发生；如果该事件的信息没有意外地释放到我方耳边，那么该事件不会对我方造成影响，我方群体安全感不会下降，也不会开展事故调查与分析；如果公众没有获取该事件的谣言信息，那么恐慌情绪不会在社会中蔓延，政府也不必开展危机公关。可见，信息不对称在整个逻辑链条中普遍存在。

（3）价值分析。出于我方群体对踩雷者的主观感情，我方将此次事件定性为事故，可在敌方看来，该事件并非事故，而是喜讯。可见，客观事件本身仅是一事实判断，它并不携带任何的价值因素，是否属于事故取决于敌我双方群体性的主观判断。因为群体安全感下降，我方将事件定性为事故；因为群体安全感上升，敌方将同一事件定性为喜讯。

能量作用于客观，信息却能抵达主观。可见，若从表面的现象看，事故的后果是能量的意外释放造成涉事人在生命、健康、财产等方面的损失；若从深层的本质看，事故的后果是信息的意外释放造成涉事外群体的安全感下降。事故后果的现象与本质对比如图 2-7 所示。

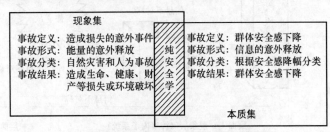

图 2-7　事故后果的现象与本质对比

综上，事故后果的本质是信息的意外释放造成群体安全感的下降，如果群体安全感下降了相当大的幅度，那么事故的本质就已经发生了，无论事故的现象（显性的事件）是否发生，都应及时采取对策。虽然事故后果是现象与本质的叠加，但是安全科学研究者习惯将事故后果的边界划定在现象层，这样做的好处是显而易见的，即选择显性的事故实体作为理论基石，方向清晰，成果丰富。在安全学科发展的早期这样做无疑是正确的，但随着智能生产的逼近，企业中事故实体的数量大幅缩减，这样做的弊端日益突出：一是因为事故实体本身是小概率事件，以保障安全生产为主要责任的从业者在企业中很难得到重视；二是它将安全专业的学生限制在一个狭小的空间内，并且政策在该空间的影响比个人才华的作用要大得多。那么是否应该做出一些改变？比如将学科理论的触角适度伸长些，至少不能只盯着表面的现象，还要特别留意表面现象下的本质。

2.3.2　信息模型的物理结构

根据上述分析，事故可以表达为由于涉事双边或多边信息不对称造成的，并以信息的意外释放为其表现形式，涉事外群体的安全感下降才是事故后果的本质。因此，综合以上模型对涉事内群体的分析结果，同时引入对涉事外群体而言的"事故后果的本质说"，以信息传递及信息不对称为主线构造新的事故致因模型，如图 2-8 所示。

关于事故致因的不对称信息模型，有以下几点解释：

（1）能量作用于客观，产生事件；信息作用于主观，生成事故；事故的形式不再是能量的意外释放，而是信息的意外释放；对于涉事外群体来说，事故的定义不再是造成生命、健康、财产损失的意外事件，而是群体安全感的下降；事故的主要原因不再是人的不安全行为或者组织管理缺陷，而是信息不对称。

（2）新模型主要包括涉事人、涉事物、组织环境、社会公众、社会环境五个要素，这五个要素分别是五个灰箱。因为从灰箱中传出的信息是不完全且不确定的，每一次信息传递都必然伴随着信息不对称，所以系统会发生事故是正常且必然的。另外，理性人的每一次行为都是自身已有信息与环境传递信息综合叠加的结果，因为信息的不完美，人的每一次行为都是风险行为，那些貌似随机的误操作背后隐藏的原因也是信息不对称。

（3）新模型的解释功能不局限于人因事故，可用其分析自然灾害、事故灾难、公共卫生、社会安全以及国家安全等全类型事故。站在信息不对称的视角，任何一次事故的致因因素都有无穷

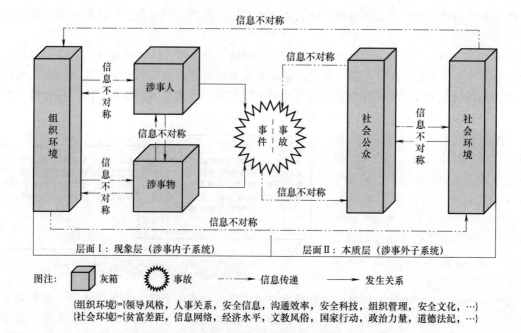

图注: ▨ 灰箱　✺ 事故　——→ 信息传递　——→ 发生关系

{组织环境}={领导风格, 人事关系, 安全信息, 沟通效率, 安全科技, 组织管理, 安全文化, …}
{社会环境}={贫富差距, 信息网络, 经济水平, 文教风俗, 国家行动, 政治力量, 道德法纪, …}

图2-8　复杂系统存在的不对称信息的事故致因模型

多个解, 对事故原因下定论的行为实质是一次群体性的选择。因为事故的本质是主观的, 安全学又是以事故为研究对象的, 所以安全学研究的系统是涉及人的复杂系统。对复杂系统进行安全管理, 达成一致很重要。

（4）信息论奠基人香农（C. E. Shannon）与控制论创始人维纳（Norbert Wiener）等人对信息的定义并不适用于安全管理。我们认为在安全科学领域信息是指为行为提供安全保障的真实消息, 管理人-物-环系统就是在人力、物力和财力等资源条件有限的约束下追求系统信息总量的最大值, 如此, 可进一步将系统安全问题转化成约束条件下的决策最优化问题。数学模型为

$$\max f(\boldsymbol{x})$$
$$\text{s. t. } g_i(\boldsymbol{x}) = 0, (i = 1, 2, \cdots, m_e)$$
$$g_i(\boldsymbol{x}) \le 0, (i = m_e + 1, \cdots, m) \tag{2-4}$$

式中, $f(\boldsymbol{x})$为系统的信息总量, 它是向量 $\boldsymbol{x}$ 的函数, 称为目标函数; $\boldsymbol{x}$ 为系统中事故致因的无穷个解, $\boldsymbol{x} = (x_1, x_2, \cdots, x_n)^T \in \mathbf{R}^n$, 即 $\boldsymbol{x}$ 是 n 维实向量, 在实际问题中也称为决策变量; s. t. 是英文 subject to 的缩写; $g_i(\boldsymbol{x}) = 0$（$i = 1, 2, \cdots, m_e$）称为等式约束, $g_i(\boldsymbol{x}) \le 0$（$i = m_e + 1, \cdots, m$）称为不等式约束, m 表示约束条件数, $g_i(\boldsymbol{x})$ 是约束函数, 表示对变量 $\boldsymbol{x}$ 在 i 个方面的投入限制情况, 例如对灰箱"组织环境"中的自变量"安全科技"在资本和劳动力等方面的最大投入量限制。

2.3.3　信息模型的数学解析

"社会环境"集合中的哪些元素在生成安全信息方面起关键作用? 优化"组织环境"集合中的哪些元素更有利于为员工提供安全信息? 国家应当加强哪些元素作为战略性安全决策的方向? 企业在自身的组织集合中应当优化哪几个关键点作为企业安全决策的要点? 安全系统是复杂系统, 考虑到现实安全管理的复杂性, 以上工作均不能盲目进行, 需要有其理论依托。

首先, 将系统集合中的元素名称定义为 $1 \sim n$, 即{组织环境}∪{社会环境} = I = {1, 2, 3, $\cdots$, i,

…,n｝；然后，考虑到组织安全管理的资源投入主要分为资本投入和劳动力投入，推动安全系统中安全信息总量增加的主要因素也是安全资本投入与安全劳动力投入这两项，可以说对"组织环境"与"社会环境"两大集合中任何一项元素的调整与优化都需要在资本与劳动力两方面进行投入，因此，将计量经济学中的数学方法引入复杂安全系统不对称信息模型中，研究安全系统中不同元素的变化对安全系统信息总量的影响情况，如下所示：

$$Y_I = K_I^{\phi_I} L_I^{\varphi_I} \tag{2-5}$$

式中，变量 K_I 代表在优化第 i 种元素中投入的资本总量，它对信息产出的贡献系数为 ϕ_I；变量 L_I 代表在优化第 i 种元素中投入的劳动力总量，它对信息产出的贡献系数为 φ_I；变量 Y_I 代表第 i 种元素在企业安全生产过程中或者在社会安全治理中能够产出的信息总量。

将统计数据与计量经济分析方法相结合，即可确定安全系统中所有已知元素在安全信息生成方面的投入产出模型。在确定上述形式的安全信息生成模式后，首先计算该元素在安全信息生成方面的边际产出，如下所示：

$$\begin{cases} \dfrac{\partial Y_I}{\partial K_I} = \phi_I K_I^{\phi_I-1} L_I^{\varphi_I} = \phi_I \dfrac{Y_I}{K_I} \\ \dfrac{\partial Y_I}{\partial L_I} = \varphi_I K_I^{\phi_I} L_I^{\varphi_I-1} = \varphi_I \dfrac{Y_I}{L_I} \end{cases} \tag{2-6}$$

式中，变量 $\dfrac{\partial Y_I}{\partial K_I}$ 代表第 i 种元素在安全信息生成方面相对其资本投入的边际产出；变量 $\dfrac{\partial Y_I}{\partial L_I}$ 代表第 i 种元素在信息生成方面相对其劳动力投入的边际产出；其他变量同前所示。

式（2-6）由式（2-5）推导所得，其意义是确定安全系统中每一种元素在生成安全信息方面的边际产出系数。企业安全决策与政府安全决策均需要在目标安全系统的元素集合中选择一些要素作为关键点，从而进行资本投入和劳动力投入，因此，对于安全决策而言，选择的元素首先必须是边际产出大于 0 的元素。考虑到式（2-6）中的投入量和产出量的特性，边际产出大于 0 的约束条件如下：

$$\begin{cases} \dfrac{\partial Y_I}{\partial K_I} = \phi_I \dfrac{Y_I}{K_I} > 0 \cong \phi_I > 0 \\ \dfrac{\partial Y_I}{\partial L_I} = \varphi_I \dfrac{Y_I}{L_I} > 0 \cong \varphi_I > 0 \end{cases} \tag{2-7}$$

式（2-7）中的等价性源自安全系统各元素的投入总量和信息产出总量总是大于 0 的数值。因此，只要确定了形如式（2-4）的信息投入产出模型，就可确定某元素在安全信息生成方面的边际产出近似替代数值。若考察某元素的特性，只要该元素的资本投入对安全信息产出的贡献系数 ϕ_I 大于 0，且该元素的劳动力投入对安全信息产出的贡献系数 φ_I 也大于 0，则该元素就可以成为待选的安全决策关键点。

通过上述步骤，初步确定了复杂安全系统的决策优化中待选的元素（安全要素），下一步工作即对待选的安全要素群进行总体性的安全信息产出最优化研究。由于企业在安全生产或社会在安全治理方面所能投入的资金与劳动力有限，如何对选定的安全要素群进行资源最优化分配，从而实现整个安全系统的安全信息总量最大化具有深刻必要性。基于上述分析，我们最终确定了如下模型作为复杂安全系统的安全决策模型，如下所示：

$$\max f(k_1, l_1, \cdots, k_I, l_I, \cdots, k_n, l_n) = k_1^{\alpha_1} l_1^{\beta_1} \cdots k_I^{\alpha_I} l_I^{\beta_I} \cdots k_n^{\alpha_n} l_n^{\beta_n}$$

$$\text{s. t.}\begin{cases}k_1 + k_2 + \cdots + k_I + \cdots + k_n \leqslant K \\ l_1 + l_2 + \cdots + l_I + \cdots + l_n \leqslant L \\ k_1 \geqslant a_1, k_2 \geqslant a_2, \cdots, k_I \geqslant a_I, \cdots, k_n \geqslant a_n \\ l_1 \geqslant b_1, l_2 \geqslant b_2, \cdots, l_I \geqslant b_I, \cdots, l_n \geqslant b_n \\ \dfrac{k_1}{l_1} \geqslant c_1, \dfrac{k_2}{l_2} \geqslant c_2, \cdots, \dfrac{k_I}{l_I} \geqslant c_I, \cdots, \dfrac{k_n}{l_n} \geqslant c_n\end{cases} \tag{2-8}$$

式中，变量 k_I 代表在第 i 种元素中投入的资本总量，它对安全信息产出的贡献系数为 α_I；变量 l_I 代表在第 i 种元素中投入的劳动力总量，它对安全信息产出的贡献系数为 β_I；变量 K 代表资金的总约束限制；变量 L 代表劳动力的总约束限制；变量 a_I 代表第 i 种元素中资金的单向约束限制；变量 b_I 代表第 i 种元素中劳动力的单向约束限制；变量 c_I 代表第 i 种元素中的资金与劳动力的综合限制。

为了从数学上对模型进行求解，首先将式（2-8）的最大值求值转化为标准的最小值求值，如下所示：

$$\min g(k_1, l_1, \cdots, k_I, l_I, \cdots, k_n, l_n) = -(\alpha_1 \ln(k_1) + \beta_1 \ln(l_1) + \cdots + \alpha_n \ln(k_n) + \beta_n \ln(l_n))$$

$$\text{s. t.}\begin{cases}K - (k_1 + k_2 + \cdots + k_I + \cdots + k_n) \geqslant 0 \\ L - (l_1 + l_2 + \cdots + l_I + \cdots + l_n) \geqslant 0 \\ -a_1 + k_1 \geqslant 0, \cdots, -a_I + k_I \geqslant 0, \cdots, -a_n + k_n \geqslant 0 \\ -b_1 + l_1 \geqslant 0, \cdots, -b_I + l_I \geqslant 0, \cdots, -b_n + l_n \geqslant 0 \\ k_1 - c_1 l_1 \geqslant 0, \cdots, k_I - c_I l_I \geqslant 0, \cdots, k_n - c_n l_n \geqslant 0 \\ k_1 \geqslant 0, l_1 \geqslant 0, \cdots, k_I \geqslant 0, l_I \geqslant 0, \cdots, k_n \geqslant 0, l_n \geqslant 0\end{cases} \tag{2-9}$$

采用 KKT 条件定理对模型进行理论求解，标准解如下所示：

$$\varphi(\boldsymbol{x}, \boldsymbol{u}) = q(\boldsymbol{x}) - \boldsymbol{u}^{\mathrm{T}}(b - \boldsymbol{A}\boldsymbol{x})$$

$$\text{s. t.}\begin{cases}\varphi_x(\boldsymbol{x}, \boldsymbol{u}) = \dfrac{\partial q(\boldsymbol{x})}{\partial \boldsymbol{x}} + \dfrac{\partial(\boldsymbol{u}^{\mathrm{T}}\boldsymbol{A}\boldsymbol{x})}{\partial \boldsymbol{x}} \geqslant 0, x \geqslant \boldsymbol{0} \\ \varphi_u(\boldsymbol{x}, \boldsymbol{u}) = -b + \dfrac{\partial(\boldsymbol{u}^{\mathrm{T}}\boldsymbol{A}\boldsymbol{x})}{\partial \boldsymbol{u}} \leqslant 0, u \geqslant \boldsymbol{0} \\ \varphi_x(\boldsymbol{x}, \boldsymbol{u})\boldsymbol{x} = \left[\dfrac{\partial q(\boldsymbol{x})}{\partial \boldsymbol{x}} + \dfrac{\partial(\boldsymbol{u}^{\mathrm{T}}\boldsymbol{A}\boldsymbol{x})}{\partial \boldsymbol{x}}\right]\boldsymbol{x} = \boldsymbol{0} \\ \boldsymbol{u}^{\mathrm{T}} \times \varphi_u(\boldsymbol{x}, \boldsymbol{u}) = \boldsymbol{u}^{\mathrm{T}}\left[-b + \dfrac{\partial(\boldsymbol{u}^{\mathrm{T}}\boldsymbol{A}\boldsymbol{x})}{\partial \boldsymbol{u}}\right] = \boldsymbol{0}\end{cases} \tag{2-10}$$

式中，向量 $\boldsymbol{x}$ 指代本模型中的 k_I、l_I 组成的 $2n$ 维向量；矩阵 $\boldsymbol{A}$ 对应式（2-9）中的约束条件所组成的矩阵；向量 $\boldsymbol{u}$ 为多维向量，其维数为 $2 + 3n$，代表式（2-9）中 s. t. 右侧的自上而下的不等式约束。

2.3.4 结论

对涉事外群体而言，事故后果的本质是信息的意外释放造成群体安全感下降。完整的事故系统由涉事人、涉事物、组织环境、社会公众和社会环境五个要素组成，存在无穷多个事故致因因素。管理方如何看待复杂系统中的事故并对系统实施有效的安全决策是本模型表达的核心内容。本节利用数模分析对事故分析过程进行了数学模型转化，创造事故致因的不对称信息模型，从总体上明确了安全管理者应以追求安全系统的信息总量最大化为目标，并给出了安全决策的分析步骤。

2.4 基于安全信息处理与事件链的系统安全行为模型

【本节提要】

从安全信息处理与事件链原理出发开展系统安全行为模型研究。根据信宿处理信息的一般步骤，构造安全信息处理的"3-3-1"通用模型，并在此基础上，结合事件链原理，构建系统安全行为模型。同时，根据所构建的系统安全行为模型，运用回溯性分析方法，提出系统安全行为失误分析及防控方法，并分析其完整的实施步骤。

众多统计分析表明，绝大多数事故均是由人的不安全行为引发的。正因如此，近年来，安全管理学日趋更加"行为学化"。毋庸讳言，基于行为的安全管理（BBS）是 20 多年来安全管理学领域的研究热点，并广泛应用于诸多行业（如石油业、制造业、航空业、交通业与建筑业等），并已取得显著应用成效，包括安全人机工程学、人为差错预防、事故分析、危害识别和纠正措施及安全培训教育等。因此，显而易见，行为安全管理是安全管理学领域颇具价值的研究方向之一。

管理模型作为管理理念、理论、方法与实践经验等的结构化、逻辑化、理论化和科学化表现形式，可为管理方案设计与实施提供有效理论依据和思路方法，历来深受管理学研究者和实践者的重视和青睐。换言之，管理模型化是现代管理学的主要特征和发展趋势之一。显然，这一特征与发展趋势也显著显现于现代安全管理（包括行为安全管理）研究实践中，如众多事故致因模型实则就是典型的安全管理模型。其实，行为安全管理模型也层出不穷，较具代表性的已有行为安全管理模型可大致分为两大类：基于个体信息处理的人失误模型与综合型行为安全模型。但令人遗憾的是，上述模型至少存在如下三点值得进一步商榷和改进的方面：①均以事故为结果事件分析人因，这既不利于解决部分对组织安全绩效有负面影响但尚未导致事故发生的人因，也不利于从人因改善方面正面促进组织安全绩效的提升；②第一类模型以个体风险感知为主线，仅侧重于分析个体行为失误，但尚未涉及组织层面的人因，而诸多研究表明，安全管理失败的根本原因是组织层面的因素；③第二类模型虽同时涉及个体与组织两个层面的行为因素，但缺乏一条有效纽带使各行为因素间建立有序的关联。由此可见，已有的行为安全模型仍存在诸多不足之处，极有必要进一步探索构造新的行为安全管理模型。

此外，随着现代社会逐步进入信息时代和大数据时代，管理学（包括安全管理学）的"信息学化"特征日趋明显。鉴于此，针对安全管理学的"行为学化"和"信息学化"两大重要特征，以组织安全绩效变化为结果事件，以安全信息作为系统内各安全行为因素间的连接纽带，基于安全信息处理与事件链原理，统御个体与组织两层面的安全行为因素，构造新的行为安全管理模型，即基于安全信息处理与事件链原理的系统安全行为模型，以期为现代系统行为安全管理研究实践提供新思路、新理论和新方法。

本节内容主要选自本书作者发表的研究论文《基于安全信息处理与事件链原理的系统安全行为模型》[4]。

2.4.1 安全信息处理的 "3-3-1" 通用模型

1. 模型的构造

构造某模型的基本思路是保障所构建的模型科学而适用的前提。在此，以某一具体系统（如企业及其子部门）为对象，以安全信息为切入点，以探求安全信息对系统中的安全信宿（即安全信息的接受者，这里指"个体人"或"组织人"。需说明的是，这里的"组织人"是相对于"个体人"而言的，在安全科学领域，"组织人"源于中国学者田水承提出的第三类危险源理论，如组织及其子组织均可视为是"组织人"，"组织人"与"个体人"一样，也是具有安全信息处理能力的生命体）的安全行为的影响机理为目的，以系统中的安全信宿为安全信息处理的主体，综合参考信宿处理信息的一般步骤（即感知/记忆→计划/决策→操作/执行）及其模型，构造安全信息处理的"3-3-1"通用模型，如图2-9所示。

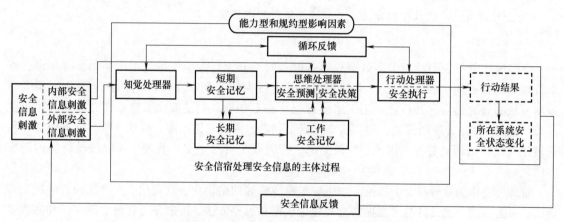

图2-9 安全信息处理的 "3-3-1" 通用模型

需指出的是，为进一步明晰所构造的安全信息处理的"3-3-1"通用模型的科学性和适用性，有必要对选取"以某一具体系统为对象"和选取"以安全信息为切入点"的原因进行详细说明，具体如下：

（1）以某一具体系统为对象的原因。具体包括：①限定或圈定研究和讨论的范围，以便于具体问题的分析与探讨；②就发生学角度而言，任何事故均发生在系统（包括所有社会组织）之中，故须将事故置于某一具体系统之中来分析其人为原因；③就（安全）管理学角度而言，人的所有安全行为活动都在系统之中进行。

（2）以安全信息为切入点的原因。具体包括：①复杂系统的安全问题一般均涉及人、机和环等诸多要素，而以安全信息为纽带，正好可使系统所有要素（包括子系统）建立联系；②个体或组织的行为开始于信息，故其安全行为也开始于安全信息；③从信息论角度讲，个体或组织的安全行为活动过程就是安全信息的流动过程。

2. 模型的构成要素

由图2-9易知，安全信息处理的"3-3-1"通用模型的主体部分是系统中的安全信宿处理安全信息的主体过程，主要由三种安全信息处理器（即知觉处理器、思维处理器与行动处理器）和三种安全信息记忆形式（即短期安全记忆、长期安全记忆与工作安全记忆）构成，且重点考虑一种综合影响因素（即能力型和规约型影响因素）对安全信宿的安全信息处理过程的影响。此外，该模型同时涵盖某一具体系统中的两大类安全信宿，即个体人和组织人，故该模型所表达的安全信宿的安全信息处理机理具有通用性。综上易知，为揭示和表达模型的主旨，以及方便和简单起见，不妨可将该模型命名为安全信息处理的"3-3-1"通用模型。这里，对此模型的若干关键构成要素的含义进行扼要说明。具体如下：

（1）安全信息刺激。在该模型中，安全信息是指系统未来安全状态的自身显示，其价值是为预测、优化与控制系统未来安全状态服务。所谓安全信息刺激，是指安全信息作用于安全信宿并使其发生反应。此外，若以安全信宿为主体，可将安全信息划分为安全信宿的内部安全信息与外部安全信息（以外部安全信息为主）：①内部安全信息是指产生于安全信宿自身内部的直接作用于安全信宿的安全信息处理器之思维处理器的安全信息，如个体人的疲劳信息或组织人的自身安全管理工作状态不佳信息等；②外部安全信息是指安全信宿通过安全信息处理器之知觉处理器接收到的安全信息。因而，基于此，也可将安全信息刺激划分为内部安全信息刺激与外部安全信息刺激。

（2）安全信息处理器。安全信息处理器是指安全信宿处理安全信息的功能单元或机构。根据信宿处理信息的一般步骤（即感知/记忆→计划/决策→操作/执行），可将安全信息处理器依次划分为知觉处理器（其主要功能是"感知登记＋记忆加工"）、思维处理器（其主要功能是安全预测/判断/评价＋安全决策）与行动处理器（其主要功能是安全反应执行）。

（3）安全信息记忆。安全信息记忆是指安全信宿所具有的安全信息存储能力。记忆包括编码、保持和检索三个阶段，受时间和容量的限制，也受安全信宿自身状态的影响。在一般信宿的信息处理研究中，均设置三种信息记忆形式，即短期记忆、工作记忆和长期记忆，就记忆时长和容量而言，短期记忆＜工作记忆＜长期记忆。有鉴于此，也可将信息记忆形式设置为短期安全记忆、工作安全记忆和长期安全记忆三种：①短期安全记忆的容量极其有限，安全信息存储时间短（一般不超过30s），经短暂时间间隔后就因存储的安全信息衰退而变得无法检索；②工作安全记忆中存有思维处理器的安全预测信息、安全决策信息、安全信息处理过程的中间值，以及长期安全记忆中被激活的安全信息；③长期安全记忆可长时间容纳存储大量安全信息（主要包括安全知识、技能及经验等）。此外，它们三者间的相互转化关系可表示为短期安全记忆↔工作安全记忆↔长期安全记忆。

（4）能力型和规约型影响因素。安全信宿的安全信息处理过程同时受诸多影响因素的影响，概括而言，可将其划分为两大类，即能力型和规约型影响因素（前者是指影响安全信宿的安全信息处理能力的因素，后者是指规约安全信宿的安全信息处理过程的因素）：①就个体人而言，能力型影响因素主要包括心理状态、生理状态、注意力、安全知识技能储备与身体位置等，而约束型影响因素可统一为个体人的安全准则，主要由内外环境、安全文化、安全伦理道德与安全法律规范等众多因素决定；②就组织人而言，能力型影响因素主要包括安全信息处理的软硬件技术支撑与自身工作状态等，而约束型影响因素也可统一为组织人的安全准则，主要由安全法律法规、组织安全文化、组织安全管理制度及组织内外环境等因素决定。

（5）安全信宿的安全行为。在该模型中，将安全信宿的安全预测行为、安全决策行为与安全执行行为统称为安全信宿的安全行为。根据 Andrew Neal 等给出的安全行为定义（即安全行为是指个体在任务执行过程中为实现安全目标而做出的现实反应，主要包括安全遵从行为和安全参与行为），给出安全信息处理视角的安全行为定义：安全行为是指安全信宿在安全信息的刺激影响下所产生并可对系统安全绩效产生影响的行为活动）。显然，上述所定义的"安全行为"的含义完全有别于传统的"安全/不安全行为（不会/有可能造成事故的行为）"之意。就时间先后逻辑顺序而言，安全信宿的安全预测行为、安全决策行为与安全执行行为按安全预测行为→安全决策行为→安全执行行为的顺序依次排列，环环相扣，并依次贯穿于安全信宿的安全信息处理过程之中。此外，显然，就系统安全行为而言，它包括个体人的安全行为和组织人的安全行为两大类。

3. 模型的内涵解析

显而易见，安全信息处理的"3-3-1"通用模型旨在阐明系统内安全信宿的安全信息处理机理（即框架）。由图 2-9 可知，安全信宿的内部安全信息处理过程与外部安全信息处理过程有所不同，即内部安全信息刺激不经过知觉处理器的处理，而是直接传递至思维处理器，它的其他处理过程与外部安全信息处理过程完全相同。因而，这里仅详细解释安全信宿的外部安全信息处理的完整过程，对安全信宿的内部安全信息处理过程不再进行赘述。安全信宿的外部安全信息处理过程主要包括如下三个相互循环反馈的阶段：

（1）知觉处理阶段——对安全信息的感知登记和记忆存储。知觉处理器接收到外部安全信息刺激，并将安全信息通过短期安全记忆传递至思维处理器。在此阶段，设系统未来安全状态的集合为 Ω，当安全信宿接收到外部安全信息刺激时，实则是将系统未来的部分安全状态通过输入函数 $\xi: \Omega \rightarrow \Theta$ 转变为对安全信宿的输入（其中，ξ 反映安全信宿对安全信息的知觉处理能力），即当实际的外部安全信息集合为 w 时，安全信宿所接受到的安全信息输入为 $\xi(w)$。

（2）思维处理阶段——基于安全信息做出安全预测和安全决策。思维处理器根据经过短期安全记忆、工作安全记忆所获得的安全信息，以及长期安全记忆中被激活的安全信息来对系统未来安全状态进行安全预测（认知、解释、诊断、推理与评价等），并根据安全预测信息做出安全决策。在此阶段，知觉处理器在受到安全信息输入 $\xi(w)$ 并传至思维处理器，思维处理器需对其进行修正处理（安全预测＋安全决策），定义修正函数为 $\beta: \Theta \rightarrow \Delta$（其中，$\Delta$ 为在 Ω 上定义的所有概率分布的集合，即安全决策信息集合；β 反映安全信宿对安全信息的思维处理能力）。

（3）行动处理阶段——基于安全决策信息做出安全反应执行。行动处理器依据思维处理器的指令（即安全决策信息）发出安全反应执行行动。在此阶段，行动处理器根据安全决策信息集合 Δ 做出行动响应，定义行动输出函数为 $f: \Delta \rightarrow R$（其中，R 表示安全信宿输出的安全执行行动集合，f 反映安全信宿对安全信息的行动处理能力）。此外，显然，安全信宿的行动结果是使其所在系统的安全状态发生变化（如安全绩效增长或降低、发生未遂事故或伤害事故与应急失败等），二者可对安全信息刺激输入进行安全信息反馈。

综上易知，若定义安全信宿的外部安全信息处理函数为 $\eta: \Omega \rightarrow \Theta \rightarrow \Delta \rightarrow R$（其中，$\eta$ 反映安全信宿的整体安全信息处理能力），它可表示安全信宿的外部安全信息处理的完整过程。需特别说明的是，模型中的能力型和规约型影响因素影响安全信宿的整个安全信息处理过程，因此，上述定义的输入函数 ξ、修正函数 β、行动输出函数 f 及安全信宿的外部安全信息处理函数 η 均已考虑它们带来的影响。

2.4.2 基于安全信息处理与事件链原理的系统安全行为模型构造和内涵

1. 模型的构造

由安全信息处理的"3-3-1"通用模型可知，安全信宿的安全信息处理过程实则是一系列事件的链式效应。细言之，就外部安全信息刺激而言，它主要是由信息感知、安全预测、安全决策与安全执行四个事件形成的链式效应，而就外部安全信息刺激而言，它主要是由安全预测、安全决策与安全执行三个事件形成的链式效应。此外，由事件链原理易知，一起人为不安全事件是因若干个安全行为环节在连续时间内出现失误，即由众多连续的安全行为失误构成形成不安全事件的事件链，反之人为不安全事件则不会发生。因而，运用严密的逻辑推理方法，基于安全信息处理过程（即安全信息处理的"3-3-1"通用模型）与事件链原理，可构建出同时涵盖个体人与组织人两个层面的系统安全行为模型，如图 2-10 所示。

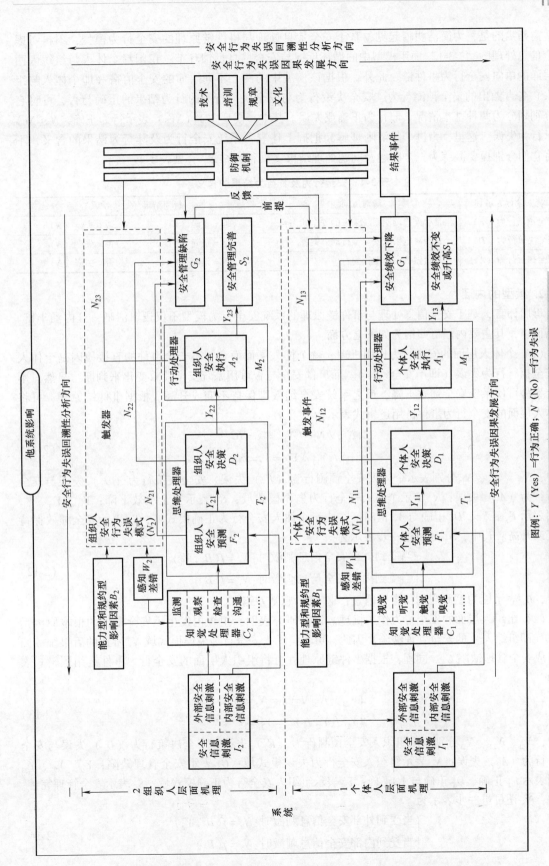

图2-10　基于安全信息处理原理的系统安全行为模型

图例：Y (Yes) =行为正确；N (No) =行为失误

需指出的是，为简洁明晰起见，基于安全信息处理与事件链原理的安全行为模型，不再考虑安全信息处理的"3-3-1"通用模型中的循环反馈与安全信息反馈环节，仅阐释个体人与组织人两个层面的单向安全行为事件链。此外，根据该模型中的两个不同层面的安全信宿（即个体人与组织人）各自做出的安全预测行为、安全决策行为与安全执行行为的行为结果的正确与否，可将它们分别划分为两种基本情况，即行为正确或失误。其中，模型中 Y（Yes）表示行为正确，N（No）表示行为失误。这里，为进一步清晰理解和把握上述三个系统安全行为及其行为结果的含义，不妨将它们分别扼要凝练为三个问题及问题处理结果（即行为结果），见表2-4。

表2-4　安全行为及其行为结果的含义

系统安全行为名称	所对应问题	行为结果（处理结果）	
安全预测行为（F）	是否准确预测系统未来的安全状态？	是 = 正确（Y）	否 = 失误（N）
安全决策行为（D）	是否决定采取安全型行动方案？	是 = 正确（Y）	否 = 失误（N）
安全执行行为（A）	是否做出安全型行为？	是 = 正确（Y）	否 = 失误（N）

2. 模型的内涵

毋庸讳言，基于安全信息处理与事件链原理的系统安全行为模型不仅逻辑清晰，且内涵丰富。概括而言，其主要内涵可归纳为如下七方面：

（1）个体人层面的安全行为作用机理。就个体人层面而言，不安全事件的直接原因是个体人的安全执行行为失误（即不安全动作）。而事件安全与否可用系统安全绩效变化来判断，显然，不安全事件可使系统安全绩效下降，反之系统安全绩效则保持不变或升高。根据事件链原理，可将个体人层面的安全行为事件链用逻辑式表示为

$$\begin{cases} N_{11} \lor N_{12} \lor N_{13} = N_1 \Rightarrow G_1 \\ Y_{11} \land Y_{12} \land Y_{13} = Y_1 \Rightarrow S_1 \end{cases} \tag{2-11}$$

式中，N_{11}、N_{12}、N_{13} 分别表示个体人安全预测行为（F_1）失误、安全决策行为（D_1）失误与安全执行行为（A_1）失误；N_1 表示个体人安全行为失误模式域；G_1 表示安全绩效下降；Y_{11}、Y_{12}、Y_{13} 分别表示 F_1 正确、D_1 正确与 A_1 正确；Y_1 表示个体人安全行为正确模式域；S_1 表示安全绩效保持不变或升高。其中，N_1 还可进一步表示为

$$\begin{cases} 当受到外部安全信息刺激时：N_1 = f(B_1, W_1) \\ 当受到内部安全信息刺激时：N_1 = f(B_1) \end{cases} \tag{2-12}$$

式中，B_1 表示能力型和规约型影响因素；W_1 表示感知差错。

（2）组织人层面的安全行为作用机理。诸多研究表明，组织内发生不安全事件的根本原因是组织（即组织人）的安全管理缺陷。因此，可将组织人安全行为失误模式域 N_2 所致的后果统一归为造成安全管理缺陷 G_2。同理，根据事件链原理，可将组织人层面的安全行为事件链用逻辑式表示为

$$\begin{cases} N_{21} \lor N_{22} \lor N_{23} = N_2 \Rightarrow G_2 \\ Y_{21} \land Y_{22} \land Y_{23} = Y_2 \Rightarrow S_2 \end{cases} \tag{2-13}$$

式中，N_{21}、N_{22}、N_{23} 分别表示组织人安全预测行为（F_2）失误、安全决策行为（D_2）失误与安全执行行为（A_2）失误；N_2 表示组织人安全行为失误模式域；G_2 表示安全管理缺陷；Y_{21}、Y_{22}、Y_{23} 分别表示 F_2 正确、D_2 正确与 A_2 正确；Y_2 表示组织人安全行为正确模式域；S_2 表示安全管理完善。其中，N_2 还可进一步表示为

$$\begin{cases} 当受到外部安全信息刺激时：N_2 = f(B_2, W_2) \\ 当受到内部安全信息刺激时：N_2 = f(B_2) \end{cases} \tag{2-14}$$

式中，B_2 表示能力型和规约型影响因素；W_2 表示感知差错。

（3）系统层面的安全行为作用机理。显然，系统内的完整安全行为事件链由个体人与组织人两个层面的安全行为事件链构成。综合诸多研究结果可知，逆究（即逆向逻辑推理分析）影响个体人安全行为的因素，其根本影响因素源于组织人层面。细言之，导致个体人安全行为失误的根本原因是组织人的安全管理缺陷，而组织人的安全管理缺陷又是由组织人的安全行为失误造成的；反之，若保证组织人的安全行为均正确，即组织人的安全管理完善，方可保证个体人的安全行为正确。基于此，根据式（2-11）与式（2-13），可得出系统层面的安全行为事件链，即

$$\begin{cases} \text{链 1（系统安全行为失误及其作用结果事件链）}: N_2 \Rightarrow G_2 \Rightarrow N_1 \Rightarrow G_1 \\ \text{链 2（系统安全行为正确及其作用结果事件链）}: Y_2 \Rightarrow S_2 \Rightarrow Y_1 \Rightarrow S_1 \end{cases} \tag{2-15}$$

在此，还需根据式（2-15）对链 1（系统安全行为失误及其作用结果事件链）的含义做进一步解释：①链 1（其简图如图 2-11 所示）是系统层面的安全行为失误及其作用结果事件主链，实则由个体人与组织人层面的两条安全行为失误事件子链构成；②若将 $(N_2 \Rightarrow G_2)$ 看成一个事件，则它可视为是触发器（个体安全行为失误的前提），N_1 可视为是触发事件，从而共同作用导致 G_1，即结果事件发生；③若逆向观之，可根据 N_1 反馈导出 G_2，进而推理出 N_2，这对改善组织人的安全管理显得极为重要。

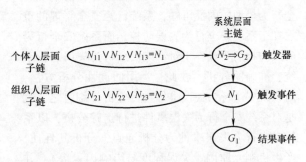

图 2-11　系统安全行为失误及其作用结果事件链简图

（4）安全行为失误因果发展方向及其回溯性分析方向。

1）就个体人或组织人单一层面的安全行为失误因果发展方向而言，由式（2-11）与式（2-13）易知，它在模型中是自左至右（即安全预测行为→安全决策行为→安全执行行为）的。而就个体人与组织人两层面的安全行为失误因果发展方向而言，由式（2-15）易知，它在模型中是自上至下（即"组织人安全行为失误→个体人安全行为失误"）的。

2）由模型中的系统安全行为失误因果发展方向可知，若要对安全行为失误进行回溯性分析（将在下文进行详细介绍），则需沿着安全行为失误因果发展方向的反方向进行剖析。因此，模型中的回溯性分析方向与安全行为失误因果发展方向恰恰相反。

（5）系统行为安全管理的重点在于系统安全行为失误防控。系统安全行为失误防控是指对尚未发生、正在发生或已发生的个体人或组织人的安全行为失误，及时采取相关对策措施使其安全行为失误得到纠正或恢复（即回归正确），以阻止造成不安全事件（包括未遂不安全事件）发生。其中，尚未发生的个体人或组织人的安全行为失误一般采用事前安全检查辨识方法预防；正在发生的个体人或组织人的安全行为失误一般采用事中安全报警与紧急制动等方法防控；已发生的个体人或组织人的安全行为失误一般采用事后惩戒方法预防。但概括而言，系统安全行为失误（包括个体人与组织人两个层面）的防控对策有四条，即安全技术、安全培训、安全规章和安全文化。

（6）就某一具体系统而言，其系统安全行为还受他系统的影响（如就企业而言，其安全行为受政府安监部门、安全中介机构与社会系统等影响），这里不再详述。

（7）基于安全信息处理与事件链原理的系统安全行为模型具有广泛的应用价值，诸如：①为系统内的人因事故原因调查与分析提供依据；②为人因事故预防的基本理论路线与方法框架的设计提供依据；③为系统行为安全管理或行为安全管理信息系统的设计与开发提供依据；④为安全管理学、安全系统学与安全行为学等研究实践提供新思路和新方法。

此外，由上述分析易知，与已有同类模型相比，基于安全信息处理与事件链原理的系统安全行为模型至少具有以下三点主要优势：①以系统（组织）安全绩效变化为结果事件分析人因，可全面分析对组织安全绩效有负面影响的所有人因因素（包括对组织安全绩效有负面影响但尚未导致事故发生的人因因素），也有利于从人因改善方面正面促进系统安全绩效的提升；②可统御个体人与组织人两个层面的行为因素，有利于对系统安全行为失误因素进行系统剖析；③以安全信息作为系统内各安全行为因素间的连接纽带，使各行为因素间建立有序的关联，有利于根据事件链原理对系统安全行为因素进行严密的逻辑分析。简言之，基于安全信息处理与事件链原理的系统安全行为模型能够很好地弥补已有的行为安全模型中所存在的诸多不足，其优势明显。

2.4.3 系统安全行为失误分析及防控方法和防控步骤

由基于安全信息处理与事件链原理的系统安全行为模型的内涵可知，系统行为安全管理的重点在于系统安全行为失误防控，而系统安全行为失误防控的要点在于对系统安全行为失误进行系统、准确的分析。在此，运用回溯性分析方法，对系统安全行为失误事件进行分析（细言之，就是对系统安全行为失误事件进行追踪分析，以系统安全行为失误事件为分析起点，分析其性质、产生机制、原因、失误程度与影响因素等），并提出相应的系统安全行为失误防控对策。概括而言，上述系统安全行为失误分析及防控方法的完整的实施步骤由八个关键步骤构成，如图 2-12 所示。

显然，该方法以其明晰简洁的结构化与逻辑化的步骤形式，体现了其科学性与易操作性。为便于应用实践，对其各步骤的具体含义进行解释，见表 2-5。

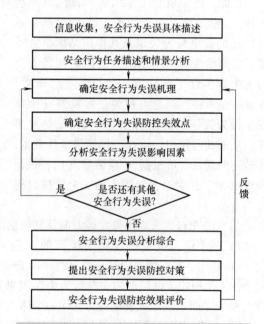

图 2-12　系统安全行为失误分析及防控步骤

表 2-5　系统安全行为失误分析及防控步骤具体解释

序号	步骤名称	步骤含义
1	信息收集，安全行为失误具体描述	全面收集系统安全行为失误事件（包括辨识出的潜在安全行为失误事件）的相关信息（如发生时间、节点、地点、安全信宿的状态与所处环境情况等），对事件所涉及的个体人、组织人及机器设备等各种要素进行系统分析整理，并依照一定的顺序做好详细的信息整理和记录
2	安全行为任务描述和情景分析	① 确定系统安全行为失误的类型，是个体人安全行为失误还是组织人安全行为失误，又可分别细分为安全预测行为失误、安全决策行为失误与安全执行行为失误 ② 根据安全行为失误类型与实际情况，确定具体的安全行为失误所对应安全行为需完成和执行的任务 ③ 分析安全行为失误发生的情境条件（如安全信宿的状态、工作性质与环境特点等）
3	确定安全行为失误机理	根据系统安全行为失误的类型和发生的情境条件等，分析其形成机理，即安全行为失误模式，主要包括三方面内容：①分析个体人层面的安全行为失误机理；②分析组织人层面的安全行为失误机理；③综合分析系统层面的安全行为失误机理

（续）

序号	步骤名称	步骤含义
4	确定安全行为失误防控失效点	根据系统本身已具有的安全行为失误防控措施，及时检查、核对并确定系统安全行为失误防控措施失效点，并分析系统安全行为失误防控措施失效点自身所存在的缺陷
5	分析安全行为失误影响因素	基于上述分析，从众多系统安全行为失误影响因素中确定关键影响因子及其类型（能力型和规约型影响因素），并对能力型和规约型影响因素分别进行细化分析，以便精确定位系统安全行为失误的主要影响因素
6	安全行为失误分析综合	综合前五步的分析结果，重点是确定系统安全行为的类型（个体人与组织人安全行为失误）与性质（尚未发生、正在发生或已发生的系统安全行为失误）、系统安全行为失误出现的情境条件、系统安全行为失误防控措施失效点自身所存在的缺陷和系统安全行为失误的具体主要影响因素
7	提出安全行为失误防控对策	根据系统安全行为失误综合分析结果，根据事前预防法、事中控制法、事后惩戒法，以及安全技术、安全培训、安全规章和安全文化等系统安全行为失误防控的宏观方法对策，针对具体的系统安全行为失误，提出具体的防控措施对策
8	安全行为失误防控效果评价	①对所提出的安全行为失误防控对策的防控效果进行预评价，以期进一步对其进行完善与优化；②所提出的安全行为失误防控对策实施一段时间后，对其防控效果进行评价，以期通过反馈对其进行完善与优化

2.4.4　结论与展望

（1）"行为学化"和"信息学化"作为现代安全管理学的两大重要特征和发展趋势，越来越受国内外理论界与实践界的关注。在国内外学者研究的基础上，针对现代安全管理学的上述特征和发展趋势，根据信宿处理信息的一般步骤，构建了安全信息处理的"3-3-1"通用模型，同时基于安全信息处理（即安全信息处理的"3-3-1"通用模型）与事件链原理，构建了新的系统安全行为模型，并基于所构建的系统安全行为模型提出了系统安全行为失误分析及防控方法。与已有同类模型相比，基于安全信息处理与事件链原理的系统安全行为模型的最大优势和创新之处是它以组织安全绩效变化为结果事件，以安全信息作为系统内各安全行为因素间的连接纽带，巧妙地使安全信息与系统安全行为二者间建立了紧密的内部关系，模型整体的逻辑性极强，且非常适用于指导现代系统行为安全管理工作。因此，它不仅在理论层面可为进一步深入开展系统行为安全管理研究提供一种新的研究视角和分析方法，也在实践层面对系统行为安全管理具有重要的指导意义。

（2）安全信息处理的"3-3-1"通用模型的主体部分是系统中的安全信宿（包括个体人和组织人）处理安全信息的主体过程，它主要由三种安全信息处理器（即知觉处理器、思维处理器与行动处理器）、三种安全信息记忆形式（即短期安全记忆、长期安全记忆与工作安全记忆）和一种综合影响因素（即能力型和规约型影响因素）构成；基于安全信息处理与事件链原理的系统安全行为模型可阐明个体人层面的安全行为作用机理、组织人层面的安全行为作用机理、系统层面的安全行为作用机理、安全行为失误因果发展方向及其回溯性分析方向，以及系统行为安全管理的重点等七个系统行为安全管理的关键问题。同时，从实践角度，可根据基于安全信息处理与事件链原理的系统安全行为模型提出系统安全行为失误分析及防控方法，其完整的实施步骤主要由"信息收集，安全行为失误具体描述""安全行为任务描述和情景分析"与"确定安全行为失误机理"等八个关键环节构成。

（3）尽管在诸多已有行为安全管理研究实践成果基础上，所开展的基于安全信息处理与事件链原理的系统安全行为模型研究，以期尽可能保证和凸显所构建模型的实际应用价值，但尚未对其应用进行实证研究，且尚未对其进行进一步细化分析（如安全行为失误的具体影响因素及防控的具体对策等）。因此，今后尚需围绕基于安全信息处理与事件链原理的系统安全行为模型，开展一系列后续研究（如利用实验及数据统计对模型的有效性做进一步的验证与细化分析模型的各构成要素等）。

2.5 系统安全的混沌模型

【本节提要】

在"正常事故"理论的启示下，将安全学的研究重心转向对安全系统自身属性的认识上，运用安全统计学的方法分析事故特征，将耗散结构、协同论及突变论引入安全系统，建立安全系统混沌模型并结合高校化学实验室的安全评价做实证比较。

人类社会的组织系统通常都是非线性的，系统普遍存在着对运动状态初始值极为敏感、貌似随机的不可预测的运动状态——混沌运动。在混沌科学的影响下，部分安全学者开展了对安全系统混沌属性的研究。

本节内容主要选自本书第一作者、第二作者与杨冕等人发表的研究论文《基于安全混沌学原理的实验室风险度量》[5]。

2.5.1 安全系统的特征分析

安全系统具有显著的非线性、有界性、标度性、分维性等混沌动力学特性，安全系统具有复杂性、灰色性、自组织特性、确定的随机性、灾变性等基本特征。需要进一步明确的是安全系统的三大特征。

1. 耗散结构特征

安全系统是以耗散结构形式存在的动态开放系统，安全系统与外界发生物质、能量、信息的交换，从外界引入负熵流来抵消自身内部熵的增加，安全系统熵变满足公式 $ds = d_e s + d_i s$，其中 $d_e s$ 表示与外界作用引起的熵流，$d_i s$ 表示安全系统内部的熵产生，当外界负熵流 $d_e s < -d_i s$，系统熵减少，形成有序化。

2. 协同特征

安全系统是人员、机器、环境、管理、信息等协同作用下的复杂高维系统，安全系统中局部事故灾变系统是怎样通过各种致因因素协同作用产生事故的，如何将高维的非线性问题归结为用一组维数很低的非线性方程（如以安全熵 S 为代表的序参量方程）来描述，这是安全协同学的研究范畴。

3. 突变特征

突变不仅可以产生事故，也可以产生新的有序。安全系统是非线性系统，其自组织现象是突变过程产生的。原始平衡态系统中存在涨落，这些涨落按人的价值观可以分为有益的涨落（安全的）和有害的涨落（危险的）。随机的涨落在系统远离平衡时，通过外界能量流的输入导致平衡态系统处于不稳定的临界状态，其中的某种涨落被放大为巨涨落，从而使不稳定的原始系统状态突变跃迁到新的有序的安全系统状态。

2.5.2　安全系统混沌模型的建构

形成事故通常要经历渐变与突变两个阶段，耗散结构理论易于解释渐变进程，突变进程需要用突变理论分析。在认识安全系统基本特征的基础上，将耗散结构、协同论、突变论与其他安全学原理进行整合，可以构建安全系统混沌模型，先做如下假设与推理：

1) 安全系统是复杂的多维系统，决定安全系统状态的变量也是多维的，但可以将多维的内部变量统一转化为以安全熵 S 这一系统状态特征量为标准的一维变量参照系统，即安全系统状态函数 $P = F(S)$。

2) 安全熵 S 可以被看作仅由三个控制参数决定，分别是 u（安全系统内人的因素）、v（安全系统内物的因素）、w（环境的因素），即 $S = f(u, v, w)$。

3) 根据以上两点，系统的状态变量为 1 个、控制参数为 3 个，并且安全系统本质上是不可逆系统，系统中的突变现象更是不可逆的，故可以选择突变理论中的燕尾突变模型对安全系统进行分析，则此时安全系统突变模型为

势函数

$$V_{(s)} = s^5 + us^3 + vs^2 + ws \tag{2-16}$$

突变流形

$$dV_{(s)} = 5s^4 + 3us^2 + 2vs + w = 0 \tag{2-17}$$

分叉集由方程

$$\begin{cases} dV_{(s)} = 5s^4 + 3us^2 + 2vs + w = 0 \\ d^2V_{(s)} = 20s^3 + 6us + 2v = 0 \end{cases} \tag{2-18}$$

消去 s，通过归一化公式：

$$s_u = u^{1/2}, s_v = u^{1/3}, s_w = u^{1/4} \tag{2-19}$$

得到系统突变隶属函数值 $S_t = \begin{cases} \dfrac{1}{3}(u^{\frac{1}{i}} + v^{\frac{1}{j}} + w^{\frac{1}{k}}), \{i, j, k\} = \{2, 3, 4\} & \text{互补原则} \\ \min\{u^{\frac{1}{i}}, v^{\frac{1}{j}}, w^{\frac{1}{k}}\}, \{i, j, k\} = \{2, 3, 4\} & \text{非互补原则} \end{cases}$

$$\tag{2-20}$$

式中，S_t 为安全系统安全熵的即时评价值；u 为人因素突变隶属函数值；v 为机器因素突变隶属函数值；w 为环境因素突变隶属函数值。

通过以上动力学方程可以看出，描述安全系统突变的相空间应该是一个四维的超曲面，这意味着并不能像以往那样简单地画出安全系统突变流形图。在以上的假设中，安全系统的混沌动力学方程可写为

$$\frac{ds}{dt} = f(\{s\}, \{u, v, w\}) \tag{2-21}$$

方程的右半部分可以表达为势函数 $V(\{s\}, \{u, v, w\})$ 的梯度，即

$$\frac{ds}{dt} = -\frac{\partial V}{\partial S} \tag{2-22}$$

它的定态解由下式解得

$$\frac{\partial V}{\partial S} = 5s^4 + 3us^2 + 2vs + w = 0 \tag{2-23}$$

求出的定态解 $\{S_0\}$ 在安全系统突变的相空间中表现为奇点。

因此，安全系统混沌模型是利用势函数 V 来研究安全系统突变的相空间中的奇点是如何随控

制参数 u（人因）、v（物因）、w（环因）变化，以及安全系统势函数 V 与状态变量 $\{s\}$ 和控制参数 $\{u,v,w\}$ 的拓扑不变关系的理论。

2.5.3 基于混沌模型的化学实验室安全评价实例

下面以近几年我国高校化学实验室发生的几起事故开展分析评价，事故案例见表2-6。

表2-6　几起化学实验室事故

事故时间	事故地点	事故类型	伤亡情况
2011.04.14	四川某高校化学实验室	爆炸	3人重伤
2013.04.30	江苏某高校化学实验室	爆炸	1死3伤
2015.04.05	江苏某高校化学实验室	爆燃	1死4伤
2015.12.18	北京某高校化学实验室	爆炸	1人死亡

从表2-6情况看，加强实验室安全管理是当前的必然要求，首先应当开展全面深入的系统安全分析与评价。为检验安全系统混沌模型的适用性，特选取某大学化学实验室作为研究对象，考查安全系统混沌模型在化学实验室安全评价中的应用，具体步骤如下：

（1）参考一般事故分级标准制定化学实验室安全等级表，见表2-7。

表2-7　化学实验室安全等级表

安全等级	I	II	III	IV	V
安全状态	危险	较危险	一般	较安全	安全
安全状态区间	[0.00,0.40)	[0.40,0.60)	[0.60,0.75)	[0.75,0.90)	[0.90,1.00]

从表2-7可见，实验室安全分为 I、II、III、IV、V 五个等级，分别对应危险、较危险、一般、较安全、安全五个状态，安全状态区间为 [0.00,0.40)、[0.40,0.60)、[0.60,0.75)、[0.75,0.90)、[0.90,1.00]，将数值带入式（2-20），得到对应的安全隶属函数区间分别为 [0.00,0.72)、[0.72,0.83)、[0.83,0.90)、[0.90,0.96)、[0.96,1.00]。结合突变级数法中数值越大系统越安全的特点，得到基于模糊突变的实验室安全级别的隶属函数，见表2-8。

表2-8　化学实验室安全级别的隶属函数

安全等级	I	II	III	IV	V
安全状态	危险	较危险	一般	较安全	安全
事故风险等级	致命性	严重性	临界性	较安全性	安全性
安全隶属函数区间	[0.00,0.72)	[0.72,0.83)	[0.83,0.90)	[0.90,0.96)	[0.96,1.00]

（2）建立化学实验室安全混沌评价的多层指标体系。化学实验室是一个复杂的安全系统，影响其安全状况的因素和环节很多，对实验室进行安全分析与评判必须基于系统工程的观点，按照实验室系统的内在作用机理，结合学校定期的实验室安全检查办法，建立多层指标体系，以表2-9中的27个三级指标作为底层指标，依据评价步骤自下而上逐级计算。

表2-9　化学实验室综合评价指标

总目标层	一级指标 A	二级指标 B	三级指标 C
化学实验室安全熵（S）	人的因素（u）	实验中的行为安全 B_1	1. 操作中的违规行为
			2. 操作中的防护与疏忽
			3. 操作中的师生交流度

（续）

总目标层	一级指标 A	二级指标 B	三级指标 C
化学实验室安全熵（S）	人的因素（u）	实验前的准备程度 B₂	4. 知识掌握程度
			5. 实验熟悉程度
			6. 安全教育程度
		实验后的安全意识 B₃	7. 存储归放意识强度
			8. 整理台面意识强度
			9. 记录登记意识强度
	机器因素（v）	本身质量 B₄	10. 仪器、样品合格率
			11. 大功率设备安全性
			12. 风、水、电气线路合格率
		运行过程 B₅	13. 线路超负荷运行概率
			14. 高危实验的安全控制程度
			15. 事故应急设施的完备率
		存储维修 B₆	16. 易燃易爆、有毒物存储合格率
			17. 废品、废液存储合格率
			18. 设备检查维修合格率
	环境因素（w）	安全管理 B₇	19. 人员配备完善率
			20. 制度规范完整率
			21. 安全检查时效性
		安全设施 B₈	22. 通风、降温设施的有效性
			23. 防火、防盗、防雷、防静电设施合格率
			24. 实验室安全标志的齐备度
		安全监测 B₉	25. 视频监控覆盖率
			26. 预警监报及时度
			27. 信息传递效率

（3）对底层指标（控制变量）的原始数据进行无量纲化处理，即将度量单位各不相同的原始数据统一转化成 $[0,1]$ 取值范围内的越大越优型无量纲数值。

$$x_1 = \begin{cases} 1 & x < a \\ \dfrac{b-x}{b-a} & a \leq x \leq b \\ 0 & x > b \end{cases} \quad \& \quad x_2 = \begin{cases} 0 & x < b \\ \dfrac{x-b}{c-b} & b \leq x \leq c \\ 1 & x > c \end{cases} \tag{2-24}$$

式中，x 为底层指标的原始数据；x_1、x_2 为无量纲化计算值，x_1 属于数值越小越好的指标，x_2 属于数值越大越好的指标；a、b、c 为隶属函数临界值，其选择依据相关标准及规程。

2.5.4 结论

（1）安全系统是具备混沌属性的非线性复杂系统，其运行机制是以耗散结构形式存在的，在正熵流与负熵流的综合氛围下，系统状态变量不断运动，系统内人、机、环三要素协同作用，对系统内的涨落产生影响，若其中有害的微小扰动被放大为巨涨落，则可导致安全系统局部失稳、产生突变、生成事故。

（2）安全系统混沌模型是对现有安全科学原理的进一步丰富，该模型在实践中充分结合了突变级数法和模糊分析法，对化学实验室这样的复杂系统进行多层目标分解，然后根据归一公式进行量化递归得到总突变隶属函数值，其分析过程和计算结果可以为高校实验室的安全管理提供依据。

本章参考文献

[1] 吴超，黄浪，贾楠，等．广义安全模型构建研究［J］．科技管理研究，2018（1）：250-255．

[2] 黄浪，吴超，王秉．系统安全韧性的塑造与评估建模［J］．中国安全生产科学技术，2016，12（12）：15-21．

[3] 杨冕．基于安全技术与安全管理反思的安全学理论体系构建［D］．长沙：中南大学，2017．

[4] 王秉，吴超，黄浪．基于安全信息处理与事件链原理的系统安全行为模型［J］．情报杂志，2017，36（9）：119-126．

[5] 杨冕，吴超，黄浪，等．基于安全混沌学原理的实验室风险度量［J］．世界科技研究与发展，2016（5）：1001-1005．

第3章
安全信息认知与传播新模型

3.1 | 安全信息认知通用模型

【本节提要】

　　为了揭示复杂系统内安全信息传播的机理与故障模式和发展新的安全模型，以安全信息认知过程为主线，以安全信息失真或不对称为问题，构建了一个包含七个关键事件、六个时间状态、五级信息失真和四级信息传播的安全信息认知通用理论模型，阐述了模型的内涵、特点、用途分类和故障分析，并由模型推导出一组安全科学基础理论新概念，同时也构建了安全信息认知通用模型的拓展图。

　　1000多年前，唐代诗人杜荀鹤写过一首叫《泾溪》的诗："泾溪石险人兢慎，终岁不闻倾覆人。却是平流无石处，时时闻说有沉沦。"这首诗大意是说，泾溪虽然水流湍急，但是人们经过泾溪的时候格外小心，一年到头没有发生落水事件；而恰恰是在那些河床没有石头的地方，因水流平缓而看似无害，却常常听到有人落水的事件发生。这首诗言浅意深，寓意着处险未必险，反而可能寓安于其中，居安未必安，反而可能藏险于其中。同时也表达了只要对安全信息认知正确，就可以避免事故，而对安全信息无知，就容易出事故。这也是对基于风险认知的安全策略的优越性实证。

　　到了现代社会，安全方面的法律法规和规章制度实在太多了，即使是受过安全专业培训的职业人士对所有法规也不可能全知道，而且有些人即使了解这些规定，也不见得完全认同。此外，人们的活动空间和使用的器物及工作环境也都在不断变化，安全规定往往滞后于实际的生产和生活活动。有些人知道要遵守安全规定，但受到其当时的生理和条件的限制，也可能出现行动与法规相悖的结果。大多数理性人在判断自己的行动是否安全和能否行动，往往是基于自己对周围安全信息的认知，进而判断有无危险和采取决策并做出行动。当人们接收的安全信息准确无误和能够正确认知进而采取行动时，一般都不会发生事故。这也是现代比较推崇的基于风险决策的先进安全策略。

从古到今,以安全为目的,基于风险认知的途径避免事故,是最符合实际的实用和流行的安全策略。实际上,一个复杂系统的安全问题涉及人-机-环-管等要素,而信息是使系统的一切要素以及多个系统之间建立关联的唯一纽带。从信息入手开展研究和建立安全模型,才能获得普适性的结果。因此,以信息为主线和信息认知失真为问题,研究和建立普适性的科学安全信息认知模型非常有价值。

安全信息认知模型是安全模型之一。过去许多研究者尽管对安全模型做了大量的研究,如文献〔1〕的综述,将安全模型分为要素模型、序列模型、干预模型、数学模型、过程模型、管理模型、系统模型等,并枚举分析了已有 121 个不同的安全模型实例及其特征。国内一些学者也建立了自己颇具特色的安全模型。但上述文献介绍的安全模型没有关于安全信息认知通用模型的存在。国际上关于认知模型的研究大都集中在认知心理学领域。

本节构建了一个新的和具有普适性的安全信息认知通用模型,并对其内涵、特点、分类和应用等进行了深入分析与展望。

本节内容主要选自本书作者发表的研究论文《安全信息认知通用模型构建及其启示》[2]。

3.1.1 模型的构建

为了构建一个系统中的安全信息认知通用模型,首先有必要做一些相关的定义。

(1) 将系统的主体(安全信息的认知者)称为信宿(Information Home,用 H_I 表示);将认知者所要感知的主要东西称为信源(Information Source,用 S_I 表示),信源体可以是人、事、物、社会现象、组织、制度、体系、文化等,甚至是一个子系统。

(2) 认知者感知的信源通常是信源的载体。因此,将表征信源的本原(原原本本的东西)称为真信源(Real Information Source,用 S_{RI} 表示),真信源转化成能够被信宿感知的信息称为信源载体(Carrier of Information Source,用 C_{IS} 表示),信源载体可以与真信源完全一致,也可以完全不符,或是在一致与不符之间。

(3) 将信宿与信源载体之间的媒介称为信道(Channel,用 C 表示),信道中存在着影响信宿感知信源载体的各种因素,这种因素称为信噪(Signal Noise,用 N_S 表示)。信噪可以有也可以无;信噪的影响效果可以是负的,也可以是正的;信噪可以影响的不仅是信宿,还可以影响信源载体等。

(4) 信源载体经过信噪的干扰之后,通过信宿的感知器官功能(如视、听、触、嗅等)变为信宿的感知信息(Sense Information,用 I_S 表示)。之后,信宿还需要根据大脑的功能和其中的知识储备等,对感知信息进行检测、转换、简约、合成、编码、储存、重建、判断等复杂生理和心理过程,形成认知信息(Understood Information,用 I_U 表示)。被认知的信息与感知的信息可能相同、相似、相关,甚至可能相异、相反,还可以添加大脑的创新思维意识等。

(5) 信宿根据理解的认知信息,得出优化方案和形成决策,然后通过大脑指挥其功能器官(如手、脚、声等)采取动作(Action,用 A 表示),并达到或是获得某一行动结果(Result,用 R 表示)。

(6) 行动结果又可以反馈给信宿,并做出循环调整,简称为"信馈"(Information Feedback,用 F_I 表示)。信馈可以是简单的信息反馈,也可以是一个新的复杂的安全信息认知过程,后者是因为信宿能感知到的行动结果(其实也属于一种信源)可能只是其真实结果的表象或载体。

(7) 上述讨论的这个系统可能与其他系统关联和相互作用。把这个正在分析的系统称为自系统,把与之相互作用的系统称为他系统。自系统是随时间变化而动态变化的,并且与他系统相互影响和相互作用。

基于上述的定义和描述，可以构建出一个系统某一瞬间的安全信息认知通用模型，如图 3-1 所示。

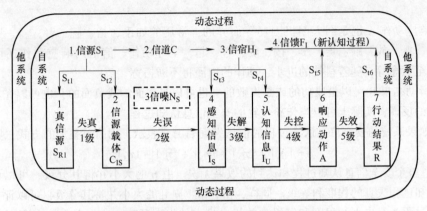

图 3-1 安全信息认知通用模型（SICUM）

3.1.2 模型的内涵

从图 3-1 可以分析得知，建立的安全信息认知通用模型包含以下的内容：

（1）安全信息认知过程主要由七个事件组成。它们的内容和所处的时间状态分别是：1 真信源 S_{RI}，时间状态 S_{t1}；2 信源载体 C_{IS}，时间状态 S_{t2}；3 信噪 N_S；4 感知信息 I_S，时间状态 S_{t3}；5 认知信息 I_U，时间状态 S_{t4}；6 响应动作 A，时间状态 S_{t5}；7 行动结果 R，时间状态 S_{t6}。

（2）安全信息认知过程的六个时间状态，两两之间分别形成了五级时间差和五级信息失真或信息不对称。它们分别是：真信源转化成信源载体的时间差等于 $S_{t2} - S_{t1}$，其信息失真值称为 1 级误差 Δ_1，失真率为 η_1；信源载体到被信宿感知的时间差等于 $S_{t3} - S_{t2}$，其信息失真值称为 2 级误差 Δ_2，失真率为 η_2；感知信息变成认知信息的时间差等于 $S_{t4} - S_{t3}$，其信息失真值称为 3 级误差 Δ_3，失真率为 η_3；信宿将认知信息付诸行动的时间差等于 $S_{t5} - S_{t4}$，其信息失真值称为 4 级误差 Δ_4，失真率为 η_4；从采取动作到有了行动结果的时间差等于 $S_{t6} - S_{t5}$，其信息失真值称为 5 级误差 Δ_5，失真率为 η_5。

（3）如果参照香农（Claude Shannon）和韦弗（Warren Weaver）提出的信息传播模式，则图 3-1 的安全信息认知过程七事件可以简化为信源、信道、信宿和信馈四要素。但两者有很大不同，香农模型描述的是信息传播过程，本节模型表达的是安全信息认知过程。从上述对信源、信道、信宿和信馈的定义可知，它们与香农和韦弗的相关定义有很大的不同。

（4）如果要给本节建立的安全信息认知通用模型起个更加具体的名字，根据（1）~（3）点的说明可知，可称为安全信息认知 7-6-5-4 模型，其中 "7-6-5-4" 的由来和表达的意义如上述。

（5）真信源 S_{RI} 是指信宿要感知的真实东西，不仅是指人可见的物体，还可以包括他人、事件、现象、组织、制度等，其实这些内容也是可以用子系统表达的。

（6）信源载体 C_{IS} 主要是指信宿用肉体能感知的信息，如电、光、声、热、色、味、形等，当借助仪器设备感知时，问题会更加复杂，实际上已经变成了新的安全信息认知子系统了。

（7）信噪 N_S 是对信源载体和信宿感知产生影响的相关因素，它包括的内容可以非常广泛，不仅是我们通常理解的自然环境因素，还可以包括情感、文化氛围、爱好诱惑、思想压力等。

（8）感知信息 I_S 通常指人的感知器官（视、听、触、嗅等）获得的信息，它感知的效果是因人因时因地因情等而异的。

（9）认知信息 I_U 也是因人因智因脑等而异的，它与人的天分、年龄、知识、健康程度等密切相关。

（10）响应动作 A 也是因人因机因环等而异的，常用的如手、指、腕、臂、身、腿、脚等部位，碰、触、抓、放、踏、走、压、按、旋、弯、起、坐等动作。信宿的响应动作还可以包括发声、眼动甚至意念等，随着科技的进步，动作的内涵将不断拓宽。

（11）行动结果 R 可以是成功的或是失败的，也可以是正面的或负面的，也可以完全无效。而对行动结果的反馈，实际上可以当作新一轮的安全信息认知过程。

（12）如果系统的安全信息认知过程的信息失真率用 η 表示，用简单叠加的方式，则

$$\eta = |\eta_1| + |\eta_2| + |\eta_3| + |\eta_4| + |\eta_5| \tag{3-1}$$

当 $\eta = 0$ 时，整个安全信息认知过程和达到的效果无误。由 η 的大小并将其分级，可以评价系统中安全信息认知过程失真的程度和等级。同样，由各级 $|\eta_i|$ 的大小并将其分级，可以评价系统中安全信息认知过程各级失真的程度和等级，并找出最大的失真环节，这一点更加重要。η_i 用绝对值表示，是由于它可正可负。

（13）由于系统的安全信息认知过程存在信息失真或信息不对称，也证明了认知过程存在故障，并由此可以导致信宿对风险的错误认知，从而造成错误的动作和行动，以致发生事故和灾难。另外，如果信宿的感知和认知过程有超常或创新的效果，则可能抵消由于信噪和信源载体带来的误差或负面影响。

（14）如果把安全（或不安全）行动结果当作新信源，新信源被新信宿所认知又产生新的安全（或不安全）行动结果，这样不断循环下去，就构成了多级安全认知的过程模型；当新信源同时被多个新信宿所认知，并形成不断传递循环下去的情景，就可能构成了复杂的安全（或不安全）信息串并联过程，甚至出现类似"蝴蝶效应"的过程。例如，有些谣言恶性传播造成大量人群发生恐慌以至于引发重大恶性事件发生就属于上述过程。

（15）由以上分析可知，建立的安全信息认知模型具有普适性和元模型的功能。

3.1.3 模型的特点和价值

建立的安全信息认知通用模型有以下特点和价值：

（1）模型以信宿为主体，即以人为主体，这与以人为本的理念完全契合；模型考虑了认知过程的时间差，尽管时间差都极为短暂和有些情况可以认为等于零，这符合许多事故是由于一念之差引发和瞬间发生的突发动态问题；模型以一个系统（自系统）加以分析，同时又考虑了自系统与外界（他系统）的互动和关联。

（2）模型将一个系统主体（信宿）主要感知的安全信息（信源）分解成里外两层，里层称为真信源，外层称为信源载体，两者往往是不一样的。俗话说，知人知面不知心，大多数人对他人仅仅知面，但不知心，能知面知心的人比较少。这一分解揭示和表达了里外存在信息不对称和信息失真差，也给深入研究安全信源的真实表达指出了一个新方向。

（3）模型将安全信源（通常是指"物"）拓展到物、事、人、社会现象、组织、体系等，甚至各种组合的复杂系统。这样就增强了模型的普适性，使模型可大可小，并且可以是模型之中套模型。

（4）模型将一个系统主体（信宿）对主要安全信息（信源）的接收过程分解成外内两阶段，外部接收阶段称为感知，内部消化阶段称为认知。外部感知和内部认知存在着信息不对称和信息

失真差。因为人类的大脑接收信息不像计算机复制文件，计算机能 100% 地存取无误和不会失真，而人不能。这一分解和表达也开拓了安全认知心理学和安全教育心理学的研究要点。同时，有些人的超强感知和认知能力也可以克服信源载体的假象和信噪的影响。

（5）模型中的"信馈"不是传统意义上的简单信息反馈，"信馈"可以是一个复杂的安全认知过程的循环，这也阐明了信息反馈可能放大与缩小，也可以失真和失控，也可能出现信息意外释放，同时也可以解释现实中信息反馈发生的事故或故障。

（6）模型引入了信息认知过程的参变量、信息不对称和失真值等，这为开展模型的定性和定量表达和分析奠定了基础和可能。

（7）模型表达了由于安全信息失真或不对称引发的事故致因机理，同时也提供了事故的干预、预防、控制途径及系统安全设计的策略等方法论层面的信息。

（8）由模型的真信源-信源载体-感知信息-认知信息-响应动作-行动结果的事件链，还可以构建一些安全科学技术新学科分支或新学科方向，例如：物质安全信息可视化、安全信息载体及其优化、安全感知界面技术、安全认知信息学、安全信息学、安全认知心理学、安全行为与动作学、安全控制学、安全仿真学、安全智能化技术等。

（9）模型将引导安全科技工作者，从安全模糊化、灰色化、隐蔽化向着安全可感化（可视化、透明化、真实化）、安全可知化和安全可能化的方向发展，也延伸出安全可感化、安全可知化和安全可能化的安全"三可"思维——"三化"发展模式，安全科技工作者根据这一新思维模式可以在安全管理、安全创业等方面找到各自所需的切入口。

3.1.4 模型的用途分类

由于构建的安全信息认知模型具有通用性，在具体运用上，可以根据其不同的用途进行多种分类，进而可以结合具体的场景开展应用研究。模型的用途分类见表 3-1。

表 3-1 安全信息认知通用模型的用途分类

编号	分类依据	分类实例及其应用启示
1	根据真信源 S_{RI} 的主要类型	①物质类安全信息认知模型；②人物类安全信息认知模型；③事件类安全信息认知模型；④现象类安全信息认知模型；⑤组织类安全信息认知模型；等等
2	根据信源载体 C_{IS} 的主要类型	①电信号安全信息认知模型；②光信号安全信息认知模型；③声信号安全信息认知模型；④热信号安全信息认知模型；⑤色信号安全信息认知模型；⑥味信号安全信息认知模型；⑦形信号安全信息认知模型等
3	根据信噪 N_S 的主要类型	1）根据信噪影响程度等级，可分为：①弱信噪安全信息认知模型；②中等强度信噪安全信息认知模型；③强信噪安全信息认知模型等 2）根据信噪的状况，可分为：①普通环境下的安全信息认知模型；②特殊环境下的安全信息认知模型等 3）根据信噪源自系统的不同，可分为：①来自自系统信噪的安全信息认知模型；②来自他系统的安全信息认知模型
4	根据人感知信息 I_S 的主要器官	①视安全信息认知模型；②听安全信息认知模型；③触安全信息认知模型；④嗅安全信息认知模型；⑤多媒体安全信息认知模型等
5	根据认知信息 I_U 主体的主要情况	1）人脑处理问题不像计算机的存储那么简单，人对问题的理解认知是一个非常复杂的过程。根据理解信息人的年龄可分为：①小孩安全信息认知模型；②青年人和中年人安全信息认知模型；③老年人安全信息认知模型等。还可以根据更细致的年龄段分类 2）根据人的理性程度，可分为：①正常人的安全信息认知模型；②非理性人的安全信息认知模型；③特殊人群的安全信息认知模型等 3）还可以有更多的分类

（续）

编号	分类依据	分类实例及其应用启示
6	根据认知主体的主要动作	1）人的动作或行动非常之多。根据人的动作器官不同，可分为：①手动作的安全信息认知模型；②腿动作的安全信息认知模型；③脚动作的安全信息认知模型；④头动作的的安全信息认知模型等 2）还有可以根据声音、眼球、指纹，甚至意念等来分解的安全信息认知模型
7	根据行动的主要结果	1）根据行动结果的恶化程度，可分为：①未遂事故的安全信息认知模型；②发生伤亡事故的安全信息认知模型；③出现重特大伤亡的安全信息认知模型；等等 2）根据伤害的结果可视化，可分为：①心理伤害的安全信息认知模型；②生理伤害的安全信息认知模型等
8	根据信息反馈的形式	①人工反馈的安全信息认知模型；②机械反馈的安全信息认知模型；③信号提醒的安全信息认知模型；④自动反馈的安全信息认知模型等
9	根据一段时间的静动状态	系统运动是绝对的，静止是相对的。根据一段时间的静动状态可分为：①相对静止的安全信息认知模型；②有规律变化的安全信息认知模型；③无规律变化的安全信息认知模型等
10	根据故障干预的形式	①主动干预的安全信息认知模型；②被动干预的安全信息认知模型等
11	根据安全信息认知过程的时间	①接近同步认知的安全信息认知模型；②异步事后认知的安全信息认知模型等
12	根据各行业具体工作场景	不同职业工种有数千个，这里不便一一分类和举例

根据表 3-1 的分类和借助图 3-1 的内涵，可以构建出各种新的、具体的和用于不同目的的安全信息认知模型，并由具体模型开展相关的应用研究。

3.1.5　模型的故障分析及安全策略

根据图 3-1，安全信息认知过程主要由七个事件组成，它们两两之间分别形成了信息失真或是不对称。由此可以开展各层次之间故障的定性和定量分析，并确定关键故障和采取预防和控制措施。显然，减少事件之间的信息失真或信息不对称是一个基本的思路和原则，发挥人的正确认知和预见能力也非常重要。

（1）真信源转化成信源载体的信息失真。这个阶段的故障诊断非常复杂，因为涉及的因素特多。比如物质类的安全信息，要搞清楚所有物质及其不断被加工制造以后组成的无穷多种形式的危险特性，并把这些信息表达成为人类可以感知的载体信息，这是巨大的工程。但对于具体某一种物质和人类经常接触使用的特定物质，其安全信息却是可以研究获取的，其信息认知故障概率是可以测定的。通过将物质危害真信息真实化、可视化、透明化、数字化等，就可以减少物质安全的虚假信息出现和降低信息不对称。而研究这类问题涉及的学科主要依靠自然科学技术。关于人类、社会现象、组织行为、文化氛围等的安全信息研究及其透明化，这是一个更加广泛和复杂的问题，本节只是将其作为信源在安全信息认知模型中加以纳入，但不可能作为主要问题予以具体讨论，这方面的问题涉及大量的社会科学和人类科学。

（2）从信源载体到被信宿感知的信息失真或信息不对称，这是本节构建模型中关注的重点，这也是人机界面研究的重点。目前广泛使用的降低信息失真或信息不对称的主要方法是可视化方法。安全可视化涉及安全信息学、信息技术、人机学等学科。

安全可视化包括：

1）安全信息视觉化。通过标示标志、色彩管理，将安全管理的信息转换成视觉信息。视觉化将信息传递模式都转换成统一的视觉信号模式，实现了信号传递的简单、准确、快速。

2）安全透明化。将需要被看见的隐藏信息显露出来，能使可视化安全管理更加完整。

3）安全界限化。标明正常与异常的界限，可将可视化安全管理变得更加精细化。

安全可视化使用的工具有：文字、颜色、图形、照片、视频、漫画、宣传牌和宣传栏、标识牌、指示牌、警示牌、警示线、禁止牌、禁止线、路线图、定位线、方向箭头、发光二极管（LED）屏等。

（3）感知信息变成认知信息的信息失真。这是一个复杂的心理和生理过程，其研究涉及安全认知心理学、安全教育心理学、认知科学等领域。

（4）信宿由认知信息做出决策，通过大脑指挥身体动作器官付诸行动的效果失真。这一问题的研究和解决需要借助安全生理学、行为安全学、人工智能、控制学等学科。采取行动，并不一定就可达到理想的效果，从付诸行动到有了结果也存在着事与愿违的失真，这个问题涉及更多其他学科领域。

（5）信息反馈过程也同样存在失真。要研究这一问题，可以认为是新一轮的安全信息认知过程。

由上述故障分析也可以获得故障预防和控制的基本途径，即可以从真信源、信源载体、信噪、感知信息、认知信息、响应动作、结果反馈七个方面以及它们之间的交互界面信息传播失真或不对称减少，来预防和控制事故的发生，保障系统的安全。

3.1.6　模型的推论与拓展

由安全信息认知通用模型可知，各事件之间如果存在信息失真或信息不对称，就可以导致信息传达过程出现故障，进而出现事故。基于这一原理，可以推论出一组安全科学基础理论的新概念：

（1）安全是理性人在一定的系统里（或时空里），对安全信息认知不存在信息失真或信息不对称的存在状态。具体地说，在该系统里的真信源-信源载体-感知信息-认知信息-响应动作的事件链中，相邻两两事件之间不存在信息失真或信息不对称，此存在状态就可称为安全。

（2）危险是指理性人在一定的系统里（或时空里），对安全信息认知存在信息失真或信息不对称的存在状态。具体地说，在该系统里的真信源-信源载体-感知信息-认知信息-响应动作的事件链中，相邻两两事件之间存在信息失真或信息不对称的状态。相邻两两事件之间存在信息失真的绝对值越大，就越危险，反之就越趋近于安全。

（3）危害是指在一定的系统里（或时空里），由于安全信息认知存在信息失真或信息不对称，而引发了人的身心受到伤害或财产受到损失的结果。

（4）风险是指理性人在一定系统里（或时空里），安全信息认知的信息失真率的绝对值与由此产生的危害的严重度的乘积。

（5）隐患（或危险源）是指在一定系统里（或时空里），安全信息认知的事件链中存在可能造成危害的信息失真或信息不对称。当这种信息失真或信息不对称可能造成人的身心受到严重伤害或财产受到严重损失时，则成为重大隐患。

（6）事故是指安全信息认知的事件链中存在信息失真或信息不对称，致使信源不透明、信息传达不清、信道不畅或信宿故障等状态后，发生了有形或无形的伤害或损失。当对人的身心和财产未造成危害时，称为无害事故；当对人的身心和财产造成重大危害时，则称为重大事故。

由以上新概念还可以推论出更多的安全科学基础理论相关定义。

将上述各部分内容阐述的要点结合到图 3-1 中，可以构建出图 3-2 的安全信息认知通用模型的拓展图。

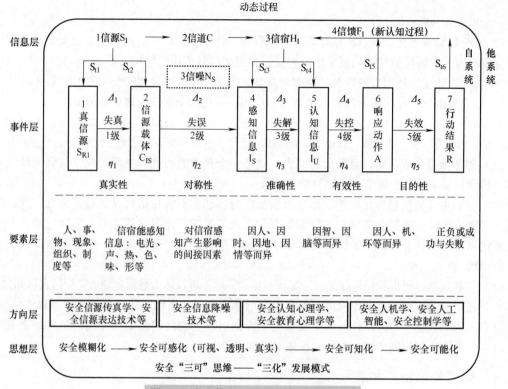

图 3-2　安全信息认知通用模型的拓展图

3.1.7　结论

（1）通过以信息传播为主线和安全信息认知失真或不对称为问题，构建了一个系统中的安全信息认知通用模型，根据不同场景条件和类型可以重构出多种具体应用模型。该模型具有元模型的意义，对事故致因分析、行为安全管理、系统安全设计和事故防控等具有重要的理论意义和广泛的推广应用价值。

（2）该模型表达了由于安全信息失真或不对称引发的事故致因机理，同时提供了事故的诊断、干预、预防、控制途径及系统安全设计的策略等方法论层面的信息，丰富了现有的安全科学理论。

（3）由该模型推论获得的安全科学基础理论的新概念和新方向，为未来创建安全信息学、安全信息认知学、安全教育心理学、安全行为管理学等新学科分支提供了启示，并展示了安全必须向安全可感化、安全可知化和安全可能化的方向发展。

3.2 │ 复杂系统安全信息认知模型

【本节提要】

基于安全信息认知通用模型，进行多结构形式安全信息认知模型的构建和研究。首先，阐述多结构形式安全信息认知模型研究的基础；接着，以安全信息认知通用模型作为建模基本单元，构建反映复杂系统安全信息认知过程的多结构形式安全信息认知模型；从不同角度分析多结构形式安全信息认知模型的故障类型、故障致因和对应的安全策略；最后，从实践应用层面归纳和总结多结构形式安全信息认知模型的应用意义。

物质、能量和信息是现实世界的三大基本要素，但过去人们大都侧重于从物质和能量两个方面研究安全问题，并且已经取得了大量的成就，然而从信息视角研究安全却相对较少。现代科学技术的发展使得安全系统复杂化与模糊化，信息在复杂巨系统中的作用越显突出。实际上，信息是使系统一切要素以及多个系统间建立关联的唯一纽带[2]。"安全信息"作为高热度词汇，越来越多地被运用到现代安全科学研究中。避免事故是安全科学研究的最基本目的，基于风险认知的途径避免事故，是现代推崇的先进安全策略，其实质是对安全信息的正确认知。

理论安全模型是对复杂安全概念、过程和系统的抽象描述，是安全系统各要素间的逻辑关系和机制的科学表达，也有助于对系统安全采取有针对性的策略和手段。以安全信息为主线构建的安全信息认知模型是安全模型之一。已有的安全模型尚缺乏关于安全信息认知的模型，过去关于认知模型的研究大都集中在认知心理学领域。鉴于此，吴超[2]以安全信息认知过程为主线，以安全信息失真或不对称为问题，构建了个体层面的安全信息认知通用模型，填补了安全信息认知模型研究的空白。

安全信息认知通用模型描述了一个系统某一瞬间的安全信息认知过程，是安全信息认知过程的元模型，具有通用性。在对具体问题进行分析时，不同应用场景的分析系统通常不尽相同且较复杂，需要在元模型的基础上进行扩展和细化。安全信息认知通用模型按具体应用场景的不同，可演绎出不同类别的具体模型。综上，为探究不同认知过程结构模式下的安全信息认知过程，作者基于安全信息认知通用模型，构建多结构形式的安全信息认知具体模型，分析多结构形式安全信息认知模型的内涵、故障模式和应用意义，以期为多结构形式安全信息认知过程中的事故防控和安全信息管理提供依据。

本节内容主要选自本书作者与李思贤合作的研究论文《多级安全信息不对称所致事故模式研究》[3]。

3.2.1　多结构形式安全信息认知模型研究的基础

1. 安全信息认知通用模型概述

多结构形式安全信息认知模型是以安全信息认知通用模型作为建模基本单元构建的，反映不同场景的安全信息认知过程的安全信息认知具体模型。因此，在提出多结构形式安全信息认知模型前，有必要对安全信息认知通用模型的概念及其内涵做一简要描述。

文献［2］以"真信源-信源载体-感知信息-认知信息-响应动作-行动结果"为事件链，构建了安全信息认知通用模型。模型定义信宿 H_I 是安全信息的认知者，真信源 S_{RI} 是信源的本原，信源载体 C_{IS} 是由真信源转化的、能被信宿感知的信息，信宿与信源载体之间的传播媒介为信道 C，信道中各种影响因素被统称为信噪 N_S。在事件链层面上，信源载体经信噪干扰后，经信宿的感知器官变为信宿的感知信息 I_S，感知信息经一系列复杂的生理和心理过程的解释形成认知信息 I_U，信宿经过对认知信息的理解，做出一系列响应动作 A，最终达到某一行动结果 R，行动结果又作为信馈反馈给信宿，在该事件链上不断循环。在信息的层面上，安全信息认知通用模型中同样具有信源、信道、信宿、信馈等信息传播模型的基本要素，但安全信息认知通用模型对信息传播的过程和内容都进行了扩展，如时间差、信息失真和信息不对称等概念的引入，同时更加注重对认知过程的描述。

对于具体的生产和生活系统，其安全信息认知往往是多级多层复合的复杂过程，对于这样的复杂系统，系统的安全信息认知过程是图 3-1 经不同组合方式形成的不断循环往复的一系列连续行为反应。

2. 构建多结构形式安全信息认知模型的缘由

理论而言，开展一项研究时应具有充分的缘由，这是顺利开展该项研究的基本前提，也是开展该项研究的价值和意义所在。概括而言，由安全信息认知通用模型这一元模型为基础，开展多结构形式的安全信息认知具体模型研究的缘由主要有以下三个方面：

（1）由于新技术的出现和社会技术系统复杂性的提高，安全系统逐渐从传统的工程系统向数字化系统方向发展，尤其是进入大数据时代和人工智能时代以后，系统对信息的依赖性更强。安全科学的研究逐渐将安全信息作为重要研究对象，将安全信息的失真或不对称问题作为重要研究课题，呈现"信息学化"的研究特征和趋势。事故发生的直接或间接原因均可归为安全信息的失真或不对称；不安全行为是导致事故的直接原因，而不安全行为的实质是对安全信息的认知存在偏差或错误。为了揭示复杂系统内安全信息传播的机理与故障模式，为事故防控提供理论依据，构建安全信息认知模型成为"信息学化"趋势下安全科学研究的有效研究手段。

（2）进行科学问题研究时，需要从不同层面和不同角度着手分析，寻求对分析对象的整体性把握和针对性把握。安全科学研究中的系统通常是复杂系统，对于安全复杂巨系统内的安全信息认知过程通常不会是安全信息认知通用模型所描述的单一、单向过程，可能会是多级的、多方向的或更加复杂安全信息认知过程。为形象描述上述过程，以安全信息认知通用模型作为建模基本单元，构建反映不同场景的安全信息认知过程的多结构形式的安全信息认知模型。对多结构形式安全信息认知模型的构建和研究，可实现对具体安全复杂巨系统内安全信息认知过程研究的整体性把握和针对性把握。

（3）安全信息学作为安全科学的一门新兴学科，安全信息认知通用模型及其多结构形式具体模型的构建，可以丰富安全信息学的研究内容和内涵，为安全信息学的研究提供有效的分析方法和分析手段，进而将推动安全信息学的研究发展。

由此可见，基于安全信息认知通用模型进行多结构形式安全信息认知模型的构建与研究，具有充分的必要性和可行性，在理论层面和实践应用层面都具有重要意义。

如果将元系统中的行动结果作为信息信源，新的信源被新的信宿认知又产生新的行动结果，如此不断循环下去，将构成多级安全信息认知过程；当新的信源同时被多个新信宿所认知，产生新的动作状态，最终导致系统整体的行动结果，将构成多向安全信息认知过程；当系统内的认知过程链是由多级认知结构和多向认知结构通过一系列复杂排列组合而形成的复杂认知过程链，多个信宿经复杂认知过程链认知产生新的动作状态，最终导致系统整体的行动结果，将构成复杂安全信息认知过程。将上述各种形式的安全信息认知过程用模型表达，即成为多结构形式安全信息认知模型。

3.2.2 多结构形式安全信息认知模型的构建

在构建多结构形式安全信息认知模型时，将安全信息认知通用模型所描述的"真信源-信源载体-感知信息-认知信息-响应动作-行动结果"事件链进行简化，选取事件链的始、末元素，即信源和行动结果，将中间复杂信息认知过程用"认知"替代。信源所含的安全信息经复杂的认知过程，指导响应动作产生对应的行动结果，以此来表示安全信息认知通用模型这一建模基本单元，并将其视为复杂系统安全信息认知过程中的元系统。

安全信息认知过程是安全信息沿一定的信息通道由发送者到接收者，并经复杂的认知过程指导响应动作产生行动结果的流动过程。在复杂系统中，安全信息认知过程不是安全信息认知通用模型所描述的单一、单向、简单的过程，系统结构越是复杂，系统中的安全信息流动就越是呈现复杂多样的流动结构。

安全信息认知过程中的信源在狭义上是指发布安全信息的实体，广义的信源可以是人、事、物、社会现象、组织、制度、体系、文化、行为等，甚至是一个子系统。在构建多结构形式安全信息认知模型时，将信源考虑为广义上的信源，也将行动结果视作信源。

1. 多级安全信息认知过程模型

在复杂系统中，存在的一种信息流动结构是：安全信息经信源发送，被信宿认知产生某一行动结果，这一行动结果可作为新的信息信源，被某一新信宿认知，产生新的行动结果，并按此过程不断循环下去，就形成多级安全信息认知过程。多级安全信息认知过程模型可用图3-3表示。在多级安全信息认知过程中，各认知元系统可能既扮演信源的角色又扮演信宿的角色，各认知元系统间的认知过程在整体上是单向的。

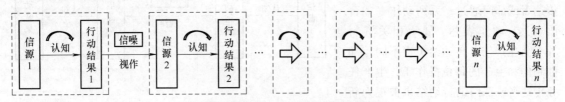

图3-3 多级安全信息认知过程模型

"…"表示某一级信息认知传播元模型的省略

为形象描述和便于理解，将物理学中波动的相关概念运用在此进行类比分析。将系统中安全信息的整体传播流动方向视作"波的传播方向"，即认知过程模型中由信源1到行动结果n的从左往右的单向的安全信息流动方向；将由"行动结果1"视作新信源后的认知方向视作质点的振动方向，即认知过程模型中信源2-行动结果2、信源3-行动结果3直至信源n-行动结果n的认知方向。由分析可知，在该过程模型中，安全信息的整体传播流动方向与后续的认知过程方向一致，即质点的振动方向与波的传播方向一致，这种纵波形式的安全信息认知过程模型即被称作多级安全信息认知过程模型。

安全系统中，当进行安全预测、安全决策和安全执行动作的分别为不同的个人或部门时，安全预测个人或部门接收到安全信息，经认知过程进行安全预测行为，产生安全预测行动结果；安全决策个人或部门将安全预测行动结果视为新的信源，经认知过程进行安全决策行为，产生安全决策行动结果；安全执行个人或部门将安全决策行动结果视为新的信源，经认知过程进行安全行为的执行，层层递进，以确保系统的安全行为有序进行。上述过程可视作多级安全信息认知过程模型的一个应用场景实例。

2. 多向安全信息认知过程模型

在复杂系统中，当安全信息经信源发送，被信宿认知产生某一行动结果后，这一行动结果可作为新信源，在再次的认知过程中被多个方向上（$i \geq 2$）的新信宿认知，产生多个方向上的新行动结果，多个行动结果构成系统整体的状态，并产生系统总体的最终行动结果，该过程即多向安全信息认知过程。多向安全信息认知过程模型可用图3-4表示。在多向安全信息认知过程中，某一认知元系统扮演信源的角色，将安全信息传达至多个方向上（$i \geq 2$）的作为信宿的认知元系统，系统整体的认知过程朝着某一确定方向，作为信宿的各认知元系统与作为信源的认知元系统间的认知过程分布在系统整体认知方向的纵向方向上。

通过物理学中的波动相关概念的类比分析可知：在该过程模型中，安全信息的整体传播流动方向为由"信源1"至系统整体状态的方向，即从左往右的传播流动方向；后续的认知过程方向为

信源 n_{11} 直至信源 n_{i1} 的多个方向，后续的认知过程方向在整体上与安全信息的传播流动方向垂直，即质点的振动方向与波的传播方向垂直，这种横波形式的安全信息认知过程模型即被称作多向安全信息认知过程模型。

为便于理解多向安全信息认知过程模型的内涵，通过举一现实场景加以说明。某企业的生产车间负责机器零件的制造与组装，企业的生产任务传达者或部门通过一系列动作（如言语表达、动作表达、展示相关资料等）将生产任务传达给负责不同零部件制作和生产的每位操作工，生产任务传达者或部门的行动结果被视为新的信息信源，负责不同机器零部件制作和生产的操作工视为后续认知过程中的众多信宿，提取任务传达者或部门传达的有用信息，经认知行为产生行动结果，制作生产出各个机器零部件，各个机器零部件最终可被组装成完整的机器，成为系统最终的行动结果。在该场景中，系统中的认知过程即为多向安全信息认知过程模型。

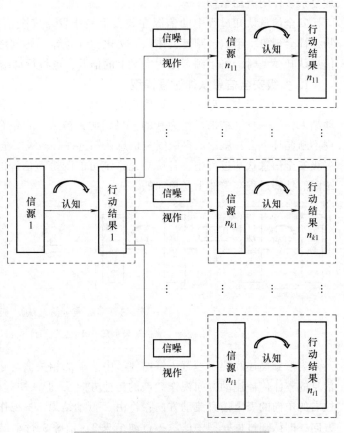

图 3-4　多向安全信息认知过程模型

"…"表示某一方向信息认知传播元模型的省略

3. 复杂安全信息认知过程模型

在构建复杂安全信息认知过程模型时，为简化表达和便于理解，将安全信息认知通用模型这一建模元模型做进一步简化，将其用"认知元系统"替代。在复杂安全系统中，各认知元系统间存在复杂的安全信息流动与传播，各认知元系统在安全信息流动与传播过程中既扮演信源的角色又扮演信宿的角色，扮演信源的认知元系统经认知过程将安全信息传递给扮演信宿的认知元系统，扮演信宿的认知元系统经认知过程理解接收的安全信息并指导运动功能器官做出一系列响应动作，并将行动结果作为信馈反馈给扮演信源的认知元系统，扮演信源的认知元系统在接收到信馈后在下一段或是下一方向上的认知过程中转而扮演信宿的角色进行一系列的安全行为，安全信息在各认知元系统间进行复杂的循环与迭代的认知过程，各认知元系统经复杂的安全信息认知过程产生新的动作状态，成为系统整体的状态，并产生系统总体的最终行动结果。在上述安全信息认知过程中，系统的安全信息认知过程链是由多级结构和多向结构通过一系列复杂排列组合而形成的复杂认知过程链。上述复杂的安全信息认知过程可用图 3-5 所示的模型表示，即复杂安全信息认知过程模型。在应用图 3-5 于具体的复杂安全信息认知系统时，根据实际情况，图 3-5 中的某些"认知元系统"需要删节或添加。

为更加形象地理解复杂安全信息认知过程模型，下面通过一现实情景加以说明。某机械制造厂与另一企业建立了某型号机器制造的交易，企业将生产任务传达给制造厂时，经过了多部门和多主体间的复杂信息传递，在制造厂内，将生产任务传递给每个部门的每位操作者，同样经过了

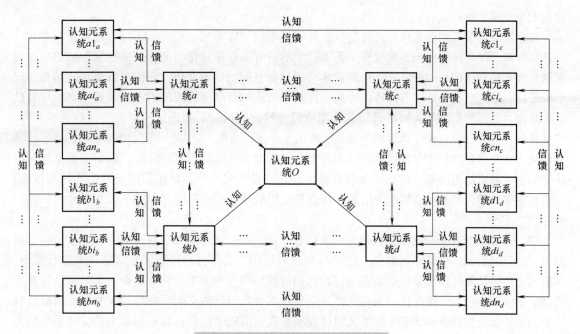

图 3-5　复杂安全信息认知过程模型

"…"表示某一方向或某一级信息认知传播元模型的省略

信息在多部门和多主体间的传递，即企业的生产任务传递到制造厂的每位操作工时，信息的认知过程是由多级认知过程和多向认知过程通过一系列的排列组合而形成的复杂认知过程。相较于多级安全信息认知过程和多向安全信息认知过程，复杂安全信息认知过程是多部门、多主体间的多级、多向、多程序的安全信息认知的复杂过程体现。

3.2.3　多结构形式安全信息认知模型的故障分析及安全策略

1. 多结构形式安全信息认知模型的故障类型

安全信息认知过程中两两对应主体间的信息失真或不对称即成为安全信息认知过程的故障。多结构形式安全信息认知模型是由安全信息认知通用模型这一元模型作为基本单元构建的，是由安全信息认知通用模型中的事件构成的具体模型。安全信息认知模型是对安全系统中的认知过程的抽象描述，是系统中安全信息认知过程中各要素间的逻辑关系和机制的科学表达，根据具体分析系统的不同和系统认知过程结构模式的不同，可构建出不同的安全信息认知具体模型。根据分析的空间系统的复杂程度及其系统内部认知过程结构模式的不同，可将系统大致划分为简单安全信息认知系统和复杂安全信息认知系统两大类；同理，从不同层面分析，可将行为系统分为个体认知系统和组织认知系统。不同系统对应的安全信息认知过程模型不同，对应的故障类型也不相同。因而在进行多结构形式安全信息认知模型的故障分析时，按不同的角度分析，可将多结构形式安全信息认知模型的故障类型总结如下：

（1）按认知过程主要事件分析的多结构形式安全信息认知模型的故障类型。由安全信息认知通用模型分析可知，安全信息认知过程包括七个主要事件，即真信源、信源载体、信噪、感知信息、认知信息、响应动作和行动结果，七个主要事件中两两相对应的事件存在安全信息失真或不对称将引发认知过程的故障。多结构形式安全信息认知模型是基于安全信息认知通用模型这一元模型构建的，是元模型不同形式的组合，因而多结构形式安全信息认知模型所表示的认知过程同样由七个主要事件构成。

按主要事件分析的多结构形式安全信息认知模型的故障类型主要有：①真信源与信源载体间的认知故障，即系统中安全事物和安全活动产生的所有消息在转化为能够被信宿感知的信息时出现信息失真而导致的认知故障；②信源载体与感知信息间的认知故障，即信源载体通过信道，经信噪干扰，通过信宿的感知器官转化为被信宿感知的感知信息时出现的信息失真或不对称导致的认知故障；③感知信息与认知信息间的认知故障，即信宿通过其知识结构对感知信息进行解释，经复杂的生理和心理过程（如检测、转换、简约、合成、编码、储存、重建、判断等），将感知信息转化为认知信息过程中存在信息失真而导致的认知故障；④信宿决策故障，即信宿根据理解的认知信息，做出行为决策，指导运动器官做出动作，并达到某一行动结果的过程中的认知故障；⑤信息反馈故障，即行动结果作为信源，将信息反馈给信宿的过程中存在信息失真而导致的认知故障。

（2）按系统类型分析的多结构形式安全信息认知模型的故障类型。从空间系统角度分析，根据不同的空间系统可构建不同的安全信息认知过程模型，主要包括多级安全信息认知过程模型、多向安全信息认知过程模型和复杂安全信息认知过程模型三种类型，其中复杂安全信息认知过程模型展示的认知过程结构存在一系列的循环迭代过程，其对应的空间系统结构较复杂。因而可将安全信息认知结构符合多级安全信息认知过程模型或多向安全信息认知过程模型的空间系统称为简单安全信息认知系统；将安全信息认知结构符合复杂安全信息认知过程模型的空间系统称为复杂安全信息认知系统。

根据以上分析可知，按空间系统分析的多结构形式安全信息认知模型的故障类型主要有：①简单安全信息认知系统故障，是指发生在安全信息认知结构为多级或多向的空间系统的认知故障；②复杂安全信息认知系统故障，是指发生在安全信息认知结构为复杂安全信息认知过程的空间系统的认知故障。多结构形式安全信息认知模型是基于安全信息认知通用模型这一建模基本单元构建的，是由安全信息认知通用模型所表示的认知元系统经不同组合方式形成的具体模型。

从行为系统角度分析，多结构形式安全信息认知模型在整体上反映了组织的认知行为过程，同时作为建模基本单元的认知元系统反映了个体的认知行为过程。因而，按行为系统分析的多结构形式安全信息认知模型的故障类型主要有：①个体认知故障，是指系统安全信息认知过程中某一认知元系统的故障引发的整体认知过程故障；②组织认知故障，是指受组织内部环境或外部环境影响下造成的整体的安全信息认知过程的故障。

2. 多结构形式安全信息认知模型故障的致因及安全策略分析

从认知过程主要事件和系统类型分析，可总结归纳出多结构形式安全信息认知模型的多种故障类型。不同故障类型的致因不尽相同，针对不同故障类型提出的安全策略也不尽相同。为明晰不同故障类型的致因及可采取的安全策略，经分析和归纳，将不同故障类型对应的致因和安全策略列出，见表3-2。

表3-2　多结构形式安全信息认知模型故障的致因及安全策略分析

故障分类依据	故障类型	故障致因	安全策略
按主要事件分析	真信源与信源载体间的认知故障	真信源不透明，信源载体不易被感知	安全可视化
	信源载体与感知信息间的认知故障	信道不畅，信噪干扰，感知器官感知偏差	安全可视化，采用降噪技术，提升个体感知水平
	感知信息与认知信息间的认知故障	认知偏差（大脑功能和知识结构影响）	提升个体安全知识和安全技能

（续）

故障分类依据		故障类型	故障致因	安全策略
按主要事件分析		信宿决策故障	大脑指挥不当，动作器官缺陷	提升个体安全知识和安全技能，应用人工智能
		信息反馈故障	真信源不透明，信源载体不易被感知，信道不畅，信噪干扰，感知器官感知偏差，认知偏差	安全可视化，采用降噪技术，提升个体感知水平、安全知识和安全技能，应用人工智能
按系统类型分析	空间系统	简单安全信息认知系统故障	由主要事件分析的故障致因，组织内部结构、管理、文化等因素影响，组织外部监督、管理等因素影响	采用由主要事件分析的故障对应的安全策略，调整组织认知结构，加强安全信息管理，加强安全文化建设，加强监督管理
		复杂安全信息认知系统故障	简单安全信息认知系统故障的致因，信道杂乱交叉、冲突碰撞	采用简单安全信息认知系统故障对应的安全策略，加强信道有序性管理
	行为系统	个体认知故障	由主要事件分析的故障的致因	采用由主要事件分析的故障对应的安全策略
		组织认知故障	组织内部环境影响，组织外部环境影响	调整组织认知结构，加强安全信息管理，加强安全文化建设，加强监督管理

3.2.4　多结构形式安全信息认知模型的应用

基于安全信息认知通用模型，构建了多结构形式安全信息认知模型，包括：多级安全信息认知过程模型、多向安全信息认知过程模型和复杂安全信息认知过程模型。构建多结构形式安全信息认知模型时，对其缘由和三种形式模型的内涵进行了解释，并从不同角度对多结构形式安全信息认知模型的故障类型和对应的安全策略进行了分析。在理论层面，已对多结构形式安全信息认知模型进行了不同角度的说明；在实际应用层面，多结构形式安全信息认知模型的应用意义可概括为如下两点：

（1）多结构形式安全信息认知模型是基于安全信息认知通用模型，以安全信息认知通用模型作为建模基本单元构建的，反映不同场景的安全信息认知过程的安全信息认知具体模型。多结构形式安全信息认知模型展示了基本单元（个体层面）的安全信息认知过程和整体（组织层面）的安全信息认知过程，实现了安全信息认知过程和安全信息流动的可视化。多结构形式安全信息认知模型运用于安全培训、教育和管理中，可实现安全信息认知过程和安全信息流动过程的详细具体的呈现，便于安全培训、教育和管理的有效实施。

（2）从不同角度对多结构形式安全信息认知模型的故障模式进行了分类，列举出众多不同的故障类型，并列举出不同故障类型对应的安全策略，为系统故障的诊断与分析提供了依据。当系统发生故障时，可根据发生故障对应的主要事件、空间系统类型和行为系统类型，确定故障类型；从而确定对应的可采取的安全策略；进而根据系统安全信息认知的具体形式（多级安全信息认知过程、多向安全信息认知过程或复杂安全信息认知过程）确定安全策略实施的具体环节。多结构形式安全信息认知模型的构建及其研究，保障了系统故障诊断与分析的有据可循和有效进行。

3.2.5　结论

（1）分析了构建多结构形式安全信息认知模型的缘由，结果表明，无论是在理论层面还是实践应用层面,构建多结构形式安全信息认知模型都具有充分的必要性、可行性和重要性。

(2)安全系统中的安全信息认知过程并不是安全信息认知通用模型所描述的单级的和单一的认知过程,根据应用场景和安全信息认知结构的不同,构建了以安全信息认知通用模型作为建模基本单元的、反映不同场景的安全信息认知过程的多结构形式安全信息认知模型。构建的多结构形式安全信息认知模型有三种形式,即多级安全信息认知过程模型、多向安全信息认知过程模型和复杂安全信息认知过程模型。

(3)根据认知过程的主要事件分析,可将多结构形式模型的故障类型归为五类,即真信源与信源载体间的认知故障、信源载体与感知信息间的认知故障、感知信息与认知信息间的认知故障、信宿决策故障和信息反馈故障;按空间系统类型分析,多结构形式安全信息认知模型的故障类型主要有简单安全信息认知系统故障和复杂安全信息认知系统故障;按行为系统类型分析,多结构形式安全信息认知模型的故障类型主要有个体认知故障和组织认知故障。根据故障类型的不同,提出了相对应的安全策略。

(4)基于对多结构形式安全信息认知模型的理论分析与研究,在实践应用层面,可将多结构形式安全信息认知模型的主要应用概括为两点:实现安全信息认知过程和安全信息流动过程的可视化,便于安全培训、教育和管理的有效实施;实现系统故障诊断与分析的有据可循和有效进行。

3.3 安全信息行为元模型

【本节提要】

在当今信息时代,安全信息行为研究在系统安全行为管理方面具有十分广泛且良好的应用前景。运用类比法,借鉴信息行为相关研究,以已有安全信息行为相关研究为基础,首次正式提出 11 个安全信息行为研究的基本概念,并运用数理逻辑方法表示各基本概念。基于此,系统阐释安全信息行为的元模型及研究要旨、范式与框架。

尽管目前已有少数研究成果涉及安全信息行为方面的部分研究(如人的安全信息认知行为研究与安全信息处理与系统安全行为间的关系研究),但令人遗憾的是,目前学界尚未正式提出安全信息行为这一概念,导致目前安全信息行为研究尚未得到学界的广泛关注,且绝大多数已有安全信息行为研究仅停留在表层,研究基础极为薄弱,理论化程度与系统化程度显著不足,严重阻碍安全信息行为研究的深度与广度。因而,急需探讨安全信息行为的研究论纲,这可为安全信息研究提供一个清晰而完整的研究框架,从而为进一步开展安全信息行为研究提供扎实的理论基础和有效的方法论指导。此外,此研究既会显著促进信息行为领域的跨学科发展,也会对信息行为研究具有一定的参考与借鉴价值。

本节内容主要选自本书作者发表的《安全信息行为元模型》[4]研究论文。

3.3.1 安全信息行为概念的提出

尽管学界对信息行为的关注和研究较早,但至今学界仍未对信息行为的定义达成共识。概括而言,可将现有的信息行为定义大致划分为两大类,即总体诠释型(从整体角度界定信息行为)和子集枚举型(界定信息行为所囊括的子集,如信息搜寻行为与信息利用行为等)。显然,这两类信息行为定义相比，前者更为科学、全面，这是目前学界较为推崇的定义信息行为的方式。此外，通过分析隶属于总体诠释型的数种具有代表性的信息行为定义，可得出信息行为概念的四个基本构成要素，即信息用户（信息行为主体）、信息意识（信息行为产生的思想基础）、信息需求（信息行为产生的直接诱因）与行为活动（信息行为是一种有目的的理性行为活动）。显然，安全信息行为作为信息行为的一个派生概念，其概念也应满足信息行为概念的四个基本构成要素。安全信息（Safety-related Information，SI）是系统未来安全状态的自身显示，其价值是为预测、优化与控制系统未来安全状态服务。在此，以安全信息的定义为基础，根据信息行为概念的四个基本构成要素，采取总体诠释型的信息行为的定义方式，尝试给出安全信息行为的定义如下：

定义 1　安全信息行为（Safety-related Information Behavior，SIB）：安全信息用户在其安全信息意识支配下，为满足其安全信息需求所进行的与安全信息相关的一系列行为活动的总和。简言之，安全信息行为是指有安全信息能力的生命体对安全信息这一客体对象所采取的一切行为活动。我们可把安全信息用户所从事的与安全信息的生产、存储、表达、传播、加工、接受与利用等有关的全部行为活动，统称为安全信息用户的安全信息行为活动。由已有的信息行为研究可知，信息行为至少包括信息需求、信息查找行为和信息利用行为三个最主要的子集（信息行为类型）。同理，就安全信息行为而言，安全信息需求、安全信息搜寻（获取）行为与安全信息利用行为也应是三种最主要的安全信息行为活动。因而，安全信息行为可用数学表达式表示为

$$SIB = \{x_1, x_2, x_3, \cdots, x_n\} \tag{3-2}$$

式中，SIB 为安全信息行为；x_1 为安全信息需求；x_2 为安全信息搜寻（获取）行为；x_3 为安全信息利用行为；x_n 为其他安全信息行为。

为进一步明确安全信息行为的构成，这里也给出安全信息搜寻行为与安全信息利用行为的定义（安全信息需求的定义将在下文给出）如下：

定义 2　安全信息搜寻行为（Safety-related Information Seeking Behavior，SISB）是指安全信息用户检索、浏览、评价与选择相关安全信息的行为活动。

定义 3　安全信息利用行为（Safety-related Information Utilization Behavior，SIUB）是指安全信息用户运用所搜寻到的安全信息来解决所面临的系统安全行为问题的行为活动。

3.3.2　安全信息行为相关基本概念的厘定

参考信息行为相关研究，并结合安全信息研究的侧重点（基于安全信息的系统安全行为管理），共提炼出八个与安全信息行为紧密相关的概念，即安全信息用户、安全信息需要、安全信息需求、安全信息动机、安全信息意识、安全信息期望、安全信息质量与安全信息素养。

1. 安全信息用户

信息用户既是信息的使用者，也是信息的创造者，在信息科学（包括信息行为）研究中有着特殊而重要的地位。同样，在安全信息研究领域，明晰安全信息用户的定义与内涵极为重要。由安全信息的定义可知，在安全信息研究领域，通常以具体系统为主体和界限来讨论安全信息相关问题，这有助于限定安全信息研究实践的具体视角与范围，从而指明安全信息研究实践的特定目标（即维持系统安全），避免安全信息研究实践出现泛化。因而，严谨讲，"安全信息用户"应是"系统安全信息用户"的简称。由此，给出安全信息用户的定义如下：

定义 4　安全信息用户（Safety-related Information User，SIU）：在系统安全实践活动中利用安全信息的一切个人与团体。显然，安全信息用户主要包括个体人与组织人两类（这里的组织人是相对于个体人而言的，在安全科学领域，组织人源于第三类危险源理论，如组织及其子组织均可视为是组织人，组织人与个体人一样，也是具有安全信息行为能力的生命体）。此外，根据安全信

息行为的类型，还可将安全信息用户划分为安全信息需求者、安全信息搜寻者与安全信息利用者三类：①安全信息需求者是指对自身的安全信息需求无认知，或虽有所认知却不一定采取搜寻行动的个体人或组织人；②安全信息搜寻者是指有安全信息需求并为满足自身安全信息需求而采取必要搜寻活动的个体人或组织人；③安全信息利用者是指成功获得安全信息并对所获取的安全信息有所利用的个体人或组织人。因而，安全信息用户可用数学表达式表示为

$$SIU = \{a_1, a_2\} = \{b_1, b_2, b_3\} \tag{3-3}$$

式中，SIU 为安全信息用户；a_1 为个体人；a_2 为组织人；b_1 为安全信息需求者；b_2 为安全信息搜寻者；b_3 为安全信息利用者。

2. 安全信息需要

所谓信息需要，是指信息用户为解决各种问题而产生的对信息的必要感和不满足感，是对信息产品与信息服务的各类具体需要。基于此，可给出安全信息需要的定义如下：

定义 5 安全信息需要（Safety-related Information Need，SIN）：安全信息用户为确定、控制与优化系统未来安全状态而产生的对安全信息的必要感和不满足感。换言之，安全信息需要是安全信息用户为解决各种系统安全行为问题而产生的对安全信息的必要感和不满足感。系统安全行为是指个体人或组织人在安全信息的刺激影响下所产生的并可对系统安全绩效产生影响的行为活动，包括安全预测行为、安全决策行为与安全执行行为三种。假设安全信息用户（即系统安全行为主体）所面临的系统安全行为问题域为 P，则 $P = \{P_j = j = 1,2,3\}$，这里不妨设安全预测问题、安全决策问题与安全执行问题域分别为 P_1、P_2 与 P_3。假定安全信息集合 $I_j = \{I_{ji} | j = 1,2,3; i = 1,2,\cdots,n\}$ 能解决系统安全行为问题 P_j 的能力记作 $CE_P(I_j)$，取值满足 $CE_P(I_j) \in [0,1]$，$CE_P(I_j) = \{CE_P(I_{ji})\}$，当 $CE_P(I_j) = 1$ 时，称此时的安全信息集合为解决系统安全行为问题的安全信息理想集合，记为 I_{jN}，满足 $CE_P(I_{jN}) = 1$。而就安全信息用户而言，他感觉很难出现满足 $CE_P(I_{jN}) = 1$ 的理想情形，而往往是 $CE_P(I_{jN}^*) = \lambda < 1$ 的情形。因而，安全信息集合 I_{jN}^* 与安全信息集合 I_{jN} 之间的差异便是安全信息用户的安全信息需要，可用数学表达式表示为

$$SIN = I_{jN} - I_{jN}^* \tag{3-4}$$

式中，SIN 为安全信息需要；I_{jN} 为理想情形下安全信息用户为解决相关系统安全行为问题所需的安全信息集合；I_{jN}^* 为安全信息用户为解决相关系统安全行为问题感觉其所能获得的安全信息集合。

若深究安全信息需要的根本原因，它应是人的安全需要。著名心理学家马斯洛（Maslow）认为，安全需要（仅高于生理需要）是人的第二层基本需要。毋庸置疑，人的每种需要（包括安全需要）的最终实现均需以相应的信息与物质为基础和前提。因而，人的安全需要的实现需以安全信息为基础。由此观之，人在安全需要之本性的驱使下，为满足自身的安全需要而必然会产生安全信息需要，即人的安全需要是人的安全信息需要产生的根本缘由。需说明的是，组织人是由若干个体人组成的，也具有安全需要，其安全信息需要也可视为是由其安全需要引起的。

3. 安全信息需求

类似于信息需求与信息需要二者间的关系，显然，安全信息需求与安全信息需要也是两个相互紧密关联的不同概念。就理论研究而言，区分安全信息需求与安全信息需要不仅是必要的，也是重要的。一般而言，安全信息需要以两种不同状态存在，即内在（或无意识的）安全信息需要（未被安全信息用户意识到的安全信息需要）与外在（或有意识的）安全信息需要（已被安全信息用户意识到的，即被"激活"的安全信息需要）。参考信息需求的定义，可给出安全信息需求的定义如下：

定义 6 安全信息需求（Safety-related Information Demand，SID）：外在安全信息需要。细言之，安全信息需求是安全信息需要变化发展的结果，安全信息需求的产生与确认过程实则是安全信息

需要的问题化与外化过程。由此观之，安全信息需求的本质是被安全信息用户所认知的解决系统安全行为问题的一种不确定状态，当安全信息用户认识到已有安全知识不足以解决某些系统安全行为问题时，安全信息需求便随之产生。安全信息需求可用逻辑表达式表示为

$$\text{SID} = N = \neg\,(\text{SIN} - N)\quad(N \subseteq \text{SIN}) \tag{3-5}$$

式中，SID 为安全信息需求；SIN 为安全信息需要；N 为外在安全信息需要。

4. 安全信息动机

当安全信息用户的安全信息需求未得到满足时，他就会产生一种不安和紧张的心理状态，此时若安全信息用户遇到或发现能够满足其安全信息需求的目标，上述不安和紧张的心理状态就会转化为安全信息行为动机（换言之，安全信息行为动机仅是安全信息需求的延伸而已），进而激励安全信息用户做出相关安全信息行为向既定目标趋近。为简单起见，这里不妨将安全信息行为动机简称为安全信息动机。根据行为动机的定义，可将安全信息动机定义为如下：

定义 7　安全信息动机（Safety-related Information Motivation，SIM）：安全信息用户为解决具体的系统安全行为问题所表现出来的主观愿望和意图。简言之，安全信息动机是安全信息用户的安全信息行为意愿。

5. 安全信息意识

信息意识是意识的子系统或延伸，是一种隐性的心理活动。显然，安全信息意识是一种扩展信息意识，它应隶属于信息意识范畴。但值得特别注意的是，安全信息意识不仅是一种简单的信息意识，它还应是安全意识与信息意识综合作用的产物。综合上述分析，给出安全信息意识的定义如下：

定义 8　安全信息意识（Safety-related Information Consciousness，SIC）：安全信息用户在其信息意识与安全意识基础上形成的对安全信息活动的觉知能力。一般而言，评价安全信息意识强度（即安全信息用户对安全信息活动的觉知能力）需从三方面着手：对安全信息的感受力（是否敏锐）、对安全信息的注意力（是否持久）与对安全信息价值的判断力及洞察力。因而，安全信息意识可用数学表达式表示为

$$\text{SIC} = f(m_1, m_2) = f(\partial_1, \partial_2, \partial_3) \tag{3-6}$$

式中，SIC 为安全信息意识强度；m_1 为信息意识强度；m_2 为安全意识强度；∂_1 为对安全信息的感受力；∂_2 为对安全信息的注意力；∂_3 为对安全信息价值的判断力及洞察力。

6. 安全信息期望

期望是人们为满足需求而对未来事件做出判断的一种心理倾向。一般而言，信息用户在获取和利用信息之前均对其结果有一定的预期，且信息用户的这种期望会对其决策行为和决策选择产生直接影响。鉴于此，在信息行为研究领域，人们提出信息期望的概念：用户基于其经验和需要，在信息获取和利用之前、之中对信息系统功能、信息服务水平和信息产品价值属性等所确立的一种主观预期与判断。参考信息期望的定义，给出安全信息期望的定义如下：

定义 9　安全信息期望（Safety-related Information Expectation，SIE）：安全信息用户基于其安全经验和安全信息需求，在安全信息获取和利用之前或之中，对安全信息的解决系统安全行为问题的能力所确立的一种主观预期与判断。由此可见：①安全信息用户的安全信息需求是其产生安全信息期望的原始驱动力（换言之，安全信息期望是安全信息需求的目标化，即在安全需要的问题化基础之上的具体化）；②安全信息期望是安全信息用户的安全信息需求取向的一种直接表现，是安全信息用户对安全信息的解决系统安全行为问题的能力的一种心理目标或预期；③安全信息期望贯穿于整个安全信息交互（安全信息搜寻与利用）过程；④安全信息期望具有极强的主观性。安全信息期望可用数学表达式表示为

$$SIE = E_P(I) \quad (0 \leqslant SIE \leqslant 1) \tag{3-7}$$

式中，SIE 为安全信息期望；I 为安全信息集合；$E_P(I)$ 为安全信息用户对安全信息集合 I 的解决系统安全行为问题 P 的能力的主观预期与判断。

7. 安全信息质量

通俗而言，信息质量是指信息的准确性、完整性与一致性等。在信息行为研究领域，信息质量是指信息对信息用户的适用性及满足程度，是信息满足信息用户的信息需求与信息期望的综合反映。基于此，给出安全信息质量的定义如下：

定义 10 安全信息质量（Safety-related Information Quality，SIQ）：安全信息用户对所获得的安全信息满足其安全信息需求与安全信息期望的综合评价。简言之，安全信息质量就是安全信息用户对所获得的安全信息的满意程度。由此观之，明晰安全信息用户的安全信息需求和安全信息期望，对提升安全信息质量水平与安全信息用户满意度至关重要。安全信息质量可用数学表达式表示为

$$SIQ = f(SID^*, SIE^*) \tag{3-8}$$

式中，SIQ 为安全信息质量；SID^* 为被满足的安全信息需求；SIE^* 为被满足的安全信息期望。

8. 安全信息素养

所谓信息素养，是指人的明确自身信息需要，及选择、查询、评价和利用所需信息的一种综合能力。就安全信息素养而言，它应同时隶属于信息素养与安全素养范畴，它是由安全素养和信息素养概念整合而成的一个复合型概念。目前，学界尚未明确提出"安全素养"这一概念，但日趋复杂的安全问题强烈要求人们提高自我安全管理能力，在这种情况下安全素养必会应运而生。在此，借鉴健康素养的定义，将广义的安全素养定义为：人所具有的降低安全风险和提升安全保障水平的技巧或能力。根据信息素养与安全素养的定义，可给出安全信息素养的定义如下：

定义 11 安全信息素养（Safety-related Information Literacy，SIL）：安全信息用户获取、处理和理解安全信息，并利用安全信息以做出合理安全行为（主要指安全决策行为）的能力。细言之，安全信息素养是安全信息用户在产生安全信息需求时能够清晰地表达，对可能的安全信源相对熟悉，并能够利用安全信源阅读、获取、搜寻、理解与处理安全信息，进而利用安全信息以做出合理的安全行为的能力。需说明的是，鉴于安全信息是做出一切合理安全行为的先决条件，因而，狭义的安全素养近似等同于安全信息素养。由此观之，安全信息用户的安全信息素养可基本体现其安全素养。广义的安全信息素养可用逻辑表达式表示为

$$SIL = IL \wedge SL \tag{3-9}$$

式中，SIL 为安全信息素养；IL 为信息素养；SL 为安全素养。

3.3.3 安全信息行为的元模型及研究要旨、范式与框架

1. 元模型

由心理学知识可知，人的行为的一般产生机制是"需要→需求→动机→行为"。显然，人的安全信息行为发生的根本机制也是如此。基于此，可得出安全信息的产生机制，即安全信息需要（SIN）→安全信息需求（SID）→安全信息动机（SIM）→安全信息搜寻行为（SISB）→安全信息利用行为（SIUB）。由此，构建安全信息行为的元模型（即安全信息行为的产生机制模型），如图 3-6 所示。

由安全信息行为的元模型可知，安全信息用户的安全信息行为过程主要包括以下六个关键环节：①安全信息需要是安全信息行为的基础；②安全信息需求是被认识的安全信息需要，是产生安全信息行为的间接原因；③安全信息动机是被转化的安全信息需求，是激发安全信息行为的直

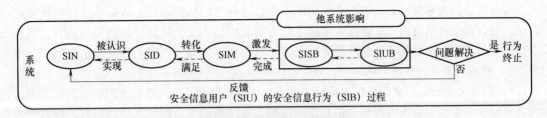

图 3-6 安全信息行为的元模型

接原因；④安全信息行为是安全信息需求的外显化，其直接目的是解决安全信息用户所面临的系统安全行为问题；⑤根据安全信息用户的安全信息利用行为对其所面临的系统安全行为问题的处理结果（包括解决与未解决两种结果），会出现两种情况，即若成功解决安全信息用户所面临的系统安全行为问题，则一次安全信息行为终止，反之则通过反馈作用使安全信息用户产生再次安全信息行为，直至安全信息用户所面临的系统安全行为问题得以解决；⑥安全信息动机的完成、安全信息需求的满足和安全信息需要的实现是通过安全信息行为实现的，即安全信息需要（需求或动机）与安全信息行为间实则是一个互逆过程。

此外，由拓扑心理学中的心理场概念可知，人的行为是行为主体与环境双重作用的结果，即行为主体的行为是行为主体及其所处环境的函数。基于此，根据安全信息行为的元模型，可得出安全信息行为的影响因素。概括而言，安全信息用户的安全信息行为的影响因素应包括安全信息用户因素与环境因素两大类。由此，构建安全信息行为的影响因素模型，即

$$SIB = f(SIU \cdot E) \tag{3-10}$$

式中，SIB 为安全信息用户的安全信息行为；SIU 为安全信息用户因素；E 为环境因素。

其实，通过参考信息行为的影响因素，还可进一步细分上述两类安全信息行为的影响因素：①安全信息用户因素主要包括安全信息用户的人口统计因素（年龄、性别、学历、职业与收入等）、自我效能、安全信息需求、安全信息期望、安全信息意识、安全信息素养、认知能力与知识结构等；②环境因素包括安全信息用户所在系统（即自系统）环境因素与他系统环境因素。

2. 研究要旨与范式

（1）研究要旨。在安全科学领域，预防事故和安全促进是最重要的两大研究目的或内容。因此，就安全信息行为研究要旨而言，它应是通过对安全信息行为的研究来有效控制与促进安全信息用户的系统安全行为（换言之，安全信息行为研究的出发点与归宿实则是基于安全信息行为的系统安全行为管理，这隶属于基于行为的安全（BBS）管理范畴），进而预防事故发生和实现系统安全。

具体而言，安全信息行为研究的侧重点主要包括两方面：①研究安全信息行为（主要包括安全信息需求、安全信息搜寻行为与安全信息利用行为）本身，如研究安全信息用户的安全信息行为规律与影响因素，以及延伸出的安全信息系统（平台）构建与系统安全信息告知等，以期提升安全信息用户的安全信息行为的有效性；②研究安全信息行为和安全行为间的相互关系（如人的安全信息行为如何影响其安全行为），进而以安全信息行为为着眼点与变量因素，控制与优化研究安全信息用户的系统安全行为，以期实现安全信息行为研究的最终目的，即控制与促进安全信息用户的系统安全行为。显然，安全信息行为与系统安全行为本身的研究应是实现安全信息行为研究的最终目的的基础与保障。

（2）研究范式。安全信息行为的研究范式是安全信息行为研究的最根本准则和方法论。因而，

在开展安全信息行为研究之前，极有必要明晰安全信息行为的研究范式。借鉴信息行为研究的一般范式，结合安全科学特色，并根据安全信息行为的元模型和安全信息行为的研究要旨，可提出安全信息行为的两大研究范式，即以系统为中心（系统观）的研究范式与以安全信息用户为中心（用户观）的研究范式，具体分析如下：

1）以系统为中心。安全信息作为系统未来安全状态的自身显示，以系统为中心的研究范式强调应将研究焦点集中于系统内的安全信息流动过程和系统中的安全信息系统的研究。换言之，以系统为中心的安全信息行为研究的核心是系统安全信息与承载安全信息的系统，对安全信息用户的安全信息行为的考察完全是为系统安全设计、安全管理与安全评价等服务的。以系统为中心的安全信息行为研究的具体表现为：系统安全信息调查与告知、安全信息用户对安全信息系统的功能需求调查、安全信息系统（或系统安全管理信息系统）设计，以及安全信息系统检索效率的评价方法的探求等。显然，这一研究范式源于控制论（包括安全控制论）的思想，它是以往安全信息行为研究的主流范式，最为典型的是系统安全管理信息系统的研发。

2）以安全信息用户为中心。该范式以安全信息用户的安全信息行为（包括安全信息需求、安全信息搜寻行为与安全信息利用行为）为核心，强调对安全信息用户的个性化安全信息行为的研究。借鉴以信息用户为中心的信息行为研究范式，可将以安全信息用户为中心的安全信息行为研究划分为两大分支，即认知主义与建构主义：①基于认知主义观点的安全信息行为研究，以安全信息用户为中心，运用认知科学的知识架构概念，强调安全信息用户的安全认知能力、安全信息需求和安全信息动机等的研究，但研究一般不考虑安全信息行为所处的具体情境；②基于建构主义观点的安全信息行为研究，以安全信息用户为中心，强调安全信息用户对安全信息的主动搜寻和对安全信息意义的主动建构，即强调安全信息用户的主动性在安全信息行为过程中的关键作用。

显然，就研究视角而言，上述两大安全信息行为的研究范式并非是相互排斥对立和完全替代的关系，而是互补的关系。此外，由于安全信息行为具有极强的复杂性，单一的研究范式难免无法涵盖安全信息行为研究领域的所有问题，因而，在实际安全信息行为研究中，需同时考虑上述两种研究范式。换言之，多元化的研究范式更有助于系统探索和把握安全信息行为的本质和机理等。

3. 研究框架

借鉴信息行为的研究框架，立足于宏观理论层面，从集成的视角出发，同时考虑安全信息行为研究的相关基本概念和安全信息行为的元模型、研究范式、研究视角（主要包括时空视角、多学科视角与方法视角三种）与研究要旨，构建安全信息行为的集成化研究框架，如图3-7所示，以期从宏观层面实现对微观层面的安全信息行为研究的系统指导。

根据图3-7，对安全信息行为的集成化研究框架的主要内涵进行扼要解释（其具体内涵不再详细论述）：①安全信息行为的研究范式是安全信息行为研究所要遵循的最根本准则，是开展所有安全信息行为研究所要遵循的总法则；②所有安全信息研究应围绕安全信息行为的元模型展开；③安全信息行为相关基本概念是开展安全信息行为所有研究的基本前提和基础；④就时空视角而言，可分别基于时间视角（人类进化/生命周期视角）与空间视角（不同系统视角）分析和研究安全信息行为；⑤就多学科视角而言，安全信息行为是以哲学为指导，以安全科学与情报学为核心，以心理学和行为科学为辅助支撑，以社会学和人类学为宏观学科视角的多学科融合交叉领域，安全信息研究需吸收多学科的理论、原理和方法；⑥就方法视角而言，概括讲，安全信息研究需同时涉及质性方法与量性方法，且两种研究方法的适用性（或优势）有所差异（即质性方法更适用于建构理论，而量性方法更适用于验证理论），两种研究方法相辅相成，在安全信息行为研究中，应针对具体问题对研究方法进行优选；⑦三种安全信息行为的研究视角（即时空视角、多学

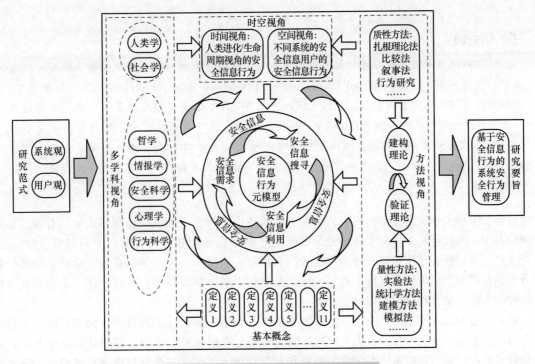

图 3-7　安全信息行为的集成化研究框架

科视角与方法视角）各有利弊，在实际安全信息行为研究中，需以安全信息行为相关基本概念为基础，灵活融合各安全信息行为的研究视角，唯有这样，才可实现对安全信息的本质与机理等的系统研究；⑧安全信息行为的研究要旨（即基于安全信息行为的系统安全行为管理）应是安全信息行为研究的最终归宿和目的。

总之，安全信息行为作为一个极为广泛且颇具价值的信息行为的新兴研究分支，安全信息行为研究应坚持集成化（包括多元化）的原则。因而，从集成化角度构建的安全信息行为研究框架，可系统而全面地指导安全信息行为研究。显然，它为未来的安全信息行为研究实践绘制了一幅科学而严谨的"发展蓝图"。

3.3.4　结论

（1）在国内外学者研究的基础上，提出 11 个安全信息行为研究的基本概念（如安全信息行为、安全信息需要、安全信息需求、安全信息意识与安全信息素养等），并运用数理逻辑方法表示。同时，系统阐释安全信息行为的元模型及研究要旨、范式与框架。本节研究不仅在理论层面为未来的安全信息行为研究实践绘制了一幅科学而严谨的发展蓝图（特别是明晰了安全信息行为的研究框架和思路），对于完善安全信息行为的理论框架、深化和丰富安全信息行为研究、促进信息行为领域的跨学科发展具有重大的理论意义，也在实践层面对基于安全信息行为的系统安全行为管理具有重要的指导意义。

（2）在基础理论层面为安全信息行为研究奠定了扎实基础，并提供了宏观层面的安全信息行为研究的基本框架。

3.4 | SI-SB 系统安全模型

【本节提要】

选取系统与系统安全信息传播相结合的角度，根据香农通信模型与主要的系统安全行为活动，构造 SI-SB（Safety-related Information—Safety-related Behavior 的简称）系统安全模型，并解释其关键构成要素的含义。同时，深入分析 SI-SB 系统安全模型的基本内涵、延伸内涵与应用前景。研究发现，SI-SB 系统安全模型主体由系统安全信息（SI）空间与系统安全行为（SB）空间两大部分构成，该模型可清晰阐明系统安全信息的传播机理和系统安全信息缺失的形成机理、分类、成因及负面影响，且具有诸多优点和重要的理论与实践价值。

目前，学界关于安全信息的研究，绝大多数均集中于应用层面或仅停留在表层，有深度的理论研究甚少。由此可见，目前安全信息研究尚处于初步探索阶段，尚具有巨大的研究空间，如：有待于进一步挖掘安全信息缺失导致事故的内在机理；有待于进一步剖析系统安全信息传播及系统安全信息缺失形成机理；有待于进一步认识安全信息的本质与特性；有待于进一步探索安全信息角度的系统安全管理模式的构建等。

此外，鉴于以下六点重要原因，从系统与系统安全信息相结合的新视角，构造系统安全模型科学可行且急需，不仅可有效解决上述一系列系统安全管理和安全科学（特别是系统安全学）研究难题，也可创新与开拓系统安全学的研究路径与视角。①现代安全管理强调系统思维，强调预防事故的责任应从普通组织成员转向设计者和管理者，从个人转向组织和政府，强调与计算机信息科学的有效结合，因此，毋庸讳言，大多传统的事故致因模型已暴露出越来越多的缺陷，已明显不适用科学解释现代事故致因；②有研究明确指出，安全信息可基本统一所有事故致因因素，可有效避免以往事故致因模型的缺陷，即从安全信息角度可构建出更为科学适用的现代事故致因模型；③据考证，"信息"一词的滥觞最早出现于信息科学与系统科学，它一直是这两门学科的最基础概念之一，而系统安全学作为系统科学的主要学科分支，同理，"安全信息"理应是系统安全学的最基本和最重要概念之一；④从发生学角度看，任何事故均发生在系统中，因此，分析事故致因须将事故置于系统之中进行；⑤从（安全）管理学角度看，任何安全管理活动都在系统之中进行；⑥尽管近年来安全科学研究与实践已被人们广泛关注，但事故仍然频发，这迫使我们不得不重新审视传统的系统安全管理模式与方法等，以求改进完善。

综上原因，从系统与系统安全信息传播相结合的角度，基于典型的香农通信模型与系统主要的安全行为活动，构造 SI-SB 系统安全模型，并深入剖析其基本内涵、延伸内涵与应用前景，以期明晰系统安全信息传播机理及系统安全信息缺失形成机理（包括系统安全信息缺失导致事故的内在机理），从而为更好地解释现代事故致因和开展现代系统安全管理工作提供指导，并促进安全科学，特别是系统安全学研究发展。

本节内容主要选自本书作者发表的研究论文《安全信息-安全行为（SI-SB）系统安全模型的构造与演绎》[5]。

3.4.1 SI-SB 系统安全模型的构造及其关键构成要素

1. 模型的构造

首先，在构建 SI-SB 系统安全模型之前，有必要明确安全信息及其相关概念。王秉等基于系统视角将安全信息定义为：系统未来安全状态的自身显示（细言之，安全信息是表征系统未来安全状态的信息集合），并指出与安全信息直接紧密相关的五个概念，即安全信源（安全信息的产生者）、安全信宿（安全信息的接受者）、安全信道（传递或传输安全信息的通道或媒介）、安全信息缺失（系统安全行为活动所需的安全信息集合与实际获取的安全信息集合之间的差异）与安全信息不对称（在系统安全行为活动中，各类人员拥有的系统安全信息不同）。此外，为下文研究需要，基于讯息与安全信息的定义，给出安全讯息的定义。所谓安全讯息，是指用来表达特定安全信息的有序安全数据集合（换言之，安全讯息是安全信息的表现形式）。

其次，构造某一模型的基本思路是保障所构建的模型科学而适用的前提。在此，选取从系统与系统安全信息传播相结合的角度构造 SI-SB 系统安全模型。

1）选取系统视角的原因：①从发生学角度看，任何事故均发生在系统（包括所有社会组织）中，分析事故致因须将事故置于系统之中进行；②从（安全）管理学角度看，任何安全管理活动都在系统（包括所有社会组织）之中进行。

2）选取系统安全信息传播角度的原因。从信息论角度看，系统安全行为活动过程就是系统安全信息的流动与转换的过程，即系统安全信息与系统安全行为间存在必然的重要联系。因而，从系统安全信息传播角度，可有效而清晰地分析系统安全信息对系统安全的影响。基于此，从系统与系统安全信息传播相结合的角度，根据香农通信模型与主要的系统安全行为活动（根据系统安全行为的逻辑顺序，系统安全行为活动依次包括安全预测行为活动、安全决策行为活动与安全执行行为活动三种），构建 SI-SB 系统安全模型，如图 3-8 所示。

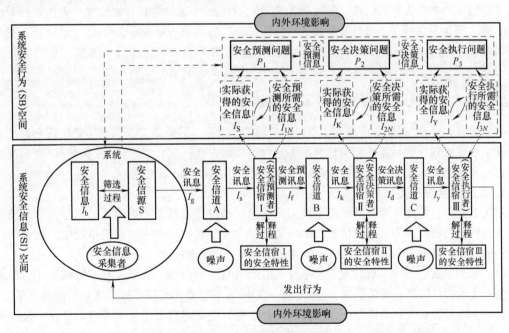

图 3-8　SI-SB 系统安全模型

2. 模型关键构成要素的含义

由图 3-8 可知，SI-SB 系统安全模型的主体由系统安全信息空间与系统安全行为空间两大部分（即子模型）构成。为揭示模型的主旨，以及方便和简单起见，将该模型命名为"SI-SB 系统安全模型"。这里，对它的一些关键构成要素的含义进行扼要说明。具体如下：

（1）系统安全信息（SI）空间表示系统安全信息的整个传播过程。

1）其关键节点依次为安全信源 S、安全信道 A、安全信宿 I（安全预测者）、安全信道 B、安全信宿 II（安全决策者）、安全信道 C 和安全信宿 III（安全执行者）。

2）其主体为支持系统安全行为的安全信息，涉及七类安全信息，依次为安全信息 I_b、安全讯息 I_g、安全讯息 I_s、安全预测讯息 I_f、安全讯息 I_k、安全决策讯息 I_d 与安全讯息 I_y。此外，由香农通信模型可知，安全信息实则是以安全讯息（安全信息的表现形式）传播的，人对安全讯息加以整合就可表达出具体的安全信息。因此，为表达严谨起见，该模型统一采用安全讯息来描述系统安全信息的传播过程，但为方便起见，在实际理解与应用该模型时，也可将安全信息与安全讯息看似等同。

（2）系统安全行为（SB）空间表示系统安全行为（包括安全预测行为、安全决策行为与安全执行行为，由于从时间先后逻辑顺序看，它们三者按"安全预测行为→安全决策行为→安全执行行为"的顺序依次排列，并环环相扣，故图 3-8 中按此顺序依次排列）主体主观面对系统安全行为问题时，对系统安全信息的认知和处理过程。假设系统安全行为主体所面临的系统安全行为问题域为 P，则 $P=\{P_j|j=1,2,3\}$，这里不妨设安全预测问题、安全决策问题与安全执行问题域分别为 P_1、P_2 与 P_3。假定安全信息集合 $I_j=\{I_{ji}|j=1,2,3;i=1,2,\cdots,n\}$ 能解决系统安全行为问题 P_j 的能力记作 $CE_P(I_j)$，取值满足 $CE_P(I_j)\in[0,1]$，$CE_P(I_j)=\{CE_P(I_{ji})\}$，当 $CE_P(I_j)=1$ 时，称此时安全信息为解决系统安全行为问题的安全信息集合，记为 I_{jN}，满足 $CE_P(I_{jN})=1$。需特别指出的是，理论而言，系统安全信息缺失问题无法完全克服。因此，为便于在现实中的实际操作，我们极有必要假定一种系统安全信息充分（即无缺失）的情况（这与学界和实践界较为推崇的安全的定义，即"安全是免除了不可接受的损害风险的状态"的实质内涵也完全吻合）。基于此，我们不妨将满足 $CE_P(I_{jN})=\lambda$ 时（λ 的取值可由各安全科学领域专家确定）的安全信息 I_{jN} 称为必要（关键）系统安全信息，此时我们认为系统安全信息充分（即无缺失）。

3.4.2　SI-SB 系统安全模型的基本内涵解析

概括而言，SI-SB 系统安全模型主要包含两层基本内涵，即系统安全信息传播机理和系统安全信息缺失形成机理（包括系统安全信息缺失导致事故的内在机理）。换言之，基于 SI-SB 系统安全模型，可完整阐释系统安全信息传播机理和系统安全信息缺失形成机理。

1. 系统安全信息传播机理

系统安全信息传播机理主要是指系统安全信息传播过程及其影响因素。显而易见，系统安全信息（SI）空间模型可表示安全信息双向传播的一个完整过程，即它可说明系统中的安全信息的整个传播过程，且可说明影响系统安全信息传播效率和质量的因素。具体解释如下：

（1）宏观而言，安全信源就是系统本身。但严格与实际而言，根据香农通信模型（信源并非单纯是一个包含任何信息的信息集合，而是一个经筛选的有意义的且可被人理解的信息集合），安全信源并非将系统所有安全信息（包括系统安全数据）直接进行发送，而是有选择性地进行发送（即应具有一个双向筛选过程，以实现系统安全信息可被多次筛选和传输的目的，这一筛选过程主要由安全信息采集者完成）。因而，图 3-8 中将安全信源 S 作为系统安全信息传播的真正信源。

（2）安全信息 I_b（包括系统安全数据）是系统所表现出的客观现实的系统安全状态（即系统表现出的总的安全信息集合），它包括安全信息采集者能够感知和不能感知的系统安全信息。为尽可能采集到系统安全行为问题域 P 所需的安全信息，系统安全行为者可对安全信息采集者加以指导。将安全信息 I_b 用客观状态集 E 表示为

$$I_b=E=\{e_1,e_2,e_3,\cdots,e_n\} \tag{3-11}$$

（3）安全讯息 I_g 是指通过安全信息采集者可获取的系统安全信息，一般是在现有条件下可被人们感知和检测到的系统安全信息（显然，$I_g < I_b$），这类系统安全信息绝大多数可通过安全传感器或安全统计等方式获得，系统内存在一个安全信源 S 将安全信息 I_b 中的部分系统安全信息转换为可被感知的安全讯息 I_g，不妨可将其用安全信息集 S 表示为

$$I_g = S = \{s_1, s_2, s_3, \cdots, s_m\} \quad (S \subset E) \tag{3-12}$$

（4）安全讯息 I_s 是指已传递至安全信宿 I（安全预测者）的关于系统安全状态状况的安全信息（显然，$I_s \leqslant I_g$），是解决系统安全预测问题 P_1（即开展系统安全预测行为）的重要依据，它可用数学表达式表示为

$$I_s = f(S, X^{\mathrm{I}}) \tag{3-13}$$

式中，X^{I} 表示影响安全信宿 I（安全预测者）获取安全讯息 I_s 的因素。

理论而言，安全信宿 I（安全预测者）获取安全讯息 I_s 的影响因素来源于安全信道 A 和安全信宿 I（安全预测者）两方面，因此有

$$X^{\mathrm{I}} = f(X_1, X_A) \tag{3-14}$$

式中，X_1 表示安全信宿 I（安全预测者）自身的影响因素，即自身的安全特性（如安全知识、安全经验、安全意识、安全态度与安全意愿等）；X_A 表示安全信道 A 的影响因素。

其中，X_1 还可进一步表示为

$$X_1 = f(X_{11}, X_{12}) \tag{3-15}$$

式中，X_{11} 表示安全信宿 I（安全预测者）的安全心理智力因素（如安全意识、安全态度与安全意愿等）；X_{12} 表示安全信宿 I（安全预测者）的安全预测方面的知识与经验等因素。

（5）安全预测讯息 I_f 是指安全预测者对系统未来安全状态所做出的预测信息（如系统风险度、系统主要危险有害因素与系统安全防范重点等），不妨可将其用安全信息集 F 表示为

$$I_f = F = \{f_1, f_2, f_3, \cdots, f_m\} \tag{3-16}$$

（6）安全讯息 I_k 是指已传递至安全信宿 II（安全决策者）的对系统未来安全状态的安全预测信息（显然，$I_k \leqslant I_f$），是解决系统安全决策问题 P_2（即开展系统安全决策行为）的重要现实依据，它可用数学表达式表示为

$$I_k = f(F, X^{\mathrm{II}}) \tag{3-17}$$

式中，X^{II} 表示影响安全信宿 II（安全决策者）获取安全预测讯息 I_f 的因素。

理论而言，安全信宿 II（安全决策者）获取安全预测讯息 I_f 的影响因素来源于安全信道 B 和安全信宿 II（安全决策者）两方面，因此有

$$X^{\mathrm{II}} = f(X_{\mathrm{II}}, X_B) \tag{3-18}$$

式中，X_{II} 表示安全信宿 II（安全决策者）自身的因素，即自身的安全特性（如安全知识、安全经验、安全意识、安全态度与安全意愿等）；X_B 表示安全信道 B 的影响因素。其中，X_{II} 还可进一步表示为

$$X_{\mathrm{II}} = f(X_{\mathrm{II}1}, X_{\mathrm{II}2}) \tag{3-19}$$

式中，$X_{\mathrm{II}1}$ 表示安全信宿 II（安全决策者）的安全心理智力因素（如安全意识、安全态度与安全意愿等）；$X_{\mathrm{II}2}$ 表示安全信宿 II（安全决策者）的安全决策方面的知识与经验等因素。

（7）安全决策讯息 I_d 是指安全决策者对优化与控制系统未来安全状态所做出的决策信息（如所要采取的安全措施、安全方案与安全计划等），不妨将其用安全信息集 D 表示为

$$I_d = D = \{d_1, d_2, d_3, \cdots, d_m\} \tag{3-20}$$

（8）安全讯息 I_y 是指已传递至安全信宿 III（安全执行者）的对系统未来安全状态进行优化与控制方面的安全信息（显然，$I_y \leqslant I_d$），是解决系统安全执行问题 P_3（即开展系统安全执行行为）

的重要现实依据，它可用数学表达式表示为

$$I_y = f(D, X^{III})\qquad(3\text{-}21)$$

式中，X^{III} 表示影响安全信宿III（安全执行者）获取安全决策讯息 I_d 的影响因素。

理论而言，安全信宿III（安全执行者）获取安全决策讯息 I_d 的影响因素来源于安全信道 C 和安全信宿III（安全执行者）两方面，因此有

$$X^{III} = f(X_{III}, X_C)\qquad(3\text{-}22)$$

式中，X_{III} 表示安全信宿III（安全执行者）自身的安全执行能力，即自身的安全特性（如安全知识、安全经验、安全意识、安全态度与安全意愿等）；X_C 表示安全信道 C 的影响因素。其中，X_{III} 还可进一步表示为

$$X_{III} = f(X_{III1}, X_{III2})\qquad(3\text{-}23)$$

式中，X_{III1} 表示安全信宿III（安全执行者）的安全心理智力因素（如安全意识、安全态度与安全意愿等）；X_{III2} 表示安全信宿III（安全执行者）在实际安全执行过程中的安全知识、安全技能与安全经验等。

（9）系统安全信息传播形成的最终结果是安全执行者发出相应的行为，它对系统安全所造成的影响大致分为两方面：①安全型行为（如正确的安全指挥、科学的安全管理、及时整改系统安全隐患、正确操作机械设备与科学有效的应急救援等）对保障系统安全（包括避免事故负面影响扩大）产生积极影响；②不安全型行为（如违章指挥、错误指令、冒险作业、违章作业、盲目施救和未按安全方案开展工作等）对保障系统安全产生消极影响，甚至导致系统发生事故（或使事故负面影响扩大），进而降低系统安全绩效。

此外，需特别补充说明四点：①由上分析可知，安全信道 A、安全信道 B 与安全信道 C 本身的通畅程度会对系统安全信息传播产生显著影响，这是因为它们在传播安全信息时会受到诸多干扰因素的影响，根据香农通信模型要素的命名方式，图 3-8 中也将诸多干扰因素统一为"噪声"；②显然，安全信息采集者、安全信宿I（安全预测者）、安全信宿II（安全决策者）与安全信宿III（安全执行者）可以是同一或不同的个体或组织（包括自系统或他系统，以企业为例，包括企业整体、企业各部门或政府安监部门等）；③安全信宿获取相关系统安全信息的自身影响因素可简单概括为其自身的安全特性，且安全讯息传至安全信宿后，系统安全信息传播过程并未终结，安全信宿接收到的安全讯息会通过解释过程，对安全信宿的安全特性（主要是安全知识结构）产生一定程度的作用，反过来，安全信宿的安全特性也会对其获取相关系统安全信息产生作用；④系统安全信息的传播必然受系统内外环境因素（如系统内外的安全文化环境）的影响，同样，系统安全行为活动亦是。

2. 系统安全信息缺失形成机理

综上所述可知，在系统安全信息传播（或系统安全行为活动）的整个过程中，主要涉及七类安全信息（安全信息 I_b、安全讯息 I_g、安全讯息 I_s、安全预测讯息 I_f、安全讯息 I_k、安全决策讯息 I_d 与安全讯息 I_y）及其相互作用关系。显然，系统安全信息缺失形成机理就体现于系统安全行为空间中安全信息的相互作用、系统安全信息空间中的安全信息的相互作用，以及系统安全行为空间与系统安全信息空间之间的安全信息的交互作用之中。在此，对系统安全信息缺失形成机理进行深入分析，具体如下：

（1）系统安全信息（SI）空间中的系统安全信息缺失现象。

1）就系统安全行为主体（即安全信宿）而言，由于系统安全信道的不畅通、系统安全行为主体的自身安全特性或系统安全行为主体间的安全信息不对称因素，系统安全行为主体无法有效获取、识别或理解相关系统安全信息，即 $I_s \leqslant I_g$，$I_k \leqslant I_f$ 与 $I_y \leqslant I_d$，表示系统安全行为主体一般均未能

成功获取和理解传至其的全部系统安全信息。因此，保障系统安全信道畅通、完善系统安全行为主体的安全特性（如提升安全意识与扩展安全知识结构等）、加强系统安全行为主体间的沟通交流或采用群体（联合）系统安全行为（可有效弥补单一系统安全行为主体的个体安全认知、安全心理与安全知识结构局限等因素带来的不良影响），可有效克服这部分系统安全信息缺失。

2）就安全信息采集者而言，当 $I_g < I_b$ 时，表示安全信息采集者未能获取客观系统所显示出的所有安全信息，存在系统安全信息缺失，这主要是由人们对系统的安全认识程度决定的，因此，唯有不断提升人们对系统的安全认识程度，才可克服部分这种系统安全信息缺失，但理论而言，这种系统安全信息缺失又是客观存在的，是无法彻底避免的。

（2）系统安全行为（SB）空间中的系统安全信息缺失现象。系统安全行为主体，即安全预测者、安全决策者与安全执行者分别实际获得的系统安全信息集合分别为 I_S、I_K 与 I_Y（一般而言，$I_S = I_s$，$I_K = I_k$，$I_Y = I_y$），若 $CE_P(I_S) < 1$，$CE_{P_s}(I_K) < 1$，$CE_{P_s}(I_Y) < 1$，则称系统安全行为主体面对系统安全行为问题 P 存在安全信息缺失，即系统安全行为问题域的安全信息缺失。采用群体（联合）系统安全行为可有效克服这部分系统安全信息缺失。

3. 系统安全信息缺失的分类

由上述分析可知，可有效克服的系统安全信息缺失情况及其所造成的负面影响主要在系统安全行为活动之中。换言之，主要的系统安全信息缺失是系统安全行为主体的安全信息缺失，其形成的机理应体现于系统安全行为（SB）空间与系统安全信息（SI）空间之间的安全信息的交互作用之中。显然，系统安全行为主体的安全信息缺失现象可分为两类，即系统安全行为（SB）空间的安全信息缺失与系统安全信息（SI）空间的安全信息缺失。基于此，还可分别对上述两类系统安全信息缺失再次细分，具体见表3-3。

表 3-3 系统安全信息缺失的分类

大 类	小 类	具 体 解 释
系统安全行为（SB）空间的安全信息缺失	安全信息内容缺失	系统安全行为主体面对某一系统安全行为问题 P 时，知道针对问题 P 所需的系统安全信息（即 I_{jN} 已知），但这些系统安全信息的具体内容在实际中未知，即 $CE_P(I_{jN})1$
	安全信息认知缺失	系统安全行为主体面对某一系统安全行为问题 P 时，不知针对问题 P 所需哪些系统安全信息（即 I_{jN} 未知），例如，安全专业人员与普通人员在对待安全专业问题时，有时反应差异巨大
	安全信息识别缺失	系统安全行为主体面对某一系统安全行为问题 P 时，本应知道针对问题 P 所需的系统安全信息，但因内外环境影响，导致其暂时性不知所需哪些系统安全信息，随后才可逐渐恢复（即 I_{jN} 暂时未知）。例如，一般人面对紧急情况或过大的外界压力（最为典型的如应急决策与危险紧急处置等）时，就会出现此情况
系统安全信息（SI）空间的安全信息缺失	永久性安全信息缺失	理论而言，在现有技术条件下，一定存在系统安全信息采集者尚无法获取的系统安全信息，这是客观存在的，无法彻底克服，即 $I_g < I_b$ 恒定满足
	暂时性安全信息缺失	指在开展系统安全行为活动初期未能及时获得的系统安全信息（一般是无意的），随着时间推移与方法改进等，在系统安全行为活动中后期可逐步获得系统关键（必要）安全信息，即 $I_S = I_s = \int_{T_0}^{T} I(t)\,dt \geq I_{1N}$，$I_K = I_k = \int_{T_0}^{T} I(t)\,dt \geq I_{2N}$ 与 $I_Y = I_y = \int_{T_0}^{T} I(t)\,dt \geq I_{3N}$ 同时满足
	有意性安全信息缺失	指因多种原因导致的系统安全行为主体所获得的系统安全信息存在虚假情况，真实性偏低，即 I_s、I_k 与 I_y 不真实。究其根本原因，这主要是由于系统安全信息传递过程中的人为有意的欺骗因素所致（如安全信息瞒报与迟报等），使相关系统安全行为主体无法及时、迅速获得真实的关键（必要）系统安全信息

此外，还可根据三种主要的系统安全行为（即系统安全预测行为、系统安全决策行为与系统

安全执行行为，它们是系统安全信息最终产生作用和影响的关键节点），大致将系统安全信息缺失分为系统安全预测行为活动、系统安全决策行为活动与系统安全执行活动三方面的安全信息缺失。基于此，可根据系统总的安全信息缺失程度来度量系统安全风险（即对系统进行安全评价）。显然，系统总的安全信息缺失程度约为系统安全行为活动中的安全信息缺失之和，可用数学表达式表示为

$$\Delta I = \Delta I_{\mathrm{I}} + \Delta I_{\mathrm{II}} + \Delta I_{\mathrm{III}} = (I_{1N} - I_{\mathrm{S}}) + (I_{2N} - I_{\mathrm{K}}) + (I_{3N} - I_{\mathrm{Y}}) \tag{3-24}$$

式中，ΔI 为系统总的安全信息缺失程度；ΔI_{I}、ΔI_{II} 和 ΔI_{III} 分别表示系统安全预测行为活动、系统安全决策行为活动与系统安全执行行为活动三方面的系统安全信息缺失程度；I_{S}、I_{K} 与 I_{Y}（一般而言，$I_{\mathrm{S}} = I_s$，$I_{\mathrm{K}} = I_k$，$I_{\mathrm{Y}} = I_y$）分别表示系统安全预测行为活动、系统安全决策行为活动与系统安全执行行为活动三方面实际获得的系统安全信息；I_{1N}、I_{2N} 与 I_{3N} 分别表示系统安全预测行为活动、系统安全决策行为活动与系统安全执行行为活动三方面所需的必要（关键）系统安全信息。

4. 系统安全信息缺失的成因

根据系统安全信息缺失的形成机理与分类，概括而言，系统安全信息缺失的直接原因主要有系统安全信息无法获取、系统安全信息监测监控不足、系统安全信息挖掘不够、系统安全信息管理不当与系统安全信息利用不充分等，若究其根本原因，就可归结至系统安全行为主体、系统安全信息采集者与系统本身的一些主客观因素。鱼骨图分析法是一种分析与表达问题原因的简单而有效的方法（其基本步骤包括分析问题原因与绘制鱼骨图两步），基于鱼骨图分析法，可提炼并表示出系统安全信息缺失的主要的深层次原因。系统安全信息缺失原因的鱼骨图如图 3-9 所示。

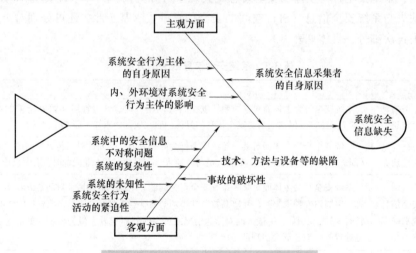

图 3-9　系统安全信息缺失原因的鱼骨图

由图 3-9 可知，系统安全信息缺失的原因主要包括主观原因与客观原因，每一方面原因又可细分为若干具体原因，具体原因解释见表 3-4。

表 3-4　系统安全信息缺失的主要原因

大类	小　类	具体解释
主观原因	系统安全行为主体的自身原因	①系统安全行为主体的安全心智因素，如安全意识、安全态度与安全意愿等偏低；②系统安全行为主体的有限意识（人们在开展某行为活动时，有限意识会导致人们忽略关键信息，妨碍人们收集到高度相关的信息，进而可导致认知障碍），如系统安全预测者是否可正确识别出 I_{1N} 及 I_{S} 中是否存在 I_{1N} 所需的系统安全信息元素；③系统安全行为主体的自身安全知识、技能与经验等的局限性

（续）

大类	小类	具体解释
主观原因	系统安全信息采集者的自身原因	指系统安全信息采集不足，具体原因是：①系统安全信息采集者的安全心智因素，如安全意识、安全态度与安全意愿等偏低；②系统安全信息采集者的安全信息采集能力不足（如信息采集技术与方法等掌握不足）；③系统安全信息采集者的自身安全知识、技能与经验等的局限性
	内外环境对系统安全行为主体的影响	复杂的系统内外环境会影响系统安全行为主体开展相关系统安全行为的能力。例如：系统安全行为主体需具备敏锐的观察力和思维能力，但当急需做出系统安全行为（如系统发生突发事件）反应时，鉴于时间的紧迫性与系统内外环境的高压力等，极有可能出现暂时性安全信息缺失情况
客观原因	系统中的安全信息不对称问题	若安全信息采集者与系统安全行为主体不同（或部分不同），则它们之间必然存在安全信息不对称（这是客观存在的），这也是系统安全信息缺失的一个关键原因。因此，为克服这部分系统安全信息缺失，应加强它们之间的有效安全信息沟通和交流
	系统的复杂性	系统的复杂性（如系统各子系统或元素间的复杂的相关性与系统本身的动态性等）会导致系统安全信息具有高度不确定性，而安全信息缺失正是安全信息不确定的一种表现形式
	系统的未知性	尽管理论而言，系统未来安全状态是可预测的，但系统未来安全状态本身又是未知的（如系统安全状态的发展与演化规律等），而安全信息作为系统未来安全状态的自身显示，同样也具有未知性，由此导致系统安全信息必然存在缺失
	系统安全行为活动的紧迫性	当需迅速做出系统安全行为（如系统发生突发事件）反应时，鉴于时间的紧迫性，往往无法给系统安全信息采集者与系统安全行为主体充足的时间做准备和反应等，系统安全信息获取难度明显加大，这就会导致暂时性安全信息缺失或安全信息识别缺失等情况出现
	技术、方法与设备等的缺陷	现有的安全信息采集、安全预测与安全决策等技术、方法与设备等，以及安全信息传播渠道（技术与设备等）的缺陷，也是导致系统安全信息存在缺失的客观原因之一
	事故的破坏性	事故往往具有巨大的破坏力，这必然会对系统安全信息采集与传输设施和设备等造成不同程度的损坏，这就会造成系统安全信息无法及时采集和传输，严重影响事故的应急救援效果，甚至还会导致二次事故发生，进而扩大事故的负面影响

5. 系统安全信息缺失的负面影响

显然，根据 SI-SB 系统安全模型（即系统安全信息传播过程，及系统安全信息缺失的形成机理、分类与原因），并结合系统（一般指组织）安全管理实际，易得出系统安全信息缺失的负面影响作用（即后果）。系统安全信息缺失的负面影响间的逻辑结构体系如图 3-10 所示。

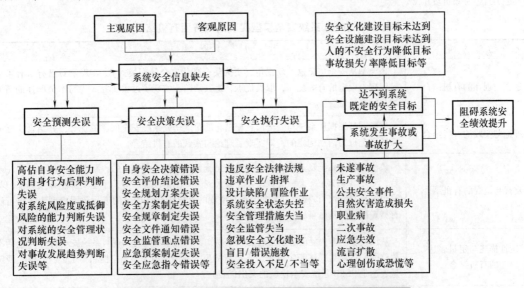

图 3-10　系统安全信息缺失的负面影响的逻辑结构体系

由图 3-10 可知，概括而言，系统安全信息缺失的直接负面影响主要是影响系统安全行为活动（即安全预测、安全决策与安全执行）的效率与质量，其最终负面影响是导致系统发生事故或事故扩大和系统既定安全目标的不能按时完成，进而影响系统安全绩效。需特别说明的一点是，安全执行失误，即个体或群体（组织）发出不利于保障系统安全的行为，这些行为并非全会导致系统发生事故或事故扩大，而部分不安全型行为仅会对完成系统既定安全目标产生负面影响，如安全投入使用不当就会阻碍系统既定安全目标的完成质量和效率。

3.4.3 SI-SB 系统安全模型的延伸内涵及应用前景刍议

基于 SI-SB 系统安全模型的基本内涵，可推理并拓展出诸多它的延伸内涵及应用价值。限于篇幅，仅从 SI-SB 系统安全模型的主要优点与价值（包括理论价值与实践价值）两方面，扼要探讨 SI-SB 系统安全模型的延伸内涵及应用前景。

1. SI-SB 系统安全模型的主要优点

由 SI-SB 系统安全模型的构造思路与基本内涵易知，它至少具有以下七方面优点：

（1）该模型可基本统一已有所有事故致因理论模型。从安全信息角度，该模型可将所有事故致因因素有机统一起来。换言之，从安全信息角度构造的事故致因理论模型，具有统一已有事故致因理论模型的优点。同样，SI-SB 系统安全模型也具有这一优点。

（2）该模型可基本统一系统所有安全（风险）管理要素。从信息论的角度看，系统安全行为活动过程就是系统安全信息的流动与转换的过程。换言之，系统安全行为活动过程中涉及的各种要素都可用安全信息表达，而系统安全行为活动过程是系统安全（风险）管理活动的实际表现形式，有鉴于此，从安全信息角度，可用系统安全信息基本统一系统所有安全（风险）管理要素，这可有效降低系统安全（风险）管理的维度，从而降低系统安全（风险）管理的冗杂性。

（3）该模型可基本统一各涉事者（与导致事故发生相关的个体或组织）的事故致因因素。各涉事者因素均可用安全信息来表达。该模型通过转换不同的安全信息采集者和安全信宿，可分析各涉事者，即组织或个体，及自组织与他组织（如政府安监部门与安全评价机构等）的事故致因因素。简言之，运用该模型可基本分析出所有涉事者的事故致因因素。

（4）该模型可实现六方面有机结合（表 3-5），这可显著提升该模型的科学性、准确性、创新性、适用性与普适性。

表 3-5　SI-SB 系统安全模型实现的六方面有机结合

结合方面	具体解释
过去与现在的有机结合	该模型从安全信息这一新视角（更为契合现代安全管理模式），实现了对已有所有事故致因理论模型的有效统一，取其优点，避其缺陷，实现了过去研究成果与本节所述的研究视角的有机融合
理论与实践的有机结合	该模型是根据从系统与安全信息相结合的角度研究系统安全问题的优势，并结合实际的系统安全行为活动构建的，即实现了理论与实践的有机结合
宏观与微观的有机结合	该模型是以系统及其系统内的安全信息流为基本切入点构建的，而系统具有"可大（宏观）可小（微观）"这一重要优势（如大到某一国家或地区等，小至具体企业及其部门与班组等），因此，该模型可实现宏观与微观的有机结合（传统的事故致因模型大多仅可解释微观层面的具体事故）
定性描述与定量表达的有机结合	从该模型基本内涵的分析过程与结果易知，该模型可同时实现对系统安全管理（包括事故致因）的定性描述与定量表达（已有的事故致因模型大多是定性和半定量的，可实现定量表达是 SI-SB 系统安全模型的突出优点）

（续）

结 合 方 面	具 体 解 释
逆向、中间（风险）与正向（安全）三条安全科学研究（或实践）路径的有机结合	从该模型的基本内涵易知，该模型不仅可基于逆向（事故）路径，单纯阐释事故致因及其发生过程，且可基于中间（风险）或正向（安全）路径阐释系统安全（风险）管理机理与模式（传统的事故致因模型大多是基于"事故发生"的单一路径构建的，故它们大多不具备这一优势）
系统安全信息流与系统安全行为活动的有机结合	若该模型仅单纯探讨系统安全信息的传播过程，而无法表达系统安全信息流与系统安全行为活动的交互作用，就不能从根本上明晰因系统安全信息缺失所致事故的发生机理，也就无法有效指导系统实际安全管理工作。显然，该模型可实现系统安全信息流与系统安全行为活动的有机结合

（5）该模型基本适用于解释所有系统中发生的事故（包括生产事故、职业病、公共安全事件、自然灾害所造成的损失或伤亡事件、一次事故与二次事故，甚至是信息安全事件）的致因与本质。传统的事故致因理论大多仅较为适用于解释生产事故与一次事故的致因，很难适用于解释一些公共安全事件、自然灾害所造成的损失或伤亡事件与二次事故（即一次事故扩大）的致因。由该模型的基本内涵可知，该模型基本可解释上述所有事故。此外，需特别指出的是，由安全信息与信息安全间的关系易知，若将信息安全事件当作事故，该模型同样可解释信息安全事件的致因。根据该模型的基本内涵，严格讲，事故的本质是：系统内的事故是因必要（关键）系统安全信息缺失而引发的人们不期望发生的并造成损失的意外事件。

（6）该模型适用于解释系统（组织）未能达到系统（组织）既定安全目标的原因。通过对系统安全信息缺失负面影响的分析易知，尽管部分安全执行失误并非会直接引发事故，但会直接影响系统（组织）既定安全目标的完成质量和效率。因此，显然，以安全执行失误为分析起点，可分析得出系统（组织）未能达到系统（组织）既定安全目标的一系列深层原因。

（7）该模型符合安全数据、安全信息与安全知识间的递进逻辑关系。第一，系统安全信息（SI）空间的安全信息 I_b 主要是指系统安全信息集合，它经筛选与整合才可表达出具体的系统安全信息。第二，安全信宿在感知和理解安全信息时，安全信息与安全信宿的安全特性（安全信宿的安全知识是其主要的安全特性之一）存在一个互为解释过程，这与"安全信息与安全知识间的互为作用关系"也相吻合。

2. SI-SB 系统安全模型的主要价值

综上分析易知，SI-SB 系统安全模型具有重要的理论与实践价值。在此，仅从宏观层面选取其较为主要的理论与实践价值进行简析（表 3-6）。就其具体价值而言，可基于其宏观层面的主要价值进行推理并细分，限于篇幅，这里不再详述。

表 3-6 SI-SB 系统安全模型的主要价值

大 类	小 类	具 体 解 释
主要理论价值	指导系统安全学学科体系的构建	根据该模型的核心构成要素，可构建出完整的系统安全学学科体系。例如：①系统安全学的研究侧重点应是系统安全信息传播及系统安全信息缺失对系统安全的影响；②系统安全学至少具有四个主要学科分支，即安全信息论（学）、安全预测论（学）、安全决策论（学）与安全执行论（学）；等等

（续）

大　类	小　类	具体解释
主要理论价值	指导系统安全学分支学科体系的构建	针对模型的四方面重点内容，即系统安全信息传播、系统安全预测行为、系统安全决策行为与系统安全执行行为，分别深入研究各自的内在机理，就可分别得出系统安全学分支学科，即安全信息论（学）、安全预测论（学）、安全决策论（学）与安全执行论（学）的定义，并可构建出它们各自的学科体系。例如，由该模型易知：①安全信息论（学）主要是研究系统安全信息传播及系统安全信息与系统安全行为活动交互作用的科学；②安全预测论（学）主要是基于系统安全信息，研究如何判断系统未来安全状态的科学；③安全决策论（学）主要是根据系统安全预测信息，研究如何寻找或选取最优的系统未来安全状态的控制与优化方案的科学；④安全执行论（学）主要是根据系统安全决策信息，研究如何落实系统安全决策信息（即指导或控制人发出安全型行为）的科学
	指导新的安全科学概念体系的构建	由上分析可知，从系统与安全信息（包括安全信息缺失）角度，可重新定义"安全"（系统安全行为活动所需的安全信息集合与实际获取的安全信息集合之间的差异能被人们所接受的状态）和"事故"（事故是因必要系统安全信息缺失而引发的人们不期望发生的并造成损失的意外事件）。同理，从该角度出发，基于安全信息（包括安全信息缺失）的定义，还可推理演绎"隐患""危险源""安全管理""安全知识""安全预测"与"安全决策"等的定义，从而构建新的安全科学概念体系，以促进安全科学研究与实践更为科学化与适用化，使其摆脱学科危机
主要实践价值	指导开展系统安全评价工作	由上述分析可知，基于该模型，不仅可对系统进行定性安全评价，而且可对系统开展定量安全评价，这可是一种新的系统安全评价方法。本节已在理论层面深入阐释了该模型在系统安全评价中的应用，它必然会对实际的系统安全评价工作起到重要的理论指导作用
	指导开展事故调查分析工作	通过对该模型基本内涵的分析可知，根据该模型，可分析得出事故的整个发生过程及其关键节点、原因，及涉事者（包括组织或个体）的责任等，并可找出预防类似事故的关键节点或措施等
	指导系统安全（风险）管理工作	鉴于现代安全管理强调系统思维（即事故预防重点应是系统因素），强调预防事故或保障组织安全的责任应从普通组织成员转向设计者、管理者，从个人转向组织和政府，强调与计算机信息科学进行结合（即安全管理者的信息素养），因此，该模型可有效指导系统安全（风险）管理工作的开展
	指导企业或政府安全部门或人员的设置	根据该模型的系统安全信息（SI）空间（即系统安全信息传播的关键节点）与系统安全行为（SB）空间（即主要的系统安全行为活动），可有针对性地配置企业或政府安全部门或人员
	指导安全科学与工程类专业课程设置	系统安全学一直是安全科学与工程类专业学生的核心专业主干课程之一。根据该模型所构建的系统安全学及其分支学科的学科体系，不仅可使系统安全学的课程内容逐步完善而科学，且可以大大丰富安全科学与工程类专业课程的内容，更加适用于培养适合现代安全管理需求的安全专业人才

3.4.4 结论

（1）从系统与系统安全信息相结合的新视角开展安全科学（特别是安全系统学）研究颇具优势。本节利用这一研究优势，基于典型的香农通信模型与系统主要的安全行为活动，以系统安全信息（SI）空间与系统安全行为（SB）空间两大部分为主体构成的 SI-SB 系统安全模型，并深入剖析其基本内涵（系统安全信息传播机理及系统安全信息缺失形成机理、分类、成因和负面影响）、延伸内涵与应用前景。本研究对明晰系统安全信息传播机理及系统安全信息缺失形成机理（包括系统安全信息缺失导致事故的内在机理），从而为更好地解释现代事故致因和开展现代系统安全管理工作提供指导，并促进安全科学（特别是系统安全学）研究与实践具有重大的理论与实践意义。

（2）本节对 SI-SB 系统安全模型的研究和探讨大多还停留在理论层面，尚需围绕 SI-SB 系统安全模型的基本内涵、延伸内涵与应用前景，开展大量后续研究（如系统安全信息的度量标准、系统安全行为数据获取测量方法及标准、系统安全信息缺失的负面影响的定量化研究、基于该模型的具体系统安全评价方法研究、基于该模型的具体事故调查分析方法研究，及基于该模型的系统安全学及其分支学科的学科体系的构建研究等）。

3.5 | 安全教育信息传播模型

【本节提要】

信息传播新视角下安全教育通用模型，明晰了安全教育实施过程的影响要素并进行分类，有利于指导安全教育管理工作、促进实现安全教育信息化、提升安全教育体系管理水平和提高安全教育效果。根据信息传播视角下安全教育研究的内涵，梳理并推导出安全教育的五类基本要素和九条拓展要素。在此基础上，构建安全教育 DIA 通用模型及受教者信息处理与利用的过程模型，对模型进行概念分析和应用分析。最后以企业日常安全管理培训为例展开 DIA 模型的应用说明。

安全教育学被划归为安全科学技术的三级学科，理论研究与实践应用均取得一定成果。从中华人民共和国成立初期仅有的高危行业及特种设备安全培训发展到现今法制化和体系化的教育培训制度，由此可见，当前安全教育学研究与发展具有深厚的实践基础和理论基础，此外，科学技术飞速发展，这要求我们更新安全知识库、优化安全教育模型。因此，安全教育及安全教育学是一个有价值的研究方向。本节从信息传播视角，构建安全教育通用模型，根据实际情况进行安全教育方法评价，提出优化措施。

基于信息传播理论和系统思维方法，开展安全教育模型研究，一方面安全系统思维是安全科学的核心思想，是安全科学原理的中坚，是支撑安全科学独立和发展的砥柱之一，安全信息是安全系统思想的组成部分；另一方面，安全教育学是安全社会科学原理的一部分，对安全管理具有重要的方法指导作用，完善软科学是安全科学得到社会认可并快速发展的重要保障，是促进安全科学横向发展的路径之一。

本节内容选自本书作者与高开欣共同发表的研究论文《基于信息传播的安全教育通用模型构建研究》[6]。

3.5.1 安全教育基本要素

简言之，安全教育是以规范受教者安全行为为基本目的的社会活动，这一活动被普遍认为是双主体信息传播的动态过程，目前学界对双主体理论有两种理解：①从施教和受教两个不同的视角，施教者和受教者互为主客体身份；②施教者和受教者均为主体。目前第一种解释被学界广泛认可。在安全教育设计过程中也是以某一个视角为研究主体进行深入研究。

基于信息视阈下的双主体理论、教育学、文化学以及交往教学论的思想，安全教育双主体存在对称性和补充性，即参与者具有同样的自由活动余地和话语权，可实现教与学双方对各教学影响因素的共同分享、占有和积极互动。另外，补充性意味着施教者对受教者经验、知识和理解等多方面的补充，也包括受教者对施教者教学方法和信息传播过程中的其他具体情况的补充。

实施安全教育需多种要素互相配合，如学员、目的、内容、方法、环境、反馈和教师七要素。以信息传播为研究视角，综合考虑以上七要素及安全教育过程中可能涉及的内容，将安全教育要素分类整理为五类，分别为参与者、信息、软件、硬件、环境。从系统的角度出发，安全教育这五方面内容强调以信息为桥梁的各要素之间相互作用与影响的关系，如果将各类要素看作各子系统，那么信息便是各子系统之间及其内部交流的关键。

五类要素中：参与者包括施教者和受教者；信息是指所有涉及安全教育的信息内容，是其他四要素相互作用的桥梁；软件是规范安全教学体系和提升教学的方法和文件类服务；硬件是保障安全教育活动正常开展的基础设施和辅助性服务；环境包含自然环境、科技环境、经济环境、政治社会环境、文化氛围等。在自系统中，只包含具体实施安全教育活动时的要素，维护教学秩序、制定法律法规等功能所涉及的要素（包括功能和其他参与者）在他系统中，本节不做详细分析。

运用"七何"分析法对安全教育实施进行要素填补与细化，见表 3-7，解释了各要素的内涵，基于安全教育的对称性和补充性，从信息传播的视角出发，融合安全教学系统的双主体特征，将"七何"分析法扩展为九要素，齐全的安全教育要素可用于安全教育设计，有助于完善安全教育的宏观管理和弥补可能出现考虑问题疏漏的情况。

表 3-7　安全教育的拓展要素分析

五类要素	拓展要素	内　　涵
参与者	Who1	① 施教者，有明确的教育目的及使命，主要目的是设计特定安全教育体系和传递安全信息 ② 施教者根据不同情况引导、促进、规范个体能够接收信息反馈和再学习，通过反馈提升教学水平，完善安全信息
	Who2	① 受教者，主要目的是接收安全信息，增长安全知识，提升安全技能，改善安全行为，提高安全意识 ② 不同受教者有不同的学习目的、不同的学习背景和基础、不同的困难和问题，以及不同的反思和再学习能力
信息	What	① 主要过程为：信源→信道→信宿→信馈 ② 传播过程包括其他影响因素，如信息失真、信息干扰等，因此信息反馈是改善信息传播方式方法的关键，不容忽视
环境	Where	安全教育的地点：①室内或室外；②学校、政府或企业
	When	安全教育的时间，包含实施安全教育的时间（发生事故后、日常培训等）和时间范围（时长）
	Why	安全教育的目的和原因，比如新员工进厂培训、学生专业课教育或发生事故后警告教育等
软件	How much	教学程度，梅瑞尔的成分显示理论的"目标-内容"二维模型可用以指导这一要素的使用
	How1	教学方法、教学计划、法律法规、规章制度等成文规定
硬件	How2	① 教学楼、教学工具、教学媒介等教学资源或辅助性服务物品 ② 硬件设施保障安全教学有序开展，硬件设施的深入研究可向现实模拟、信息化等方面延展

3.5.2　安全教育 DIA 通用模型的构建及作用机理

1. 模型构建

任何模型都需满足一定程度的系统性和结构性，其中，理论安全模型需涵盖模型目的、知识、程式和规则。因此，在构建模型时，需考虑到系统各元素以及各元素之间的结构与相互关系。基于安全教育三阶段原理，构建了如图 3-11 所示的安全教育 DIA 通用模型，模型主要包含三大板块，分别是安全教育设计（D）、安全教育实施（I）和安全教育评估（A）。

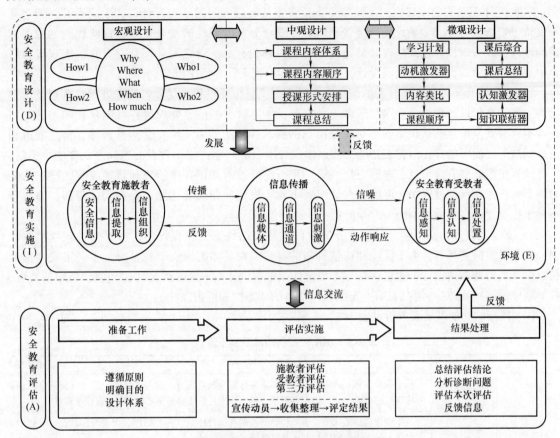

图 3-11 安全教育 DIA 通用模型

需指出的是，为进一步明晰安全教育 DIA 通用模型的科学性和适用性，对以具体系统为研究对象、以安全信息为研究视角及以信息传播为建模范式的原因进行详细说明，具体如下：

（1）以具体系统为研究对象的原因为：①限定研究和讨论范围，以便于具体问题的分析与探讨；②就教育学角度而言，教育活动均发生在特定系统中，故须将模型置于具体系统中来分析；③就管理学角度而言，人都在系统中进行所有行为活动。

（2）以安全信息为研究视角的原因为：①从信息论角度出发，个体或组织的行为活动过程就是安全信息的流动过程，那么，安全教育培训的实施过程实际是安全教育实施者与安全教育接受者信息传播的过程；②系统问题一般均涉及参与者、硬件、软件和环境等诸多要素，而以信息为纽带，正好可使系统所有要素建立联系；③个体或组织的教育行为始于信息，故其安全教育始于安全信息。

（3）任何教育过程都是信息传播的过程，安全教育也不例外。本节模型建立是基于信息传播最重要的两个方面：①信息传播要素（即上文所提"七何"分析法，并根据安全教育的特征，将其拓展为九要素），②信息传播路径，根据安全教育模型的需求，抽取信息传播的核心概念及信息传播过程（信源→信道→信宿→信馈），将其融合于主模型中，并根据实际情况提出在这一信息传播过程中需着重注意的方面。

2. 模型的内涵

（1）概念内涵。

1）安全教育设计包含宏观、中观和微观是三个层次的设计：①宏观设计强调体系的要素齐全（九要素），体现系统的完整性，是保障安全教育正常有序开展的基础设计；②中观设计强调对某一视角下安全教育（如专业课的分类或不同行业安全分类所呈现的安全系列教育课程）的授课体系的设计；③微观设计强调施教者对每一堂课的具体设计。三者之间并不独立存在，宏观设计指导中观设计，中观设计指导微观设计，微观设计和中观设计又反作用与上一级设计。

2）安全教育实施包含施教者的信息处理过程、信息传播过程、受教者信息处理过程以及信息反馈过程，在传播过程中，会存在很多干扰情况：①施教者的信息处理过程可能存在的问题是施教者本身对安全信息的认识不够、对安全信息的提取和组织能力不够；②信息载体、信息通道和信息刺激三方面可能存在语言表达能力或媒体设计不当等问题；③受教者的感知、认知能力不足，将导致其很难获取有效信息，理解记忆能力不足可能导致对知识存储能力和转换成实践操作的能力的影响；④在反馈过程中，可能存在受教者不善于发现问题或表达能力存在沟通障碍，施教者不善于接受意见存在动作响应失败等问题。

3）安全教育评估是再学习过程，分为阶段性和总结性安全教育评估，从评估中获取经验教训，修复系统薄弱环节。由于反馈和评估机制的存在，在具体实施安全教育时，不一定完全符合初始设计，另外微观设计可能也存在与宏观设计或中观设计不一致的情况（比如教学场地的变更、教学顺序的调整），这一情况表明了安全教育整体的动态性和可拓展性。

DIA 模型的功能及要素解析见表 3-8。

表 3-8　DIA 模型的功能及要素解析

模型功能	要素	解析
安全教育设计功能	宏观	从宏观教学体系入手，运用九要素进行安全教育设计，撰写方案书，这是保障教学活动有序进行的基础设计。以本科教学为例，由学科主任和教导主任共同完成这一设计
	中观	从中观学科体系入手，主要包含所授课程内容体系、内容顺序、理论与实践配比，以本科教学为例，由学科主任和施教者共同完成这一设计
	微观	从微观教学内容入手，对每一堂具体课程进行设计，包含本堂课的教学计划、学习动机激发器等，由施教者完成这一设计
安全教育实施功能	施教者	以施教者为中心的安全信息传播，主要包括施教者所具有的安全信息及其提取和组织安全信息的能力
	受教者	以受教者为中心的安全信息传播，主要包括受教者感知、认知和处置安全信息的能力
	信息传播	强调安全信息在系统中的传播过程，包含信息载体、信息通道及形成的信息刺激
	信息反馈	强调受教者对接收安全信息的过程及所接收到的安全信息做出反应，包含感知、认知和处置过程中存在的问题以及对安全信息所持有的态度，这一过程也包含在系统中的传播
安全教育评估功能	准备工作	从教学实践中总结经验，是教与学的信息反馈，修复体系薄弱环节：①准备工作是根据评估原则与目的，制定评估体系；②评估实施应从施教者、受教者和第三方三个方面全面开展；③根据评估结果采取相应措施
	评估实施	
	结果处理	

（2）应用内涵。

1）构建安全教育体系。在安全教学系统中，施教者、受教者、安全信息、软件和硬件等形成了相互交错的结构。其中，人作为教学要素中的双主体最具变化性，所以教学活动的最优化，应当是教与学最优化的有机统一，是充分发挥双主体能动性的过程。

根据安全教育 DIA 通用模型，安全教育体系应该包含安全教育设计功能、安全教育实施功能和安全教育评估功能。在构建安全教育体系时，首先要实现安全教育设计，根据九要素进行全方位的考虑，并且要注重各要素之间的关系（如人机界面、人-人交流、信息失真等）；其次，从教与学不同的视角来看，安全教育实施的信息传播链应分别以施教者和受教者发散考虑（本节以学为研究视角，进行进一步分析），在已有的安全教育设计体系基础上，结合实际的安全教育实施过程，提升信息传播率；最后，安全教育评估功能与安全教育实施功能同时存在，相互作用。

2）评价与优化安全教育体系。建立评价体系需满足全面完整性原则、实用可操作原则、可拓展性原则这三条基本原则：从设计出发，对各要素进行考察评价，制定相应的评价机制，保障安全教育体系的完整性；在安全传播过程，采取旁听等形式进行最直观的评价，观测安全教育的可操作性和可拓展性。可从施教者和受教者两方面同时进行安全教育评估与反馈，采取问卷调查、教育成果验收（学生知识考试或实践能力检验）等形式开展。另外，施教者、受教者、教育方法和教育硬件设施是提升安全教育水平的关键要素，在考虑优化安全教育体系时，可从这四方面找突破口，如在受教者信息处理与利用的过程模型分析中提到的优化手段。

3. 受教者安全信息处理与利用的过程模型

安全教育 DIA 通用模型中，安全信息实施是从施教者到受教者一个完整的闭环安全信息传播过程，时间维度上存在安全信息从施教者流向受教者的先后顺序，再由受教者反馈信息给施教者，但分别以施教者和受教者为中心的信息传播并非独立存在，两者互相促进，信息传播与反馈交叉进行，受教者对安全信息的处理过程实则是一系列事件的链式效应。为方便研究，提升安全教育的整体质量和效率，以受教者学习安全信息为研究对象，对安全教育 DIA 通用模型进行补充说明，建立并分析以受教者为中心的信息处理与利用的过程模型，这一模型全面覆盖了受教者安全信息处理与利用的过程（受教者安全教育信息输入；被受教者所感知、记忆的安全教育信息刺激受教者的信息需要；受教者的信息需求促使其产生相关信息行为；被受教者利用的安全教育信息可优化其安全行为），并对各阶段可应用于实践操作的内容进行补充说明。模型如图 3-12 所示。模型内涵主要包含以下四点：

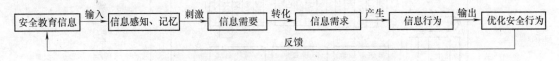

图 3-12   受教者信息处理与利用的过程模型

（1）受教者通过视觉或听觉将安全教育信息输入，并记忆存储。这一过程是受教者感知安全信息的初识阶段，在感觉和知觉上增强刺激（利用可视化技术，如虚拟现实），能提升对安全信息的记忆。

（2）被受教者所感知、记忆的安全教育信息刺激受教者的信息需要，并使其信息需要转化为其信息需求。受教者根据自己的需求与兴趣会对安全信息进行选择、认知和记忆，会发生部分重要安全信息由于受教者的偏好问题未被接受，因此引入考核机制、惩罚机制和激励机制等使其被动学习。

（3）受教者的信息需求促使其产生相关信息行为，如安全教育信息记忆、安全教育信息组织与安全教育信息利用。在接受和认可安全信息的基础上，受教者可形成自我约束和自我承诺的状态。

（4）被受教者利用的安全教育信息可优化其安全行为。受教者根据所学安全信息规范自身行为，从观念上改变自己，形成良好的习惯，并给他人带来正面影响。

3.5.3   具体场景下安全教育 DIA 通用模型的应用说明

图 3-13 是运用安全教育 DIA 通用模型所构造的某企业日常安全管理培训体系设计框图，从宏观管理视角对模型多层次设计进行说明指导，结合实际的操作对设计进行调整，并在各层次选择

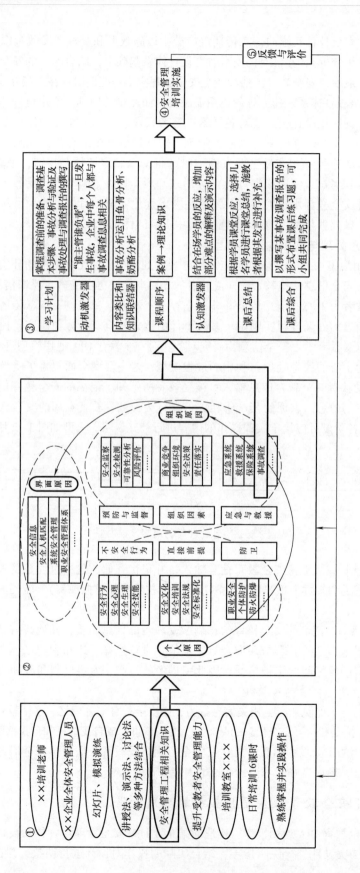

图 3-13　企业日常安全管理培训体系设计框图

某个具体事项为代表进行举例说明。与此同时，要突出安全管理培训的学科特性。一方面从实际操作的角度进行说明，指出每阶段工作由哪一层次的人员配合完成工作，具体操作根据实际情况进行调整，符合现实生活中的安全管理培训场景，更具有实用价值；另一方面以经典的奶酪模型为蓝本和事故漏洞逆向回望的思路设计了安全管理的学科体系，保证学科内容的完整性和创新性。应用说明书如下：

板块①是系列培训课程的宏观设计，由企业安全总监和培训相关负责人（如第三方安全培训公司企业安全管理培训主任）共同进行设计，以此为蓝本撰写培训方案书，方案书所涉及的内容应包含体系中的九要素，对九要素进行进一步设计与说明属于中观层次的内容，以对安全管理工程相关内容为例进行拓展说明，即板块②的内容。

板块②是根据瑞士奶酪模型，以事故发生的时间倒序分析法和人为因素分类设计的课程体系，分为个人原因（不安全行为→不安全行为直接前提→防卫）、组织原因（应急与救援→组织因素→预防与监督）和界面原因。这样可以从最接近事故症候的状态回访分析各层次的核心因素，这也符合瑞士奶酪模型"光线穿透奶酪"的逻辑，从光线最终透出的漏洞处回望可以比较清晰地确定所有奶酪的漏洞。这是对本次系列安全教育内容体系的构建，是实际应用过程中比较核心的内容，需要考虑企业的生产状况、员工素质及其他实际情况进行课程内容体系的设计与构建。以系列课程中的事故调查为例，进行具体课堂设计，这属于微观层面的设计，即板块③的内容。

板块③是对本次系列安全管理培训的事故调查教育为例进行的课堂微观设计，根据课堂所需进行当堂课的内容和形式设计，这一部分主要由施教者和其他工作人员配合完成。施教者根据经验判断受教者的准备情况、学习特征等，利用相关教学资源组织事故调查的课堂内容和形式，课堂设计应与宏观设计和中观设计相辅相成，互相促进与磨合，并与其他微观课堂讨论实施内容与形式，避免漏掉或重复教学内容。

板块④是企业安全管理培训实施的具体过程，根据图 3-12 以受教者为中心的信息传播过程的指导作用，在具体安全管理培训实施过程中降低其他影响因素，提升安全管理培训效率和质量，并根据实际发生的问题进行反馈，对前三个层次的设计进行调整指导。

板块⑤是安全管理培训的反馈和评价过程，这一过程是动态发展的，根据实际情况，可分阶段进行反馈和评价。评价应包含三部分：施教者评价、受教者评价和第三方评价。

3.5.4　结论

（1）安全教育是一种传递安全信息的活动和行为。其重要目的是使受教者获得并接受一定的安全观念、知识和技能，进而改善自身的安全行为；目标是使受教者形成相对完善的安全思维、观念、知识和技能。

（2）对安全教育要素进行分类，包括参与者、信息、软件、硬件和环境五要素。此外解释了各要素的内涵，并指出五要素是安全教育体系分类的一个标准，强调各要素之间的界面关系，表明安全教育体系的独立性和系统性。

（3）构建安全教育 DIA 通用模型，基于安全教育对称性和补充性的内涵，进行要素填补与细化，扩展"七何"分析法至九要素，将安全教育的设计、实施和评估功能体现在模型之中，对模型各概念内涵和应用内涵分别进行分析，用以找到提升安全教育水平的突破口。在此基础之上，构建以受教者为研究中心的信息处理与利用的过程模型，表明受教者对安全教育信息的接收过程其实是受教者对安全信息的处理与利用过程，这一过程有四个具有先后顺序的阶段，这四个阶段的进行是设计和优化安全教育模式和提升安全教育有效性的重要突破点。

（4）运用安全教育 DIA 通用模型，对某企业日常安全管理培训体系进行多层次设计，旨在对安全教育 DIA 通用模型进行指导说明，以便读者在实际工作中的运用。

3.6 个体安全信息力概念模型

【本节提要】

在辨析个体能力与个体安全能力的基础上，基于工程心理学和认知心理学，运用归纳法，提出个体安全信息力的定义，并解析其内涵与特征。借鉴物理学中"力"的概念与性质，构建由安全信息获取、分析和利用三个能力维度构成的个体安全信息力概念模型。最后，分析个体安全信息力与个体行为之间的关系，从安全信息力的大小、方向和作用点三个方面探析个体安全信息力的作用机制。

随着现代社会技术系统复杂性和耦合性的提高，人因风险已成为制约系统安全性和可靠性的关键因素。个体的每一种行为都是以某一种能力为前提的，即个体行为与个体能力之间有着必然的联系。此外，个体出现不安全行为的一个重要原因是个体安全能力缺陷或个体安全能力与岗位要求不匹配。由此推知，探究安全能力的本质内涵与作用机制对个体安全能力的提高和不安全行为的预防预控具有重要理论意义和现实意义。

在安全能力方面已经存在诸多研究，不同学者从不同角度以及不同专业领域对个体安全能力进行了定义，如针对施工人员、车间作业人员、建筑工人、管制人员的安全能力定义。上述研究促进了学界对个体安全能力的研究与应用，但目前对个体安全能力的定义尚未形成统一的认识，都还局限于具体的应用层面。出现上述缺陷的根本原因是没有明晰个体安全能力的本质内涵。根据认知心理学和工程心理学，个体安全能力实际上是个体安全行为能力，而个体安全行为能力是个体安全信息认知能力的外在表现。因此，可从信息认知视角探析个体安全能力的本质及其相关基础理论。

鉴于此，在分析个体能力与个体安全能力的相关定义以及关联关系的基础上，从信息认知的视角，提出个体安全信息力的定义，并构建个体安全信息力概念模型。在此基础上，分析个体安全信息力与安全行为的关系，分析个体安全信息力的作用机制，以期明晰个体安全能力的本质，为行为安全管理提供理论参考。

本节内容主要选自本书作者发表的研究论文《个体安全信息力概念模型及其作用机制》[7]。

3.6.1 个体安全信息力的提出

1. 个体能力与个体安全能力

素质是人的先天秉性并通过后天学习而形成的稳定的心理和生理特性。专业领域、理论角度以及研究目的不同对个体能力的定义也不同。但可以统一的是，个体能力是素质的综合表现，是在具体工作环境下，个体为了完成特定工作任务或工作绩效，所必须具备的可测量的价值观、知识、技能等要素的集合。

个体安全素质、个体安全能力是"素质"和"能力"这两个概念在安全科学范畴的拓展。从不同学者对安全能力的界定可归纳得出：个体安全素质是个体为适应其工作环境而形成的与保障系统安全和提高系统安全绩效相关的素质，如安全心理、安全生理、安全态度、安全价值观等；

个体安全能力是在特定场景内，个体利用与整合所拥有的安全知识、安全技能、安全态度、安全动机、安全价值观等内在特质，实现既定安全目标的能力。

2. 个体安全信息力的定义、内涵与特征

信息已经成为一切系统要素相关联的核心纽带，人类对系统风险信息的识别、采集、分析与利用成为制约系统安全的关键一环。根据认知心理学和工程心理学，人的行为是内在信息认知过程的外在表现，人的行为失误的实质是人的信息处理过程的失误。换言之，个体安全能力或个体行为能力实质是个体信息认知能力的外在体现。根据以"真信源-信源载体-感知信息-认知信息-响应动作-行动结果"为事件链构建的安全信息认知通用模型和风险感知偏差机制，个体只有正确感知和获取系统风险信息、正确进行风险信息分析和正确判断并采取正确的响应动作，才能安全地完成目标工作，实现既定安全目标和安全绩效。因此，将上述信息认知过程分为安全信息获取、安全信息分析和安全信息利用三阶段。基于此，结合个体能力、个体安全能力、信息力（即获取、分析与利用信息的能力）的定义与内涵，运用归纳法，可提出个体安全信息力的定义：指在特定的场景和任务下，个体利用和整合安全知识、安全技能、安全态度等内在安全素质，进行安全信息获取、安全信息分析与安全信息利用，实现既定安全目标和安全绩效的能力。其内涵解析如下：

（1）个体安全信息力的载体是处于人-机-环境系统中的人，个体安全信息力是其所具备的安全技能、安全知识、安全态度、安全价值观等内在特质的集合与展现。个体安全信息力的功能是有效辨识系统的风险信息，做出合理安全预测与决策，采取有效的事故风险预防和控制措施，预防和减少人的不安全行为、物的不安全状态以及环境的不安全因素，进而预防事故发生或减小事故损失。

（2）个体安全信息力是个体的内在特质和内隐变量，是个体完成规定任务所表现出的能力属性，其外在表现是个体在具体情景中表现出的安全行为和安全绩效。因此，可以通过个体的行为结果及安全目标和安全绩效的达标情况推断个体安全信息力。此外，本节聚焦于个体安全信息力，组织安全信息力将另外论述。

（3）根据个体安全信息力的定义，推理归纳得出个体能力、个体安全能力与个体安全信息力之间的逻辑关系（图3-14）：个体能力涵盖个体安全能力，个体安全能力是个体能力实施与展现的保障；个体安全能力的本质是个体安全信息力，个体安全信息力决定个体安全能力。

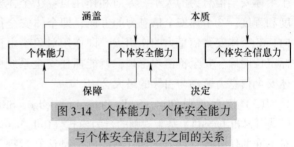

图3-14　个体能力、个体安全能力
与个体安全信息力之间的关系

根据个体安全信息力的定义，运用理论思辨的方法，提炼个体安全信息力的特征如下：

1）动态性与可塑造性：个体安全信息力是安全知识、安全态度、安全价值观等内在安全素质的外在体现，是一个转化、综合和更新的过程，可以通过安全培训、安全教育等得到提升，因此，个体安全信息力具有动态性与可塑造性。

2）个体性与差异性：每个个体都应具备特定的安全信息力，在相同的工作环境和条件下，从事同一生产任务所表现出来的安全绩效具有差异性，这也为实施个体安全信息力测定和评价提供了现实基础。

3.6.2　个体安全信息力概念模型

安全能力模型是为安全地完成某项工作，达成既定安全绩效和安全目标所要求的一系列不同安全能力要素的组合。安全能力模型的构建研究应基于安全能力定义与本质内涵的清晰界定，应涵盖个体安全能力的影响因素和构成要素，以及具体的岗位、岗位所处组织环境的特征及其职能、实际运作情况等。概念模型是以形式化的方法，通过对科学研究对象和内容的抽象与假设，揭示人们关注的主要概念、定义以及它们之间的逻辑关系。通过概念模型的构建可将零散的、非结构化知识转换为系统的、结构化的、可读性强的科学知识，为后续研究的开展（如逻辑模型、框图模型、数学模型的构建与应用）奠定良好的知识表达基础。基于个体安全信息力的定义与内涵解析，为了便于后期开展数学建模，借鉴物理学中"力"的概念与性质，本节用"F"表示个体安全信息力，构建个体安全信息力概念模型，如图 3-15 所示，解析如下：

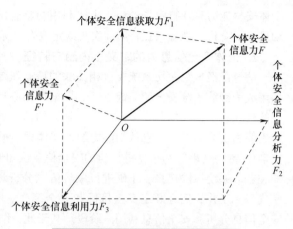

图 3-15　个体安全信息力概念模型

（1）个体安全信息力的三维度。由定义可知个体安全信息力 F 是个体安全信息获取力 F_1、个体安全信息分析力 F_2 和个体安全信息利用力 F_3 的合力（图 3-15）。其中：①个体安全信息获取力是指采用合适的信息感知与收集方法，收集系统内外相关安全信息的能力；②个体安全信息分析力是对所获得的相关安全信息进行整理、综合等深加工，并正确地安全预测与决策的能力；③个体安全信息利用力是指执行所制定的安全决策的能力，或称为安全信息执行力。在实际应用时，个体安全信息获取力、分析力和利用力是相互影响的，需要考虑三者的合力。

（2）个体安全信息力的三要素。借鉴物理学中力的概念和特性，即力的作用效果取决于力的大小、方向和作用点。由此推知，个体安全信息力是一个矢量，其作用效果（或安全绩效）取决于个体安全信息力的大小、方向和作用点：①个体安全信息力的大小，即安全预测决策的执行力度和程度；②个体安全信息力的方向，即个体安全信息力沿着既定安全目标和安全绩效的作用方向；③个体安全信息力的作用点，即作用对象，由正确安全目标和安全价值观决定，如果安全目标定位明确、安全价值观合理，就能抓住安全系统中人、机、环境之间的主要矛盾，进而发挥个体安全信息力驱动与引导的最大合力。

（3）技能-规则-知识（Skills-Rules-Knowledge，SRK）行为模式框架。该框架包括基于技能的行为模式（Skill-based）、基于规则的行为模式（Rule-based）和基于知识的行为模式（Knowledge-based）。对不同的任务场景，个体具有不同的信息认知过程，体现不同的个体安全信息力。例如，在技能型行为模式（任务熟悉、常规操作），个体只经历安全信息获取和安全信息利用阶段，即该模式下个体安全信息力只是安全信息获取力 F_1 和安全信息利用力 F_3 的合力，如图 3-15 中的 F' 所示。

3.6.3　个体安全信息力作用机制

1. 个体安全信息力与不安全行为之间的关系

大量事故发生的直接原因是个体不安全行为，而个体的每一种行为都是以某一种能力为前提的，即个体行为与个体能力之间有着必然的联系。个体不安全行为是安全信息力失控或偏差的外在表现，即不安全行为的实质是安全信息力的缺陷或偏差，个体安全信息力的缺陷或偏差，会导致个体做出不安全行为，进而导致事故的发生。

由安全信息力定义和内涵解读可知，安全信息力是安全信息流、认知流和行为流的驱动力与引导力。任何安全信息力缺陷或偏差（大小偏差、方向偏差、作用点偏差）都将导致个体信息认

知的偏差（信息流偏差、认知流偏差、行
为流偏差），进而导致不安全行为。上述
个体安全信息力和不安全行为的关系如
图 3-16 所示。

2. 作用机制

根据安全信息力内涵解析和个体安全
信息力与不安全行为的关系分析，从安全
信息力的大小、方向和作用点三个方面探
析个体安全信息力的作用机制。根据作用
对象的系统属性，可以从微观与宏观两个

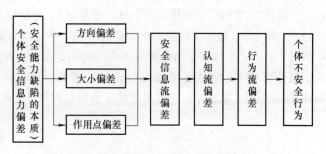

图 3-16　个体安全信息力与不安全行为的关系

层面分析个体安全信息力的作用机制。微观层面的个体安全信息力的作用机制主要针对操作一线
的、直接面对危险过程的系统尖端的个体（Sharp End People），指直接作用于危险过程的单个操作
动作，此时个体安全信息力偏差对应的是动作失误或人为差错。宏观层面的个体安全信息力作用
机制主要针对管理层、决策层的系统钝端的个体（Blunt End People），此时个体安全信息力偏差对
应的是决策失误、指挥失误、管理失误等不安全行为。需指出的是，传统的安全能力研究只是针
对微观层面的不安全行为，忽略了宏观层面的不安全行为，随着复杂系统安全理论研究的深入，
事故深层原因、事故定责在向着系统钝端的不安全行为转变。

在分析个体安全信息力作用机制时，首先确定作用对象，再分析安全信息力的大小和方向，
如图 3-17 所示。点 O 表示安全信息力作用点；∂ 表示安全信息力的偏离度，即安全信息力与安全
绩效的夹角；OF 表示安全信息力矢量；横轴正半轴表示为实现安全绩效而规定的安全信息力方
向；横轴负半轴表示阻碍实现安全绩效的安全信息力方向，或安全信息阻力 F_1 的方向；纵轴表示
安全信息自身复杂特性，如难感知、难获取性，这是由安全信息自身特性和安全任务决定的，其
大小用 F_2 表示。在上述概念构建与分析的基础上，分析安全信息力作用机制如下：

（1）个体安全信息力的作用点（又可称为作用对象）。将系统要素划分人、机、环境、管理、
软件、资源和信息七要素，通过自身安全信息力作用于系统，影响系统的安全性与可靠性：①作
用于"人"，是要提高自己或他人的安全意识、安全知识与安全技能，消除和控制自己及他人的人
因失误和不安全行为；②作用于"机"，是要提高系统的本质安全程度及安全可靠性；③作用于
"环境"，是要创造良好的人机接触界面，消除环境缺陷；④作用于"管理"，是要建立行之有效的
组织及管理体系，加强安全监管措施，提高安全业绩；⑤作用于"软件"，特指面对现代复杂巨系
统时的信息控制、计算机软件等；⑥作用于"资源"，系统安全功能与安全绩效的实现需要安全资
源的保障；⑦作用于"信息"，信息是一切客观事物和社会关系存在、联系、作用和发展变化的反
映，即信息是一切系统要素整体涌现的关键纽带。此外，系统事故致因因素可以归结统一为信息，
即个体安全信息力对系统安全绩效的影响可以通过信息表征。这也从侧面论证了个体安全信息力
是个体安全能力的本质。

（2）个体安全信息力的作用大小。在作用点确定以后，安全信息力是一个二维空间的矢量，
即 $\overrightarrow{OF}$，理论上 $\overrightarrow{OF}$ 应该和安全绩效方向一致，但是在实际中由于 F_1 和 F_2 的存在，$\overrightarrow{OF}$ 需要首先克服
F_1 和 F_2，使 $\overrightarrow{OF}$ 和安全绩效方向存在一定的夹角，即安全信息力的作用方向 ∂（理想情况 $\partial = 0$）。
借鉴物理学中力的平衡分析方法，$\overrightarrow{OF}$ 只有满足下面的方程组，才能实现正常安全信息流：

$$\begin{cases} |\overrightarrow{OF}|\cos\partial \geq F_1 \\ |\overrightarrow{OF}|\sin\partial \geq F_2 \end{cases} (0 < \partial \leq \pi) \tag{3-25}$$

如图 3-17 所示,满足式(3-25)的是以 O_1 为新原点的坐标系的第一象限区域(图中阴影区域),即终点落在该区域的安全信息力 $\overrightarrow{OF}$ 满足安全绩效要求,可以实现正常安全信息流。但在实际情况下,由于个体安全信息力是不可能趋于无限的,并且是根据某一特定岗位对个体安全信息力的具体要求进行岗位安排和人员选拔,因此,存在一个符合实际情况的安全信息力区域(如图 3-17 中的区域 AO_1B),可为个体安全信息力提升、员工选拔提供理论参考。

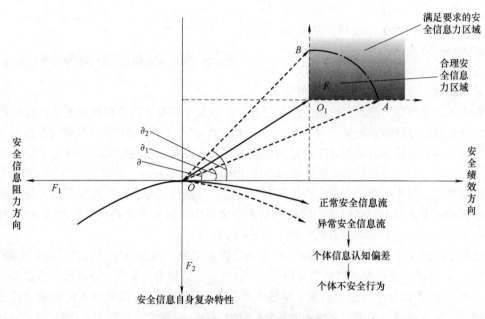

图 3-17 个人安全信息力作用机制

(3)个体安全信息力的作用方向。具体可分为两种情况:①当 $0 < \partial < \pi/2$ 时,表示个体安全信息力对系统安全绩效具有促进作用,但是该促进作用并不代表合适的安全信息力,前已述及,只有当 $\overrightarrow{OF}$ 满足式(3-25)时,才能实现安全信息流的正常流动,此时 $\overrightarrow{OA}$ 对应的夹角为 ∂_1,$\overrightarrow{OB}$ 对应的夹角为 ∂_2,即只有当安全信息力的作用夹角满足 $\partial_1 < \partial < \partial_2$ 时,才满足合理的安全信息力区域要求。②当 $\pi/2 \leq \partial \leq \pi$ 时,表示个体安全信息力对实现系统绩效无促进作用或起到阻碍作用。

3.6.4 结论

(1)提出了个体安全信息力的定义:指在特定的场景和任务下,个体利用和整合安全知识、安全技能、安全态度等内在安全素质,进行安全信息获取、安全信息分析与安全信息利用,实现既定安全目标和安全绩效的能力。提炼出个体安全信息力具有动态性、可塑造性、个体性与差异性的特征。

(2)构建了由个体安全信息力获取能力、个体安全信息分析能力和个体安全信息利用能力三个维度组成的个体安全信息力概念模型,得出个体安全信息力的三要素:大小、方向和作用点。

(3)揭示了体安全信息力与个体行为之间的关系,以及个体安全信息力的作用机制。在作用点方面,个体安全信息力作用于不同的系统要素(人、机、环境、管理、软件、资源和信息),具有不同的作用效果。在个体安全信息力的作用大小方面,得出了个体安全信息力作用方程组。在个体安全信息力的作用方向方面,不同的安全信息力作用夹角和作用效果不同。

本章参考文献

［1］HUGHES BP，NEWSTEAD S，ANUND A，et al．A review of models relevant to road safety［J］．Accident Analysis and Prevention，2015（74）：250-270.

［2］吴超．安全信息认知通用模型构建及其启示［J］．中国安全生产科学技术，2017，13（3）：5-11.

［3］李思贤，吴超，王秉．多级安全信息不对称所致事故模式研究［J］．中国安全科学学报，2017，27（7）：18-23.

［4］王秉，吴超．安全信息行为元模型［J］．情报理论与实践，2018，41（1）：43-49.

［5］王秉，吴超．安全信息-安全行为（SI-SB）系统安全模型的构造与演绎［J］．情报杂志，2017，36（11）：41-49.

［6］高开欣，吴超，王秉．基于信息传播的安全教育通用模型构建研究［J］．情报杂志，2017，36（12）：132-137.

［7］黄浪，吴超，王秉．个体安全信息力概念模型及其作用机制［J］．中国安全科学学报，2017，27（11）：7-12.

4.1 复杂安全系统数据场及其降维理论模型

【本节提要】

　　为探索复杂安全系统内在规律性及其降维理论、挖掘重大事故的相似特性，从数据表征安全特性与状态视角出发引入数据场概念和关联理论，并从宏观和微观两个层面阐述安全空间中数据场的内涵及其四个基本组成要素，基于此分析数据场在安全空间（系统）产生的效应模式，并从数据场出发分析事故发生的内在机理。最后将降维过程分解为"自聚类、维内降容、维间降维、维内（间）降变"四个过程，并构建基于数据场的安全系统降维理论模型。

　　找出小事件引发重大事故的规律性、挖掘重大事故的相似特性，有针对性地开展安全预防与控制活动，是降低事故发生概率的有效解决途径。人作为安全系统的基本构成要素，决定了安全系统的复杂性、动态性与开放性。安全系统体现为多层次、多级别、高维度等特性，涵盖时间、物质、环境、管理、心理、生理、信息等众多维度。安全系统维数的增加，一方面有益于从不同视角对复杂安全系统实现本质化认识，另一方面，其复杂性导致安全系统认识存在模糊性，这就要求在复杂性与多维性之间找到一个平衡点，既不破坏原有的关联体系，又不影响对安全系统的认识。简言之，对复杂安全系统进行合理的降维处理，对全面认识安全本质、探求事故发生的相似规律性具有重要意义。

　　目前，在众多复杂安全系统降维的研究文献中，主要有以下几种研究视角：①从相似理论视角出发探索复杂安全系统的相似规律，以促进相似安全创造、安全管理、安全评价等活动；②从传统安全统计和大数据理论出发，通过研究安全现象的数量表现和数量关系挖掘安全本质的一般规律；③基于灰色系统理论，通过推算出事故因素的灰色关联序，以确定导致事故的关键因素；④运用安全规划学方法，将复杂安全系统相关要素进行标准化或归一化处理，以使风险控制在尽可能低的水平范围内。根据信息论，任何物质、能量均为信息的载体，而数据又是信息的基本组成单位，因此，安全系统中各要素均可以数据的形式予以表达。国内外对数据场概念及其效应均有研究，其中在人脸图像识别、计算机、商业等领域的有关识别、聚类、可视化方面的研究较为广泛，这为数据场在其他领域的进一步应用提供了参考。

下面将从数据场视角出发，运用关联理论阐述安全空间数据场的内涵，探索其在复杂安全系统中的效应模式，并基于此构建复杂安全系统降维的理论模型，以期为复杂安全系统的规律性研究及其降维理论提供新思路。

本节内容选自本书作者与欧阳秋梅共同发表的研究论文《复杂安全系统数据场及其降维理论模型》[1]。

4.1.1 安全系统数据场的内涵

1. 概念分析

数据场是任何事物周围的数字信息场。从用数据表征安全状态及安全规律的视角出发，安全空间是指与安全活动相关的数量表现及其关系所构成的数据信息网，安全空间数据场是用来表述安全数据间相互作用的形象化表达，它的概念可从以下两层面进行分析：

（1）从宏观层面看，安全空间数据场是指安全空间在大数据影响下显现出的场景效应，侧重以人的行为为原点，用数据的形式记录、描述、分析人的行为，包括行为类型、行为主体、行为时间、行为地点、行为致因、行为过程与行为频率七个维度，即用一系列安全数据表达安全场景，是一定时空下人与周围环境的总称。它引入关联思想和理论，通过提取数据记录并分析安全场景中各要素的安全功能、结构、时间、位置、组织、影响与趋势关系，以还原安全场景，并预测可能出现的安全事件。宏观意义上的安全空间数据场如图4-1所示。

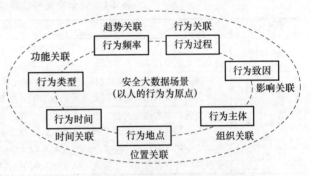

图4-1 宏观意义上的安全空间数据场

（2）从微观层面看，类比于物理学中"场"的概念、思想及其描述方式，安全空间数据场是指有安全价值的数据质点（0维度）由于数据、信息、价值之间的关联关系相互作用并在安全空间形成的安全空间场，位于场内的任何数据对象都受到其他对象的联合作用。首先，数据质点在安全空间进行多维度、无界限的无规则叠加运动，进而产生数据力，它表征数据间安全信息关联性强弱程度。此外，同一性质、维度的数据质点快速流动会产生数据流（线形的1维向量），数据流具有方向性并传递能量，其大小取决于数据质点价值关联性强弱。同时，单个数据无意义，只有将数据放入。数据场中并产生关联性，才能将数据潜在的价值挖掘出来。独立的安全数据进入数据场后由原来的离散状态变为连续状态，这种关联性进一步使数据的安全价值发生变化（增值或折旧），并可实现低维直接向高维的跃迁。数据质点在数据场中相互碰撞、裂变、解构、聚合，可形成新的数据、信息、物质、能量等，表达出新的关联特性与安全价值，其形成过程如图4-2所示。

安全数据的多维特性决定了其可能同时存在多个数据场（多维空间域）中，这些数据场通过场连接杂糅在一起。换言之，微观层面的安全空间以场连接形式通过宏观层面的安全场景得以显现。每个安全空间或安全场景均是一定时空条件下的安全系统，具有非线性、多维度的复杂网络结构。综上所述，安全系统数据场可简化为：它是指一种运用关联思维将所有与安全相关的数据通过数据化、场景化与能量化表达，实现安全化管理与控制的途径。

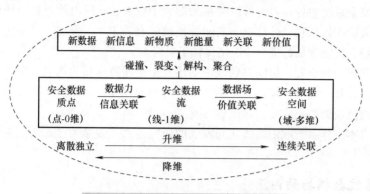

图 4-2　微观意义上的安全空间数据场

2. 要素分析

安全空间形成数据场需具备四个基本要素，见表 4-1。只有其基本要素协同合作，才可使得安全物质、安全信息、安全能量三者紧密相连，促进复杂安全系统的协调有序。

表 4-1　安全空间形成数据场需具备的要素

要　　素	作　　用
感知器	对安全空间各要素植入采集工具（如传感器、信息阅读器、数据提取器），将系统中的安全状态或行为特征以数据形式表征，实现安全数据的自动采集、深度互联与智能管理
感知界面	人-机-环交互界面，将数据场产生的效应通过界面予以展现，充分实现安全场景的可视化、可感化与可知化，是微观数据场过渡到宏观安全场景的必要条件
技术支撑	主要包括大数据与安全工程技术，关键步骤为将采集的高维非结构化数据集存储、分析并解读为低维的结构化数据。通过安全工程技术和大数据技术还原安全场景，赋予数据以个性化、情景化意义
安全数据	与安全相关的数据，是安全场景的基本构成单位。安全数据是安全现象的数据化描述，安全现象是安全规律的外在表现形式，因此，从安全数据中挖掘安全规律符合客观规律

4.1.2　安全系统中数据场效应表达

安全系统形成数据场，将会对安全系统产生一定的效应，根据其作用范畴不同分为微效应、中效应和宏效应，如图 4-3 所示。

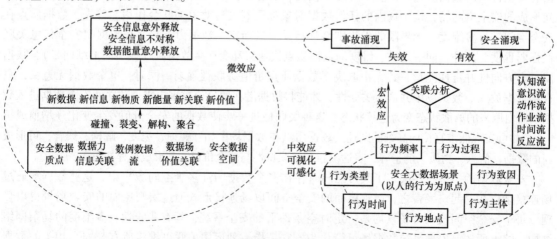

图 4-3　安全空间数据场效应表达图

（1）首先，安全数据质点受数据场的作用在安全空间不断碰撞、裂变、解构与聚合，在此重组过程中打破原来的维度格局，形成新的网线、节点、脉络与逻辑运行规律，同时产生新数据、新信息，改变物质结构、能量释放方式、价值关联度等，此为数据场在安全空间产生的微效应。

（2）安全数据质点在数据场作用下形成高维安全数据空间，当若干个安全数据空间从不同方向连接，并通过感知器采集、感知界面可视化时，显现出宏观层面上的安全场景，它将场景中所涵盖的七个维度以人的行为为原点串联，构成具有时空维度的安全数据集，这种高维属性决定了系统风险的不确定性，安全决策随着数据量呈现更高量级，将会引起间接的不确定性与经典统计推断失效问题。

（3）若微效应产生的新成分未得到有效识别与控制，或中效应中各关联关系未得到有效关联分析，则可能导致宏观上安全系统的事故涌现。新产生的安全数据或信息在安全空间的数据场中的无规则运动及其传递的数据能量可破坏原有的平衡状态，使得原有的数据场出现扰动；此外，通过原有的数据场产生并表达出的中效应场景数据不再和变化后的安全系统空间匹配，导致安全信息不对称现象，并由此引发关联分析结果与实际观测到的安全现象不匹配，安全隐患得不到及时有效控制，引发事故出现。

从数据场出发，通过分析从微观的安全数据质点到中观层面形成一定时空内的安全场景，到最后的宏观事件涌现（安全涌现或事故涌现）过程，反映微小事件引发重大安全事故的规律性，表明从数据场视角出发研究安全问题、事故发展规律具有可行性。

4.1.3　基于数据场的安全系统降维模型

1. 安全系统降维

安全科学具有学科交叉属性，安全现象所反映的安全问题涉及面广，具有多维属性，这种多维性一方面可全方位促进安全本质化认识，另一方面由于维数增加导致安全系统认识模糊化和工程化。安全无小事，安全管理人员需在众多隐患因素中挖掘判断法则，抓住主要矛盾，针对主要矛盾进行有效安全监管与控制，从源头上将引发重大事故的小事件控制在合理范围内。探求小事故引发重大事故的安全规律，寻求安全系统的薄弱环节，从安全数据到安全信息、安全知识的表征规律等，均可从数据场视角通过对安全系统降维进行描述与研究。

安全数据的采集、存储、共享等活动均是一项复杂的安全系统工程，属于安全系统范畴。在对安全数据进行采集与存储形成巨大的安全数据场之后，需使用安全大数据技术与思维对安全大数据集进行分析与降维处理。安全数据集之间并非简单的串并联关系，其复杂的多维关联关系犹如黑箱，导致寻求安全系统的薄弱环节存在模糊性。基于数据场表征安全视角出发，安全系统降维有两种含义：①对海量高维安全数据集进行简约处理；②运用大数据技术和思维对安全系统进行降维处理。此外，安全系统降维过程包括以下三个层面：

（1）降维。每个安全数据具有多维性，决定了安全数据的超高维属性。安全数据降维最基本的含义是，在不改变原始数据的性质特征前提下，通过将安全数据映射到低维空间以降低安全系统的维度，消除冗余以简化安全系统和安全现象的认识层次，挖掘潜在的重要关联关系。目前的降维方法可分为两类，即适用于线性模型的投影法以及非线性的隐性映射法。

（2）降容。随着安全大数据集呈指数倍的飞速增长，一方面对安全存储设备的性能提出更高要求，另一方面数据集中的虚假数据也会相应增加，对数据处理技术提出更高要求。安全容量是反映系统承载风险的指标，安全容量处理是确保系统中各要素在自系统或他系统扰动时仍可保持原来的安全状态与性能的过程。系统安全容量由系统各个维度的安全容量共同决定，并非传统统计意义上的一维具体数值，因此，在降容过程中需关注各个维度的安全阈值，不可随意进行降容处理。

（3）降变。安全数据集以非结构化数据为主，而安全价值的挖掘需通过结构化处理。因此在对非结构化数据进行数据变换过程时，仍遵守原来的判断法则并保持原有的关联关系。在进行降变过程中，需以人为着重点，研究人的身、心、境的变化及其对安全系统产生的扰动，通过分析其范围、速度、形式、特征等变化规律，采取合理的安全控制、隔离、阻化、催化等措施。

综上可知，安全大数据降维过程的三个层面均是从不同视角对安全大数据系统进行简约处理，本节中统一规定为维度的降低与简化。

2. 基于数据场的安全系统降维模型构建

复杂安全系统具有高维度、巨容量、开放性等特性，从数据场在安全空间（或场景）中的效应模式出发，将复杂安全系统简约化降维处理，分别将降维、降容、降变过程纳入其中，建立安全系统降维理论模型，如图4-4所示，其具体内涵如下：

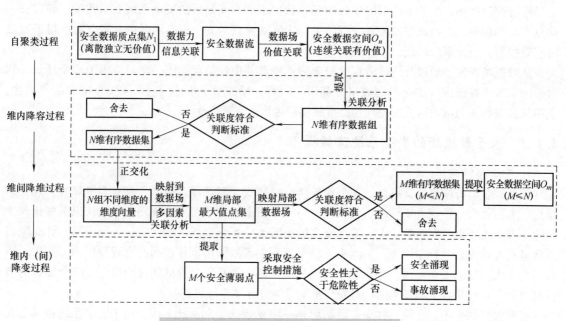

图4-4 基于数据场的安全系统降维理论模型

（1）该模型涵盖四个过程，即安全数据质点在数据场中完成的自聚类过程、安全数据集各个维度内的降容过程、各维度间的降维过程及维内（间）的降变过程。其中，第一过程可视为自组织行为，后三个过程可视为他组织过程。在整个过程中，关联思想与分析方法贯穿始终。

（2）自聚类过程以安全数据间的信息关联、价值关联为基础，独立离散的安全数据质点在数据场进行自组织活动，低维数据聚合形成高维数据集过程，形成连续、相互关联、有安全价值的安全空间，实现同一维度内数据关联，不同维度内相互独立。

（3）维内降维过程与降变过程相辅相成，共同实现从复杂安全系统中找出系统薄弱环节，使得安全工作富有针对性，促进安全涌现和系统和谐。

（4）实施维间降维过程活动时，需要多次将所获得的安全数据集映射于相应的数据场中，不断估计并优化数据经不同的非线性变换后对局部极大值大小和位置分布的影响，并提取局部极大值点组成特征向量。该过程的难点为高维安全数据的特征如何归一化表达并进行提取。

（5）该模型存在明显的判断、循环、反馈，需要以安全理论与实践为基础，从具体问题出发设置与更新判断标准与条件，这就要求在进行降维活动时有自主思辨能力，需同时拥有安全和数据处理相关技能。

（6）将数据场引入安全系统降维过程中，可为小事件引发大事故的规律性研究、安全数据到安全信息到安全知识过程的规律性表达等研究提供新思路。

4.1.4　结论

（1）借鉴物理学中"场"的概念与理论，从数据表征安全特性与规律视角出发，创造一个具有高维数据集的安全空间，分别从微观和宏观层面描述了数据场在安全空间中的两种含义，并归纳出四种基本构成要素。

（2）基于安全空间中数据场的内涵，分别以微效应、中效应与宏效应为子系统阐述了数据场在安全空间的效应模式。该模式表明，微效应产生的新数据、新信息可导致安全信息意外释放或安全信息不对称，数据质点不断运动产生的能量造成数据能量意外释放；中效应产生的各种关联关系未有效识别导致安全决策失误引发事故。

（3）将数据场和关联思想引入复杂安全系统中，描述了安全数据在安全空间的自聚类、同一维度内的降容、不同维度下的降维以及维内（间）的降变过程，反映了以数据或数据场表征复杂安全系统特性的可行性。

（4）从数据场视角出发，可为小事件引发大事故的规律性研究、安全数据到安全信息到安全知识过程的规律性表达等研究提供新思路。

4.2 安全大数据共享模型

【本节提要】

为促进公共安全大数据共享能力建设，以打破传统安全信息不对称困境，塑造完善的安全大数据共享观，首先对安全大数据及其共享的内涵进行分析，接着运用文献综述法，从安全大数据共享的困境出发，从安全大数据共享观念文化、共享数据有效性、共享技术环境和共享制度政策四个视角归纳出12个影响因素，然后对安全大数据共享机理进行详细分析，最后以12个影响要素为出发点，以安全大数据共享互动流程为路径，以共享平台建设为着重点，建立安全大数据共享模型。

安全重大事件具有破坏性大、持续性久和影响范围广等特性，具体表现为事件原因难确定、演化扩散机理难预测、对特定区域内造成重大危害等。安全学科具有综合属性，安全大数据需在不同计算机、不同国家、不同领域之间进行交流与共享。目前，安全数据分布于多行业、多部门、多地域，资源分散，缺少工具对信息资源进行整合，导致出现信息不对称现象。同时，符合市场规律的共享机制尚未建立，重复建设、信息封闭现象也依然存在。在大数据时代，安全协同治理已成为各国政府和学界高度关注的安全议题，而安全信息共享能力建设已成为亟待解决的问题。

安全大数据共享是提高安全资源利用率的重要手段。目前国内外的学者多从计算机科学、经济学、管理学、图书馆学、教育学等领域研究大数据共享行为，多集中于三个视角：①基于大数据的资源共享影响因素、策略及影响研究；②基于大数据的共享平台设计或资源共享库总体架构研究；③基于大数据的资源共享关键技术研究等。相对地，国内外对于大数据在安全领域的共享研究较少，且集中于对安全资源共享库的总体架构研究及基于大数据技术的安全资源共享能力建设研究，研究侧重于通过间接依托于计算机科学、信息科学等学科实现信息安全领域的资源共享，或是局限于某一安全行业或部门间实现安全资源共享，缺乏对安全大数据资源共享机制、流程、模式等具有广泛适用性、指导性和实践性的研究。

综上所述，从安全大数据共享首要面临的困境（不愿、不全、不会、无保障）出发，以共享观念文化、共享数据有效性、共享技术环境和共享制度政策四个视角提出安全大数据共享的 12 个影响因素，然后构建安全大数据共享模型，以期为安全大数据共享流程化提供参考。

本节内容主要选自本书作者与欧阳秋梅共同发表的研究论文《安全大数据共享影响因素分析及其模型构建》[2]。

4.2.1　安全大数据共享

安全大数据作为一种资源，具有可重复利用、广泛共享、可建设、可增值等特性。从安全学科属性和安全大数据的价值链及其挖掘方法、原理出发，安全大数据有狭义和广义之分，狭义上是指可反映安全状态、发展趋势和本质规律的大数据集，广义上还包括处理安全数据集所运用的大数据技术和大数据思维。

结合共享定义，安全大数据共享可理解为：在一定规范、原则、标准和原理的基础上，运用大数据技术及其他新兴技术，使安全大数据集、安全大数据技术和安全大数据思维在"在一定条件下"与"指定第三方"实现交流与共享的互动活动。它包含的两个限制条件使它不等同于开放与公开，其共享对象主要涉及自然灾害、事故灾害、公共卫生、社会安全等与公众密切相关的公共安全大数据，这就要求在安全大数据共享时寻求与数据安全、数据隐私的平衡点。

安全大数据共享也具有狭义和广义之分：狭义上是指不同机构、不同区域、不同领域之间的安全数据集的关联与共享；广义上是指在符合法规政策规定条件下，不同机构、不同区域、不同领域之间的安全数据集、安全大数据技术和安全大数据思维之间的相互关联、共享与碰撞。前者是后者的前提与基础，后者是安全大数据共享实现社会化的基本要求和最终目的。下面将以狭义安全大数据共享为出发点，以广义安全大数据共享为落脚点，探讨安全大数据共享的影响因素及其模型构建。

4.2.2　安全大数据共享影响因素分析

安全大数据共享效率和共享程度受多层次、多维度因素共同作用，呈现明显的多样化与动态化特征。目前，国内外关于资源共享影响因素的研究不少，但还不成体系，再结合安全科学的学科属性，要求安全大数据共享研究需有针对性，不可随意和机械套用影响因素指标。安全大数据共享要解决的首要问题是"不愿、不全、不会、无保障"的共享困境，其中"不愿共享"是安全大数据思维观念层面的因素，"共享不全"是安全大数据集层面的因素，"不会共享"是安全大数据技术层面的因素。借鉴已有研究中对资源共享影响因素的探索，结合现阶段安全大数据的共享现状，可从共享观念文化、共享数据有效性、共享技术环境、共享制度政策四个视角进行分析，阐述"不愿、不全、不会、无保障"共享困境的深层原因。

1. 共享观念文化视角

从观念文化视角出发，安全大数据共享活动受共享意愿、共享动机、共享风险等约束，使资源拥有者"不愿"将手中资源共享，同时需求者不敢轻易使用共享资源，具体表现可归纳为以下两种情况：①安全大数据共享后的预期利益的不确定性，即安全大数据作为资源，是否可获得共享活动后的认可以及互利互惠是拥有者对安全大数据共享是否能带来预期利益的判断条件；②安全大数据共享活动本身带来或将带来的风险，共享安全大数据集本身存在敏感性、隐私性等问题，拥有者考虑到使用者身份资质、资源被误用的可能性等因素，同时使用者无法获知安全大数据来源，使其无法辨别安全大数据是否存在信息安全问题，使得安全大数据在源头上得不到共享。

共享观念的欠缺使得安全大数据共享活动从源头上得不到保障，因此，有关机构需完善与共享活动相关的政策法规，明确共享各方权益和共享层次，塑造规范的共享环境，保障共享数量和质量，共同塑造完善的安全大数据共享观。

2. 共享数据有效性视角

大数据时代以"样本即总体"为数据统计特征，安全大数据具有多时空尺度、多对象尺度和多专题尺度等特性。安全大数据共享的方向是全、细、可读与便利，不仅强调在可共享的数据集中尽可能共享多种数据源下的多维度、多层次数据集，还强调保证数据集的可读性和无障碍访问、查询、检索和获取共享数据信息。但目前安全大数据集多以安全领域、行业为单位，存储分散或冗余，形成数据孤岛和数据垄断现象，因此，收集到的安全数据集维度单一、层次简单、格式多样、以非结构化数据为主，导致使用时数据结构化操作困难。目前标准化组织通过制定数据类型相关标准，以期实现数据全生命周期的标准化、结构化、规范化。

3. 共享技术环境视角

已有的研究多集中于共享组织双方之间的资源共享影响因素。在大数据形势下，将安全系统原始数据整合到统一的数据共享平台是普遍认同的数据平台建设模式，安全大数据共享平台在资源拥有者和需求者之间起桥梁作用，充当资源协调者和资源保存者角色，所涉及的共享平台技术不仅包括安全数据处理的全过程（数据采集与预处理、存储、挖掘与数据可视化），还包括如何实现资源在拥有者和需求者之间的有效传播。安全大数据共享平台通过依托大数据脱敏、模式识别、标签化、结构化、整合及可视化等技术形成更具开放、互联、泛在等特征的共享环境，推动建立远程共享与虚拟共享体系，实现资源共享、配置和管理等一体化服务。

4. 共享制度政策视角

与安全大数据共享相关的政策与制度可保障共享效率和共享程度。从安全大数据制度政策视角出发，可从以下四方面进行分析：

1）安全大数据共享标准化制度。即建立一套跨部门、跨领域、跨行业的包含安全大数据描述、交互、存储、管理等一体化的安全大数据共享与交换标准规范，明确共享数据接口、共享平台、共享协同方式及机制等，尤其是元数据和数据仓储标准的建立，可在源头上避免同类数据的异质，实现与事故隐患排查治理、危险源监测检测、应急救援、事故责任追究等信息共建共享。

2）安全大数据共享资助政策。以往的资助机构或企业只是促进安全大数据在某些机构或部门之间的共享，且大部分鼓励而非强制进行共享活动，同时考虑到企业利益，资助的企业一定程度上会限制共享行为。

3）安全大数据共享范围。目前安全大数据共享活动存在着学科分布不均现象，多集中在计算机科学、图书馆学、教育学、信息科学、管理学、经济学等，共享活动涉及的广度不够，因此需加强开放共享体制法规环境塑造，加强多学科、多领域、多行业、多维度和多层次的共享。

4）安全大数据人才建设。加强安全大数据人才建设，一方面结合共享服务标准建立合理的安全资源共享专业化人才评价和激励机制，另一方面规范和强化教育培训机制，提升共享操作能力，促进安全大数据开放共享专业化人才队伍建设和稳定。

综上所述，可总结出安全大数据共享的12个影响因素，如图4-5所示。

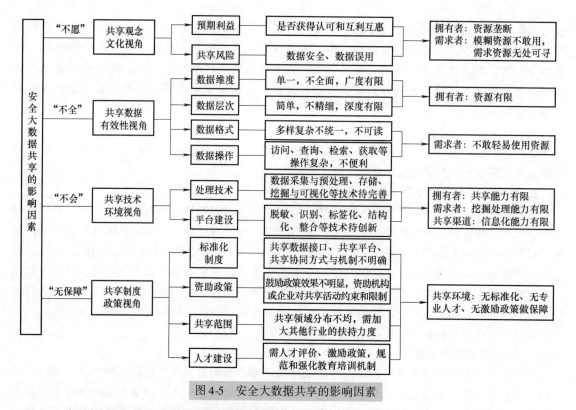

图 4-5　安全大数据共享的影响因素

4.2.3　安全大数据共享模型构建与解析

1. 安全大数据共享模型构建

安全大数据的全面深度共享与开放涉及公民隐私保护、资源共享标准、资源共享模式、共享成效检验等多方面内容，是一项复杂的系统工程。在进行公共安全大数据共享时，还有诸多问题有待解决，如：①可共享的安全数据是原始数据还是加工整合后的安全数据？类型是结构化数据还是非结构化数据？②共享主体包括哪些？被共享的客体需满足什么条件？③共享需遵循哪些原则和原理？④共享的内容包含哪些？⑤共享模式是什么样？⑥共享渠道有哪些？⑦共享成效如何评估与检验？⑧还需哪些机制保障共享有效长久进行？

基于以上问题及安全大数据共享影响因素，在构建安全大数据共享模型前可做如下分析：

（1）从安全大数据"共享"概念出发，应先满足其两个限定条件。由于共享的安全大数据集具有高度关联性，可能会加大隐私泄露的风险，这就需要在数据共享时先采用数据脱敏技术和数据分类分级等措施对海量数据进行脱敏和清洗处理。此外考虑到安全大数据的潜在价值和不同用户需求，因此，进行公共安全大数据资源共享活动时应最大限度地共享那些脱敏后不具有隐私信息的二次原始活数据，它们可以是结构化数据也可以是非结构化数据。

（2）进行安全大数据共享的主体不限，包括政府、企业、组织或个人等。就目前现状而言，政府安全部门应在安全大数据共享活动中发挥主导作用，以统一的安全大数据共享交换模式和管理方式为基础，通过政府引导和资源共享模式创新来实现资源的深度融合，进一步推动企业、组织、个人均能以常态化、免费且便利的方式开展共享活动。

（3）在进行安全大数据共享活动时，共享内容需满足可读、有效与便利等基本原则，综合运用安全科学导向、安全价值转换、安全关联交叉、安全资源整合等应用原理，主体先按照一定标准和规范对数据集进行预处理，然后对资源需求者进行资格审查，审查合格后，共享双方需对双方责任和权利有所规定与约束，采用契约式共享模式保障资源流通安全。

（4）安全大数据共享的内容包含多方面，既包括需求者所需的安全大数据集、安全大数据技术和安全大数据思维，也包括进行共享活动前的机制、责任、权利的确立以及共享后资源共享成果检验、评估与反馈。

（5）结合数据流动和数据开放的相关描述，安全大数据的共享模式可归纳如下，首先是狭义的安全大数据共享，共享主体以政府为主，把非涉密的政府数据及安全基础数据进行共享。其次是广义的安全大数据共享与交换，它包括：①从点到点的双边共享到多边共享，再到统一的资源共享平台；②借助安全大数据共享平台力量，通过开放安全大数据的基础处理和分析平台，吸引具有安全大数据思维的人才参与大数据的共享与使用，实现安全大数据基础设施的共享与开放；③实现价值提取能力的共享，即充分利用现有数据科学家的专业知识帮助共享多边建立一个联通领域和专业技能的桥梁。

（6）安全大数据共享活动还需有其他手段推动，包括：①根据安全发展形势建立健全与安全大数据共享有关的法律法规、标准、制度等；②明确共享多方的职责与权利，塑造良好的共享氛围；③以政府为主导，引导和鼓励多方参与，共同形成整个安全大数据资源共享-开放-公开的良性数据链；④完善专业化人才培养机制，加强对专业人才的扶持力度，共同推动安全大数据共享观普遍化。

基于以上对安全大数据资源共享机理的分析，以安全大数据共享影响因素为出发点，以安全大数据资源拥有者、需求者、共享平台（协调者和保存者）及安全大数据共享互动流程为研究路径，以安全大数据共享平台建设为着重点，建立安全大数据共享模型，如图4-6所示。

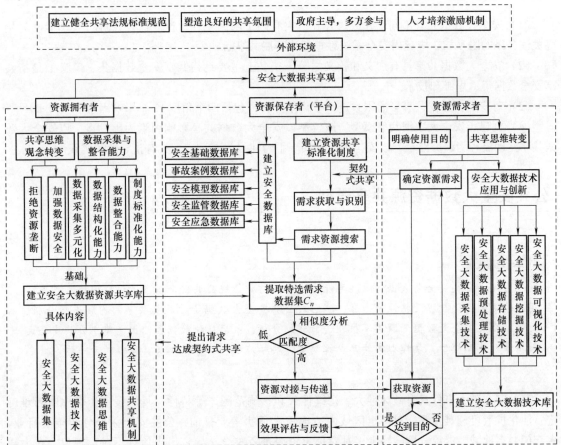

图 4-6　安全大数据共享模型

2. 安全大数据共享模型解析

（1）该模型有针对性地分别罗列出共享多方在共享活动过程中克服不利影响需采取的措施，具有指导性和实践性。

（2）安全大数据具有价值隐含原理和价值转换原理，点对点的双方共享不足以体现其价值，当数据集数聚达到一定量时可显现出其潜在价值，因此安全大数据共享平台建设是挖掘数据价值的必然选择，而着眼于安全大数据共享平台构建共享模型，具有普适性和前瞻性。

（3）该模型是针对目前安全大数据资源共享现状与困境提出的，在实施共享活动时不可一蹴而就，应始终以安全系统方法为指导思想逐步开展共享活动，在进行共享活动时要始终保障公民隐私权，从共享安全基础数据集逐步实现公共安全大数据的整个价值链共享，并逐步从共享走向开放与公开。

（4）该模型可通过不同数据集在共享平台上的数聚、组构、多维共享、碰撞、关联与比较分析，打破以往安全数据信息不对称和信息流通的限制。

（5）该模型整个共享流程涉及安全数据集的采集、传输、清洗、转换、脱敏、组织、标签化、建模、识别、抽取、集成、挖掘、可视化等多个环节，要求不断提升资源处理能力，打破技术瓶颈。

（6）安全大数据共享流程中出现多次判断和循环，因此，共享多方不仅需要掌握共享的流程、模式和技术，还需要有自主思考和辨识能力。

4.2.4 结论

（1）安全大数据共享不同于开放与公开，它有两个限制条件，这就需要在进行共享活动时始终关注公民的隐私权，应运用安全系统思想逐步开展共享活动。

（2）安全大数据共享具有广义和狭义之分，狭义上主要是指共享安全数据集，广义上是指共享安全数据集、思维和技术。

（3）对安全大数据共享影响因素进行了详细分析，包括四个角度12个影响因素。

（4）创建了安全大数据共享模型，该模型以安全大数据共享影响因素为出发点，以安全大数据共享互动流程为研究路径，以安全大数据共享平台建设为着重点，具有指导性和实践性。

4.3 公共安全大数据资源共享模型

【本节提要】

为促进公共安全大数据资源共享能力建设，打破传统公共安全信息不对称困境，首先运用比较法阐述块数据的特性等内容，然后对公共安全大数据资源及其共享的内涵进行分析，接着对公共安全大数据资源共享机理进行详细分析，最后从块数据理论出发建立公共安全大数据资源共享模型，该模型集共享支撑要素、共享流程、共享机制及具体模式于一体。

公共安全重大事件具有破坏性大、持续性久和影响范围广等特性，具体表现为事件原因难确定、演化扩散机理难预测、对特定区域内造成重大危害等。目前，公共安全数据分布于多行业、多部门、多地域，资源分散，缺少工具对信息资源进行整合，导致出现信息不对称现象。在大数据时代，公共安全协同治理已成为各国政府和学界高度关注的公共安全议题，而公共安全信息共享能力建设已成为亟待解决的问题。

目前国内外在大数据和公共安全领域的研究多集中在以下视角：①基于大数据的公共安全治理和应对机制研究；②基于大数据的公共安全信息化能力建设研究；③公共安全系统的大数据分析；④公共安全大数据平台设计与开发等研究。相对地，在对公共安全大数据资源共享研究的较少文献中，多集中于对资源共享库的总体框架的构建，缺乏对共享机制、流程、模式等具有指导性和实践性的研究。块数据的特性、形成机理与运行模式，可为公共安全大数据资源共享提供方向与指导，而目前基于此视角的研究还处于空白。

从块数据的理论出发，在阐述块数据的内涵及对公共安全大数据资源及其共享进行分析的基础上，对公共安全大数据资源共享机理进行详细分析，并进行模型构建，以期为块数据的应用及其公共安全大数据资源共享提供新的方向与参考。

本节内容主要选自本书第一作者的研究生欧阳秋梅的学位论文《大数据应用于安全科学领域的方法论及其模型构建》[3]。

4.3.1 块数据的内涵

目前所形成的大数据集多以条数据形式出现，而从块数据（基于条数据的关联与融合形成的数据，其基本要素为条数据）中可挖掘更高的价值。为明晰块数据的特性、价值等，可运用比较法将块数据和条数据进行比较分析，见表4-2。

表 4-2　块数据与条数据的比较

	条　数　据	块　数　据
数据范畴分析	一个领域或行业内纵深数据的集合	一个物理空间或行政区域形成的各类数据的总和
数据主体性分析	主要源自事务流，包括产品或服务等	主要围绕人的活动产生，包括人的静态数据、人的行为数据、人的意识数据等
数据结构分析	呈链条状串联，简单平面	呈网状结构，多维泛在
数据形式分析	点数据，条数据	点、线、面数据的总和及组构，有明显的网线、节点、脉络及其自身内在的逻辑运行规律
数据类型分析	结构化数据和非结构化数据（记录和描述性数据）	还包括待挖掘数据（主要表现为关联数据），如法律和政府环境与企业关联数据等
数据活性分析	主要体现在增量上	体现在增量、存量、响应速度上
数据化方向分析	碎片式、项目式	集约化、效能型
研究重点分析	较为关注时间序列、数据域、数据权重等	较为关注空间、密度及行为分析，研发边界识别技术，掌握条间避让功能和块的重构与自我修复能力等
优缺点分析	掌握行业整体状况、业界最新动态，反映本领域或行业的规律；存在数据孤岛现象，预测可能出现以偏概全，导致结果失真	打破传统信息不对称和信息流动的限制，有效避免数据孤岛现象；主要以非数据结构为主，数据结构化处理困难，数据安全和隐私问题日益突出等

安全学科具有综合属性，安全数据需在不同计算机、不同国家、不同领域之间进行交流与共享。从表4-2可知，块数据的价值具有多维和使用增值属性，决定着共享性是其本质特征之一。换言之，正由于安全数据的开放与共享，才构成块数据相对于条数据更加丰富、更加庞大的规模和关联性，可挖掘的安全价值更高，即开放、共享、连接是块数据形成的基本机制。同时，块数据在保障数据安全的同时可保留原有安全数据价值甚至产生新的数据价值，促进安全数据的开放与

共享。因此，块数据的运行模式与安全数据共享相辅相成，在探讨公共安全大数据资源共享时可以块数据为突破点，实现公共安全大数据资源的多维共享。

4.3.2 公共安全大数据资源及其共享

1. 公共安全大数据资源

公共安全大数据资源具有可重复利用、广泛共享、可建设、可增值等特性。从安全学科属性和大数据的价值链视角出发，公共安全大数据资源有狭义和广义之分，狭义上是指能反映公共安全状态、发展趋势和本质规律的大数据集，广义上还包括处理这些数据集所采用的大数据方法和大数据思维。公共安全大数据资源可根据不同的标准分为不同的类别，见表4-3。

表4-3 公共安全大数据资源分类

分类标准	分类子项举例
按领域	包括公安大数据资源、消防大数据资源、应急大数据资源等
按行业	包括信息安全大数据资源、食品安全大数据资源、公共卫生大数据资源等
按系统要素	包括人本安全大数据资源、物本安全大数据资源、环境安全大数据资源、系统安全大数据资源等
按价值取向	包括公共安全大数据集、公共安全大数据技术、公共安全大数据思维
按事故类型	包括自然灾害大数据资源、事故灾害大数据资源、公共卫生大数据资源、社会安全大数据资源等

2. 公共安全大数据资源共享

公共安全大数据资源共享是指将掌握的公共安全资源"在一定条件下"与"指定第三方"共享使用，这两个限制条件使得它不等同于开放与公开，这就要求在公共安全大数据资源共享时寻求与数据安全与数据隐私的平衡点，最终还需靠法律、标准、合同、协议等固定形式予以保证，如全国各地制定的信息共享地方法律法规、共享目录对信息共享各方的基本要求。

公共安全大数据资源共享是提高公共安全信息资源利用率，避免在信息采集、存储和管理上重复、浪费的重要手段。公共安全大数据资源共享也具有狭义和广义之分，狭义上是指不同机构、不同区域、不同领域之间的公共安全数据集的关联与共享；广义上是指在符合法规政策规定条件下，不同机构、不同区域、不同领域之间的公共安全数据集、公共安全大数据技术和公共安全大数据思维之间的相互关联、共享与碰撞。前者是后者的前提与基础，后者是公共安全大数据实现社会化的基本要求。

4.3.3 块数据视阈下公共安全大数据资源共享机理分析

在进行公共安全大数据资源共享时，还有诸多问题有待解决，如：①可共享的公共安全数据类型是原始数据还是加工整合后的公共安全数据？②共享的是结构化数据还是非结构化数据？③共享主体是谁？被共享的客体需要满足什么条件？④共享需在什么原则下进行？⑤共享的内容包含哪些？共享的流程是什么？共享模式是什么样的？⑥是否需要中间机构进行评估定价？⑦共享成效如何评估与检验？⑧还需要哪些机制保障共享有效长久进行？

从块数据的视阈出发，公共安全大数据资源的全面深度共享与开放涉及公民隐私保护、数据资源共享标准、数据资源共享模式、共享成效检验等多方面内容，是一项复杂的系统性工程。

（1）从公共安全大数据资源"共享"的概念出发，应先满足其中的两个限定条件。由于块数据以人为串联数据的主线，具有高度关联性，块数据可能会加大信息泄露的风险。这就需要在数据共享时先采用数据脱敏技术和数据分类分级等措施对海量数据进行脱敏和清洗处理；此外考虑到数据的巨大价值和不同用户的需求，因此，进行公共安全大数据资源共享活动时应最大限度地共享那些脱敏后不具有隐私信息的二次叠加活数据，它们可以是结构化数据，也可以是非结构化数据。

（2）块数据打破原有信息流通的限制，其来源广泛，因此进行公共安全大数据资源共享的主体可以是政府、企业、组织或个人。就目前现状而言，政府安全部门应在公共安全大数据资源共享活动中发挥主导作用，以统一的安全大数据共享交换模式和管理方式为基础，建设公共安全大数据资源共享平台，通过政府引导和资源共享模式创新来实现数据的"条""块"结合，进一步推动企业、组织、个人均能以常态化、免费且便利的方式开展共享活动。

（3）在进行公共安全大数据资源共享活动时，主体先按照一定标准和规范对数据进行预处理，共享内容需满足可读、有效与便利等基本原则，然后主体需要对被共享的客体进行资格审查，审查合格后，主客体间需对双方责任和权利有所规定与约束，采用"契约式"共享模式保障资源流通安全。

（4）根据公共安全大数据资源的不同分类可知，共享内容可包含多方面。此外，还包括进行共享活动前的机制、责任、权利的确立以及共享后数据资源共享成果检验、评估与反馈。

（5）公共安全大数据资源的共享模式可归纳如下，首先是狭义的公共安全大数据资源共享，共享主体以政府为主，把非涉密的政府数据及公共安全基础数据进行共享。其次是广义的公共安全大数据资源共享与交换，块数据的特性决定公共安全大数据资源共享平台的形成具有必然性和必要性。它包括：①从点到点的共享到多边的共享，从一对多的共享服务到多对多的共享市场，再到小批量、高频率的资源共享平台；②借助云计算及物联网等新一代信息技术的平台力量，通过开放公共安全大数据的基础处理和分析平台，吸引具有大数据思维的人才参与大数据的共享与使用，实现公共安全大数据基础设施的共享与开放；③实现价值提取能力的共享，即充分利用现有数据科学家的专业知识帮助共享主客体间建立一个联通领域和专业技能的桥梁。

（6）公共安全大数据资源共享活动还需要有其他手段来推动，包括：根据安全发展形势完善现有的法律法规，明确收集者、传播者、共享者和使用者的职责与权利；制定统一的采集、传输、分析的技术标准，避免共享时数据结构类型不一致问题；依托物联网、云计算等信息技术加强信息化水平和信息服务能力；以政府为主导，引导和鼓励第三方的参与，共同形成整个公共安全大数据资源"共享-开放-公开"的良性数据链。

4.3.4 公共安全大数据资源共享模型构建

基于以上对公共安全大数据资源共享机理的分析，可建立公共安全大数据资源共享模型，如图 4-7 所示。该模型具体含义解释如下：

（1）该模型集公共安全大数据资源共享支撑要素、共享流程、共享机制及其具体模式于一体，具有指导性和实践性。

（2）该模型是针对目前公共安全大数据资源共享现状与困境提出的。在实施共享活动时不可一蹴而就，应始终以安全系统方法为指导思想逐步开展共享活动，在进行共享活动时要始终保障公民隐私权，从共享公共安全基础数据集逐步实现公共安全大数据的整个价值链共享，并逐步从共享走向开放与公开。

（3）该模型以块数据特性和形成、集聚和运行模式为突破点，以公共安全大数据集为核心形成公共安全大数据资源共享的机制，可看出通过公共安全大数据资源的多维共享可实现数据集的使用增值特性。

（4）该模型可通过不同块数据之间的数聚、组构、多维共享、碰撞、关联与比较分析，全方位获取公共安全系统的运行现状与发展趋势，打破以往公共安全数据信息不对称的限制。

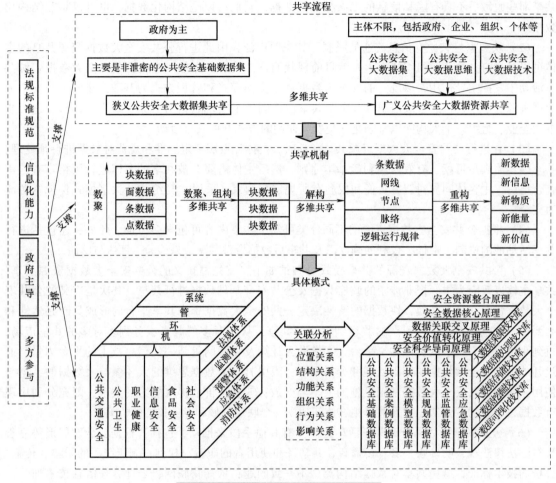

图4-7 公共安全大数据资源共享模型

（5）需明确的是，共享机制中的块数据与条数据无大小之分，各个块数据内部可形成共享与关联的块数据，当把一个个块数据再共享与连接时形成相对更大的块数据叠加网状结构；具体模式中的块数据的个数不局限于两个，可以是若干个不同维度的块数据相互之间关联比较分析。

4.3.5 结论

（1）通过块数据和条数据的比较分析，可发现块数据的特性等可为公共安全大数据资源共享提供新的视角。

（2）公共安全大数据资源共享不同于开放与公开，它有两个限制条件，这就需要在进行共享活动时始终关注公民的隐私权，应运用安全系统思想逐步开展共享活动。

（3）公共安全大数据资源共享具有广义和狭义之分，狭义上主要是指共享公共安全基础数据集，广义上是指共享公共安全大数据集、思维和技术。

（4）对公共安全大数据资源共享机理进行了详细分析，包括共享数据类型、共享主体与客体确立条件及其如何建立契约式共享模式、共享内容、共享流程及共享支撑要素等。

（5）创建了公共安全大数据资源共享模型，该模型囊括共享支撑要素、共享流程、共享机制及具体模式，具有指导性和实践性。

4.4　安全生产大数据的 5W2H 模型

【本节提要】

　　为从安全生产大数据中挖掘安全规律并最终提炼安全生产基础原理，首先在对安全生产大数据的定义及其内涵进一步阐释的基础上提出安全生产大数据采集的定义，并将其分解为三个过程；然后给出了安全生产大数据的 5W2H 法，并对其内涵（采集原因、使用主体采集对象、采集数据类型、采集边界、采集时间、采集数据量及其采集方法）进行详细分析，最后以思维路径为主、以过程路径和技术路径为辅建立安全生产大数据采集的一般模式。

　　安全生产内涵丰富，既包括日常事务管理，又包含及时性的风险识别与预警。安全生产数据是进行安全生产决策的基础，是创建安全生产渐进发展认知模型的前提，在大数据发展战略下安全生产大数据的概念及其内涵不断丰富。目前，我国在推进安全生产大数据采集工作时还存在诸多问题，如数据采集的基础支撑环境较弱，数据和设备间未实现有效互联，存在孤岛现象；数据零散、不完整、不准确、缺乏实时性；数据采集部门协调能力不足；数据采集手段仍以人力为主等，难以满足安全生产事务性和及时性要求。通过哪些途径和方法可实现安全生产数据的有效收集，是大数据应用于安全生产领域中亟待解决的问题。

　　目前，国内外对安全生产大数据采集研究多集中在以下三方面：①安全生产大数据采集的影响因素分析与对策研究；②对安全生产大数据采集系统或平台的设计与改进研究；③大数据采集技术在安全生产中的应用研究。综上可知，对安全生产大数据的采集模式研究多集中在实际应用层面，局限于某个领域或某个行业，难以对安全生产数据的采集模式提供理论基础。

　　鉴于此，运用目前较为成熟的 5W2H 法，分析安全生产大数据采集过程中的"7 何"问题，并基于此建立安全生产大数据采集的一般模式，旨在促进大数据在安全科学领域的应用，并最终总结提炼出安全生产基础原理。

　　本节内容选自本书作者与欧阳秋梅共同发表的研究论文《安全生产大数据的 5W2H 采集法及其模式研究》[4]。

4.4.1　安全生产大数据及其采集

1. 安全生产大数据的内涵

　　（1）概念分析。安全生产大数据是指在进行与安全生产相关的活动时通过一定方式获取到的可反映安全生产本质规律、体现安全生产基础理论价值的安全生产数据集，以及对安全生产数据集进行处理所使用的大数据思维和大数据技术。安全生产数据化是指将大数据、物联网、云计算等技术运用于安全生产预防、控制、决策、救援以及安全生产日常管理活动，促使生产活动智能化，减少生产事故的发生。

　　使用安全生产大数据的目的可概括为以下三方面：①通过分析安全生产数据集间的数量表现、数量关系及数量界限，获取生产安全现象的位置、状态、规模、水平、结构、速度、趋势、比例关系及其依存关系，进一步探寻生产力、生产关系等安全生产的影响机制和作用原理，以改变传统安全生产过程和结构；②运用大数据技术模拟事故动力学演化过程，总结出安全生产事故发生机理及其控制理论；③在国家、行业、企业及个人之间实现信息对称，促进安全生产长效发展。

（2）属性分析。从安全生产大数据的概念和目的出发，可归纳出安全生产大数据的四条基本属性，见表4-4。

表4-4　安全生产大数据基本属性及其释义

属 性 特 征	属性特征释义
多时空尺度	包括多时间尺度和多空间尺度。多时间尺度是指安全生产大数据随时间发展不断积累与挖掘，使生产安全现象呈现不同的形态特征；多时空尺度是指在采集安全生产大数据时无地域边界限制。因此需将安全生产大数据从时空一体化进行统筹管理，尽可能将数据还原于场景
多专题类型	根据不同的目的将不同类型数据进行集中采集与整理形成多种多样的专题，分别反映安全生产不同维度下的现状与发展趋势。因此在数据采集过程中应依采集目的采用不同的标准进行多维度分类，以便数据存储与质量管理
多来源对象	采集原因与目的往往与多个相互关联的采集对象有关，使得安全生产大数据来源于多个采集对象。因此，在采集过程中需灵活配置采集资源，采用恰当的采集方式与手段，同时可通过不同数据来源得到的信息进行交叉验证以分析结果是否准确、有效
价值折旧属性	指安全生产大数据里的思维、数据、技术等均有生命周期，大多数据随时间推移会失去部分用途，某些大数据思维和技术也并不是在任何时空领域均适用，因此，需合理选择与运用安全生产大数据来解决安全生产问题，不可盲目套用方法

（3）类型分析。安全生产大数据包含海量数据集，通过分类能对海量数据集有更好的认知和管理。安全生产大数据按不同的分类标准分为不同的类别，见表4-5。

表4-5　安全生产大数据分类

分类指标	分类类别	说　　明
按状态	安全生产动态数据	如视频动态数据、模拟数据、语音等
	安全生产静态数据	如文本数据、生产图样数据、调查报告数据等
按来源	内部安全生产数据	如企业基础数据、安全规章制度、应急管理数据、隐患排查治理数据、员工个人数据等
	外部安全生产数据	如相关方管理数据、政府监管数据等
按形态	一次生产安全数据（原始数据）	生产运行过程中实际运行状况的客观安全数据，如安全生产实时监控视频等
	二次生产安全数据（深加工数据）	对客观数据加工处理后所得出的适用于各级管理层需要的加工数据，对安全数据长期总结而制定出的安全法规、条例、政策、标准，以及安全科学理论、技术文献、企业安全规划、总结、分析报告等
按运行周期	常规性安全生产数据	如安全生产政策、法规、文件等
	周期性安全生产数据	如安全生产年度数据报告、季度安全生产数据汇总等
	动态性安全生产数据	如政府检察机关开展活动实时发布的安全生产数据、开展安全生产大检查获得的数据等
	突发性安全生产数据	如发生重大煤矿事故时生成的安全生产数据、安全生产应急管理过程中生成的大量数据等
按用途	风险隐患排查治理数据	如危险源实时监控数据、安全生产检查报告、事故模拟视频等
	生产安全运行监控数据	如设备和设施可靠性评估报告、员工上岗操作数据等
	生产安全预警应急数据	如应急救援数据、事故责任追究数据等
	生产安全日常管理数据	安全生产标准化数据、安全教育培训数据、安全生产技术标准数据

（续）

分类指标	分类类别	说　明
按数据流	人-人安全生产数据	包括人的行为表现是否符合制度规定
	人-机安全生产数据	如人机界面设计参数数据、人机匹配适应度数据
	人-环安全生产数据	如人对生产环境适应能力数据、生产环境标准制度
	机-环安全生产数据	如生产设备对生产环境隐患的自动预警和自动控制的数据
按采集时间性	集中采集安全生产数据	如节假日前后安全生产检查数据等
	实时采集安全生产数据	如安全生产日常运行监控数据等

2. 安全生产大数据采集

数据采集是以使用者需求为出发点，从系统外部获取数据并输入到系统内部接口的过程，因此，可将安全生产大数据采集理解为：以安全科学原理为导向，以安全生产实践为指导，通过利用大数据技术和大数据思维获取并传输安全生产数据集的过程。

安全生产大数据采集过程可分解为三个过程：①对采集对象植入感知器（相当于感知神经网络中的感知末梢，是各种传感器、信息阅读器、数据提取器等），赋予采集对象以知识描述；②设备与采集装置联通，建立大数据采集法律法规及标准化体系等，实现泛在化的深度互联，发挥信息传递通道的作用；③将感知到的数据通过信息通道传递至存储器，并在存储器进行初步汇总与整合。

4.4.2　安全生产大数据采集的5W2H法及其内涵分析

安全生产大数据5W2H法主要包括采集原因（Why）、使用主体和采集对象（Who）、采集数据类型（What）、采集边界（Where）、采集时间（When）、采集数据量（How much）以及采集方法（How）七方面，其应用过程和内涵分析如下。

1. Why（采集原因）

目前传统的安全生产数据采集还存在诸多问题，例如，多以人工采集为主，数据规模小，难以在采集的数据中捕捉有效的信息，表现为"堵"；安全生产数据集分散在不同部分，未有效关联整合，表现为"独"；安全生产数据采集支撑环境较弱，缺乏实用的安全生产数据分析工具，表现为"慢"；重要的数据未及时采集与更新，实效差，表现为"漏"。此外，传统的安全生产数据采集与统计多依赖采集人员的经验，经验是对过去的度量，诸多经验信息的质量还有待考究和验证。

以上诸多现象均可归结为信息不对称的表现形式，在数据采集过程中可进一步概括为：①安全生产本质特性存在信息不对称；②使用主体和采集者存在信息不对称；③采集者与采集对象存在信息不对称；④信息流通过程中存在信息不对称。大数据的特有优势能解决传统方式诸多无法解决的困难，因此需将大数据的理论、方法、技术和思维纳入安全生产活动中。

2. Who（使用主体和采集对象）

数据采集的出发点是为了解决安全生产问题，从信息不对称的四种表现形式出发，在进行采集活动时，需要明确数据使用主体，根据不同的使用主体有不同的采集对象和方式，换言之，在进行安全生产大数据采集活动时，应根据使用主体的目的开展采集活动，不能机械地套用方法与指标。使用主体可分为两种：①为己所用，即根据自身要求采集自身及他人的数据，然后综合分析，以增加自身已有数据的精准度；②为他人所用，即将自身的数据共享于他人，以提高他人数据的精准度。综上所述，安全生产大数据采集活动始终是根据使用主体的数据要求和目标来确定和合理分配采集对象。需明确的是，安全生产大数据采集活动往往不局限于一个采集对象，通常针对多个相关联的对象进行采集、汇总与整合。

3. What（采集数据类型）

安全生产大数据的价值折旧属性要求采集者要有自主思考和辨识能力，并不是有什么数据就收集什么数据。在明确了采集原因、采集目的和采集对象后，在采集数据前还需思考采集数据类型。安全生产大数据采集活动不局限于采集对象系统内部数据，还应利用数据之间的相关性收集与采集对象紧密相关的数据。相对于静态描述数据，采集动态场景数据更能准确反映真实信息和需求。

4. Where（采集边界）

安全生产大数据采集是没有边界的。安全生产大数据具备多时空尺度、多来源对象尺度和多专题尺度等特性，导致安全生产数据来源广泛，既可来自采集对象（如国家监管机构、安全行业、安全企业或与安全相关的企业、个人等）的几何特性和空间关系，也可来自于多个采集对象的历史、现在和未来；既可源于事故调查报告、安全管理文本、动态视频和安全生产图片等专题等，也可来自于互联网、物联网、传感器、监控设备、移动终端等。

安全生产大数据的价值体现在可还原于具有时空一体化的场景中，只有将具有某特性的孤立数据还原于场景中，才能真实反映安全生产问题的本质。因此，安全生产大数据采集活动应从场景出发，结合用户需求，从小应用着手搭建数据框架，再根据不同场景来灵活进行。

5. When（采集时间）

由安全生产大数据的折旧属性可知，安全生产数据是有生命周期的，具有时间价值，表现为历史价值、实时价值和预测价值，即大数据不仅能够基于大量历史数据进行整合、挖掘与预测，还能"实时"监控采集场景数据。大数据虽有强大的整合能力，但不可采取"先收集数据，需要数据再拿出来用"的模式。因此，明确了采集原因、采集目的、使用主体和采集对象、采集数据类型及采集边界等因素后，开展安全生产大数据采集活动才更具有目的性和针对性。需补充说明的是，有用知识的收集永远都是"即时"的。

安全生产大数据采集过程中存在反馈，某个因素变化可能会引起其他因素变化导致采集步骤循环反复，应以解决问题为出发点和终止点。

6. How much（采集数据量）

在海量数据面前，采集的安全生产数据并不是越多越好，一个单独的数据是没有价值的，应根据数据间的关联性将数据串联后把数据放于数据框架（场景）中，通过数据框架分析数据与决策之间的关系。若放入数据框架的数据反映决策和行动可达到的目标，则实现了安全生产大数据的采集目的，否则需检查数据是否足够、数据间关联性是否强、是否还有数据未考虑进去等问题。综上所述，安全生产大数据量不在多，在于数据间关联程度、串联价值及其在场景中的作用。

7. How（采集方法）

在明确了5W1H后，进一步分析在具体实施采集活动时可采用的方式、工具、方法、技术与采集思路。安全生产大数据采集是传统安全统计和大数据背景下数据采集在理论、技术、思维等方面的融合。

（1）采集方式。安全生产大数据的采集活动应充分利用大数据在思维、方法和技术等方面的特有优势，其采集方式包括：①以机器为主、人工为辅的采集方式；②以自动为主、被动为辅的采集方式；③以直接为主、间接为辅的采集方式；④以无线为主、有线为辅的采集方式等。

（2）采集工具。包括数据采集卡、数据采集模块、数据采集器（如火车采集器、八爪鱼采集器等）、第三方统计软件（如百度统计、网络神采等）等。

（3）采集方法。安全生产大数据的采集途径不仅要利用以往传统意义上的采集方法，还要将大数据背景下衍生的典型常用方法纳入其中，如：①基于传感器的数据采集；②基于穿戴设备的数据采集；③基于遥感技术的数据采集；④基于倾斜摄影的三维数据采集；⑤基于网络的数据采集等。

（4）采集技术。包括 Web 信息采集技术、3S 技术[⊖]、感知技术、物联网技术、传感器技术等。

（5）采集思路。首先在已对 5W1H 进行分析与明确的前提下，从关键问题出发，在复杂数据中抽象出能反映关键问题的核心点，然后以核心点为基础，将紧密相关的数据串联放入数据框架中进行数据处理与应用，直到达到解决问题的目的。在上述过程中会产生新的、不同维度的数据，这些数据经过在整个循环中的适应过程，再被使用，并改变原有的生产结构和方式。一般将因解决生产安全问题而被动收集数据的方式称为采集，将主动收集数据的方式称为养数据。采集和养数据形成一个不断获取和反馈的自循环系统。

4.4.3 基于 5W2H 法的安全生产大数据采集模式构建

安全生产大数据采集需遵循"全面、精细、相关联"的原则，从多种数据源把场景的一系列维度信息尽可能多地记录下来，以反映生产安全现象的位置、状态、规模、水平、结构、速度、趋势、比例关系及其依存关系。安全生产大数据采集模式以 5W2H 法为思维路径，以物联化-互联化-智能化为技术路径，以感知-互联-存储三过程为过程路径，以"以问题为导向被动采集数据以解决问题"为出发点、最终达到"主动收集（养数据）、实现数据完善与创新"的目的作为主线，构建安全生产大数据采集模式，如图 4-8 所示，其内涵释义如下：

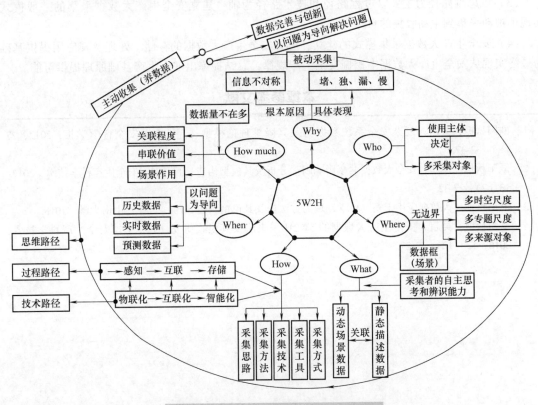

图 4-8 安全生产大数据采集的一般模式

⊖ 3S 技术是遥感技术（RS）、地理信息系统（GIS）和全球定位系统（GPS）的统称。

（1）整个实现路径是一个自循环螺旋上升的过程，因安全生产大数据采集模式需不断与外界进行信息交换以保证信息对称，使得出发点和终止点之间形成一个自循环的开环系统。

（2）整个实现路径以思维路径为主，以过程路径和技术路径为辅，主要从方法论的高度阐述安全生产大数据采集的一般模式，不局限于某一行业领域，具有普适性。

（3）该模式始终强调安全生产大数据间的关联关系，衡量安全生产大数据的价值需考虑数据之间的关联程度、串联价值及其在场景中的作用。

（4）该模式在以问题为导向被动采集数据时，假定安全生产数据集是稳定、可靠的；在以数据完善和创新为目的的主动收集过程中，假定数据均是可获取的。

（5）整个实现路径要求采集者不仅有自主思考和辨识能力，还需有将大数据思维运用于安全生产领域的研判能力。

4.4.4 结论

（1）在对安全生产大数据的定义和内涵进行延伸和丰富的基础上，提出安全生产大数据采集的定义，并对其分解为三个过程。

（2）用5W2H法对安全生产大数据采集过程进行了详细分析，分别阐述了安全生产大数据的采集原因、使用主体和采集对象、采集数据类型、采集边界、采集时间、采集数据量及其采集方法。

（3）以思维路径为主，以过程路径和技术路径为辅，建立安全生产大数据采集的一般模式，实现了被动采集到主动收集的自循环。

（4）安全生产大数据采集模式的建立，可为安全生产大数据的存储、处理及其应用提供基础，为最终实现从安全生产大数据中挖掘安全生产规律，总结提炼出安全生产基础原理提供可能。

本章参考文献

［1］欧阳秋梅，吴超．复杂安全系统数据场及其降维理论模型［J］．中国安全科学学报，2017，27（8）：32-37.

［2］欧阳秋梅，吴超．安全大数据共享影响因素分析及其模型构建［J］．中国安全生产科学技术，2017，13（2）：27-32.

［3］欧阳秋梅．大数据应用于安全科学领域的方法论及其模型构建［D］．长沙：中南大学，2018.

［4］欧阳秋梅，吴超．安全生产大数据的5W2H采集法及其模式研究［J］．中国安全生产科学技术，2016，12（12）：22-27.

第5章

事故致因新模型

5.1 | 信息流事故致因理论模型

【本节提要】

　　构建了基于安全信息流的事故致因理论模型（SIFA 模型）。从安全信息内涵及其分类、安全信息流内涵及其结构与安全信息力表征三方面论述模型构建的理论基础；论述安全信息流视阈下的事故定义，从系统粒度视角划分微观、中观与宏观三层面的事故致因因素，从系统组分视角划分以人为中心的可统一为信息的系统安全因素，并进行交叉融合；最后，构建基于安全信息流的事故致因的模型，解析模型内涵，分析其理论价值和实践价值，并对模型进行实例分析。

　　任何系统都由物质、能量与信息三者及其关联关系构成，这种关联关系通过"流通"表征，即物质流、能量流与信息流（以下简称"三流"），可通过评价系统"三流"的运行情况表征系统安全的动态演化过程。其中信息流在"三流"中起到传带链接作用，物质流和能量流的流通通过信息流的形式表现。换言之，信息流是系统存在和运动的内在机制，在系统安全控制中，信息流的作用越来越重要。

　　此外，不同的生产力发展阶段出现的安全问题不同，现有事故致因模型都是在特定的时代和特定的应用背景下提出的，因此也就有其特定的适用范围。随着社会技术系统复杂性的提高，复杂系统事故的多米诺骨牌效应越来越大，而这些变化都是以信息驱动为基础的，系统对信息的依赖性更强，系统安全信息流偏差（信息损失、不正确信息和信息流异常流动）导致的安全信息缺失或信息不对称将成为事故发生的主要原因，传统的事故致因模型将不能满足复杂系统事故的调查与分析。更重要的是，随着安全科学研究对象和研究手段的变化，事故调查与分析、事故致因建模需要跨学科、跨领域与跨部门的新研究模式，而信息正是打通这些学科和领域的关键要素，通过信息的链接属性和共享属性可真正实现事故致因建模与安全科学的多学科融合发展。因此，深入探析信息流对系统安全的影响并构建事故致因模型，将掀开系统安全研究的新视角，具有深远的理论意义和重大现实意义。

为了构建基于安全信息流的事故致因模型，作者从安全信息与安全信息流内涵和安全信息流的视角探析安全信息力的表征及其对系统安全的影响；从系统粒度和系统安全因素两个维度分解事故致因因素。基于此，构建基于安全信息流的事故致因模型，并进行实例分析，以期为事故预防研究与实践提供新方法和新思路，丰富事故致因理论模型体系，并为安全信息学的构建奠定理论基础。

本节内容选自本书第二作者的博士学位论文《理论安全模型的构建原理与新模型的创建研究》[1]。

5.1.1 SIFA 模型提出的理论基础

1. 安全信息内涵及其分类

安全信息是系统安全与危险运动状态的外在表现形式：①安全信息不仅包括物、环境、管理、系统和组织等的信息，还包括人的各种信息（安全生理、安全心理、安全意识、安全技能、安全教育、应变能力和管理能力等）。②安全信息反映系统安全状态，可指导人们的生产活动，有助于确认和控制生产活动中存在的危险隐患和意外事件的发生与发展态势，从而达到改进安全工作、消除现场生产危险隐患、预防和控制事故发生的目的。③安全信息的本质是安全管理和安全文化的载体，安全管理就是为了实现预定目标而对安全信息进行获取、传递、变换、处理与利用的过程。安全文化主要就是通过安全信息的传播形成社会安全氛围和安全意识。④安全信息还是事故链式演化的载体反映，事故预防与控制的本质就是通过安全信息的标示、导向、观测、警戒和调控作用对系统中物质流和能量流、人流等进行控制、调节和管理（正作用），而错误反映系统中物质流和能量流状态的安全信息则会触发事故或导致事故处置失败（负作用）。因此，要充分发挥和正确利用安全信息流对物质流和能量流的引导和控制作用。根据不同的分析目的，可从不同角度对安全信息进行划分，见表5-1。

表 5-1 安全信息的分类

划分依据	类 型	类 型 含 义
安全信息状态	静态安全信息	反映系统某个处于相对静止状态的信息，已经发生或有记录的事故、职业病、安全隐患等安全数据信息，采集、利用时要注意其时效性
	动态安全信息	反映事物处于相对运动状态的信息，它与静态安全信息是相对的，指动态变化的事故、危险因素、安全资源检索等安全数据信息
安全信息的显隐性	显性安全信息	直接表征安全状态的信息，如安全报表、安全图纸、安全书刊等
	隐性安全信息	间接表征安全状态的信息，如心理指数、电信号、声信号、光信号、机器声音变化等
安全系统元素	人本身的安全信息	表征人的安全心理、安全生理状态的安全信息，如表征人的风险感知能力的信息
	物本身的安全信息	表征物的安全状态的安全信息，如设备的可靠度、故障率、安全等级等信息
	环境的安全信息	表征系统环境状态的安全信息，包括物理环境和技术环境
安全信息处理	一次安全信息	生产和生活过程中的人、机、环境的客观安全状态和属性，具体而言就是未经加工的最原始的安全信息，如机器声音、流量、流速、温度、压力等
	二次安全信息	对原始信息加工处理后的有序、规则的安全信息，易于存储、检索、传递和使用，如各种安全法规、条例、政策、标准，安全科学理论、技术文献，企业安全规划、总结、分析报告等

（续）

划分依据	类　型	类　型　含　义
安全信息特征	定性安全信息	用非计量形式描述系统安全或危险状态特征的信息，如：各种安全标志、安全信号；安全生产方针、政策、法规和上级主管部门及领导的安全指示、要求；安全工作计划；企业各种安全法规；隐患整改通知书、违章处理通知书等
	定量安全信息	用计量形式描述系统安全或危险状态变化特征的信息，如各类事故的预计控制率、实际发生率及查处率；职工安全教育率、合格率、违章率及查处率；隐患检出率、整改率；安全措施项目完成率；安全技术装备率、尘毒危害治理率；设备定检率、完好率等
安全信息价值性	有价值安全信息	正确反映系统中物质和能量状态的安全信息有利于安全管理、安全方针政策制定、风险评估和事故预防等，是科学的安全预测与决策的前提（正向作用）
	无价值安全信息	错误反映系统中物质和能量状态的安全信息将会对安全预测与决策和应急管理等带来严重的恶劣影响，是导致和加剧社会恐慌、事故扩大等二次事故的原因（负向作用）

此外，随着大数据时代的来临，大数据思维与技术将对事故预防、事故调查与分析产生变革性影响。因此，为了更好地适应新时代、新技术与新思维所带来的冲击，并为大数据在事故建模领域的应用奠定理论基础，同时突出基于安全信息流构建事故致因模型的科学性和与时俱进性，有必要厘清安全数据、安全信息、安全知识与安全科学之间的逻辑关系。根据数据研究的 DIKW 模型，在安全科学领域进行事故致因分析时，可构建相应的"安全数据-安全信息-安全知识-安全智慧"四层结构体系（简称"安全 DIKW 模型"，如图 5-1 所示），每层在其下层增加某些属性和特征。其中：安全数据是指用来记录与描述系统安全状态与安全现象的符号集合，是系统安全状态的最原始表述，可存在于任何形式（有用或无用，其本身无价值）。安全信息是对原始安全数据的过滤和提取，是通过关联形成的具有安全价值的数据集，这种"价值"是有用的，但不是必需的。通过语境化和层次化安全信息形成安全知识，安全知识的形成是一个确定化过程，即从以前掌握的知识中获取知识和综合新知识的过程。安全智慧是在知识转化为具有精确语义的可操作元素时获得的知识体系，此处可理解为安全科学。

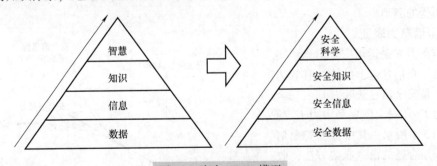

图 5-1　安全 DIKW 模型

2. 安全信息流内涵及其分类与结构

安全信息沿一定的信息通道（信道）从发送者（信源）到接收者（信宿）的流动过程中，产生信息的收集、传递、加工、存储、传播、利用、反馈等活动，形成安全信息流。广义安全信息流是指安全信息的传递与流通过程；狭义的安全信息流是指在空间和时间上向同一方向运动过程中的一组安全信息，即由信源向接收源传递的具有一定功能、目标和结构的全部安全信息的集合

（分类见表5-2）。在任何一个安全信息流结构中，均包含信息的输入输出过程，即信源、信息处理系统与信息传输系统。系统安全信息流结构简图如图5-2所示。

表5-2　安全信息流的分类

分　类	释　义
人-物信息流	信源是人（如各种操作人员、驾驶人员、管理人员、调度人员、指挥人员等），信宿为各种机器、设备。大型系统中，通常是"多人-多物"信息流
人-人信息流	信源是"人"或"人群"，信宿也是"人"或"人群"。例如，风险沟通中的信息流动、安全教育培训中的信息流动、安全会议中的安全信息流动等
物-物信息流	信源是"物"（各种控制装置或控制设备），包括控制器、调节器、测量装置、执行机构、控制计算机等，信宿也是"物"（各种生产机器或设备、交通运输设备等）

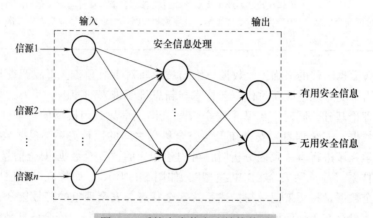

图5-2　系统安全信息流结构简图

安全信息流决定系统安全的动态演化趋势，即系统安全的演化过程可由安全信息所表现出来的一种"势"来引导。这里的"势"是指驱动安全信息流在流动过程中的所有力，而流通是各种力聚合作用的结果。因此，要弄清基于安全信息流的事故致因机理，还必须分析安全信息流在流动过程中所受的驱动力。

3. 安全信息力表征

安全信息力 F 是运用安全信息、实现安全信息流在信息链上的持续有效运行的能力，是安全信息获取力 F_1、安全信息分析力 F_2 和安全信息利用力 F_3 的合力，如图5-3所示。其中：①安全信息获取力采用合适的信息收集方法，收集系统内外相关安全信息，表征安全信息流运行中的获取行为。②安全信息分析力对所获得的相关安全信息进行整理、综合等深加工，并进行安全预测与决策。③安全信息利用力将安全信息分析结果作为制定安全策略的依据，表征安全信息流运行中的利用和执行行为。

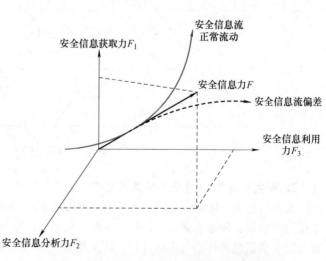

图5-3　系统安全信息力与安全信息流的关系

安全信息力作用于安全信息流，服务于系统的安全管理决策，是实现安全信息流在系统信息链上持续有序运动的驱动力与引导力。

安全信息力是安全信息流的驱动力与引导力，其驱动与引导效果由以下三方面决定：

1）安全信息力的方向，即安全信息获取力、分析力与利用力的合力沿着安全预测与决策的前进方向。任何信息流的堵塞与混乱都会使系统变得无序，系统安全的维护将受到影响。因此，为保障系统安全运行，需克服来自信息流中的获取阻力、分析阻力以及利用阻力，对系统安全信息进行科学的规划、组织、调节、控制和疏导，进而使其按照正确合理的方向运行。

2）安全信息力的作用点。作用点不同直接影响到力的大小和方向，安全系统信息力的作用点由系统自身的正确定位（安全目标）决定。如果安全定位明确、安全价值观合理，就能抓住安全系统中人、机、环境之间的主要矛盾，进而发挥安全信息力驱动与引导的最大作用。

3）安全信息力的大小。信息力的大小取决于系统中人、机、环境、管理等因素的协同，也是系统内部安全信息资源优化配置的体现。

安全信息流拥有足够的流动路径和流通动力是保证安全信息有效流通进而确保与促进系统安全运转的前提条件。与系统其他流动过程类似，信息流流动过程属于一个转移过程，即

$$过程中的转移效果 = \frac{过程的动力}{过程的阻力} \tag{5-1}$$

基于上述分析，可将安全信息流的流通效果表示为

$$安全信息流流通性 = \frac{安全信息力\ F}{安全信流阻\ Z} \tag{5-2}$$

式中，安全信流阻 Z 是指在安全信息流中起阻碍作用的力。

与安全信息力相对应，安全信流阻主要包含安全信息获取阻力、分析阻力与利用阻力。从式（5-2）可看出，提高系统安全信息流流通性的方法有：① F 不变，Z 减小；② Z 不变，F 提高；③ F 提高，Z 减小；④ F 提高多，Z 提高少；⑤ F 降低少，Z 降低多。

5.1.2　SIFA 模型的构建及其解析

1. 安全信息流视阈下的事故定义

已有事故致因模型都是在一定的历史时间段，在特定的环境和特定的假设条件下提出的，不同的模型具有不同的事故致因侧重点（人、物、环境、能量、文化、管理和系统等因素中的一个或多个方面）。因为众多事故致因因素都是通过信息的形式表征，因此赵潮锋等通过分析各个事故致因模型中的致因因素的信息表现形式，得出事故致因因素可统一为安全信息。根据上述分析以及安全信息及安全信息力的定义可知，安全信息可涵盖系统事故致因因素。换言之，安全信息是众多事故致因因素的统一体，事故致因的本质是安全信息的获取、分析和利用的失效。例如，经典的轨迹交叉模型中人为什么会产生不安全行为，物为什么会存在不安全状态，以及人的不安全行为和物的不安全状态为什么会发生交叉，究其原因，很大程度上是因为安全信息流的偏差导致安全信息缺失造成的。

从信息处理的视角重新解析了事故的定义，可认为事故的实质是安全信息流动和编译的故障。安全信息流偏差导致安全信源和安全信宿之间出现安全信息的不对称或安全信息缺失，而安全信息流的偏差是安全信息力失控造成的，如图5-4所示，即安全信息的获取力、分析力和利用力失控造成的。这个观点突出个人和组织怎样认识和利用安全信息。其关键点是安全信息和安全知识是怎样和事故关联的，以及安全信息缺失和安全信息不对称是如何产生的，如信号的错误理解、信息含糊不清、无视规则和指示、组织的自负和傲慢（对系统安全的过分自信）。此处涵盖"事件"

是因为安全信息流偏差导致的安全信息缺失和安全信息不对称还可造成"流言蜚语""涟漪效应"等风险沟通失误或风险的社会放大事件。

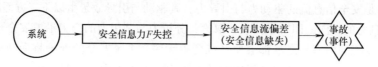

图 5-4　安全信息流视阈下的事故定义

2. 系统事故致因分类

随着社会技术系统动态复杂性的提高，事故致因分析已经不能简单局限于表象层面（如人的失误、设备故障等）。系统思维已经成为分析复杂社会技术系统事故的主导范式，基于系统粒度理论，将安全系统划分为微观安全系统、中观安全系统和宏观安全系统，可从系统粒度视角切入，从微观、中观与宏观三个层面分析事故致因（如图 5-5 左部所示）：①微观层面的事故致因分析主要着眼于微观安全系统（即人-机-环系统），即以人或机为中心的、以人机交互为中心的事故致因分析，如人的不安全行为分析、物的不安全状态分析、技术故障分析、软件故障分析等；②中观层面的事故致因主要着眼于中观安全系统，即以公司等组织系统为中心的事故致因分析，如组织内部（即直接涉事组织）、组织外部（中介服务机构、安全规划机构、供应商等）层面的事故致因分析；③宏观层面的事故致因主要着眼于宏观安全系统，即以社会技术系统的大环境为背景的事故致因分析，如国家政府层面、安全监管监察机构层面、社会安全协会层面的事故致因分析。

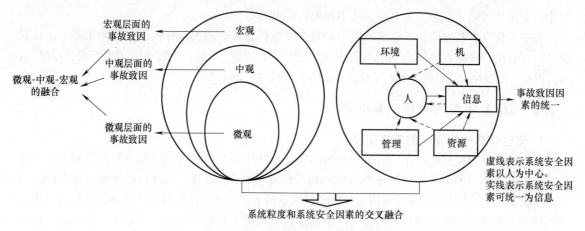

图 5-5　事故致因因素的划分与融合

在系统安全因素方面，通过对系统安全因素的分析，本节将系统安全因素划分为：人、机、管理、信息、资源和环境六个组成部分（如图 5-5 右部所示）：①人，包括：微观层面的操作人员、安全检查人员、检维修人员，他们的职责是执行上级任务，并反馈现场安全信息；中观层面组织内部的安全管理人员、安全培训人员等，外部组织的安全评价人员、安全规划人员等，他们的职责是企业组织内部的安全管理、安全培训、安全评价，以及执行并反馈上级任务；宏观层面的安全监管人员、执法人员、审批人员等；②机，如：生产设备设施、劳保用品、应急救援装备等硬件设施，以及软件设施（如中控程序、安全管理软件等），需指出的是，"机"还包括物质（如原材料、半成品、成品等）；③管理，可分为微观层面的安全管理（如现场安全管理）、中观层面的安全管理（如企业层面的安全管理）和宏观层面的安全管理（如政府安全监管）；④信息，如安全指令、程序、报告、标准、法律法规等，前面已分析，信息还可统一系统事故致因因素，这些信息元素的流动形成信息流，信息流是组织安全运转的"神经系统"；⑤资源，如应急救援设备设施、安全培训资源、安全专家资源、法律法规资源、安全投入等；⑥环境，不仅包括微观层面的现场物理环境（如高温、噪声、天气等），还包括中观层面的组织安全氛围、安全文化和宏观层面的社会环境（如政治、经济、教育等）。值得注意的是，因为安全科学或事故致因理论都是以确保人的安全、健康、高效和舒适为目的的，而且人具有主观能动性，是最难控制的变量，所以上述系统安全因素是以人为中心的。此外，图5-5中的交叉融合是指微观、中观、宏观三层面分别按照系统安全要素进行匹配，即微观、中观、宏观层面的人、机、管理、信息、资源和环境，而传统的系统安全要素划分往往处于微观层面。

3. SIFA 模型与内涵解析

基于安全信息流视阈下的事故定义，以及从系统粒度视角划分的微观-中观-宏观层面的系统事故致因因素与从系统组分视角划分的以人为中心的可统一为信息的系统安全因素的交叉融合，构建基于安全信息流的事故致因的概念模型，如图5-6所示。

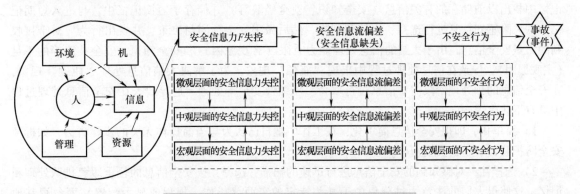

图 5-6　基于安全信息流的事故致因的概念模型

模型内涵解析如下：

（1）微观层面的安全信息流事故致因分析。事故是系统的涌现属性，因此，可称为系统事故。根据微系统定义可知，任何事故都是发生在特定的微系统范围内（如特定的生产车间、港口、码头等），而微系统事故背后涉及深层的中观和宏观层面的事故致因。因此，事故致因分析需要寻求系统事故涌现的突破口。

鉴于安全科学的主旨是确保人的安全、健康、舒适和高效，以及人的主观能动性，系统安全因素以人为中心。人的行为失误是主要事故因素（更准确地说应该是直接原因），而人的行为失误其实质是人的信息处理过程的失误，即对信息的获取、分析和利用的失误。人的失误构成了所有类型的伤害事故的基础，人失误可定义为"错误地或不适当地回答一个外界刺激"。在生产过程中，各种刺激不断出现，若操作者对刺激做出正确回答，则事故不会发生；如果操作者的回答不恰当或不正确，即发生失误，则可能造成事故。因此，在微观层面基于安全信息流进行事故致因分析时，可以人的安全信息获取、分析和利用过程为主线，构建人的安全信息处理模型，如图5-7所示。

在安全信息获取过程中，由于自身风险感知能力的不足（包括安全心理、安全生理等因素的影响）和组织风险告知的缺失（没有告知、告知有误等），导致个人感知到的风险（主观风险）和客观风险存在偏差，即风险感知偏差，进而影响安全信息分析和安全信息利用。

在安全信息分析过程中（风险认知），针对感知到的风险（储存于短期记忆中），需要从长期

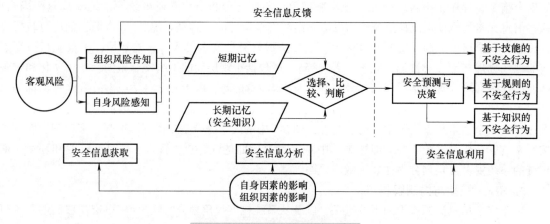

图 5-7　人的安全信息处理模型

记忆中找出以前储存的有关信息（安全知识、安全经验等）并储存于短期记忆中，与进入短期记忆中的风险感知信息进行选择、比较和判断，然后做出安全预测与决策，并发出行为。对于接收到的大量安全信息，由于大脑的信息处理能力有限（客观原因）和安全知识、安全技能等的不足（主观原因），导致在信息处理过程中出现"瓶颈"现象，为了解决大脑信息处理"瓶颈"现象，在安全信息的预处理阶段需对信息进行取舍、压缩及变形等处理。这导致人在安全信息处理过程中具有下述失误倾向：

1）简单化，即把安全信息简单化，在工作中把自己认为与当前操作无关的步骤省去，如拆掉安全防护装置、不戴安全帽等。

2）选择性，对感知到的安全信息进行迅速的扫描并选择，按安全信息的轻重缓急排队处理和记忆。这使得人们的注意力过分集中于某些特定的东西（操作、规程或显示装置）而忽视其他因素。

3）经验与熟悉，人对于某项操作达到熟练以后，可以不经大脑处理而下意识地直接行动。这一方面有利于熟练、高效地工作；另一方面这种条件反射式的行为在一些情况下（如紧急情况）是有害的。④简单推断，当获取的安全信息与记忆中过去的经验相符时，就认为安全信息将按照经验那样发展下去，对其余的可能性不加考虑而排斥，进而遗漏一些关键安全信息。

在安全信息利用过程中，主要是根据安全信息的分析结果进行安全预测与决策，并转为执行行为。正确的预测与决策是正确行为的前提。根据"技能-规则-知识"框架，可将人的失误分为：基于技能的行为失误、基于规则的行为失误和基于知识的行为失误。需指出的是，个人安全信息利用还包括向组织（或他人）反馈所感知和预测到的风险信息，以及自己所做出的决策行为。

（2）中观层面的安全信息流事故致因分析。中观层面组织的安全信息获取主要有三种模式：上级组织告知、下级组织告知和自身分析获取。在组织进行安全信息获取、分析与利用的过程中，受外部的安全法律法规、安全方针政策、经济压力和自身的安全理念、安全资源、安全技术等因素的影响，导致安全信息流偏差。组织的安全信息处理模型如图 5-8 所示。

组织的外部方面，由于涉及宏观政治、经济、文化等因素的影响（超出本节研究范围），本节只分析对组织外部与组织内部之间的安全信息流有直接影响的因素：①宏观层面（如直属安全监管机构、所属辖区政府）的安全监管监察缺陷、行政审批缺陷导致的组织安全信息流失去法制约束而出现安全信息缺失、安全信息不对称（此处主要指偏离法定方向），如监管监察缺陷导致组织内部安全信息流混乱、违规审批竣工验收导致组织内部安全信息流处于先天失真状态。②中观层

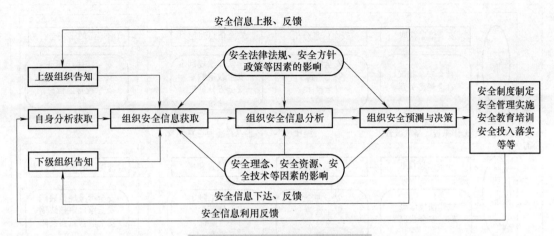

图 5-8 组织的安全信息处理模型

面的外部组织输出的安全信息缺失导致内部组织（直接涉事组织）安全信息流偏差，如安全评价机构提供的安全评价报告、职业卫生服务结构给出的职业卫生评价报告弄虚作假，故意隐瞒不符合安全条件的关键问题；安全规划机构提供的安全规划服务（如工业布局、应急疏散规划等）不符合法律法规要求；安全设计机构的安全设计不合理；还有供应商、承包商等提供安全信息缺失等。上述因素都可导致组织安全信息流通的不完全性、非对称性的产生。

组织自身因素主要有：①传统安全习惯锁定，组织中安全工作的程序、方式与方法等往往是长期实践的结果，容易形成比较固定的路径依赖；②安全责权匹配错位，组织上下级的责权分配、岗位职责分配、部门职责分配不合理；③安全信息渠道拥塞，组织体系确立的信息层次结构和信息沟通准则不合理，或者不同层次组织成员对信息获取、分析与利用程度各异，导致组织的信息反馈渠道不畅；④安全知识结构落差，组织成员间受教育程度、专业技能的不对称等形成的安全知识结构落差也会产生信息阻力；⑤安全价值观念冲突，例如企业在面临生存压力时，"安全优于生产"与"生产优于安全"的博弈、安全投入与安全效益的博弈等。

（3）宏观层面的安全信息流事故致因分析。从组织定义的视角，中观层面的事故致因和宏观层面的事故致因都属于组织维度的事故致因。因此，宏观层面与中观层面的安全信息流分析过程相类似，在此不再赘述。

基于上述一般模型的构建及其内涵解析，可构建 SIFA 模型，如图 5-9 所示。为了更加清晰地展示事故致因的层次性，同时突出事故的系统涌现属性，可将微观层面的事故致因归为直接原因，将中观层面的事故致因归为间接原因，将宏观层面的事故致因归为根源原因。在运用该模型进行事故分析与调查时，以安全信息获取、分析、利用的正确性、及时性与完整性为判断依据，以微观层面的直接原因为突破口，可追溯事故间接原因和根源原因。根据不同层级之间以及相同层级但不同组织之间的安全信息流偏差原因，可实现对事故的分级定责。具体见实例分析。

4. SIFA 模型价值

不同的生产力发展阶段出现的安全问题不同，事故致因分析切入点和焦点也不同。现有事故致因模型都是在特定的时代和特定的应用背景下提出的，因此也就有其特定的适用范围。但事故致因模型没有绝对的对错之分，各个模型只是从不同的视角提出（如本节从信息流的视角），具有不同的理论价值与实践价值，例如，最早提出的事故倾向性理论具有缺陷性，但它在人员选择、安全培训方面仍然极其有用；海因里希的金字塔模型随着社会的发展，轻伤、重伤与死亡之间的

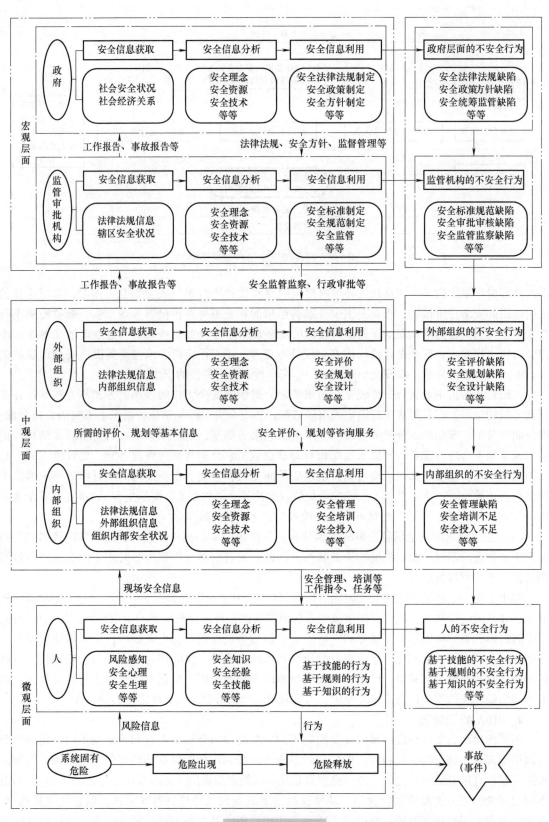

图 5-9　SIFA 模型

比例可能已经不准确，但它现今依然被广泛用于事故预防。本节从安全信息流视角构建的事故致因模型具有的理论价值和实践价值分析见表 5-3。

表 5-3　安全信息流事故致因模型的理论价值和实践价值

价　值		具 体 释 义
理论价值	完善事故致因理论体系	按照系统安全要素构成，现有的事故致因模型可归纳为人致因类、物质致因类、能量致因类与系统缺陷致因类。换言之，以"信息"这个关键要素为突破口的事故致因理论的相关研究极其缺乏。因此，安全信息流事故致因模型的构建可完善和丰富事故致因理论体系
	指导安全信息相关学科建设	安全信息流事故致因模型是"安全信息论（6202720）"与"公共安全信息工程（6208010）"的最基本模型，该理论模型的提出可为上述学科建设奠定坚实的理论基础。此外，基于该模型可搭建上述学科的学科框架
	丰富系统安全学学科体系	安全信息流事故致因模型以信息为切入点，以系统思维为基本指导思想，尤其是对微系统、中系统与宏系统的划分，可丰富传统系统安全学对系统的认识，拓展现有系统安全学相关理论体系
	丰富安全管理学学科体系	安全管理的实质就是保障系统内安全信息流在安全信息力的驱动与引导下，按照既定安全目标正常流动，保证无安全信息不对称现象和无安全信息缺失现象，进而促进安全目标的实现。但现有安全管理学学科体系在安全信息相关研究方面还很欠缺，因此，安全信息流事故致因模型的提出能够丰富安全管理学相关内容
实践价值	指导事故分析与责任追查	对应微观（个人、基层）、中观（内部组织、外部组织）与宏观（政府、社会）层面的事故致因，将事故原因划分为直接原因、间接原因和根源原因，有利于事故分级调查、事故报告制度的落实。根据安全信息流的偏差原因、安全信息力的失控原因，可为事故调查与分析、事故定责提供理论基础
	指导风险沟通	风险沟通失败（如风险的社会放大涟漪效应、谣言、流言蜚语等）的一个重要原因是风险沟通者与风险沟通受众之间信息的缺失和信息不对称，通过安全信息流事故致因模型可以很直观地找出风险沟通过程中信息缺失或信息不对称的关键节点，进而确保风险沟通目的的实现
	实现系统风险定量评价	用信息统一系统安全因素，通过变量的减少，引入信息熵等相关系统状态评价方法和技术，有利于实现对系统风险的定量评价，也有利于实现对复杂社会技术系统风险传递的度量与控制
	指导安全能力评估	根据个人安全信息力和组织安全信息力的表征，可实现对个人或组织进行安全能力评估（包括安全信息的获取力、分析力、利用力），进而发现个人或组织的安全能力缺陷。安全信息视阈下的安全能力又可理解为信息素养
	促进大数据在安全科学领域的应用	大数据思维与技术将对事故致因建模与事故调查分析带来革新，安全信息是实现安全数据向安全知识转换的关键点。换言之，安全信息流事故致因模型可为大数据思维与技术在安全科学领域的应用搭建桥梁，奠定理论基础

5.1.3　SIFA 模型应用实例

选择天津港"8·12"瑞海公司危险品仓库特别重大火灾爆炸事故（以下简称"8·12"事故）对本节构建的事故致因模型进行实例分析。选择该事故作为实例的原因如下：①该特别重大事故的原因涉及多方、多层组织和多方人员，涉及社会技术系统的微观、中观和宏观层面，具有典型性，适合模型的应用范围；②国务院批准成立国务院天津港"8·12"瑞海公司危险品仓库特别重大火灾爆炸事故调查组（以下简称"事故调查组"），得出的《天津港"8·12"瑞海公司危险品仓库特别重大火灾爆炸事故调查报告》（以下简称"事故调查报告"）具有权威性，可为模型的实证分析提供可靠依据。

1. 事故描述

（1）事故发生的时间和地点。2015 年 8 月 12 日 22 时 51 分 46 秒，位于天津市滨海新区吉运二道 95 号的瑞海公司危险品仓库运抵区最先起火，23 时 34 分 06 秒发生第一次爆炸，23 时 34 分 37 秒发生第二次更剧烈的爆炸。事故现场形成 6 处大火点及数十个小火点，8 月 14 日 16 时 40 分，现场明火被扑灭。

（2）人员伤亡和财产损失情况。事故造成 165 人遇难（参与救援处置的公安现役消防人员 24 人、天津港消防人员 75 人、公安民警 11 人，事故企业、周边企业员工和周边居民 55 人），8 人失踪（天津港消防人员 5 人，周边企业员工、天津港消防人员家属 3 人），798 人受伤住院治疗（伤情重及较重的伤员 58 人、轻伤员 740 人）；304 幢建筑物（其中办公楼宇、厂房及仓库等单位建筑 73 幢，居民 1 类住宅 91 幢、2 类住宅 129 幢、居民公寓 11 幢）、12428 辆商品汽车、7533 个集装箱受损。

根据事故调查报告，最终认定事故直接原因：瑞海公司危险品仓库运抵区南侧集装箱内的硝化棉（$C_{12}H_{16}N_4O_{18}$）由于湿润剂散失出现局部干燥，在高温天气等因素的作用下加速分解放热，积热自燃，引起相邻集装箱内的硝化棉和其他危险化学品长时间大面积燃烧。集装箱内硝化棉局部自燃后，引起周围硝化棉燃烧，放出大量气体，箱内温度、压力升高，致使集装箱破损，大量硝化棉散落到箱外，形成大面积燃烧，其他集装箱（罐）内的精萘、硫化钠、糠醇、三氯氢硅、一甲基三氯硅烷、甲酸等多种危险化学品相继被引燃并介入燃烧，火焰蔓延到邻近的硝酸铵集装箱。随着温度持续升高，硝酸铵分解速度不断加快，达到其爆炸温度。23 时 34 分 06 秒，发生了第一次爆炸（15 吨 TNT 当量）。距第一次爆炸点西北方向约 20 米处，有多个装有硝酸铵、硝酸钾、硝酸钙、甲醇钠、金属镁、金属钙、硅钙、硫化钠等氧化剂、易燃固体和腐蚀品的集装箱。受到南侧集装箱火焰蔓延作用以及第一次爆炸冲击波影响，23 时 34 分 37 秒发生了第二次更剧烈的爆炸（430 吨 TNT 当量）。

2. SIFA 模型实证分析

根据事故调查报告，从微观、中观和宏观层面可将事故原因划分见表 5-4，其事故致因谱系如图 5-10 所示（为了便于表述，图中只在"个人"和"内部组织"标明"安全信息获取、分析、利用"）。

表 5-4 事故原因划分

原因划分		具体释义
微观层面	物质固有风险	硝化棉（$C_{12}H_{16}N_4O_{18}$）包装密封性失效，分解产生大量热量，达到其自燃温度，发生自燃；堆场违规存放硝酸铵；严重超负荷经营、超量存储；违规混存、超高堆码危险货物
	现场作业人员	违规开展拆箱、搬运、装卸等作业
中观层面	瑞海公司	严重违反天津市城市总体规划和滨海新区控制性详细规划，未批先建、边建边经营危险货物堆场；无证违法经营；以不正当手段获得经营危险货物批复；违规存放硝酸铵；严重超负荷经营、超量存储；违规混存、超高堆码危险货物；违规开展拆箱、搬运、装卸等作业；未按要求进行重大危险源登记备案；安全生产教育培训缺失；未按规定制定应急预案并组织演练
	天津中滨海盛科技发展有限公司	与天津中滨海盛卫生安全评价监测有限公司作为同一法人单位，同时承接瑞海公司的安全预评价和安全验收评价，且安全预评价报告和安全验收评价报告弄虚作假，故意隐瞒不符合安全条件的关键问题，出具虚假结论
	天津博维永诚科技有限公司	违规放线测量、墨线复核、竣工测量，审核缺失

（续）

原 因 划 分		具 体 释 义
中观层面	天津市环境工程评估中心	未发现瑞海公司危险货物堆场改造项目未批先建问题；未对环境影响评价报告中的公众参与意见进行核实，未发现瑞海公司提供虚假公众参与意见问题；未认真审核环境影响评价报告书，未发现环境影响评价报告没有全面采纳专家评审会合理意见的问题
	天津市化工设计院	在瑞海公司没有提供项目批准文件和规划许可文件的情况下，违规提供施工设计图文件；在安全设施设计专篇和总平面图中，错误设计在重箱区露天堆放第五类氧化物质硝酸铵和第六类毒性物质氰化钠；火灾爆炸事故发生后，该院组织有关人员违规修改原设计图纸
	天津水运安全评审中心	在安全条件、安全设施设计专篇、安全设施验收审查活动中，审核把关不严。特别是在安全设施验收审查环节中，采取打招呼、更换专家等手段，干预专家审查工作
宏观层面	天津市交通运输委员会	违法违规审批许可；违法违规审查项目；日常监管严重缺失
	天津港（集团）有限公司	个别部门和单位弄虚作假、违规审批，对港区危险品仓库监管缺失
	天津海关系统	违法违规审批；未按规定开展日常监管
	天津市安全监管局	未认真履行危险化学品综合监管职责，未指导、协调、督促相关部门共同开展港区危险化学品监管工作；未按职责对安全评价机构中滨海盛卫生安全评价监测有限公司进行监督管理
	滨海新区安全监管局	未认真履行危险化学品综合监管和属地监管职责；未按规定对下属第一分局和派出机构安监站进行督促检查；对瑞海公司长期违法储存危险化学品的安全隐患失察
	滨海新区安全监管局第一分局	未对瑞海公司进行安全生产检查；明知该公司从事危险化学品存储业务，仍作为一般工贸行业生产经营单位进行监管
	天津市规划局	对滨海新区规划和国土资源管理局建设项目规划许可中存在的违法违规问题失察；对滨海新区规划和国土资源管理局违反规定委托天津港（集团）有限公司对港区内建设项目进行规划许可初审的行为未予制止；未纠正滨海新区违反天津市城市总体规划问题；未纠正滨海新区控制性详细规划中按照工业用地标准将仓储用地容积率由上限控制调整为下限控制的问题
	滨海新区规划和国土资源管理局	违章规划、违规审批
	天津海事局	未按规定对危险货物集装箱现场开箱检查进行日常监管
	天津市公安局	未按规定开展消防监督指导检查
	天津市滨海新区环境保护局	未按规定审核项目，未按职责开展环境保护日常执法监管
	天津市滨海新区行政审批局	未严格执行项目竣工验收规定
	海关总署	未认真组织落实海关监管场所规章制度，督促指导天津海关工作不到位
	交通运输部	未认真开展港口危险货物安全管理督促检查，对天津交通运输系统工作指导不到位
	天津市委、市政府和滨海新区党委、政府	未全面贯彻落实有关法律法规，对有关部门和单位安全生产工作存在的问题失察、失管

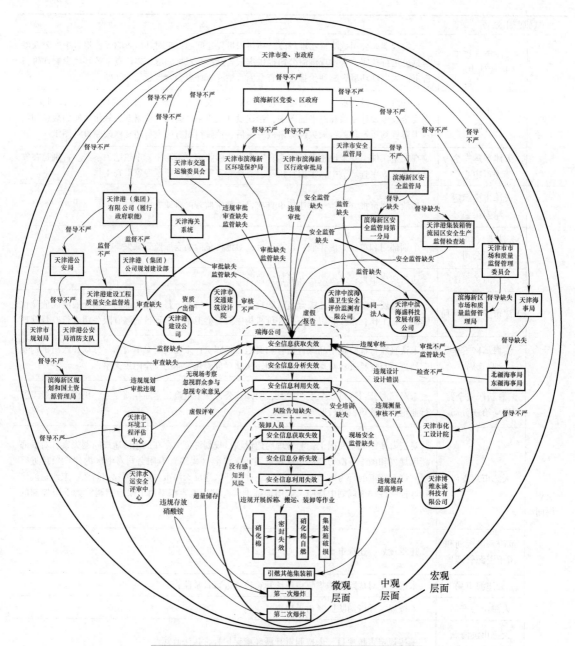

图 5-10　基于 SIFA 模型的 "8·12" 事故致因谱系

5.1.4　结论

（1）从三方面论述安全信息流事故致因建模的理论基础：①解析安全信息的内涵，论述安全数据、安全信息、安全知识与安全智慧（安全科学）之间的逻辑关系，并从信息状态、显隐性等七个维度对安全信息进行分类；②分析安全信息流内涵与结构，并对其进行分类；③将安全信息力 F 表征为安全信息获取力 F_1、安全信息分析力 F_2 和安全信息利用力 F_3 的合力，并论述安全信息力对安全信息流的影响。

（2）论述安全信息流视阈下的事故定义（事故的实质是安全信息流动和编译的故障），构建安全信息流事故致因的概念模型，并解析其内涵。论述系统思维是分析复杂社会技术系统事故的主导范式。基于系统粒度，从微观、中观与宏观三个层面分析事故致因；基于系统组分，将系统安全因素划分为以人为中心的、可统一为信息的六个组成部分（人、机、管理、信息、资源和环境）。

（3）构建基于安全信息流的事故致因概念模型，并从微观、中观和宏观三个维度解析其内涵，构建安全信息流事故致因理论模型（SIFA 模型）。论述模型的理论价值与实践价值，并选取"8·12"事故对模型进行实例分析。分析结果表明 SIFA 模型可以实现对复杂社会技术系统事故致因的深入分析。

5.2 FDA 事故致因模型

【本节提要】

从安全信息角度出发，根据系统安全行为链和逻辑学理论，构造新的事故致因模型（FDA 事故致因模型）。基于此，分别详述 FDA 事故致因模型的三个事故致因子模型，即 $F_1D_1A_1$ 事故致因模型、$F_2D_2A_2$ 事故致因模型与 $F_3D_3A_3$ 事故致因模型的基本内涵，通过逻辑推导得出 FDA 事故致因定理、FDA 系统行为安全定理与"3/4"安全法则，定位 FDA 事故致因模型中的事故原因构成，并扼要分析 FDA 事故致因模型的典型应用。

人们对事故致因的探讨，概括而言，主要从两个角度，即宏观角度（社会学角度）与微观角度（管理科学或行为科学角度）来分析：①从宏观角度，有学者从社会学角度指出，事故频发的综合原因或根本原因在于社会结构性失衡；②从微观角度，诸多学者从管理科学或行为科学角度指出，事故原因是组织行为或个体行为层面的因素，且人们对这一观点已基本达成共识。显然，上述两种剖析事故致因的角度各有利弊，社会学角度的事故致因论断对社会和国家等宏观层面的事故防控颇具指导价值，但就微观层面的事故防控而言，其操作性极低，这是因为诸多组织均存在于某一社会系统之中，社会背景短时间内极难改变，且少数组织也无法改变某一社会背景，因此，就组织事故防控而言，一般是在某一社会背景下，不断寻求最佳的组织事故防控路径。此外，绝大多数事故调查报告都将事故调查结果定性为责任事故。因此，毋庸置疑，微观而言，应优先选择从管理科学或行为科学角度剖析事故原因。正因为如此，已有绝大多数事故致因模型是从管理科学或行为科学角度出发建构的。

此外，鉴于以下主要原因：①传统的事故致因模型侧重于解释组织内部的事故致因因素，组织外部（如政府安监部门与安全中介机构等）的事故致因因素涉及偏少，不利于解释完整的事故致因因素；②鲜有从安全信息角度构建的事故致因模型，如瑟利模型等；③信息技术在现代安全管理或监管中的应用日益广泛，作用也日益突出，但尚未有以安全信息流动与转换为主线的事故致因模型为安全管理或监管信息系统研发提供理论依据，导致其适用性、科学性与有效性等普遍偏低；④绝大多数传统的事故致因模型缺乏严密的逻辑性，即尚未明晰各事故致因因素间的逻辑关系。因此，从安全信息角度出发，以管理科学与行为科学知识为基础，根据系统安全行为链（即安全预测→安全决策→安全执行）和逻辑学理论，构造新的事故致因模型，以期弥补传统事故致因模型所存在的缺陷。

本节内容选自本书作者发表的研究论文《安全信息视阈下 FDA 事故致因模型的构造与演绎》[2]。

5.2.1　FDA 事故致因模型的构造及其构成要素

1. 模型的构造

构造某模型的基本思路是保障所构建的模型科学而适用的前提。在此，以安全信息为切入点（以安全信息为切入点的原因：①复杂系统的事故致因因素一般均涉及人、机和环等诸多要素，而以安全信息为纽带，正好可使系统所有要素（包括子系统）建立联系；②个体或组织的行为开始于信息，故其安全行为也开始于安全信息；③就信息论角度而言，组织内外，即组织内部（包括组织成员和组织本身）和外部的安全行为活动过程均是安全信息的流动与转换的过程），探求安全信息视阈下的事故致因机理。鉴于此，以安全信息为基本切入点，以管理科学与行为科学知识为基础，根据系统安全行为链（即安全预测→安全决策→安全执行）和逻辑学理论，建立 FDA 事故致因模型，如图 5-11 所示。

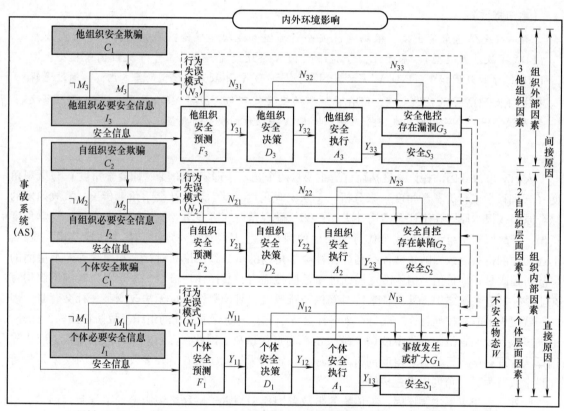

图例：Y（Yes）=行为正确；N（No）=行为失误；M=必要安全信息缺失；¬M=必要安全信息充分

图 5-11　FDA 事故致因模型

2. 模型的构成要素

这里，对 FDA 事故致因模型的基本构成要素的含义进行简单解释。由图 5-11 可知，呈横纵向排列的事故致因因素构成一个完整的事故系统（Accident System，缩写为 AS，它是由各种事故致因因素构成的一个系统），且存在于某一社会系统之中，受内外环境因素的影响。从纵向看，FDA 事故致因模型的主体由个体、自组织与他组织三个不同层面的事故致因子模型构成；从横向看，各事故致因子模型均又涉及三个相同的安全信息传播与转换的关键节点，即安全预测（Safety Forecast，SF）、安全决策（Safety Decision，SD）与安全执行（Safety Action，SA）。为揭示模型的主旨与方便起见，根据上述三个事故致因子模型的共性，不妨分别选取安全预测（SF）、安全决策（SD）与安全执行（SA）的英文缩写，将该模型的全称命名为"SF-SD-SA 事故致因模型"，并可将其简称为"FDA 事故致因模型"（本节统一使用此称谓）。此外，基于此，也不妨将 FDA 事故致因模型的三个事故致因子模型分别命名为 $F_1D_1A_1$ 事故致因模型、$F_2D_2A_2$ 事故致因模型与 $F_3D_3A_3$ 事故致因模型。在此，对 FDA 事故致因模型的关键构成要素的含义进行扼要解释：

（1）个体、自组织与他组织。在该模型中，它们的含义分别是：①个体是指直接涉事者，即发出的不安全动作直接导致组织内发生事故的组织成员。需指出的是，直接涉事者一般是某一独立个体，但有时也会是由若干个体构成的一个组合整体（如若干人共同合作发出某一不安全动作），此时，不妨把这一组合群体也视为一个独立个体。②任何事故均发生在组织之中，因此，可将所有事故均称为组织事故，可将发生事故的组织称为事故发生主体组织。基于此易知，自组织是指事故发生主体组织，即直接涉事组织。③他组织是相对于直接涉事组织而言的，是指间接涉事组织，一般是政府安全监管部门、政府主管部门与安全中介机构等。在该模型中，个体、自组织与他组织分别构成该模型中的三个不同层面的安全信宿。

（2）安全信息。安全信息是系统未来安全状态的自身显示。需指出的，该定义中的"系统"一词可指某一组织（如企业及其部门或班组等，也可指某一具体的人、物、事或行为等）。在该模型中，安全信息流分别贯穿于模型的三个事故致因子模型之中，并连通了模型的三个事故致因子模型，即三个事故致因子模型依赖于安全信息流建立相互间的联系，并进行互相影响和制约，从而构成一个完整的安全信息循环流动与转换的系统。

（3）安全预测、安全决策与安全执行。在该模型中，它们的含义分别是：①安全预测是指根据系统安全信息，对系统未来的安全状态做出推断和估计的行为；②安全决策是指根据系统安全预测信息，对系统未来安全状态的控制与优化方案或策略做出决定的行为；③安全执行是指根据系统安全决策信息，对系统未来安全状态的控制与优化方案或策略进行落实的行为。从安全信息角度看，上述三个行为过程均是对系统安全信息的认知和处理过程，可将它们合称为系统安全行为。在该模型中，系统安全行为主体可以是某一组织或个体。此外，根据人的基本的行为模式（即信息→感觉→认识→行为响应模式）及上述三个系统安全行为在时间上的先后逻辑关系，它们三者应按"安全预测→安全决策→安全执行"的先后顺序依次排列，并环环相扣，故该模型中也按此顺序依次排列，分别构成三条不同层面的系统安全行为链。

（4）必要安全信息、必要安全信息缺失与安全欺骗。在该模型中，它们的含义分别是：

1）假定安全信息集合 I 能解决某一系统安全行为问题 P 的能力记作 $CE_P(I) \in [0,1]$，当 $CE_P(I) = 1$ 时，称此时的安全信息为解决系统安全行为问题的安全信息集合，记为 I_1，满足 $CE_P(I_1) = 1$。理论而言，系统安全信息缺失问题无法完全克服。基于此，不妨将满足 $CE_P(I_2) = \delta$（δ 的取值可由各安全科学领域专家确定）的安全信息 I_2 称为必要安全信息，此时认为系统安全信息充分（即无缺失）。

2）假定系统安全行为主体在解决某一系统安全行为问题 P 时，实际获取的有效安全信息为 I_3，当 I_3 满足 $CE_P(I_3) < \delta$，即 $I_3 < I_2$ 时，此时认为必要安全信息缺失。简言之，必要安全信息缺失是指系统安全行为活动所需的必要安全信息集合与实际获取的有效安全信息集合之间的差异。

3）安全欺骗是指在解决某一系统安全行为问题所需的必要安全信息充分（即无缺失）的情况下，系统安全行为主体仍做出错误系统安全行为的行为，最为典型的是有意违章、违法或违规行为等。

（5）安全、事故发生或扩大、安全自控与安全他控。在该模型中，它们的含义分别是：①安全是指自组织内既无事故发生，也无事故隐患存在的状态；②事故发生或扩大包含两层含义，即一次事故发生，及因一次事故救援失效所致的次生事故或负面影响；③安全自控是指自组织（直接涉事组织）内部自身的安全管理；④安全他控是指他组织（间接涉事组织）对自组织的安全状况的干扰作用；如安全监管与安全管理咨询建议等。

（6）Y（Yes）与 N（No）。根据该模型中的三个不同层面的安全信宿（即个体、自组织与他组织）各自做出的安全预测行为、安全决策行为与安全执行行为的行为结果的正确与否，可将它们分别划分为两种基本情况，即行为正确或失误。其中，Y（Yes）表示行为正确，N（No）表示行为失误。这里，为进一步清晰理解和把握上述三个系统安全行为及其行为结果的含义，不妨将它们分别扼要凝练为三个问题及问题处理结果（即行为结果），见表 5-5。

表 5-5　系统安全行为及其行为结果的含义

系统安全行为名称	行为所对应问题	行为结果（处理结果）	
安全预测行为（F）	是否预测到危险？	是 = 正确（Y）	否 = 失误（N）
安全决策行为（D）	是否决定采取安全型行为？	是 = 正确（Y）	否 = 失误（N）
安全执行行为（A）	是否做出安全型行为？	是 = 正确（Y）	否 = 失误（N）

此外，为方便后续论述，这里不妨将模型的一些关键要素做如下五点假设：

（1）设该模型所涉及的系统安全行为域为 P，则 $P = \{P_j | j = 1,2,3\}$，$P_j = \{F_j, D_j, A_j | j = 1,2,3\}$。这里，不妨设个体、自组织与他组织的安全行为域分别为 P_1、P_2 与 P_3，则 $P_1 = \{F_1, D_1, A_1\}$，$P_2 = \{F_2, D_2, A_2\}$，$P_3 = \{F_3, D_3, A_3\}$。

（2）设该模型所涉及的系统安全行为失误模式域为 N，则 $N = \{N_j | j = 1,2,3\}$，其中，$N_j = \{N_{ji} | j = 1,2,3; i = 1,2,3\}$。这里，不妨设个体、自组织与他组织的安全行为失误模式域分别为 N_1、N_2 与 N_3，设单独的安全预测行为、安全决策行为与安全执行行为的失误模式域分别为 N_{j1}、N_{j2} 与 N_{j3}。同理，设该模型所涉及的系统安全行为正确模式域为 Y，则 $Y = \{Y_j | j = 1,2,3\}$，其中，$Y_j = \{Y_{ji} | j = 1,2,3; i = 1,2,3\}$。这里，也不妨设个体、自组织与他组织的安全行为正确模式域分别为 Y_1、Y_2 与 Y_3，假设单独的安全预测行为、安全决策行为与安全执行行为的正确模式域分别为 Y_{j1}、Y_{j2} 与 Y_{j3}。

（3）设该模型所涉及的安全行为失误模式域 N 所致的结果域为 G。这里，不妨设个体、自组织与他组织的安全行为失误模式域（即 N_1、N_2 与 N_3）分别直接所致的结果（即事故发生或扩大、安全自控存在缺陷与安全他控存在漏洞）依次为 G_1、G_2 与 G_3；同理，设该模型所涉及的安全行为正确模式域 Y 所致的结果域为 S。这里，不妨设个体、自组织与他组织的安全行为正确模式域（即 Y_1、Y_2 与 Y_3）分别直接所致的结果域（均为"安全"）分别为 S_1、S_2 与 S_3。

（4）设该模型所涉及的必要安全信息域为 I，则 $I = \{I_j | j = 1,2,3\}$。这里，不妨设个体、自组织与他组织的必要安全信息域分别为 I_1、I_2 与 I_3；设该模型所涉及的必要安全信息缺失域为 M，则 $M = \{M_j | j = 1,2,3\}$。这里，不妨设个体、自组织与他组织的必要安全信息缺失域分别为 M_1、M_2 与 M_3，则它们各自的必要安全信息充分（即无缺失）域可分别表示为 $\neg M_1$、$\neg M_2$ 与 $\neg M_3$。

（5）设该模型所涉及的安全欺骗行为域为 C，则 $C = \{C_j | j = 1,2,3\}$。这里，不妨设个体、自组织与他组织的安全欺骗行为域分别为 C_1、C_2 与 C_3。此外，设不安全物态为 W。

5.2.2 FDA 事故致因模型的内涵解析

1. FDA 事故致因子模型的基本内涵

由 FDA 事故致因模型的构成要素可知,"$F_1D_1A_1$ 事故致因模型"、"$F_2D_2A_2$ 事故致因模型"与"$F_3D_3A_3$ 事故致因模型"三个事故致因子模型是 FDA 事故致因模型中的三条事故致因子链。在此,对它们各自的基本内涵进行扼要剖析。

(1)$F_1D_1A_1$ 事故致因模型。诸多研究表明,直接涉事者的不安全动作和直接涉事物的不安全状态是导致事故发生或扩大的直接原因。因此,从个体层面看,事故直接原因是直接涉事者的安全执行行为失误(即不安全动作)。其次,由系统安全行为链(即"安全预测→安全决策→安全执行")和图 5-11 易知,安全预测行为、安全决策行为与安全执行行为之间环环相扣,对于个体而言,上述任一安全行为的失误均会导致结果域 G_1 的出现(从逻辑学角度看,个体导致事故发生或扩大的各安全行为环节的逻辑关系为逻辑或),而上述所有安全行为正确才会保证结果域 S_1 的出现(从逻辑学角度看,个体保证其做出安全动作的各安全行为环节的逻辑关系为逻辑与)。此外,由图 5-11 易知,个体安全行为出现失误的原因可归为两类:①个体解决某一安全行为问题所需的必要安全信息缺失;②个体解决某一安全行为问题所需的必要安全信息充分,但因个体的安全欺骗行为使其安全行为出现失误。

综上所述易知,就图 5-11 中的"1 个体层面因素"的事故致因子链($F_1D_1A_1$ 事故致因模型)而言,可用逻辑式表示为

$$\begin{cases} N_1 \wedge W \Rightarrow G_1 \\ N_{11} \vee N_{12} \vee N_{13} = N_1 \end{cases} \tag{5-3}$$

式中,N_{11}、N_{12}、N_{13} 分别表示个体安全预测行为失误、个体安全决策行为失误与个体安全执行行为失误;N_1 表示个体安全行为失误模式域;W 表示不安全物态;G_1 表示事故发生或扩大。

其中,N_1 还可进一步表示为

$$M_1 \vee (\neg M_1 \wedge C_1) \Rightarrow N_1 \tag{5-4}$$

式中,M_1 表示个体安全行为问题所需的必要安全信息缺失;C_1 表示个体安全欺骗行为。

其中,M_1 与 C_1 还可用数学表达式表示为

$$\begin{cases} M_1 = f(x_1, \neg x_1) \\ x_1 = f(x_{1a}, x_{1b}) \\ C_1 = f(x_{1a}, x_{1b}) \end{cases} \tag{5-5}$$

式中,x_1 表示个体获取安全信息的自身影响因素,即自身的安全特性;$\neg x_1$ 表示个体获取安全信息的非自身影响因素;x_{1a} 表示个体的安全心理智力因素(如安全意识、安全态度与安全意愿等);x_{1b} 表示个体安全行为能力(即个体在安全行为活动方面的知识、习惯、技能与经验等)因素。

个体层面的行为安全子链可用逻辑式表示为

$$Y_{11} \wedge Y_{12} \wedge Y_{13} = Y_1 \Rightarrow S_1 \tag{5-6}$$

式中,Y_{11}、Y_{12}、Y_{13} 分别表示个体安全预测行为正确、个体安全决策行为正确与个体安全执行行为正确;Y_1 表示个体安全行为正确模式域;S_1 表示安全。

(2)$F_2D_2A_2$ 事故致因模型。诸多研究表明,组织内发生事故的根本原因是直接涉事组织的安全管理缺陷。因此,可将自组织安全行为失误模式域 N_2 所致的后果统一归为造成安全自控存在缺陷 G_2。同理,根据系统安全行为链及各系统安全行为间的逻辑关系,可将图 5-11 中的"2 自组织层面因素"的事故致因子链(即 $F_2D_2A_2$ 事故致因模型)用逻辑式表示为

$$N_{21} \vee N_{22} \vee N_{23} = N_2 \Rightarrow G_2 \tag{5-7}$$

式中，N_{21}、N_{22}、N_{23}分别表示自组织安全预测行为失误、自组织安全决策行为失误与自组织安全执行行为失误；N_2表示自组织安全行为失误模式域；G_2表示安全自控存在缺陷。

其中，N_2还可进一步表示为

$$M_2 \vee (\neg M_2 \wedge C_2) \Rightarrow N_2 \tag{5-8}$$

式中，M_2表示自组织安全行为问题所需的必要安全信息缺失；C_2表示自组织安全欺骗行为。

其中，M_2与C_2还可用数学表达式表示为

$$\begin{cases} M_2 = f(x_2, \neg x_2) \\ x_2 = f(x_{2a}, x_{2b}) \\ C_2 = f(x_{2a}, x_{2b}) \end{cases} \tag{5-9}$$

式中，x_2表示自组织获取安全信息的自身影响因素，即自身的安全特性；$\neg x_2$表示自组织获取安全信息的非自身影响因素；x_{2a}表示自组织的安全精神智力因素（主要指自组织的安全文化）；x_{2b}表示自组织安全行为能力（即自组织在安全行为活动方面的知识、习惯、技能与经验等）因素。

同样，自组织层面的行为安全子链可用逻辑式表示为

$$Y_{21} \wedge Y_{22} \wedge Y_{23} = Y_2 \Rightarrow S_2 \tag{5-10}$$

式中，Y_{21}、Y_{22}、Y_{23}分别表示自组织安全预测行为正确、自组织安全决策行为正确与自组织安全执行行为正确；Y_2表示自组织安全行为正确模式域；S_2表示安全。

（3）$F_3 D_3 A_3$事故致因模型。近年来，诸多研究均表明，导致组织内发生事故的因素必然也涉及一些组织外部的因素（如政府安监部门的监管不到位或安全中介机构的违法违规等），且组织外部因素显著影响组织本身的安全管理水平。这里，将他组织安全行为失误模式域N_3所致的后果统一归为造成安全他控存在漏洞G_3。同理，根据系统安全行为链及各系统安全行为间的逻辑关系，可将图5-11中的"3他组织层面因素"的事故致因子链（即$F_3 D_3 A_3$事故致因模型）用逻辑式表示为

$$N_{31} \vee N_{32} \vee N_{33} = N_3 \Rightarrow G_3 \tag{5-11}$$

式中，N_{31}、N_{32}、N_{33}分别表示他组织安全预测行为失误、他组织安全决策行为失误与他组织安全执行行为失误；N_3表示他组织安全行为失误模式域；G_3表示安全他控存在漏洞。

其中，N_3还可进一步表示为

$$M_3 \vee (\neg M_3 \wedge C_3) \Rightarrow N_3 \tag{5-12}$$

式中，M_3表示他组织安全行为问题所需的必要安全信息缺失；C_3表示他组织安全欺骗行为。

其中，M_3与C_3还可用数学表达式表示为

$$\begin{cases} M_3 = f(x_3, \neg x_3) \\ x_3 = f(x_{3a}, x_{3b}) \\ C_3 = f(x_{3a}, x_{3b}) \end{cases} \tag{5-13}$$

式中，x_3表示他组织获取安全信息的自身影响因素，即自身的安全特性；$\neg x_3$表示他组织获取安全信息的非自身影响因素；x_{3a}表示自组织的安全精神智力因素（主要指他组织的安全文化）；x_{3b}表示他组织安全行为能力（即他组织在安全行为活动方面的知识、习惯、技能与经验等）因素。

同样，他组织层面的行为安全子链可用逻辑式表示为

$$Y_{31} \wedge Y_{32} \wedge Y_{33} = Y_3 \Rightarrow S_3^{"} \tag{5-14}$$

式中，Y_{31}、Y_{32}、Y_{33}分别表示他组织安全预测行为正确、他组织安全决策行为正确与他组织安全执行行为正确；Y_3表示他组织安全行为正确模式域；S_3表示安全。

2. FDA 事故致因定理与 FDA 系统行为安全定理

（1）FDA 事故致因定理。显然，个体、自组织与他组织三个不同层面的事故致因模型的组合才是完整的事故致因模式。通过综合分析诸多事故致因研究成果易知，若以个体层面的事故致因因素为分析起点，逆究（即逆向逻辑推理分析）自组织与他组织层面的事故致因因素，就可得出一条完整的事故致因主链，即直接的事故致因因素源于个体层面的事故致因因素，个体层面的事故致因因素源于自组织层面的安全自控缺陷，自组织层面的事故致因因素又源于他组织层面的安全他控漏洞。基于此，根据式（5-3）、式（5-7）与式（5-11），可得出整个事故致因主链，即

$$\begin{cases} N_3 \Rightarrow G_3 \Rightarrow N_2 \Rightarrow G_2 \Rightarrow N_1 \\ N_1 \wedge W \Rightarrow G_1 \end{cases} \tag{5-15}$$

在此基础上，通过组合式（5-4）、式（5-8）、式（5-12）与式（5-15），可得出更为详细的事故致因链（包括主链与子链），即

$$\begin{cases} N_3 \Rightarrow G_3 \Rightarrow N_2 \Rightarrow G_2 \Rightarrow N_1 \\ N_1 \wedge W \Rightarrow G_1 \\ M_3 \vee (\neg M_3 \wedge C_3) \Rightarrow N_3 = N_{31} \vee N_{32} \vee N_{33} \\ M_2 \vee (\neg M_2 \wedge C_2) \Rightarrow N_2 = N_{21} \vee N_{22} \vee N_{23} \\ M_1 \vee (\neg M_1 \wedge C_1) \Rightarrow N_1 = N_{11} \vee N_{12} \vee N_{13} \end{cases} \tag{5-16}$$

显然，式（5-15）与式（5-16）均是经逻辑推理方法得到的真命题，因此，不妨将它们分别命名为"简易版 FDA 事故致因定理"与"扩充版 FDA 事故致因定理"。

（2）FDA 系统行为安全定理。经上述分析易知，根据 FDA 事故致因模型，从事故预防角度看，完整而具体的行为安全的定义应是：行为安全是指事故系统中的个体、自组织与他组织三个不同层面的系统安全行为（所有系统安全行为，即安全预测行为、安全决策行为与安全执行行为）均正确（即无失误）的状态。需指出的是，过去人们对行为安全的理解，侧重于指个体层面的行为安全，显然，上述行为安全的定义更为全面且准确。基于此，根据式（5-6）、式（5-10）与式（5-14），同样可得出系统行为安全主链，即

$$Y_3 \Rightarrow S_3 \Rightarrow Y_2 \Rightarrow S_2 \Rightarrow Y_1 \Rightarrow S_1 \tag{5-17}$$

同样，在此基础上，通过组合式（5-6）、式（5-10）、式（5-14）与式（5-17），可得出更为详细的系统行为安全链（包括主链与子链），即

$$\begin{cases} Y_3 \Rightarrow S_3 \Rightarrow Y_2 \Rightarrow S_2 \Rightarrow Y_1 \Rightarrow S_1 \\ Y_{31} \wedge Y_{32} \wedge Y_{33} = Y_3 \\ Y_{21} \wedge Y_{22} \wedge Y_{23} = Y_2 \\ Y_{11} \wedge Y_{12} \wedge Y_{13} = Y_1 \end{cases} \tag{5-18}$$

显然，式（5-17）与式（5-18）也均是经逻辑推理方法得到的真命题，因此，不妨将它们分别命名为"简易版 FDA 系统行为安全定理"与"扩充版 FDA 系统行为安全定理"。

3. "3/4"安全法则

目前，鲜有定量安全科学，特别是行为安全规律，较为典型的仅有一些通过统计分析法得到的行为安全规律，尚未有从理论层面通过推导计算得出的定量行为安全规律。在此，基于 FDA 事故致因模型，拟通过理论推导计算得出"3/4"安全法则，具体分析过程及其内涵解释如下：

（1）信息作为人做出正确预测、决策与执行等行为的基本依据。理论上，若人在打算做出某一行为时无任何信息作为参考和依据，则就其行为结果的正误而言，是两个等可能性（发生概率相同）的随机事件，即行为结果正确或失误的发生概率均为 1/2。有鉴于此，当 $CE_P(I) = 0$，即系

统安全行为主体未能获取到任何解决系统问题 P 的安全信息时，就系统安全行为主体做出的系统安全行为 P 的正确而言，也应是两个等可能性的随机事件。显然，在这一前提条件下，运用树状图分析法易求得各系统安全行为的行为结果的发生概率。在此，根据式（5-16）与式（5-18），绘制系统安全行为的行为结果树状图，如图5-12所示。

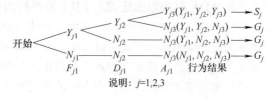

图5-12　系统安全行为的行为结果树状图

（2）由图5-12易知，在上述前提条件下，就任一系统安全主体（即个体、自组织或他组织）而言，其安全执行行为发生失误，即出现行为结果 (Y_{j1}, Y_{j2}, N_{j3})、(Y_{j1}, N_{j2}, N_{j3}) 和 (N_{j1}, N_{j2}, N_{j3})，进而导致出现结果 G_j 的概率为3/4，反之出现行为结果 (Y_{j1}, Y_{j2}, Y_{j3})，进而保证出现结果 S_j 的概率仅为1/4，我们不妨将这一行为安全规律称为"'3/4'安全法则"。基于此，详述其具体内容：当系统安全行为主体未能获取到任何解决系统安全行为问题的安全信息时，最终做出错误安全执行行为的概率为3/4，反之，最终做出正确安全执行行为的概率仅为1/4。例如，就个体而言，当个体未能获取到任何解决系统安全行为问题的安全信息时，做出错误安全执行行为，进而导致事故发生或扩大的概率为3/4，而做出正确安全执行行为，进而保证安全的概率仅为1/4。

（3）就"3/4"安全法则的意义而言，它至少具有以下四点重要价值：①直接表明安全信息的重要性，也间接表明必要安全信息缺失是导致事故发生或扩大的根本原因之一；②间接从理论上论证了安全科学（行为安全）规律之"绝大多数事故均是由人的不安全行为引起的"的正确性；③直接表明事故，特别是人（包括组织）因事故预防的难度极大；④直接凸显了行为安全研究的重要性与必要性。

4. 事故原因的构成

为寻找事故预防的最佳"位置"，人们习惯于根据事故原因的层次和主次，对其类型进行具体划分。概括而言，人们通常将事故原因划分为直接原因、间接原因、主要原因与根本原因（即根源原因）四类，但目前还尚未明确给出各类事故原因的具体定义。综上分析，根据FDA事故致因模型中的各事故致因因素在逻辑关系上与"事故发生或扩大"的紧密性与主次性差异，给出各类事故原因在FDA事故致因模型的对应定义，见表5-6。

表5-6　各类事故原因的定义及其在FDA事故致因模型的对应定义

原因类型	一般定义	模型中的定义
直接原因	不经过任何中间因素和环节，直接导致事故发生的事故致因因素。人的不安全动作与物的不安全状态是事故的直接原因已基本成为学界与实践界的研究共识	位于事故致因主链末端的事故致因因素
间接原因	通过第三者因素引发事故的事故致因因素。一般而言，自组织的安全自控缺陷与他组织的安全他控漏洞是事故发生的间接原因	位于事故致因主链非末端的事故致因因素
主要原因	在各种现实、具体事故致因因素中起主导作用的事故致因因素。一般而言，事故主要原因是自组织的安全自控缺陷	位于事故致因主链中间部分，并起关键衔接作用的事故致因因素
根本原因	在若干事故致因因素中，起最终决定作用，影响事故致因主链并带有必然性的事故致因因素。换言之，它是引发事故致因主链的关键节点的事故致因因素	位于各事故致因子链首端的共性事故致因因素

为清晰表达整个事故致因链（包括主链和子链），进而准确定位各类事故原因在FDA事故致因模型中所处的具体位置，根据表5-6中给出的各类事故原因在FDA事故致因模型的对应定义及

扩充版 FDA 事故致因定理即式（5-16），绘制事故致因链简图，如图 5-13 所示。

由图 5-13 易知，完整的事故致因链包括一条事故致因主链，即 "节点 3（$N_3 \Rightarrow G_3$）→节点 2（$N_2 \Rightarrow G_2$）→节点 1（$N_1 \Rightarrow G_1$）" 与三条事故致因子链，即子链 3、子链 2 与子链 1。其中，事故因主链包括三个关键节点，即节点 1、节点 2 与节点 3，显然，"节点 1" 位于事故致因主链的末端，是事故直接原因；"节点 2" 与 "节点 3" 位于事故致因主链的非末端，它们是事故间接原因；节点 2 位于事故致因主链中间部分，并起关键衔接作用，是事故主要原因。此外，处于三条事故致因子链，即子链 3、子链 2 与子链 1 首端的事故致因因素分别是事故致因主链中的关键节点 3、节点 2 与节点 1 中的行为层面的事故致因因素形成的根本原因。换言之，若无它们存在，就不可能构成完整的事故致因主链，因此，各事故致因子链首端的共性事故致因因素，即必要安全信息缺失（M）或安全欺骗行为（C）是事故根本原因。

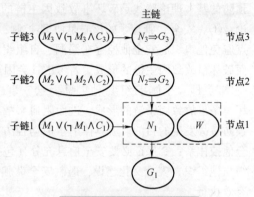

图 5-13   事故致因链简图

需指出的是，上述分析得出的事故根本原因仅是狭义层面的事故根本原因，若根据式（5-5）、式（5-9）与式（5-13），还可深究出广义层面的事故根本原因，可将它们概括为薄弱的组织安全文化（包括自组织安全文化与他组织安全文化），这是因为：①毋庸置疑，薄弱的自组织安全文化是事故根本原因，这已基本是学界、政界与企业界的研究共识；②毛海峰指出，薄弱的政府安全文化是政府安全监管存在漏洞的根本原因，显然，这里可将政府安全文化拓展至他组织安全文化；③个体的安全意识、安全意愿、安全态度、安全知识与安全行为习惯等均是自组织安全文化的重要体现，因此，也可将个体的上述事故致因因素也划归至薄弱的自组织安全文化；④安全欺骗行为是由薄弱安全诚信文化造成的。综上分析，可给出 FDA 事故致因模型中的事故原因构成，见表 5-7。

表 5-7   FDA 事故致因模型中的事故原因构成

原因类型		原因名称	原因符号
直接原因		个体安全行为失误（等同于个体的不安全动作）与不安全物态	N_1 与 W
间接原因		安全自控缺陷（包括自组织安全行为失误）与安全他控漏洞（包括他组织安全行为失误）	G_2、N_2、G_3 与 N_3
主要原因		安全自控缺陷（包括自组织安全行为失误）	G_2 与 N_2
根本原因	狭义	必要安全信息缺失与安全欺骗行为	M 与 C
	广义	薄弱的组织安全文化（包括自组织安全文化与他组织安全文化）	—

5.2.3   FDA 事故致因模型的应用简析

由 FDA 事故致因模型的内涵可知，它至少具有以下四方面主要应用价值，限于篇幅，扼要分析如下：

（1）为事故原因调查与分析（包括事故责任认定和处理）提供依据。FDA 事故致因模型是融合了诸多事故致因因素的一个典型事故致因模型，根据 FDA 事故致因模型可分析出各类事故原因及事故责任者。就基于 FDA 事故致因模型的事故原因调查与分析（包括事故责任认定和处理）方法而言，应运用逆究法，即以事故致因主链的末端（即个体的安全行为失误模式）为分析起点，分析自组织与他组织层面的事故致因因素；或以各事故致因子链的末端（即个体、自组织或他组织的安全执行行为失误）为分析起点，分析个体、自组织或他组织的安全行为出现失误的原因。显然，在上述事故原因调查与分析中，也可以认定出对应的事故责任。

（2）为事故预防的基本理论路线与方法框架的设计提供依据。FDA 事故致因模型表明，事故预防的基本理论路线是破坏事故致因主链的形成。理论而言，要实现这一目的，有两条基本方法论：①（安全）管理学的核心是协调-控制，通过个体、自组织与他组织间的相互协调与控制，重点避免他组织的安全他控存在漏洞、自组织的安全自控存在缺陷或个体的安全行为出现失误，从而破坏事故致因主链的形成。若考虑社会因素，基于 FDA 事故致因模型，就可构建完整的"四位一体"，即"个体-自组织-他组织-社会"事故防控体系。②分别从三条事故致因子链着手，通过破坏三条事故致因子链的形成，进而阻碍事故致因主链的三个关键节点的形成，从而实现从根本上预防事故发生的目的。就具体的事故防控方法而言，概括讲，主要有三种：①完善安全自控与安全他控体系；②保证必要安全信息充分（包括技术、教育与沟通等方法）；③加强组织（包括自组织与他组织）安全文化建设，遏制安全欺骗行为出现，从而保证安全规章制度与安全法律法规等有效执行。

（3）为安全管理或监管信息系统的设计与开发提供依据。目前，安全管理或监管信息系统已广泛运用于企业安全管理或政府安全监管工作中，是企业安全管理或政府安全监管工作的重要工具之一（如企业安全管理信息系统、政府安全监管信息系统与重大危险源安全监管信息系统等），但由于传统的安全管理或监管信息系统的设计与开发未有坚实的理论基础作为支撑，导致其适用性、科学性与有效性等偏低，显然，以安全信息流动与转换为主线的 FDA 事故致因模型可为安全管理或监管信息系统的设计与开发提供重要的理论依据。

（4）为安全科学，特别是事故预防研究提供新思路和新方法。显而易见，FDA 事故致因模型除了对事故原因调查分析及事故预防实践具有重要的理论指导价值外，还为安全科学，特别是事故预防研究提供了一些新思路和新方法，例如：①安全科学作为典型的复杂性科学，逻辑推理或演绎的方法应是重要的安全科学研究方法，逻辑推理或演绎的方法运用至安全科学研究，不仅逻辑清晰，且可推理演绎一些深层次的安全科学研究问题；②从安全信息角度统一事故致因因素，从安全信息角度消除事故致因因素，即保证必要安全信息充分；③从消除个体与组织的安全欺骗行为着手预防事故发生（如探讨安全欺骗行为的形成机理与消除方法）等。

5.2.4 结论与展望

（1）FDA 事故致因模型是从安全信息角度出发，以管理科学与行为科学知识为基础，根据系统安全行为链（即"安全预测→安全决策→安全执行"）和逻辑学理论构造的，是由呈横纵向排列的事故致因因素构成的一个完整的事故系统。

（2）$F_1D_1A_1$ 事故致因模型、$F_2D_2A_2$ 事故致因模型与 $F_3D_3A_3$ 事故致因模型三个事故致因子模型表示 FDA 事故致因模型中的三条事故致因子链，它们的组合构成完整的事故致因模式，即事故致因主链，其基本含义是：直接的事故致因因素源于个体层面的事故致因因素，个体层面的事故致因因素源于自组织层面的安全自控缺陷，自组织层面的事故致因因素又源于他组织层面的安全他控漏洞。

（3）根据 FDA 事故致因模型，可提出 FDA 事故致因定理、FDA 系统行为安全定理与"3/4"安全法则，可清晰界定事故的直接原因、间接原因、主要原因与根本原因（包括事故责任者），可为事故原因调查与分析、事故预防的基本理论路线与方法框架设计、安全管理或监管信息系统研发及安全科学，特别是事故预防研究提供依据。

5.3 │ 多级安全信息不对称事故致因模型

【本节提要】

　　为给事故预防与调查提供有效方法和依据，将信息科学与安全科学有效结合，开展多级安全信息不对称的事故致因模式研究。首先，基于信息流动的一般模型，构建安全系统中安全信息流动的一般模型。其次，分析安全系统中引发安全信息不对称的因素，并构建"信源 – 预测 – 决策 – 执行"多级安全信息不对称的事故致因模式。最后，根据事故案例，分析验证多级安全信息不对称的事故致因模式的可行性和可靠性。

　　随着科学技术的迅猛发展，技术系统日趋复杂，需要新的事故致因理论来科学解释事故致因。因而，近年来，诸多学者提出应系统探讨基于安全信息视角的事故致因理论。其实，部分传统事故致因理论已将安全信息要素应用于事故致因分析，但仅停留在表面现象，并未形成完整的安全信息体系。目前，众多学者从安全信息视角提出了一系列新的事故致因理论，并认为从安全信息视角出发开展事故致因理论研究颇具优势，其优势可概括为两点：①信息问题的研究具有普遍意义；②信息是多种事故致因因素的统一体。

　　鉴于此，根据信息流动的一般模型，构建安全系统中安全信息流动的一般模型，给出安全信息和安全信息不对称等一系列概念的定义。在此基础上，构建三种安全信息不对称的事故致因模式，以期丰富从安全信息视角分析事故致因模式的理论依据和方法。

　　本节内容由第一作者的研究生李思贤协助撰写完成。

5.3.1 安全信息流动的一般模型的构建

　　信息科学指出，一般而言，信息流动主要包括信息的产生、获取、传递和处理等过程。信息科学研究者已给出众多信息流动模型，较典型的是香农通信模型。香农通信模型描述了信息流动的一般过程，可概括为"真信源-信源-信道-信宿"的事件过程链。

　　基于香农提出的信息流动一般模型可构建安全信息流动的一般模型。选取分析的安全系统，将主要的涉事物称为安全事物，将最终进行预测、决策和执行等多级次行为的主体称为安全主体。结合信息流动的一般模型，可将安全系统中的安全信息流动的一般模型表示为图 5-14。

　　在安全系统中，所有安全消息的集合称为真信源，安全信源从安全消息中筛选出有意义的与可被理解的安全信息，安全信息加载到载体上形成安全信号，安全信号经安全信道传达至安全信宿。安全预测者、安全决策者和安全执行者等多级次行为的安全主体通过其知识结构对接收的安全信息进行解释，并进行多级次的安全预测、决策和执行行为。在构建的安全信息流动一般模型中，安全信息经信源-预测-决策-执行的事件过程链流动，指导安全系统中的预测、决策和执行等多级次的安全行为，因而可将该模型称作多级安全信息流动的一般模型。

　　根据以上分析，可推导出安全信息流动的八个相关概念：①安全信息：系统中安全事物的运动状态和方式，以及安全主体所感知或表述的安全事物的运动状态和方式；②真信源：系统中安全事物和安全活动产生的所有消息的集合；③安全信源：筛选并发布有意义与可被理解的安全信息的实体；④安全信号：安全信息及其承载载体的结合体；⑤安全信道：安全信息的传递通道；

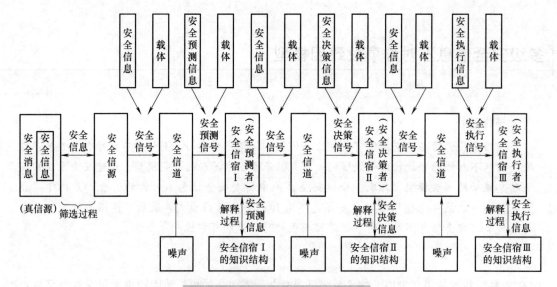

图 5-14 安全信息流动的一般模型

⑥安全信宿：安全信息的接收者；⑦载体：安全信息加载的形式，如电、光、声、热、色、味、形等；⑧噪声：影响安全信息传递的外部影响因素。

分析多级安全信息流动的过程可知，受安全事物与安全主体自身的能力和性质的影响或是外界噪声的干扰，对应的安全事物与安全主体间的安全信息会存在不对应或不一致的现象，将该现象称为安全信息不对称。在系统安全活动中，若对应的安全事物与安全主体间出现安全信息不对称，将导致安全信息传达过程发生故障，进而引发事故。因而，正确分析引发安全信息不对称的因素与原因，正确鉴定安全信息不对称的事故致因模式，对事故预防具有重要意义。

5.3.2 多级安全信息不对称的事故致因模式

1. 引发安全信息不对称的因素分析

安全系统中引发安全信息不对称的因素可从系统中的四个主要要素（安全信源、安全信道、安全信宿及噪声）和两个主要过程（筛选过程和解释过程）分析。当四个主要要素和两个主要过程中的一个或多个对象存在缺陷或故障时，将影响安全信息在系统中的正常传递，阻碍安全预测、决策和执行等多级次行为，引发安全系统中相互对应的安全主体间的安全信息不对称，进而引发事故。对四个主要因素和两个主要过程进行分析，列出影响它们正常作用的因素及原因，见表5-8。

表5-8 引发安全信息不对称的因素及原因分析

系统要素或过程	影响因素	原因
安全信源	信息筛选能力	安全信源筛选不力，无法或未完整筛选有效信息
	信息发布准确性	发布安全信息时承载的载体不够明显，不易被识别
安全信道	信道畅通性	信道不畅，信息传达效率低
	信道有序性	信道杂乱交叉，冲突碰撞，信息传达准确性和效率低
安全信宿	识别能力	信宿故障，无法接收安全信息
	认知能力	信宿故障，无法正确理解安全信息
噪声	外部环境	扰动、阻碍安全信息的正常流动
筛选过程	安全信源	安全信源存在缺陷或故障
解释过程	安全信宿	安全信宿存在缺陷或故障

2. 多级安全信息不对称的事故致因三种模式

分析安全信息流动的一般模型，安全信息不对称存在于信源-预测-决策-执行事件过程链中多级次行为相互对应的安全主体之间，由相互对应安全主体的角色不同，分析导致多级次行动主体间安全信息不对称的因素及原因，从而构建多级安全信息不对称的事故致因三种模式，具体如下：

（1）真信源-安全信源信息不对称模式。当系统中安全信源筛选不力时，安全信源无法或未完整筛选有效信息，导致真信源所包含的、需要被识别的安全信息与安全信源所筛选的安全信息不对称，将影响安全信宿对安全信息的感知、识别和对动作的指导，进而影响系统中逐级的安全预测、决策、执行行为，最终导致事故。此即"真信源-安全信源"信息不对称事故致因模式，如图 5-15 所示。

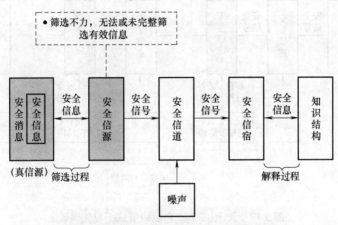

图 5-15　真信源-安全信源信息不对称模式

━━━►作用与影响　---故障要素与原因连接线　▢故障原因　□安全信息流动主体　▨安全信息不对称主体

（2）安全信源-安全信宿信息不对称模式。当系统中安全信源、安全信道、安全信宿、载体和噪声中的一个或多个对象存在一个或多个缺陷或故障时，安全信源与安全信宿间会出现安全信息不对称，安全信宿接收不到完整的、对称的信息，将影响系统中逐级的安全预测、决策、执行行为，最终导致事故。此即安全信源-安全信宿信息不对称事故致因模式，如图 5-16 所示。

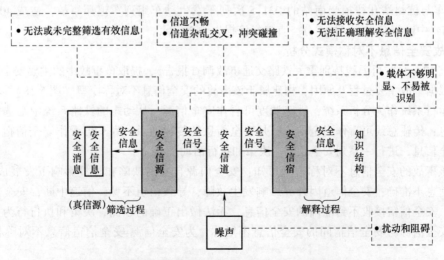

图 5-16　安全信源-安全信宿信息不对称模式

（3）安全信宿-安全信宿信息不对称模式。当系统中安全信道、安全信宿、载体和噪声中的一个或多个对象存在一个或多个缺陷或故障时，将造成安全信息在多个安全信宿间的分布不对称，安全信宿间无法传递完整的、对称的信息，多个安全信宿间产生混乱状态，影响系统中逐级的安全预测、决策、执行行为，最终导致事故。此即安全信宿-安全信宿信息不对称事故致因模式，如图 5-17 所示。

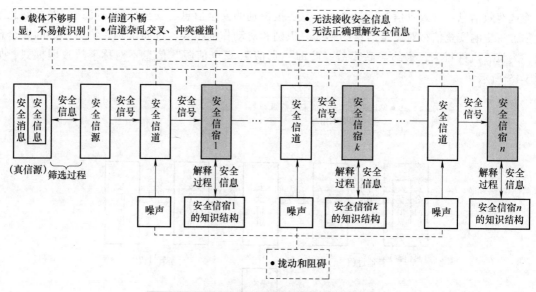

图 5-17　安全信宿-安全信宿信息不对称模式

5.3.3　实例应用

为验证已构建的多级安全信息不对称的事故致因模式的实用性与可行性，选取"7·23"甬温线特别重大铁路交通事故，运用多级安全信息不对称的事故致因模式对该事故进行分析。

1. 事故概况

2011 年 7 月 23 日 20 时 30 分 05 秒，甬温线浙江省温州市境内，由北京南站开往福州站的 D301 次列车与杭州站开往福州南站的 D3115 次列车发生动车组列车追尾事故，造成 40 人死亡、172 人受伤，中断行车 32 小时 35 分，直接经济损失约 2 亿元。

2. 事故安全信息不对称模式分析

根据《"7·23"甬温线特别重大铁路交通事故调查报告》，提取该事故中的主要安全事物和安全主体，根据事故主要过程及原因，构建属于该事故的安全信息不对称模型（图 5-18）。将整个铁路调度与运行系统作为分析系统，铁路调度可看作安全信源，从动态的铁路系统中筛选并发布有意义的信息；传输总线可看作安全信道，是安全信息的传递通道；列车可看作安全信宿，解释接收到的安全信息，进行一系列安全预测、决策和执行活动。

分析该事故的安全信息不对称模型可知：安全信源自身的缺陷在外界影响下发展成为故障，导致发布信息不准确；安全信道因外界影响发生故障，导致信道不畅、信道中断，安全信息无法正常传递；安全信宿接收不到准确的安全信息，无法做出正确的预测、决策和执行行为，造成系统混乱。安全信源与安全信宿间的安全信息不对称，为安全信源-安全信宿信息不对称模式下的事故。

将由多级安全信息不对称的事故致因模式分析的事故结论与《"7·23"甬温线特别重大铁路

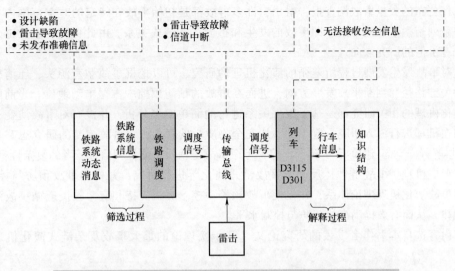

图 5-18 "7·23" 甬温线特别重大铁路交通事故信息不对称模式

交通事故调查报告》对比分析可知，运用多级安全信息不对称的事故致因模式分析的事故致因及事故模式与事故调查报告鉴定结果一致。

5.3.4 结论

（1）基于信息流动的一般模型构建的安全系统中的安全信息流动一般模型指出，安全系统中的安全信息是经信源-预测-决策-执行的多级事件过程链流动。

（2）引发安全信息不对称的因素主要包括安全信源、安全信道、安全信宿和噪声四个主要要素以及筛选过程和解释过程两个主要过程，上述因素的缺陷或故障将引发安全信息不对称，最终导致事故；多级安全信息不对称的事故致因模式包括三种，即"真信源-安全信源"信息不对称模式、"安全信源-安全信宿"信息不对称模式和"安全信宿-安全信宿"信息不对称模式。

（3）根据多级安全信息不对称的事故致因模式分析"7·23"甬温线特别重大铁路交通事故，分析结果表明，该起事故是由安全信源缺陷和故障、安全信道中断引起的"安全信源-安全信宿"信息不对称模式下的事故；对比分析可知，多级安全信息不对称的事故致因模式分析的该事故的事故致因及其性质与《"7·23"甬温线特别重大铁路交通事故调查报告》的结论一致。

5.4 重大事故的复杂链式演化模型

【本节提要】

为完善重大事故演化的本质规律和探究事故后果累积放大原理，从安全物质学的视角提出事故链定义和形成机理，并解析其内涵；通过物质、能量和信息表征事故链演化过程的载体反映；基于物质流、能量流和信息流构建重大事故链式演化模型；基于熵理论和耗散结构理论论述事故阶段演化特性；在此基础上，提炼事故预防与控制策略框架。

从已经公布的大量事故调查报告看出，许多事故都是初始事故在特定的时空范围内相继发生并引发一系列衍生事故的结果，即事故的发生和扩大存在链式关系。由此可知，事故链式演化机理是一个有价值的研究取向。

通过对事故发生发展过程所遵循的演化机理的研究，可以挖掘事故孕育源头、厘清事故演化过程中的关键路径和判断事故发展方向，进而在事故的预防预控中占据主动地位。当前国内外事故链式演化机理的相关研究都是基于因果关系进行的简单案例分析，并没有对事故演变安全现象背后的内在机理进行深入研究。鉴于此，从安全物质学的视角，对事故演变的研究思路从传统的静态-描述-解释向动态-建模-启示转变，综合考虑事故链物质、能量和信息三者的复杂性耦合作用，对事故链形成机理、事故链载体反映、事故链式演化等进行研究，并构建事故预防与控制框架，以期完善事故演化机理理论体系，并促使事故预警预控、决策支持和应急救援遵循事故演化发展的客观规律，从而有效提高事故预防与控制水平。

本节内容选自本书作者发表的研究论文《基于熵理论的重大事故复杂链式演化机理及其建模》[3]。

5.4.1 事故链定义及内涵

事故的发生发展都是系统多种内外因素沿着某一条规律链相互作用的结果。按照安全科学、安全物质学相关理论，事故是致灾物（可导致损害物质）、承灾物（可遭受损害物质）与避灾物（可避免或减少损害物质）三者之间以及它们与人和环境之间交互作用的涌现和涨落。从以下两方面解析这种交互作用：①当致灾物引发事故以后，事故系统的致灾物、承灾物与避灾物按照各自被赋予的内涵处于三角形的顶点（稳定系统，如图 5-19 中的粗箭头标示），通过合理匹配达到有效的减灾救灾目的，这是最理想状态；②当相互匹配不合理时（如不符合标准的救灾物导致致灾物作用时间、作用空间、作用强度等发生变化，以及承灾物发生变异等），致灾物作用于承灾物产生了新的致灾物，并作用于新的承灾物，从而引发次生、衍生事故，形成事故链，如图 5-19 所示。

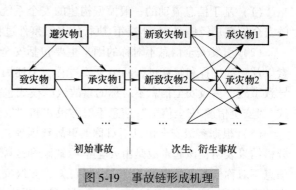

图 5-19　事故链形成机理

由上述分析可知，事故链是指在特定的时间、空间范围内，由于事故系统致灾物、避灾物和承灾物之间不合理匹配而形成的一种由初始事故引发一系列次生事故的连锁和扩大效应，是事故系统复杂性的基本形式。事故链内涵解析如下：

（1）若把整个事故看成一个大系统（事故系统），则事故链是复杂事故系统的重要组成部分和基本特征，事故链构成事故系统的一个子系统。事故链的发展态势由致灾物的危险性、承灾物的暴露性和脆弱性、避灾物的不确定性、环境的不稳定性以及人的主观能动性在时间与空间上的复杂耦合作用决定。

（2）事故链的产生需满足三个条件：①存在初始事故，初始事故发生后产生新的致灾物；②新的致灾物作用于承灾物，导致至少一个二次事故发生；③次生事故扩大了初始事故严重程度，即所导致的一个或多个二次（或三次等）事故产生了大于初始事故后果的严重事故。

（3）事故链演化具有两方面特殊性：①初始事故发生后，次生事故是否发生存在一定的随机性，但由于事故具有因果关系与引发关系，所以又不是完全的随机现象。这种受到约束的随机性会产生复杂性风险，进而增大事故系统复杂性。②事故链存在时间上的延续性与空间上的扩展性，这种时空的延续扩展过程造成事故规模的累积放大。

5.4.2　重大事故链式演化模型构建

1. 事故链载体反映

事故链式关系演化的实质是介质载体的转化，事故链式关系的载体反映是对事故链式规律的客观认识。因此，将事故链式演化的研究落实到物质第一性，抓住事故过程中载体的演绎规律和本质，就能认识整个事故演化过程及其实质，并为能量转化、事故损失度量提供量化的基础条件。

根据协同学理论，事故系统的形成与其内部各元素之间节、各子系统之间以及系统与外部环境之间的相互协同作用紧密相关，这种相互协同作用通过物质、能量与信息的交换予以表征。因此，可通过物质流、能量流与信息流的协同关系获得事故系统在某一特定时间、空间、功能和目标下的特定结构。综上分析得出事故链的载体反映：

（1）物质载体演化形态有固态、液态与气态等，事故链的形成过程具有不同物质性态的单体演绎或多性态聚集、耦合与叠加等特征，这些性态由其含量、转化形式和时空位置的演化而形成物质流，性态的演化导致了事故链式关系演绎的多样性与复杂性。

（2）物质的流动与转化需要能量，无论是物理性流动还是化学性流动，其流动过程中都伴随着各种能量之间的聚集、耦合、传输、转换，因此物质载体演化的另一伴生特征是能量的转移和转换（能量流）。

（3）在物质和能量的流动过程中产生大量信息，因此以物质、能量为基础的信息反映也是事故链的载体反映，通过光、声、温、速等基本形式表征，伴随着链式载体起到辐射、转化、传播等作用而构成信息流。

2. 重大事故链式演化模型

事故链式载体在事故演化中起着重要的媒介和桥梁作用，在以事故链式载体为依托的演化体系中，物质流、能量流、信息流构成演化核心，称为核心环流，其他（人、环境等因素）则为外环因素，它们共同构成重大事故链式演化模型，如图 5-20 所示。事故链式载体在外部环境（外环因素）和载体的核心环流（内环作用）共同作用下实现其链式演变。

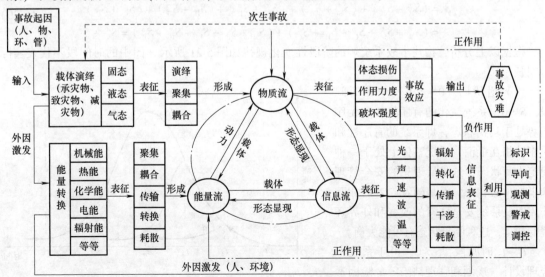

图 5-20　重大事故链式演化模型

（1）核心环流。安全生产活动中的主体对客体的认识是以能量流或物质流为载体，进行信息的获取、传递、变换、处理和利用实现的。事故预防与控制的本质就是通过信息流的标识、导向、观测、警戒和调控作用对系统中的物质流和能量流进行控制、操纵、调节和管理（正作用），而错误反映系统中物质流和能量流状态的信息则会触发事故或导致事故处置失败（负作用）。因此，要充分发挥和正确利用信息流对物质流和能量流的引导和控制作用。

（2）外环因素。在正常安全状态下，系统中物质流、能量流、信息流都处于正常有序的排列和控制中，即系统中物质、能量、信息在一定的安全阈值范围内与外界系统进行不断的交换作用。如果遇到一定的触发条件（如人的不安全行为、环境的不合理规划、管理的缺陷、物的不安全状态以及物质本身的设计缺陷等）使物质、能量和信息的正常交换作用失控，进而导致物质流、能量流、信息流的紊乱，就会引发事故。

3. 事故链式阶段性演化机理

事故链在孕育、演化过程中具有阶段性，不同阶段链式载体的转化呈现不同状态，因此可通过事故演化过程中的载体特性来认识事故。事故演化分为阶段型演化、扩散型演化、因果型演化和情景型演化。根据事故载体反映和事故链式演化关系，本节将事故链演化按照时间顺序划分为四个阶段：事故潜伏期、事故爆发期、事故蔓延期和事故终结期。

根据熵理论，熵是对系统中物质、能量、信息的混乱和无序状态的一种表征，系统越无序熵值越大，而耗散结构理论讨论的则是系统从无序向有序转化的机理、条件和规律。从事故链式演变特征可以看出，事故系统演变过程与熵的演变和耗散过程有很大共性，事故链从潜伏期到蔓延期是一个熵增大于熵减的过程，而终结期则是一个熵减大于熵增的过程。

按照事故链载体反映和安全物质学理论，事故系统可以划分为物质流子系统、能量流子系统、信息流子系统、人流子系统和环境子系统。由熵的加和性可知，事故系统的总熵可表述为

$$S = S_M + S_E + S_I + S_H + S_C \tag{5-19}$$

式中，S 是事故系统的总熵；S_M 是物质流子系统的熵；S_E 是能量流子系统的熵；S_I 是信息流子系统的熵；S_H 是人流子系统的熵；S_C 是所处外部环境系统对事故系统的输出或输出熵。

系统的混乱程度取决于系统熵增（正熵，"S^+"）和熵减（负熵，"S^-"）。因此，式（5-19）可以进一步表述为

$$S = (S_M^+ + S_M^-) + (S_E^+ + S_E^-) + (S_I^+ + S_I^-) + (S_H^+ + S_H^-) + (S_C^+ + S_C^-) \tag{5-20}$$

$$= (S_M^+ + S_E^+ + S_I^+ + S_H^+ + S_C^+) + (S_M^- + S_E^- + S_I^- + S_H^- + S_C^-) = S^+ + S^-$$

根据以上分析，构建事故系统熵的阶段性变化规律如图 5-21 所示（图中的时间段不代表实际时间长短）。

（1）潜伏期（$0 \sim t_2$）。$0 \sim t_1$ 时间段，$S=0$，系统演化的有序趋势和无序趋势处于均衡状态，即系统的有序性和无序性相互抵消，系统整体上处于一种稳定平衡状态，这是最理想的安全管理和事故预防状态。但是随着二者的相互作用以及系统安全要素的改变和外界环境的变化，这种临界状态有可能失衡。

$t_1 \sim t_2$ 时间段，$S>0$，由于系统不合理设计、规划和管理缺陷等危险因素一直潜存，事故的各种因素不断积聚，

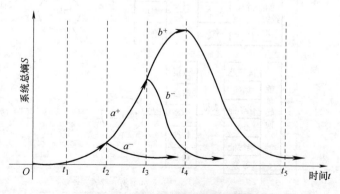

图 5-21　事故链式演化阶段性熵变

系统正熵产生的无序效应大于负熵产生的有序效应，系统总趋势走向失稳。此时存在两种情况：①及时发现事故载体信息的异常演变，并采取管理措施或技术措施增大系统负熵，使系统总熵重新趋于平衡状态，系统恢复正常，如图中的 a^- 曲线所示；②没有及时发现事故载体信息演变趋势，或发现了但是没有采取控制措施以及措施失效，则系统继续向着正熵变大的方向演变，导致事故发生，进入事故爆发阶段，如图中的 a^+ 所示。

（2）爆发期（$t_2 \sim t_3$）。事故系统总熵迅速扩大，事故由可能变成了现实，进入全面爆发阶段，导致人员伤亡、财产受损。存在两种情况：①根据事故链式演化载体信息，采取正确的处理措施，向事故系统输入负熵，使事故系统有序效应大于无序效应，事故得到控制，系统总熵重新趋于 0，系统恢复平衡状态，如图中 b^- 所示。②如果没有采取输入负熵的措施，或负熵不足以抵消正熵，则事故链继续演变，进入事故蔓延期，如图中 b^+ 所示。

（3）蔓延期（$t_3 \sim t_4$）。事故系统总熵由于事故链式演变而继续增大，次生、衍生事故相继发生，事故损失和危害逐渐增大。蔓延时间跨度取决于事故的严重程度以及事故处理效果。若事故链演变得到有效控制（有效的应急救援），蔓延就会很快结束，不再发生后续事故；反之，则事故造成的影响会不断加剧且扩散。

（4）终结期（$t_4 \sim t_5$）。事故系统总熵可能因为物质、能量的耗散而自行趋于 0（事故链式演化过程自行终结），也可能因为人为控制和干预而重新趋于 0（事故链式演化过程因为人为控制和干预而终结）。事故链自行终结所造成的损失通常大于人为干预造成的损失，事故链式演化终结的时间主要取决于物质、能量、信息的混乱程度以及事故造成的破坏强度和人为干预力度。

5.4.3　重大事故链式演化模型的应用

无论是事前的预防、事中的控制，还是事后的救援，一方面需要抑制物质流、能量流、信息流、人流和环境要素所产生的正熵，另一方面需要通过控制手段使这些要素产生负熵。针对事故链的阶段演化特性，提出潜伏期"预防"、爆发期和蔓延期"断链控制"和终结期"治理"的措施，即避免事故发生的关键是掌握事故链的演化路径，在事故潜伏期采取断链预防和控制措施，将事故消灭在萌芽和生长阶段。基于上述分析，以事故阶段性链式演化为切入点，构建事故预防与控制框架，如图 5-22 所示。

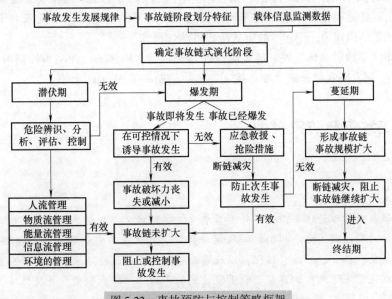

图 5-22　事故预防与控制策略框架

每种类型的事故链在演化过程中的各阶段都有特定的演变形态和表现特征，因此可通过监测物质、能量、信息的聚集与转化确定其演化阶段，分析事故系统各要素之间或子系统之间的相互作用关系以及事故系统与环境的相互作用关系，找出事故预防与控制的切入点，确定应急方式和对策，见表5-9。

表5-9　事故链式演化阶段性对策

阶　段	阶段性对策
潜伏期	进行系统危险性辨识、分析和评估，依据信息流的标识、导向、观测、警戒和调控作用对系统中物质流、能量流、人流以及环境进行引导和控制，采取断链措施，增加有效负熵、抑制正熵，阻止事故发生和事故链形成
爆发期	两种情形：①对即将发生的事故过程和作用机理比较了解，又有可靠技术可以控制事故的动态变化，此时可通过人为控制事故的破坏过程（诱导事故发生），对物质、能量进行疏导、转移，最大限度地降低事故损失；②初始事故已经发生，此时重点是消除和控制次生事故链的形成和传递，尽量将人员伤亡和财产损失降到最低
蔓延期	将事故链演变控制在最小范围内：①控制危险源措施，通过在最短时间内及时有效地控制危险源，控制事故系统总熵继续增加的源头；②隔离措施，将事故系统熵增限制在某个区域；③增阻措施，增加事故系统熵增阻力。采取控制危险源、阻隔、增阻使系统有效负熵增加、正熵减少，有效控制事故链蔓延
终结期	根据耗散结构理论，终结期应使事故系统产生负熵，抵消爆发期产生的正熵，使系统从无序失稳状态向有序稳定状态转化，事故对承灾物的破坏开始减弱，直到事故结束

5.4.4　结论

（1）从安全物质学的视角提出事故链定义，并从事故链时间与空间上的复杂耦合性、次生事故的随机性，以及事故链产生条件等方面解析其内涵；基于致灾物、承灾物与避灾物三者之间以及它们与人和环境之间的交互作用论述重大事故链形成机理。

（2）将事故链的研究落实到物质第一性，抓住事故链式演化过程中的演绎规律和本质，通过物质、能量、信息形式表征事故链的载体反映；构建以物质流、能量流、信息流为演化核心的重大事故链式演化模型。

（3）将事故链演化周期按照时间顺序划分为四个阶段：潜伏期、爆发期、蔓延期和终结期。事故链从潜伏期到蔓延期是一个熵增大于熵减的过程，而终结期则是一个熵减大于熵增的过程；基于熵理论和耗散结构理论，论述事故链式阶段性演化机理。

（4）基于重大事故链载体反映和链式阶段性演化机理，构建事故预防与控制策略框架，提出潜伏期"预防"、爆发期和蔓延期"断链控制"和终结期"治理"的措施。

5.5　能量流系统致灾与防灾模型

【本节提要】

为完善事故致因理论体系，论述并解析能量流系统定义，分析系统能量流流向，构建基于能量流系统的事故致因概念模型，并从能量串发、发散、集中和混合四方面解析其内涵。对能量流的聚集、耦合、释放、转化，以及意外释放能量的防控效果、破坏强度和伤害程度等进行数学描述。基于此，构建基于能量流系统的事故预防概念模型，并提炼减灾措施。

　　能量是物理学中刻画做功和表述物质状态的一个物理量，在事故致因理论中同样占有重要地位。在正常生产过程中，能量因受到种种限制而按照人们规定的流通渠道流通。如果由于某种原因导致能量失去控制，超越人们设置的约束而意外释放，可导致事故发生。因此，研究与探讨能量在事故中的聚集、转化等致灾机理和规律对事故预防与控制至关重要。

　　在能量致灾方面，国内外学者从能量的角度对事故致因进行了相关研究，提出能量意外释放论等事故致因模型，并在事故预防和控制中已经得到了一定实证，但是这些理论没有对系统中能量的"流"的特征进行深入分析；虽然分析了大系统中能量流的基本特征，但并非针对事故预防预控展开深入研究；虽然对各种直接危险源的能量特征进行分析，但缺乏考虑能量流性质。换言之，从能量流的视角进行事故致因基础理论研究还很欠缺。概念模型以形式化的方法揭示研究对象的主要概念、定义以及它们之间的逻辑关系，是对研究对象和内容的第一次抽象与假设，它将零散的、非结构化的知识转换为系统的、结构化的与可读性强的基础理论知识。

　　鉴于此，深入分析事故能量流的聚集和转化过程，构建基于能量流系统的事故致因概念模型，构建基于事故能量流系统的事故预防模式，以期为事故的预防、控制和消除提供理论依据，丰富事故致因理论体系，并为后续深入研究奠定良好的知识表达基础。

　　本节内容选自本书作者发表的研究论文《基于能量流系统的事故致因与预防模型构建》[4]。

5.5.1　能量流系统及其事故致因模型构建

1. 能量流系统

　　能量是物质本质属性的体现，是一切物质运动与转换的原动力。无论物质是简单的物理性移动（如高处坠落、物体打击、机械伤害、车辆伤害等），还是发生物理化学变化（如燃烧、化学爆炸等），其流动过程都伴随着各种能量之间的转换和利用，进而形成能量流。能量系统各组分之间的相互联系和相互作用是通过能量流通和转换实现的。根据能量系统、能量流相关理论与实践，可知能量流系统是指通过避灾系统预防、减少和消除致灾系统异常能量释放对承灾系统造成的损害所形成的，以能量作为状态衡量标准的系统。

　　能量流系统内涵解析如下：①其研究目的是减少能量异常释放所造成的损失，把能量从造成伤害的原因转换为避免和减少灾害损失的手段；②能量在致灾物、避灾物、承灾物之间以及人和环境之间的相互转换规律是事故能量系统作为独立系统类型的划分依据，并且能量流是表征事故能量系统行为的基本方式；③在一定条件下，致灾物能量、避灾物能量和承灾物能量可以相互转换，这也是事故演变复杂性的本质原因之一；④能量流系统是安全系统的子系统，具有很强的层次结构和功能结构，是一个具有动态性、开放性的复杂系统。

2. 基于能量流系统的事故致因模型构建

　　能量不能消灭，也不能创生，只能由一种形式转变为另一种形式。在结构与形式复杂的生产活动中，存在着各种形式的能量储存与转化。事故能量系统的错综复杂性表现为能量在致灾物、承灾物和避灾物之间以及这三种物质与人、环境之间的异常流动、转化和重新分配，可以用能量流向图来揭示其复杂性本质，如图5-23所示。

　　从能量流入手探析事故的发生、发展机理，通过分析能量流系统各因素之间能量的转换及流动过程，建立四种能量流致灾模式，如图5-23虚线框所示，包括能量串发型、能量发散型、能量聚集型、能量混合型，解析见表5-10。

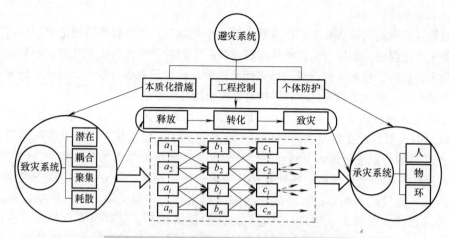

图 5-23　基于能量流系统的事故致因概念模型

表 5-10　基于能量流系统的事故致因类型解析

类型	解析与实例
串发型	串发型（如图 5-23 中：$a_1 \to b_1 \to c_1$）是单灾种（能量源）在演变过程中形成同类型灾种延续的单向演化形态。这种类型是最简单的也是最好预防能量意外释放和控制的能量流系统。例如物体打击、高处坠落、机械伤害等形式的能量系统
发散型	发散型（图 5-23 中：$a_2 \to b_1$，b_2，$b_i \to c_1$，c_2，c_i，c_n）是由一个能量源向若干分支扩展，分裂成多种灾害能量。此类能量系统具有树枝叶脉链式反应特征，各能量发散分支存在时空上的连续性。此类事故能量系统具有面积大、范围广、影响深远等特征。例如地下矿山冒顶或冲击地压事故，由于开采过程破坏地层原有平衡状态，当作用于巷道顶板的地压能量超过巷道顶板的支撑力，顶板能量系统处于失衡状态，导致冒顶事故发生，并且顶板储存的能量进一步释放，伴随产生高压有毒有害气体、高温、涌水等
聚集型	聚集型（图 5-23 中：a_1，a_2，a_i，$a_n \to b_1$，b_2，$b_i \to c_2$）由若干分支能量在演化过程中集成综合型的事故能量。此类事故能量系统在时间或空间上存在两条或两条以上的并列、独立的能量源分支，能量呈现方向上的传递和聚集趋势，在事故能量系统中表现为至少存在一个聚合能量，其破坏强度逐级增强或破坏范围逐级增大。例如矿山突水事故，由自然降水、含水层岩溶水、老窑积水、巷道积水等形成分支能量源在势能、动能等能量作用下，经过一定的时空演化，向巷道、采空区等空间聚集，形成具有一定破坏强度的能量系统，当聚集的能量达到或超出突水点的临界失稳强度时，破坏作用放大，使储存的载体能量全部释放
混合型	混合型（图 5-23 中：a_1，a_2，a_i，$a_n \to b_1$，b_2，b_i，$b_n \to c_1$，c_2，c_i，c_n）是串发型、聚集型和发散型三种形式混合而成的链式网状关系，即能量传播关系不只是以链条状出现，还有链与链之间进行的互相交叉渗透和相互影响关系。例如火灾事故，系统存在的可燃物本身不存在破坏力，但是当可燃物达到一定的浓度，并且具备助燃能量条件和引燃能量条件时，在一定的时空内就会发生火灾或爆炸事故，燃烧能量以冲击波、高温、高压、有毒有害气体、烟雾等能量形式释放

5.5.2　能量流转换及致灾过程的数学描述

1. 能量转换过程的数学描述

　　事故形成过程表明事故的延续性演变过程总是以一定的物质、能量、信息予以表征。其中能量聚集转换是事故产生与形成破坏作用的源泉，可通过物质介质载体演绎来实现能量的转化。因为事故载体演绎状态时空的变化总是要涉及能量的转换。因此，可以通过事故动态关系的时空变化来度量能量的演变，并成为能量度量的主要途径。

　　能量的转换过程包括聚集、耦合、释放、转化等，各个致灾物的能量状态是时间和空间位置的函数，致灾系统是由 n 个这样的能量状态变量描述的复杂系统。致灾系统能量瞬时状态为一个点，能量状态变化为一条轨迹。但是对于这样的复杂系统，通常不知道系统中每个独立变量的情况，根据物理学中用相空间表示某一系统所处的空间状态这一原理，基于灾害系统能量状态方程，假设任意致灾系统的能量状态是时间参数（t）和空间位置参数（h）的函数 $S(t,h)$，致灾系统中相互关联的第 n 个致灾物的能量状态是时间参数和空间参数的函数 $s_n(t,h)$，则 $S(t,h)$ 可用状态向量表示为

$$S(t,h) = [s_1(t,h), s_2(t,h), s_3(t,h), \cdots, s_n(t,h)]^{\mathrm{T}} \qquad (5-21)$$

　　由于事故演化具有连续性，在 t 时刻致灾系统外部输入能量以及致灾系统内部各相关致灾物之间进行能量的交换，使得致灾系统能量状态函数 $S(t,h)$ 发生变化，建立描述状态函数的微分方程，即状态方程：

$$S_{\mathrm{R}}(t,h) = F[S(t,h), S_{\mathrm{E}}(t,h), S_{\mathrm{Z}}(t,h)] \qquad (5-22)$$

式中，$S_{\mathrm{R}}(t,h)$ 为致灾系统能量状态；$S_{\mathrm{E}}(t,h)$ 为外部环境输入能量；$S_{\mathrm{Z}}(t,h)$ 为致灾系统本身积蓄的能量。

　　设致灾系统向外部环境输出的能量为 $S_{\mathrm{RO}}(t,h)$，则有

$$S_{\mathrm{RO}}(t,h) = F_{\mathrm{O}}[S_{\mathrm{R}}(t,h), S_{\mathrm{E}}(t,h), S_{\mathrm{Z}}(t,h)] \qquad (5-23)$$

　　输出的能量 $S_{\mathrm{RO}}(t,h)$ 是在物质、能量和信息的交换之后反作用于外部环境和承灾系统的能量。对式（5-23）求导得出致灾系统向外部环境输出能量释放速率 $V_{\mathrm{O}}(t,h)$：

$$V_{\mathrm{O}}(t,h) = \frac{\partial^2 F_{\mathrm{O}}[S_{\mathrm{R}}(t,h), S_{\mathrm{E}}(t,h), S_{\mathrm{Z}}(t,h)]}{\partial(t)\partial(h)} \qquad (5-24)$$

$S_{\mathrm{RO}}(t,h)$ 和 $V_{\mathrm{O}}(t,h)$ 大小将影响事故后果严重程度、波及范围等，即 $S_{\mathrm{RO}}(t,h)$ 和 $V_{\mathrm{O}}(t,h)$ 越大，事故发生时意外释放的能量或危险物质的影响范围远大，可能遭受伤害作用的人或物越多，事故造成的损失越大。

2. 能量致灾机理数学描述

　　（1）意外释放能量的防控效果度量。致灾系统向外部环境输出的能量 $S_{\mathrm{RO}}(t,h)$，经过避灾系统的"能量屏蔽-工程控制-个体防护"措施及应急救援措施的有效控制以后，作用于承灾系统产生破坏作用。假设实际作用于承灾物的能量为 E（可致害能量），根据能量守恒定律，可得

$$E = S_{\mathrm{RO}}(t,h) - E_{\mathrm{k}} - E_{\mathrm{p}} - E_{\mathrm{g}} - E_{\mathrm{r}} \qquad (5-25)$$

式中，E_{k} 为能量源屏蔽控制措施对能量的屏蔽效能；E_{p} 为所采取的工程控制措施对能量的消减作用；E_{g} 为采取的个体防护措施的防护效用；E_{r} 为应急救援的减灾效果。

　　（2）破坏强度和伤害程度度量。能量对承灾物破坏作用的大小，可用破坏能力 A_E 来衡量。意外释放的能量经过传输、消减以后，只有作用于承灾物（人、设备设施、环境等）并超过承灾物的最大抗损害能力或承灾物所能承受的最大致害能力时，才会造成人员伤亡、设备破坏和财产损失。假设承灾物的抗损能力为 e（如人体的抵抗能力，设备设施的刚度、强度、可靠度，环境的自净能力等），则只有当下式成立时，才能对承灾物产生损害作用：

$$A_E = (E - e) > 0 \qquad (5-26)$$

　　由式（5-26）可知，实际的承灾物是在能量破坏作用的时空范围内，那些抗损能力小于可致害能量的物体，这是广义灾害事故能够发生的充分必要条件，即光有致灾物与可能受害的承灾物是不够的，还必须 $e < E$。

　　事故发生时，承灾物所受破坏程度取决于致灾能量的大小、能量的集中程度、承灾物接触能量的部位、能量作用的时间等。因此，若承灾物受到伤害或损坏的严重程度用 I 度量，则有

$$I = \frac{K_1 K_2}{K_3} A_E \tag{5-27}$$

式中，K_1 为能量作用于承灾物的集中程度系数；K_2 为能量作用时间系数，K_3 为承灾物接触能量的部位的抗灾系数。

由式（5-26）和式（5-27）可推出：

$$I = \frac{K_1 K_2 \left[S_{RO}(t,h) - E_k - E_p - E_g - E_r - e \right]}{K_3} \tag{5-28}$$

由式（5-28）可看出，减少承灾物遭受的损失、减少事故造成的损失是一项系统工程（减小 $S_{RO}(t,h)$、K_1、K_2，增大 E_k、E_p、E_g、E_r、e，K_3），在一定的经济、技术条件下，只有综合考量才能做出最优的决策方案。

5.5.3 基于能量流系统的事故预防概念模型构建

综合所构建的事故致因模型和能量转换过程及致灾过程的数学描述，构建基于能量流系统的事故预防概念模型，如图 5-24 所示，并提炼防止或减少承灾物受损严重程度（I）的措施：

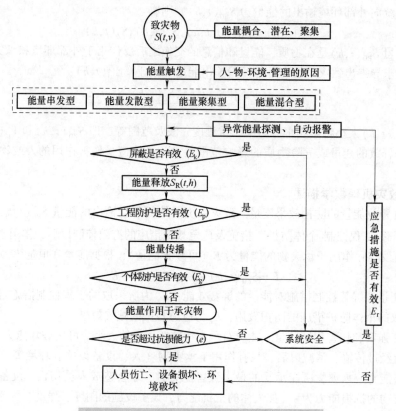

图 5-24　基于能量流系统的事故预防概念模型

（1）减少致灾系统潜在能量 $S(t,h)$：①采用本质安全化物质，如选用安全能源代替危险性较大的能源质、使用低毒物质取代高毒物质等；②限制潜在能量，防止潜在能量聚集，如利用安全电压设备、控制旋转装置转速、控制爆炸性气体浓度等。

（2）减少致灾系统向外部环境意外输出的能量 $S_{RO}(t,h)$：①防止能量蓄积，如通过良好接地消除静电蓄积；②控制能量释放，采用可靠性强的设备设施，如耐压气瓶、盛装辐射性物质的专用容器等;③设置能量过载自动报警、连锁控制装置,如超压报警器、超温报警器、超速报警器等。

(3)降低致灾系统向外部环境输出能量的释放速率 $V_0(t,h)$,可采用延缓和限制能量释放装置,开辟能量意外释放新通道,如安全良好接地、采用减震装置吸收冲击能量,使用安全阀、溢出阀、密闭门、防水闸、泄爆口等。

(4)采取意外释放能量的屏蔽措施,切断能量传播路径,提高屏蔽效能 E_k,如机械运动部件加装防护罩,电器加绝缘层、消声器等;在致灾物与承灾物之间采取工程控制措施提高对能量的消减作用,即提高 E_p,如采用安全围栏、防火门、防爆墙等;对承灾物采取防护措施,提高个体防护效能 E_g,如安全帽、手套、防尘口罩、防噪耳塞等;做好能量意外释放事故的最后一道防线,采取正确的应急救援措施,使用正确的应急物质等,如根据不同的火灾类型选用不同的消防器材;降低能量作用集中程度系数 K_1、作用时间系数 K_2,增大抗灾系数 K_3。

5.5.4 结论

(1)根据能量系统与能量流相关理论,提出能量流系统定义,并从研究目的、转换关系、特征等方面解析其内涵;论述事故能量流系统中致灾物、承灾物和避灾物之间以及这三种物质与人、环境之间的能量流向;通过分析能量流系统能量的转换及流动过程,构建基于能量流系统的事故致因概念模型,并阐释能量串发、能量发散、能量聚集与能量混合四种致灾模式。

(2)建立任意致灾系统的能量状态方程 $S(t,h)$、致灾系统能量耦合状态函数 $S_R(t,h)$、致灾系统向外部环境输出的能量 $S_{RO}(t,h)$、致灾系统向外部环境输出能量释放速率 $V_0(t,h)$ 的数学度量方式。构建作用于承灾物的能量(E)、破坏能量强度(A_E)和受伤害严重程度(I)的数学模型。上述数学模型的构建可从能量流系统的视角为事故致因理论的半定性半定量或定量分析提供和奠定理论参考。

(3)构建基于能量流系统的事故预防模型,并从减少致灾系统潜在能量 $S(t,h)$、防止或减少致灾系统向外部环境意外输出的能量 $S_{RO}(t,h)$、降低致灾系统向外部环境输出能量的释放速率 $V_0(t,h)$ 等方面提出防止或减少承灾物受损严重程度(I)的建议措施,在事故防御理论研究与实践中具有实际价值。

5.6 风险感知偏差机理概念模型

【本节提要】

为完善风险感知理论体系,以风险感知过程为主线,从风险感知信息的识别与收集、编辑与处理、评估与决策三阶段解析风险感知偏差形成过程;分别从个体心理机制与组织因素两个层面探析风险感知偏差形成的内因和外因,基于心理距离理论和解释水平理论,构建并解析风险感知偏差的四维心理距离模型;论述风险感知偏差的放大机制和干预对策。基于此,构建风险感知偏差机理概念模型。

风险感知是人们对不期望发生事件的心理感受、认识与建构,主要描述人们对客观风险的主观态度和直觉判断。人对事件的风险感知必然影响其对待事物的风险态度,进而影响其风险应对行为。大量事故案例表明，公众在生活、生产活动中主观感受的风险与客观风险之间存在的偏差是导致不安全行为和不合理行为的主要原因。由此可知，风险感知偏差研究在事故预防与风险管控中具有重要的理论价值与现实意义。

现有研究主要集中在风险感知偏差在各领域的实际应用，而较少探讨风险感知偏差形成的本质原因，即有关风险感知偏差的形成机理等基础理论研究欠缺，导致风险感知偏差的有效防控缺乏理论支撑。通过构建概念模型可以揭示研究对象的主要概念、定义以及它们之间的逻辑关系，并将零散的、非结构化的知识转换为系统的、结构化的基础理论知识。鉴于此，论述风险感知相关核心概念，深入剖析风险感知偏差形成机理，以及风险感知偏差的放大与干预，并构建风险感知偏差机理概念模型，以期为风险管控提供基础理论支撑，并为后期相关研究奠定知识表达基础。

本节内容选自本书作者发表的研究论文《风险感知偏差机理概念模型构建研究》[5]。

5.6.1 风险感知心理过程

通常将表现为损失不确定性的风险称为狭义风险，将表现为收益不确定性的风险称为广义风险。安全科学领域探讨的风险只能表现为损失，没有从风险中获利的可能性。因此，安全风险属于狭义风险，可通过事件发生的概率和后果严重程度描述。心理学视阈下的感知是人对外界事物进行抽象的一个关键性链接。以风险感知过程为主线，风险感知主要涉及风险知觉、风险认知、风险沟通、风险评价与决策、风险态度与风险应对行为，见表 5-11。

表 5-11 风险感知的主要心理过程诠释

过程概念	释　义
风险知觉	个体对风险事件的可能性与后果严重性知觉程度的一种意识。主要受个体对危害的敏感度，以及对其所处情境的警觉性的影响
风险认知	对风险事件的认识和了解。对相关安全风险知识了解越全面，对风险的认知越客观，越能辩证地看待和评价安全风险潜在影响
风险沟通	个体、群体以及组织之间交换安全风险信息和看法的交互过程。它不仅直接传递与风险事件有关的信息，还包括对安全风险事件的关注、意见以及反应。风险沟通方式不当，极易导致公众产生认知上的偏差
风险评价与决策	对安全风险事件发生可能性和影响程度做出主观判断，并采取相关风险应对措施
风险态度	个人或组织对安全风险事件的看法、态度和认知，是对风险事件所采取的一种比较稳定、持久的心理结构。风险态度作为公众内在的心理动力，会引发相应的风险应对行为，直接影响风险感知水平
风险应对行为	指的是对风险事件采取的风险控制措施，风险态度和风险知觉对风险应对行为起到正向预测和导向作用

5.6.2 风险感知偏差机理概念建模基础

风险感知偏差即客观风险与主观风险之间的偏差，根据有限理性理论，人在对客观事件进行主观建构过程中（信息的获取、加工与输出），无法排除各种因素的干扰，都会产生与事实本身、标准或规则间的某种差别和偏离（或偏离的倾向和趋势）。

1. 风险感知偏差形成阶段划分

风险感知偏差产生于风险感知过程之中，因此，根据风险感知过程的划分，可将风险感知偏差的形成阶段划分为风险感知信息的识别与收集、编辑与处理、评估与决策。

（1）风险感知信息识别与收集。借鉴个人行为决策"技能-规则-知识"架构，可划分风险感知信息识别与收集的三条路径：以技能为基础的风险感知信息收集、以规则为基础的风险感知信息收集和以知识为基础的风险感知信息收集。由于风险信息的广泛性、个体感知能力的有限性（风险知识、风险感知技能的不足），以及组织规则与组织文化的影响，个体在感知风险时总是有选择性地获取风险信息。

（2）风险感知信息编辑与处理。个体按照"技能-规则-知识"架构对特定风险信息进行简化与编码，此过程因受个体情感和心理等主观因素的影响、控制和限制而出现风险感知偏差现象。个体在根据风险信息判断风险事件发生的可能性与损失程度时，往往是以实际（或思维抽象的实际）的某个参考点为依据，参考点的选择决定风险感知偏差的大小和趋势，并影响个体风险决策。

（3）风险感知信息评估与决策。根据风险信息简化和编码结果，合并不确定性相同的风险信息，并根据风险感知结构，将其分解为无风险因素（风险事件发生时间、空间、概率、损失程度等满足个体接受水平）和风险因素（风险事件发生时间、空间、概率、损失程度等不满足个体接受水平）。由于风险感知活动具有自下而上和自上而下的特点，风险信息评估与决策阶段的感知偏差还会对风险信息的收集与处理产生影响，该过程可能出现与理性人不同的心理感知特征。

2. 风险感知偏差形成原因

风险感知偏差的形成既有个体心理方面的因素（内因），又有组织方面（外因）的因素。

（1）感知偏差产生的内因——个体心理机制。基于心理学视角，风险感知偏差产生的内因主要是指个体的心理机制，包括简捷化直觉、心理情境因素和心理距离。

1）简捷化直觉的影响。直觉是没有经过逻辑推理而直接产生的判断。直觉可能产生正面效应，但安全科学领域关注的是由于人的直觉而导致的偏差。简捷化直觉是个体在风险感知过程中，当遇到风险信息过度或不足的影响时所采用的提取有价值风险信息并做出风险直觉判断的方式，感知主体的知识、经验决定着风险直觉水平的高低。此外，在简捷化直觉过程中存在直觉思维陷阱，导致感知者在利用其经验进行风险感知时出现偏差。

2）心理情境因素的影响。风险信息的刺激作用在很大程度上取决于感知者心理情境，即感知者并不是孤立地去感知某个事件，而是根据他所处的心理情境去认识与抽象风险信息。基于社会心理学的对比效应、初始效应、近因效应和刻板印象（表5-12），在不同情况下，同一个人对同一风险信息的感知可能会完全不同。

表 5-12　风险感知偏差的心理情境影响因素和释义

情境影响因素	因　素　释　义
对比效应影响	个体通过风险信息的对比获取感知信息，在此过程中，由于选取参照点（过高或过低）的原因，个体就会犯对比效应的错误，从而产生感知偏差
初始效应影响	风险信息出现的先后顺序会对风险感知和决策产生不同的影响，进而产生初始效应。例如，对于连续出现的风险信息，顺序靠前的比靠后的对人们的风险感知影响更大
近因效应影响	与初始效应相对，人们能够更加清楚地记住最后出现的风险信息而不是最先出现的风险信息，后出现的风险信息比先出现的风险信息对风险感知的影响更大，进而可能产生风险感知偏差
刻板印象影响	这是个体对某一类风险事件的一般特征持有的僵化思维和印象。这种思维往往不准确，过于泛化，忽略风险信息之间的差异，导致个体出现感知判断偏差。尤其是在风险社会背景下，由于公众对风险事件的特征感到陌生，很可能依赖刻板印象进行风险感知

3）心理距离影响。认知心理学指出，个体的感知是基于对事物的建构而非客观事物的本身，其建构过程不仅取决于感知对象的实体属性，还取决于建构主体对客体的心理距离（即在一个抽象的心理空间中所感知到的客体的远近），而个体对特定事件的建构层次随着心理距离的远近而发

生系统性改变。因此，个体在感知、预测与评价过程中很难进行完全意义上的理性思考。

个体通常最重视对"立即发生（时间-立即性（此时）、空间-相近性（此地）、概率-确定性（确定）、风险-切身相关性（本人））"风险事件的建构，事实上，个体需要面对的绝大部分风险事件都不是立即发生的，而是在一定时间后（时间维度）、以一定概率（概率维度）、发生在一定位置（空间维度）、影响特定人群（社会性维度）。根据心理距离理论和解释水平理论，概率维度、时间维度、空间维度和社会性维度虽然各具特性，但在心理距离上具有统一性，都属于心理距离属性，即这些因素共同决定风险感知，这也是统一上述多重维度的本质原因和理论基础。根据上述分析，建立风险感知偏差心理距离模型如图 5-25 所示，各维度内涵见表 5-13。

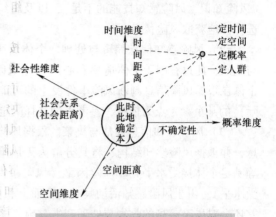

图 5-25　风险感知偏差心理距离模型

表 5-13　风险感知偏差心理距离模型各维度内涵

维　　度	维 度 内 涵
概率维度 （不确定性）	风险事件不确定性感知可分为影响程度大小（影响程度）、可控-不可控（可控性）、熟悉-陌生程度（熟悉性）、发生可能性大小（可能性）、结果严重性大小（严重性）、持续时间短-持续时间长（持续性）等方面的不确定性。根据心理距离理论，概率维度上越远（即不确定性越小）的事件越不被重视，人们只关心有可能发生的事件（这取决于风险事件发生的客观规律同时还取决于个人的质疑、认知和主观判断）
时间维度 （时间距离）	风险事件具有即时性或远时性，时间距离以"此刻"为参照点，是个体对风险事件发生时间远近的知觉。心理距离研究发现，人们对风险严重性的判断通常随时间的延迟而减弱，即对时间距离越远的事物所感知的不确定性越大，对其进行心理表征和评价时更加模糊与抽象，因而越不受重视。时间距离越近时，人们更容易做出行为上的判断，进而采取有效的风险应对行为
空间维度 （空间距离）	空间距离以"此地"为参照点，是指个体对空间远近的知觉。由于风险事件的物理空间属性，空间距离将影响人们的风险感知和判断。人们通常认为空间距离越远的风险事件发生的概率越小，因此就会从主观上弱化对该风险的感知和判断（即便环境风险已经存在）。空间距离在弱化对风险事件危害程度感知的同时也减弱了对危害发生的可能性的感知，即弱化了主观风险的感知水平
社会性维度 （社会距离）	指两者之间的社会距离（即社会关系，如血缘关系的亲疏、种族、文化背景、地缘关系等），其参照原点（零距离点）是本人。社会伦理学家研究发现，社会距离越远，个体对他人面对的事情的重视程度越低，即对发生在他人身上的事件（或涉及他人的事件）的重视程度越弱。类似地，在风险领域面对如此复杂的社会关系，风险感知也会涉及社会伦理方面，人们所做出的风险感知判断和风险应对决策也会随着社会距离的远近有所改变
原点	定义零距离点作为风险感知维度框架的原点（即四个维度的交汇点），表示"此时、此地、确定、本人"，从这个原点对应四个维度衍生四根轴线，各维度距离的增加会影响个体风险感知的变化

（2）感知偏差产生的外因——组织因素。个体风险感知偏差的外在原因（本节主要从组织层面剖析）有以下几个方面：①组织赋予个体不同的角色（如基层操作工、班组长、车间组长、安全分管领导等）决定个体不同的风险感知；②组织文化对个体风险感知偏差的影响，不同的组织文化背景下个体的感知方式会有所不同，这些不同就会导致个体的认知偏差；③组织的决策失误（如不作为、错误刺激、指令、决策等）导致个体的风险感知出现偏差；④组织制定的风险感知偏

差干预措施失效。

3. 风险感知偏差放大与干预

风险沟通无效或不当造成公众不能做出正确的风险感知、决策和行为，由于涟漪效应的作用，个体风险感知偏差进一步放大为团体风险感知偏差、社会感知偏差。风险事件影响范围不断放大，由直接受害人、间接受害人波及相关单位，到最后涉及整个社会。上述涟漪效应的深度与广度取决于风险事件本身的性质（如危害程度、方式、性质等）和公众对风险信息的感知、沟通、评价与控制。

控制公众风险感知偏差可以有效避免不安全行为的发生，并可帮助公众在现实生活中更好地实现风险感知和决策。但人们通常都很难认识到或承认自己的感知偏差，从风险感知偏差的形成原因可以看出，风险感知偏差的干预需要个体自身和组织的协同配合。基于此，从"个体"和"组织"两个维度提出风险感知偏差的干预对策：①个体维度-自助，即公众对风险感知偏差的自我调节，如自助学习、参加培训、吸取经验，风险意识、风险知识、风险态度、风险意愿、风险偏好等的自我评估与提升等；②组织维度-他助，即组织对个体风险感知进行专业干预，如教育培训、风险情景模拟、行为观察等。

5.6.3 风险感知偏差机理概念建模

风险感知偏差概念模型以形式化的方法揭示风险感知偏差的主要概念、定义以及它们之间的逻辑关系，是对风险感知偏差理论研究对象和内容的第一次抽象与假设，它将零散的、非结构化的风险感知知识转换为系统的、结构化的与可读性强的基础理论知识，为后续研究的开展奠定良好的知识表达基础。基于上述分析，构建风险感知偏差机理概念模型，如图 5-26 所示。

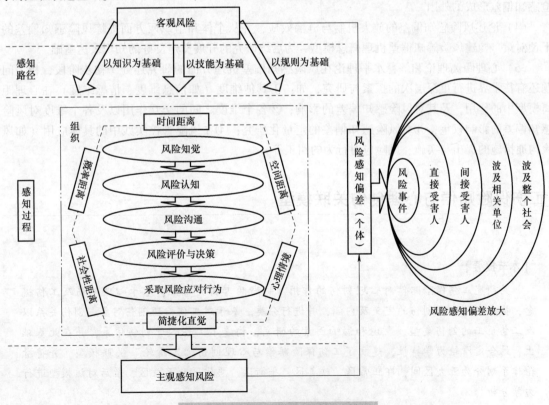

图 5-26 风险感知偏差机理概念模型

　　风险感知偏差机理概念模型可为有效开展风险沟通与风险管理提供理论依据和现实指导，针对公众通常对小概率高风险事件的感知程度偏高（造成社会恐慌），对大概率低风险事件的感知程度偏低（忽视风险事件），可通过调整时间维度、空间维度和社会性维度（改变时间距离、空间距离和社会性距离）来改变公众所感知到的风险水平。例如，生态环境破坏是导致极端气候变化的一大原因，而环境保护需要公众的参与和支持，但由于个体风险感知心理距离的存在，导致公众忽视自己的行为对环境保护的影响，换言之，对生态灾难与气候变化的危害性风险感知存在偏差，如与我无关（社会性距离）、不会对我产生危害（空间距离）、那是几代人以后的事（时间距离）。针对这种情况，基于风险感知偏差机理概念模型，可以采取科教宣传、实地考察等措施，缩小公众对气候变化危害性风险感知的偏差，使公众积极参与环境保护，预防气候极端变化。

5.6.4　结论

　　（1）提炼并解析了与风险感知偏差机理相关的风险知觉、风险认知、风险沟通、风险评价与决策、风险态度与风险应对行为等核心概念。

　　（2）根据风险感知过程的划分，将风险感知偏差的形成阶段划分为风险感知信息的识别与收集、编辑与处理、评估与决策，并论述各阶段感知偏差因素。

　　（3）从简捷化直觉、心理情境因素（对比效应、初始效应、近因效应和刻板印象）和心理距离三方面探析风险感知偏差形成的个体心理机制，构建由时间维度（时间距离）、空间维度（空间距离）、概率维度（不确定性）、社会性维度（社会距离）、原点构成的风险感知偏差心理距离模型，并阐释各维度内涵。从组织赋予个体的角色、组织文化、组织决策与组织干预四方面提炼风险感知偏差形成的外因。

　　（4）论述风险感知偏差的放大机制与涟漪效应，并从个体和组织两方面提炼风险感知偏差的干预对策。构建风险感知偏差机理概念模型，为后续研究的开展奠定良好的知识表达基础。

　　（5）心理距离理论和解释水平理论在风险感知偏差机理方面的研究还处于初步阶段，相关问题还有待学界进行更深层次的探索与研究，如：①其他维度（如信息维度、情感维度）在心理距离模型中的作用，及其对风险感知偏差的影响；②各个维度之间的交互作用以及各个维度对风险感知偏差的影响权重；③对风险感知偏差的定量化研究；④在风险管控实践中的具体应用（如风险沟通措施的提出与实施、风险应对行为的纠正等）。

5.7 工伤保险赔偿与心理创伤关联模型

【本节提要】

　　为研究工伤保险赔偿对心理创伤的作用，明晰两者的关联性；基于心理创伤及工伤概念，提出工伤心理创伤的定义及内涵，并进行分类。基于对工伤心理创伤对象、创伤关系以及工伤员工的创伤类型、表现和影响因素的研究，构建了工伤心理创伤体系，并在此基础上，结合定滑轮力学特性，建立了工伤保险赔偿与心理创伤"定滑轮"关联模型，并将滑轮体系划分为五大区间，即正常区、改善区、平衡区、恶化区和无效区，最后对该模型进行力学分析。

工伤事故的发生不仅给用人单位带来经济损失，影响正常生产活动，而且会给工伤员工造成不同程度的身体和心理创伤。临床发现，心理创伤是造成工伤员工心理问题或创伤后应激障碍的重要原因。我国对工伤员工实行工伤保险赔偿制度，根据员工工伤情况对其进行事后补偿，而忽视了心理层面创伤的赔偿。

国内学者对心理创伤的研究较多，但研究的创伤事件大多为灾难性事件，如地震、火灾等，对工伤事件下心理创伤研究相对较少，而且在心理创伤方面的研究主要集中在创伤成因、表现及干预策略等方面，缺少从心理干预方法与心理创伤相关性角度的细致性研究及关联性建模。鉴于此，以工伤事件下心理创伤为线索，以工伤员工为主要研究对象，构建了工伤事故下心理创伤体系，并借鉴定滑轮力学特性，建立了工伤保险赔偿与心理创伤的"定滑轮"关联模型，该模型将二者作用关系借助作用力来实体化，完成了从无形到有形的转变，目的是借助该模型判断工伤保险赔偿对心理创伤的作用效果，预测心理创伤的变化趋势，减缓创伤，以期完善工伤保险赔偿制度。

本节内容主要选自本书作者与方胜明共同发表的研究论文《心理创伤与工伤保险赔偿关联性研究》[6]。

5.7.1　工伤心理创伤的含义及分类

1. 工伤心理创伤的含义

创伤（Trauma）一词最初来源于希腊语中的"损伤"，一般是指由外界因素造成的身体和心理的伤害，既包括由某种直接的外部力量造成的身体损伤（如交通事故、机械伤害等），也包括由某种强烈的情绪伤害而造成的心理伤害（如失恋、亲人的离去等带来的情绪伤害），通常我们将这类外部力量称为"生活事件"。

《中国精神障碍分类与诊断标准》（第 3 版）将心理创伤的概念界定为："心理创伤是身处危险性环境因素与个体防御技能之间失衡的经历，伴随着无助和无法预料感，并因此持久地对个体及周围世界的理解产生动摇作用。"

基于心理创伤的定义，参考我国法律《工伤保险条例》及相关文献，并结合工伤的相关定义，将工伤心理创伤的定义界定为：工伤心理创伤指的是职工在从事职业活动过程中，在突发性或持续性的工伤事件的作用下，其心理伤害程度超过其可控的最大限度从而破坏其对正常生产生活的适应，最终产生心理障碍或疾病。

工伤心理创伤的内涵为：①工伤心理创伤的对象是职工，即与用人单位存在劳动关系的各种用工形式与用工期限的劳动者；②这里的工伤事件既包含突发性工伤事件，如起重伤害、触电、机械伤害等，也包含那些连续、反复和长期性的工伤事件，如长时间接触粉尘而导致尘肺病、长期在噪声环境下工作患噪声性耳聋等；③需要注意的是并非所有的工伤事件都能够引起心理创伤，且同一工伤事件对不同个体的心理创伤程度不同，这主要取决于这些工伤事件的严重程度以及个体对该事件的易感度。

2. 工伤心理创伤的分类

基于个体对造成心理创伤的工伤事件的接触程度、产生心理创伤的速度以及创伤的来源的不同，将心理创伤进行三种划分，如图 5-27 所示。

（1）基于创伤个体对工伤事件的接触程度划分：

1）直接性心理创伤：指的是工伤事件的直接受害者

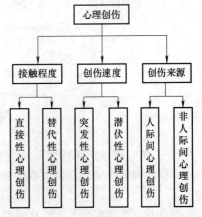

图 5-27　基于工伤视角的心理创伤分类

及家属或者经历生活事件但未受到伤害的经历者、目击者所受到的直接性的心理创伤。

2）替代性心理创伤：指的是救援者或调查者在救援或调查过程中由于长期接触受害者，对受害者所遭受的创伤和处境所产生同感或共情，从而出现严重的身心困扰甚至心理崩溃。

（2）基于创伤事件引起心理创伤的速度划分：

1）突发性心理创伤：指的是由于突发性的工伤事件引起个体产生即时性的心理问题和障碍。例如物体打击、高处坠落等事故引起的心理创伤。

2）潜伏性心理创伤：指的是由于长期、重复或循环发生的工伤事件对个体产生潜在的、逐渐积累的心理伤害，直至超过个体心理承受极限而引发的心理问题。例如尘肺病、慢性中毒等事故引起的心理创伤。

（3）基于心理创伤的来源划分：

1）人际间心理创伤：指的是由于人际间关系的原因导致的工伤事件而引起个体的心理创伤。例如在工作场所、工作时间内，因履行工作职责而遭受暴力等意外伤害。

2）非人际间心理创伤：指的是由于非人际间关系的原因导致的工伤事件所引起的心理创伤。例如意外中毒、火灾等。

5.7.2 工伤心理创伤体系的研究

为明晰工伤事故对心理创伤的作用形式及各类相关人群的心理创伤情况，基于《工伤保险条例》中的相关规定，以工伤事故为起点，以造成的工伤心理创伤为线索，以创伤对象为节点，构建了工伤事故下心理创伤结构层和创伤分析层，建立了工伤心理创伤体系，如图5-28所示。

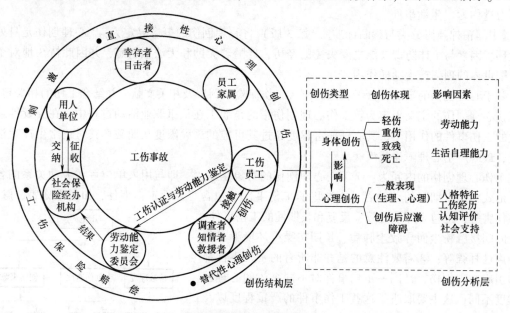

图 5-28　工伤心理创伤体系

1. 工伤心理创伤结构层

工伤心理创伤结构层主要包含创伤对象、创伤关系及工伤保险赔偿的一般流程，具体分析如下：

创伤对象主要有受害员工及家属、幸存者、目击者、知情者、事故调查者及救援者、用人单位。工伤员工及家属是工伤事故的直接承受者，幸存者亲身经历工伤事故，目击者目睹事故过程，他们与事故都有着直接的接触关系，而形成直接性心理创伤。工伤事故知情者、救援者及调查者在对患者进行调查和救援过程中，对其创伤及处境产生共情或同情，故而形成替代性心理创伤。工伤事故的发生对用人单位有一定程度的刺激，具体体现在企业的安全管理与工伤保险两个方面。在安全管理方面，工伤事故的发生会刺激用人单位加强安全管理，改善安全条件，极大程度上减少工伤事故发生；在工伤保险方面，工伤事故会刺激用人单位积极交纳工伤保险费用，利用工伤保险来分担企业风险。

工伤事故发生后，社会保险行政部门对受害员工进行工伤认定，确定为工伤后，向劳动能力鉴定委员会申请劳动能力鉴定，根据劳动能力鉴定结果，参照《工伤保险条例》，确定其工伤保险赔偿值，对工伤员工及家属进行赔偿。

2. 工伤心理创伤分析层

工伤员工是工伤心理创伤体系中受创最严重的群体，存在身体和心理双重伤害，其身体创伤决定了心理创伤，心理创伤又在一定程度上影响身体创伤。

（1）工伤心理创伤的表现。基于心理创伤的严重程度，工伤员工的心理创伤具体有一般生理、心理表现和创伤后应激障碍（PTSD）。

一般生理表现主要有心率加快、血压升高、胃肠功能失调、手脚发凉、呼吸加速等；一般心理表现主要体现在认知、情绪和行为三个层面，认知层面主要表现为注意力不集中、记忆力下降、对外界敏感或无法做出决策等；情绪层面上容易产生激动、焦虑、烦躁、抑郁等负面消极情绪；在行为层面表现为退缩和远离他人、容易受到惊吓、好攻击、易失控。

工伤事故受害者往往会经历严重的身心创伤而患创伤后应激障碍，其主要表现有：①闯入、持续再体验工伤事故情境，如痛苦的回忆、噩梦、幻想等；②躲避和麻木，如逃避使其联想到工伤事故的场景和活动、疏远他人、情绪冷淡等；③警惕性及攻击性提高，如晚上难以入眠、易醒、易动怒、难以集中精神等。

（2）工伤心理创伤的影响因素分析。工伤事故能否造成心理创伤、创伤的严重程度，主要取决于工伤事故的后果及个体对该事故的易感度。参考《工伤保险条例》劳动能力鉴定相关规定，工伤事故后果的严重程度可以根据劳动能力及生活自理能力的损害来考量。工伤事故的严重程度不同，其创伤程度不同。事故严重度较小的事故，对人的创伤较小，且在短时间内人可以自动调节恢复；事故严重度较大的事故对人的心理创伤较大，且在短时间内很难恢复，导致应激障碍的可能性较大。

个体对工伤事故的易感度主要与下列几个因素有关：

1）人格特征。人格特征是不同个体在相同工伤事故情境中产生不同应激方式的重要决定因素，相关研究表明具有神经质和抑郁质倾向的个体，及性格内向和情绪不稳定的个体对工伤事故更敏感，更容易遭受心理创伤，创伤更严重。

2）工伤经历。员工工伤经历的多少与心理创伤严重程度密切相关，个体工伤经历较多，对工伤事故的应对和处理有一定的经验和方法，就能减少心理创伤，降低其严重程度。

3）认知评价。个体对工伤事故的认知评价是决定在创伤事件后是否造成创伤后应激障碍的因素，其中认知分为积极认知和消极认知，积极认知有利于避免和减轻心理创伤，而消极认知则会加剧心理创伤程度。

4）社会支持。社会支持包括家庭环境和社会环境系统，完善的家庭环境和社会环境系统有利于加强工伤员工与外界的沟通交流，有利于消极情绪的排出，减轻工伤员工的心理恐慌，降低其心理创伤严重程度。

5.7.3 工伤保险赔偿与心理创伤关联模型构建

《工伤保险条例》中规定，在进行工伤保险赔偿前要对伤者进行工伤认定与劳动能力鉴定，目的在于评估其劳动能力及生活自理能力，并据此进行分级赔偿。现阶段我国工伤保险赔偿金额的确定主要是根据其身体创伤程度，而忽视了心理创伤层面的赔偿。鉴于此，针对工伤事故心理创伤及工伤保险赔偿之间的关联性展开研究，以期完善现有的工伤保险赔偿制度。

1. 模型的构建

该模型将心理创伤与工伤保险赔偿看作定滑轮两端连接的重物，借鉴定滑轮力学知识，将心理创伤的严重程度用 $G_{心创}$ 表示，将工伤保险赔偿力度定义为 $F_{赔偿}$，并依据两者之间的平衡关系，将工伤保险赔偿对心理创伤的作用划分为五大区间，即正常区、改善区、平衡区、恶化区和无效区，并分别存在相对应的赔偿区间，如图 5-29 所示。

基于心理创伤影响因素分析可知，受害员工心理创伤严重程度（$G_{心创}$）主要取决于工伤事故严重程度（X_1）、人格特征（X_2）、工伤经历（X_3）、认知评价（X_4）、社会支持（X_5）等因素，因此 $G_{心创}$ 是多种因素共同作用下的结果，即 $G_{心创} = G(X_1, X_2, X_3, X_4, X_5)$。鉴于此，在心理创伤评估时劳动能力鉴定委员会必须联合心理专家组，综合考虑以上各方面因素，准确测得其心理创伤严重程度 $G_{心创}$。

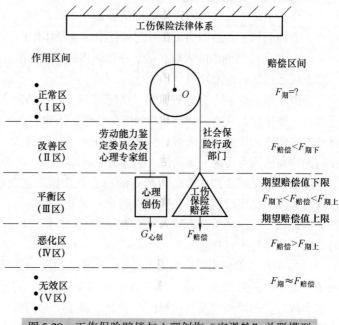

图 5-29　工伤保险赔偿与心理创伤"定滑轮"关联模型

工伤保险赔偿 $F_{赔偿}$ 是经办机构依据《工伤保险条例》中相关规定而进行核定，然而不同的心理创伤程度 $G_{心创}$ 都存在相应的工伤保险赔偿的期望值区间，即任一 $G_{心创}$ 都具有相对应的 $F_{期}$（如程序员和油漆工对同等程度手指伤残的期望赔偿值不同），其上限为期望工伤保险赔偿上限 $F_{期上}$，下限为期望工伤保险赔偿下限 $F_{期下}$。

2. 区间划分

工伤保险赔偿对心理创伤的作用区间与赔偿区间主要是依据 $G_{心创}$、$F_{期}$、$F_{赔偿}$ 三者大小关系来进行划分，具体划分见表 5-14。

表 5-14　作用区间划分表

区间	$G_{心创}$、$F_{赔偿}$	$F_{期}$、$F_{赔偿}$	区间含义
正常区	$G_{心创}=0$ 或 $G_{心创}\approx 0$	$F_{期}\approx F_{赔偿}$	无心理创伤或创伤轻微，在短时间内可自动调节恢复，工伤保险赔偿仅需满足其身体创伤所需补偿值即可
改善区	$F_{赔偿} > G_{心创}$	$F_{赔偿} > F_{期上}$	工伤保险赔偿超过了其期望值上限，工伤员工获得超过预期的补偿，心理创伤得到明显的改善

（续）

区 间	$F_{心创}$、$F_{赔偿}$	$F_{期}$、$F_{赔偿}$	区 间 含 义
平衡区	$F_{赔偿} = G_{心创}$	$F_{期下} < F_{赔偿} < F_{期上}$	工伤保险赔偿达到受伤员工期望值，心理创伤不会恶化和明显改善，工伤保险赔偿对心理创伤的作用不明显
恶化区	$F_{赔偿} < G_{心创}$	$F_{赔偿} < F_{期下}$	工伤保险赔偿值低于其期望赔偿值下限，未得到预期赔偿，会产生失望、沮丧等消极情绪，可能会造成二次创伤，心理创伤恶化
无效区	$G_{心创} \rightarrow +\infty$	$F_{期} = ?$	员工心理创伤极大，直接触发精神疾病，或工伤导致其死亡、失去意识等，其期望工伤赔偿值无法确定

3. "定滑轮"模型力学分析

工伤保险法律体系是整个"定滑轮"存在的前提和力的承受者，换言之，即心理创伤的分析评估和工伤保险赔偿金额的划分必须建立在合理健全的工伤保险法律体系基础上。

根据定滑轮力学性质，滑轮体系中心理创伤具备三种运动状态：平衡态、向上运动和向下运动。

（1）平衡态。当$F_{赔偿} = G_{心创}$时，定滑轮两侧作用力等大，整个滑轮体系处于平衡状态。此时，心理创伤定于平衡区，即工伤保险赔偿值在员工期望赔偿值区间内（$F_{期下} < F_{赔偿} < F_{期上}$）。该状态下工伤员工心理创伤没有明显改善，但不会恶化，工伤保险赔偿的补偿作用不显著，但如果不及时对患者进行心理创伤干预或增加工伤保险赔偿侧作用力，可能会造成该体系失衡，造成二次创伤。

（2）向上运动。当$F_{赔偿} > G_{心创}$时，工伤赔偿较心理创伤侧作用力大，整个滑轮左轻右重，滑轮处于失衡状态，左侧向上运动，即心理创伤逐渐好转。右侧下降，即工伤保险赔偿值超过其期望值上限（$F_{赔偿} > F_{期上}$）。该状态下心理创伤会上升至改善区，表明工伤保险赔偿值对员工心理创伤的补偿作用较为明显，能够有效改善创伤度。

（3）向下运动。当$F_{赔偿} < G_{心创}$时，工伤员工的心理创伤程度较工伤保险赔偿作用力大。整个滑轮左重右轻，左侧向下运动，即心理创伤逐渐恶化。右侧上升，即工伤保险赔偿值低于其期望值下限（$F_{赔偿} < F_{期下}$）。该状态下心理创伤会下降至恶化区，表明由于工伤保险赔偿未达到其期望赔偿值而对患者造成二次创伤，心理创伤恶化。

4. "定滑轮"模型的现实意义

（1）工伤保险法律体系是整个"定滑轮"体系力的最终承受者，因此，为了更好地发挥工伤保险赔偿对工伤事故的赔偿作用，保护受害员工自身利益，维持整个体系良性发展，必须完善立法，建立公平合理的工伤保险法律体系。

（2）由"定滑轮"模型可知，要判断工伤保险赔偿对心理创伤的作用，即比较滑轮两侧作用力大小，必须保证心理创伤严重度评价的准确性及期望赔偿。鉴于此，劳动能力鉴定委员会必须联合心理专家小组精确评估心理创伤严重程度$G_{心创}$，并确定所对应的工伤保险赔偿期望值区间$\left[F_{期下}, F_{期上} \right]$。

（3）由"定滑轮"力学分析可知，工伤保险赔偿值$F_{赔偿}$的确定合理与否直接决定了滑轮的运动状态，工伤保险赔偿的最终目的是减轻受害者心理创伤，使患者心理创伤定位于改善区（Ⅱ区），因此在核定工伤保险赔偿时，社会保险经办机构可以采用调查、统计等手段，参考员工对赔偿的期望值区间来进行赔偿值的划定，避免由于赔偿不合理而对受害者造成二次创伤。

5.7.4 结论

（1）基于心理创伤及工伤概念，提出了工伤心理创伤的定义及内涵，并基于工伤的视角，依据与将工伤事故接触程度、产生创伤的速度及创伤来源将工伤心理创伤进行了分类。基于工伤心理创伤所涉及的对象及其关系的研究，构建了工伤心理创伤体系，以图形的形式直观表达了体系内各对象间的联系，并对工伤员工的心理创伤进行了详细的研究分析。

（2）将物理学中"定滑轮"模型作为工伤保险赔偿与心理创伤的关联模型，利用了力学准确、严谨、逻辑性强等特点，体现了研究的严谨性与科学性，并利用力的平衡关系，进行了作用区间的细分，便于对心理创伤程度的准确定位。

（3）借鉴力学中的受力分析，对心理创伤三种变化状态的存在条件及发展趋势进行分析，有利于及时地掌握工伤员工的心理创伤的变化情况，有效控制其心理创伤的恶化。

（4）"定滑轮"模型不仅形象化表示了工伤保险赔偿对心理创伤的作用，可以对两者间的作用关系进行定性分析，而且可以借助此模型完善工伤保险赔偿制度，但该模型还处于理论阶段，其心理创伤严重度的评估还缺乏客观、可靠的数据支持，有待进一步地深入研究。

本章参考文献

［1］黄浪．理论安全模型的构建原理与新模型的创建研究［D］．长沙：中南大学，2018.

［2］王秉，吴超．安全信息视阈下 FDA 事故致因模型的构造与演绎［J］．情报杂志，2018，37（4）：120-127，146.

［3］黄浪，吴超，王秉．基于熵理论的重大事故复杂链式演化机理及其建模［J］．中国安全生产科学技术，2016，12（5）：10-15.

［4］黄浪，吴超，杨冕，等．基于能量流系统的事故致因与预防模型构建［J］．中国安全生产科学技术，2016，12（7）：55-59.

［5］黄浪，吴超．风险感知偏差机理概念模型构建研究［J］．自然灾害学报，2017，26（1）：60-66.

［6］方胜明，吴超．心理创伤与工伤保险赔偿关联性研究［J］．中国安全科学学报，2016，26（11）：37-42.

第6章
行为安全管理新模型

6.1 | 行为安全管理元模型

【本节提要】

为明晰行为安全管理研究实践的基本框架，从而为行为安全管理提供新的思路、依据和方法，针对已有的行为安全模型所存在的缺陷，对行为安全管理元模型开展构造与演绎研究。首先，直接从安全行为本体出发，结合心理学与行为科学相关知识，构造行为安全管理元模型。其次，详细剖析行为安全管理元模型的基本内涵，并提出行为安全管理元模型的两层重要的延伸内涵（即安全行为信息的"长尾"理论与安全管理的"二阶段"论）。最后，扼要概述行为安全管理元模型的应用价值。

由于绝大多数事故都是人因事故，近年来，安全管理学研究实践表现出明显的"行为学化"趋势。正因为如此，行为安全学派是20多年来安全管理学界的主流，且行为安全管理原理与方法已取得广泛而显著的应用成效。

管理模型可为管理方案设计与实施提供有效的理论依据和思路方法，管理模型化是现代管理学的主要特征和发展趋势之一。显然，模型化特征与发展趋势也显著显现于现代安全管理研究实践中，如众多事故致因模型就是典型的安全管理模型。其实，行为安全管理模型也层出不穷，较具代表性的已有行为安全管理模型可大致分为两大类：基于个体信息处理的人失误模型与综合型（即同时涉及个体与组织两个层面的行为因素）行为安全模型。但令人遗憾的是，上述模型至少存在以下四点值得进一步商榷和改进的地方：①均以事故为结果事件分析人因，这既不利于解决部分对组织安全绩效有负面影响但尚未导致事故发生的人因，也不利于从人因改善方面正面促进组织安全绩效的提升；②第一类模型以个体风险感知为主线，仅侧重于分析个体行为失误，但尚未涉及组织层面的人因，而诸多研究表明，安全管理失败的根本原因是组织层面的因素；③尽管第二类模型同时涉及个体与组织两个层面的行为因素，但各行为因素间缺乏严密的逻辑关系；④均未直接从安全行为本身出发探讨安全行为产生及作用的完整过程和机理，即未对行为安全管理元模型开展研究。由此可见，已有的行为安全模型仍存在诸多不足，极有必要进一步探索构造新的行为安全管理模型。

鉴于此，针对已有的行为安全模型存在的缺陷，以组织系统安全绩效的变化为结果事件，直接从安全行为本体出发，结合心理学与行为科学相关知识，运用严密的逻辑推理思维，统御个体与组织两层面的安全行为因素，构造行为安全管理元模型，以期为行为安全管理研究实践提供新思路、新理论、新疆域和新方法。

本节内容主要选自本书作者发表的研究论文《行为安全管理元模型研究》[1]。

6.1.1 行为安全管理元模型的构造

1. 模型的构建

构造某模型的基本思路是保障所构建的模型科学而适用的前提。在此，以某一具体组织系统（如企业及其子部门）为对象，以组织系统安全绩效的变化为结果事件，以探求行为主体的安全行为的产生机理、作用过程、行为结果及处置方式（即行为安全管理的基本思路和流程）等为目的，直接从安全行为本体出发，结合心理学与行为科学相关知识，运用严密的逻辑推理思维，融合对人（包括个体与组织）的安全行为有重要影响的因素，构建行为安全管理元模型，如图 6-1 所示。需说明的是，在该模型中，为区别于其他组织系统，不妨将模型中选定的某一具体组织系统称为自组织系统，而将其他组织系统统称为他组织系统（如家庭、社会或政府安监部门等）。

此外，为进一步明晰所构造的行为安全管理元模型的科学性、有效性和适用性，有必要对以某一具体组织系统为对象、以组织系统安全绩效的变化为结果事件和直接从安全行为本体出发的原因进行扼要说明，具体如下：

（1）以某一具体组织系统为对象的原因。具体包括：①限定或圈定研究和讨论的范围，以便于具体问题的分析与探讨；②行为安全管理的直接目的是预防人因事故，而就发生学角度而言，任何事故均发生在组织系统（包括所有社会组织）之中，故须将事故置于某一具体组织系统之中来分析其人为原因；③就（安全）管理学角度而言，人（包括个体人与组织人）的所有安全行为活动都在组织系统之中进行。

（2）以组织系统安全绩效的变化为结果事件的原因。在传统的行为安全管理研究中，均以事故为结果事件分析人因，这既不利于解决部分对组织安全绩效有负面影响但尚未导致事故发生的人因，也不利于从人因改善方面正面促进组织安全绩效的提升。反之，若以组织系统安全绩效的变化为结果事件分析人因，可全面分析对组织系统安全绩效有负面影响的所有人因因素（包括对组织系统安全绩效有负面影响但尚未导致事故发生的人因因素），也有利于从人因改善方面正面促进组织系统安全绩效的提升。

（3）直接从安全行为本体出发的原因。具体包括：①人因事故的直接原因是人的不安全行为，唯有直接从安全行为本体出发，才可导出人的不安全行为产生的一般机理及其干预策略；②行为安全管理的直接管理对象是人的安全行为，"安全行为"理应是行为安全管理的元概念，因而，行为安全管理元模型的构造需直接以行为安全管理的元概念（即安全行为）为逻辑起点；③就事故致因角度而言，个体人或组织人的安全行为活动过程就是人因事故的发生、发展与演变等过程。

2. 模型的构成要素

由图 6-1 易知，行为安全管理元模型由个体人、组织人、安全人性、个体安全文化、组织安全文化、内隐安全行为与外显安全行为等若干要素构成。在此，对各构成要素的含义分别进行扼要说明：

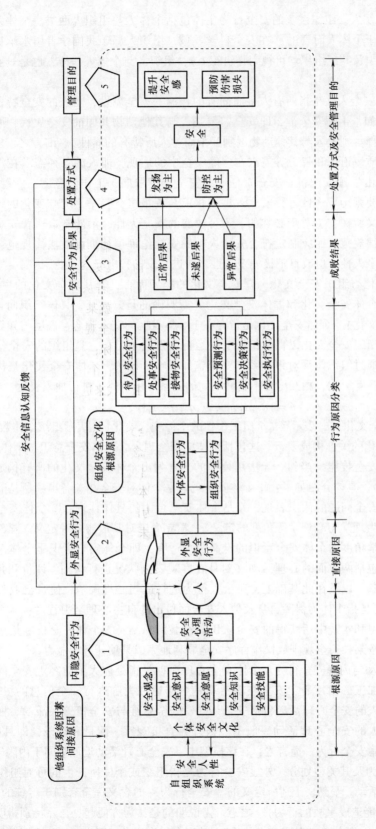

图 6-1　行为安全管理元模型（BBS-3M）

（1）个体人与组织人。组织系统的安全行为主体包括个体人与组织人两类。个体人即组织个体，而组织人是相对于个体人而言的（在安全科学领域，组织人源于我国学者田水承提出的第三类危险源理论，如组织及其子组织均可视为是组织人），组织人与个体人一样，也是具有安全行为能力的"生命体"。

（2）安全人性。安全人性是指所有人生而固有的普遍的安全属性，是人的安全特性与人的动物安全属性之和（例如，生理安全欲，即安全需要是人与其他动物共同的安全属性，而安全责任心与人的理性安全选择等则是人与其他动物区别开来而为人所特有的属性）。细言之，安全人性主要是指人的精神、物质、道德和智力等需求在保障安全中的体现，即人的各种需求在涉及安全问题时人的本能反应，由生理安全欲、安全责任心、安全价值取向、工作满意度、好胜心、惰性、疲劳与随意性等多种要素构成。此外，安全人性有积极与消极之分，是不变与变化的统一体，这是安全人性研究的意义所在：①对于必然的、不可改变的安全人性，不能制定违背安全人性的安全伦理道德准则或法律规范，而应制定符合安全人性的安全伦理道德准则或法律规范；②对于偶然的、可以改变的安全人性，应改良消极安全人性，增进与发扬积极安全人性。

（3）个体安全文化与组织安全文化。就安全文化的类型而言，若从安全文化的主体来划分，可将安全文化划分为个体安全文化和群体安全文化（需明确的是，就某一具体组织而言，群体安全文化即为组织安全文化）。个体安全文化是指存在于个体身上的安全观念、态度与知识等个体安全素质要素的总和。组织安全文化以保障组织安全运行和发展为目标，是组织的安全价值观与安全行为规范的集合，通过组织体系对组织系统安全施加影响。显然，个体安全文化是构成组织安全文化的基础，二者相互影响，相互融合，它们之间的关系可用下式来进行抽象表达，即

$$A = \{ a_1, a_2, a_3, \cdots, a_i, \cdots, a_n \} \tag{6-1}$$

式中，A 表示组织安全文化；a_i 表示第 i 个组织个体的个体安全文化；n 表示组织个体数。

（4）个体安全文化的关键构成要素。这包括个体的安全观念、个体安全意识、个体安全意愿、个体安全知识与个体安全技能（当然，无法用列举的方式列出个体安全文化的所有构成要素，这里仅列出其关键要素）。具体介绍如下：①个体安全观念是个体对安全相关各事项所持有的认识和看法，它既是个体对安全问题的认识表现，又是个体安全行为的具体体现；②个体安全意识存在诸多定义（如哲学、生理学与心理学等角度的定义），学界尚未对其形成统一定义。显然，在该模型中，心理学与行为学角度的个体安全意识的定义更为适宜，即个体安全意识是个体对待安全问题的心理觉知，主要包括两方面的心理活动（对外在客观安全状况进行认知、评价和判断，即对危险因素的警觉和戒备，以及在此基础上，对个人行为进行适当心理调节，使自己或他人免受伤害）；③个体安全意愿是指个体为保障自身及他人安全而付出的自主心理努力程度；④个体安全知识是指个体在安全学习和实践中所获得的安全认识和经验的总结；⑤个体安全技能是指个体在练习的基础上形成的，按某种安全规则或操作程序安全顺利地完成某项任务的能力。

（5）安全心理活动与内隐安全行为。个体安全心理活动是指个体大脑对客观安全问题的反映过程。若从安全信息加工的角度看，安全心理活动是个体通过大脑进行安全信息的摄取、储存、编码和提取的活动。人的安全心理活动包括安全认知、安全思维与安全情感等活动。根据现代心理学研究习惯，由于人的安全心理活动一般不能被外界直接观察、测量和记录，即具有隐蔽性，故习惯于将其称为内隐安全行为。简言之，在该模型中，安全心理活动近似等同于内隐安全行为。

（6）外显安全行为及其类型划分。外显安全行为是指组织或个体所产生的可对组织安全绩效产生影响的外在行为活动。显然，上述所定义的"安全行为"的含义完全有别于传统的"安全/不安全行为（不会/有可能造成事故的行为）"之意。需说明的是，为方便起见，除特别指明外，本节所提及的"安全行为"一般均指"外显安全行为"。就安全行为的类型而言，可从不同角度对其类型

进行划分，见表6-1。显然，表6-1中对安全行为类型的划分十分契合组织行为安全管理实际。

表 6-1　安全行为的类型划分

分 类 依 据	类　　型	具 体 解 释
不同的行为主体	组织人安全行为	组织为预防组织发生事故和实现组织安全目标而做出的现实反应，如安全投入行为等
	个体人安全行为	个体在任务执行过程中为实现安全目标而做出的现实反应，如安全遵从行为和安全参与行为等
不同的行为活动内容与目的	安全预测行为	安全行为主体对某一系统未来的安全状态做出推断和估计的行为
	安全决策行为	安全行为主体根据某一系统的安全预测信息，对系统未来安全状态的控制与优化方案或策略做出决定的行为
	安全执行行为	安全行为主体根据某一系统的安全决策信息，对系统未来安全状态的控制与优化方案或策略进行落实的行为
不同的行为目标对象	待人安全行为	安全行为主体对保障自身或他人安全方面的行为反应，如个体层面的对保护自身或他人免受伤害的行为等，及组织层面的对组织成员的安全保护行为或对肇事者的处置行为等
	处事安全行为	安全行为主体在处理安全相关事务中的行为反应，如安全沟通与安全教育等行为
	接物安全行为	安全行为主体在免除"物的不安全状态"方面的行为反应，如个体层面的个体安全防护行为及对设施设备的操作行为等，及组织层面的安全功能设计、技术更新与设施设备淘汰等

（7）安全行为后果。安全行为后果包括正常后果、未遂后果和异常后果三种基本类型。理论而言，安全行为的作用结果可能会对组织安全绩效产生三种影响，即正面影响（促进组织安全绩效提升）、负面影响（降低组织安全绩效或阻碍组织安全绩效提升）或无影响（对组织安全绩效基本无影响）。基于此，并根据实际中安全行为的作用结果对组织安全绩效的影响是否真正已发生，可将安全行为后果划分为正常后果、未遂后果和异常后果三种基本类型：①正常后果是指对组织安全绩效所产生的影响是正面影响或无影响的安全行为结果（如遵章守纪或积极的安全参与行为）；②未遂后果是指实际中尚未发生的，但理论上会对组织安全绩效产生负面影响的安全行为结果（如未遂事故）；③异常后果是指实际中已发生的理论上会对组织安全绩效产生负面影响的安全行为结果（如已发生的事故）。

（8）安全行为结果的处置方式。处置方式主要包括"发扬为主"与"防控为主"两种。概括而言，为确保组织安全绩效不下降，根据安全行为后果对组织安全绩效所产生影响的不同，可对安全行为后果采取两种处置方式（即"发扬为主"与"防控为主"）：①对正常后果，特别是对组织安全绩效会产生积极影响的正常后果，应采取"发扬为主"的处置方式，以保持良好的组织安全绩效或促进组织安全绩效的进一步提升；②对未遂后果和异常后果应及时分析原因，并在此基础上，采取多种有效措施进行防控，即应采取"防控为主"的处置方式，以避免其对组织安全再次产生负面影响。

（9）安全管理目的。安全管理目的包括预防伤害损失与提升安全感两个基本目的。在该模型中，将组织（行为）安全管理的目的概括为两方面，即预防伤害损失与提升安全感：①在传统的安全管理研究与实践中，人们一致认为，预防事故（即预防因事故造成的伤害损失）是安全管理的直接目的；②就安全管理的延伸目的（或深层目的）而言，它应为组织安全发展提供安全感，即提升组织安全感。所谓组织安全感，从安全学角度看，可分两个层面来理解：①就组织个体而言，组织安全感是指组织成员对可能出现的会对其身心产生伤害的危险有害因素的预感，以及组织成员对可能产生的外界伤害的可控感；②就组织而言，组织安全感是指组织对可能产生的危险有害因素及伤害损失的预感，以及组织应对危险有害因素及其伤害损失时的信心（即有力或无力感）。总而言之，无论组织个体还是组织，组织安全感主要表现为组织个体或组织本身对危险有害因素及伤害损失的确定感与可控感。显而易见，组织安全管理水平直接影响组织安全感的高低，提升组织安全感极为重要（如万祥云等研究指出，企业员工在生产作业过程中获得的安全感，直接影响着员工的生理和心理的变化，以及员工的工作态度和对企业的态度，这一切都将导致员工相关安全行为的改变）。此外，"提升安全感"囊括"预防伤害损失"这一安全管理目的，其内涵与内容更为丰富。

6.1.2 行为安全管理元模型的内涵及应用价值

1. 模型的基本内涵

显而易见，行为安全管理元模型的主体部分是组织系统中的安全行为主体的安全行为的产生及作用过程，即该模型旨在阐明组织系统内的行为安全管理的程式与框架。细言之，可从以下六方面来解析行为安全管理元模型的内涵，具体如下：

（1）个体人或组织人层面的安全行为作用机理。就个体人或组织人而言，其安全行为的基本作用过程是内隐安全行为→外显安全行为→安全行为后果。细言之，内隐安全行为决定外显安全行为，外显安全行为决定安全行为后果。因而，行为安全管理的重点在于内隐安全行为控制，其次是外显安全行为控制。

（2）组织系统层面的安全行为管理内容。显然，组织系统内的完整的安全行为管理内容应包括两方面，即个体人安全行为管理与组织人安全行为管理。简言之，就某一具体组织系统而言，行为安全管理 = 个体人安全行为管理 + 组织人安全行为管理。

（3）行为安全管理的逻辑起点。

1）从正向看，行为安全管理的逻辑起点应是内隐安全行为，即控制人的安全行为源头，以保证人的外显安全行为正确，进而确保安全行为结果正常。

2）从逆向看，行为安全管理的逻辑起点应是安全行为后果，即根据安全行为后果采取相应的处置方式。显然，在实际行为安全管理过程中，需正向、逆向逻辑起点相结合，实施行为安全管理工作。细言之，应根据安全行为后果，并沿着安全行为的基本作用过程内隐安全行为→外显安全行为→安全行为后果，分析内隐安全行为与外显安全行为方面的原因，以避免安全行为后果出现异常情况。

（4）行为安全管理的节点。行为安全管理包括四个关键节点（即内隐安全行为、外显安全行为、安全行为后果与处置方式）和一个辅助节点（管理目的）。显然，上述四个关键节点是行为安全管理的要点，且应按先后次序依次做好防控：①识别不良的内隐安全行为，分析原因并进行早期防控；②识别不良的外显安全行为，分析原因并进行干预或改良；③判别安全行为对组织安全绩效的影响类型，即正常后果、未遂后果和异常后果；④根据安全行为后果的类型，有针对性地采取相应的处置方式（即"发扬为主"的处置方式或"防控为主"的处置方式）；⑤此外，安全行为后果的处置方式选择不仅应以安全行为后果的类型为根本依据，同时还应考虑安全管理目的，简言之，需将安全行为后果的类型与安全管理目的相结合，来选择和实施相应的安全行为后果的处置方式。

（5）安全信息认知反馈环节。这是组织系统的行为安全管理的重要环节。安全行为后果及其处置方式会通过安全信息形式反馈于安全行为主体，以促进安全行为主体完善或改良自身的内隐安全行为与外显安全行为，这是行为安全管理发挥作用的基本原理。

（6）行为安全管理失败的直接原因、根源原因与间接原因。由图 6-1 可知，根据行为安全管理元模型,可清晰地划分行为安全管理失败的原因,具体见表6-2。

表6-2 行为安全管理失败的原因

原因类型	原因定位	备注说明
直接原因	外显安全行为	由于外显安全行为直接导致不同的安全行为后果,因此,外显安全行为应是行为安全管理失败的直接原因。此外,根据安全行为的类型还可对行为安全管理失败的直接原因进行分类,此处不再赘述
根源原因	安全文化缺失	诸多研究一致认为,事故的根源原因是安全文化。基于此,在该模型中,分两方面来剖析行为安全管理失败的根源原因:①就个体人而言,其安全行为后果出现异常情况的根源原因是个体安全文化缺失;②就组织人而言,其安全行为结果出现异常情况的根源原因是组织安全文化缺失。此外,需特别说明的是,个体安全文化与组织安全文化相互影响,且个体安全文化主要由组织安全文化来决定。因此,概括而言,行为安全管理失败的根源原因主要是组织安全文化缺失
间接原因	他组织系统影响	就某一具体组织系统而言,其行为主体的安全行为必还受他系统的影响(如就企业而言,其安全行为受政府安监部门、安全中介机构与社会系统等影响),这可被视为行为安全管理失败的间接原因,这里不再详述

2. 模型的延伸内涵

除基本内涵外,行为安全管理元模型还具有两层重要的延伸内涵。具体言之,可基于行为安全管理元模型,提出两个具有前瞻性与时代性的安全管理理论,即安全行为信息的"长尾"理论与安全管理的"二阶段"论。

(1)安全行为信息的"长尾"理论。信息是一切管理活动的基础和依据。同理,就行为安全管理而言,其实质也是对安全行为信息(如人员基本信息与行为观察记录信息)的管理。显然,根据安全行为后果的类型,即正常后果、未遂后果和异常后果,可将安全行为信息划分为正常后果型安全行为信息、未遂后果型安全行为信息和异常后果型安全行为信息三大类。理论而言,在某一具体组织系统内,正常后果型安全行为信息和未遂后果型安全行为信息的信息总量远远大于异常后果型安全行为信息的信息量,但就等量的三类安全行为信息而言,显然从前两类行为安全信息中获得的有用行为安全管理信息会明显少于从异常后果型安全行为信息中所获得的有用行为安全管理信息。换言之,前两类安全行为信息的有效度(安全行为信息有效度是指单位安全信息中的有用安全管理信息量的占比,是对安全信息与实际安全管理需要相符合程度的一种评价)显著低于异常后果型安全行为信息的有效度。基于此,提出安全行为信息的"长尾"理论,其模型如图6-2所示。

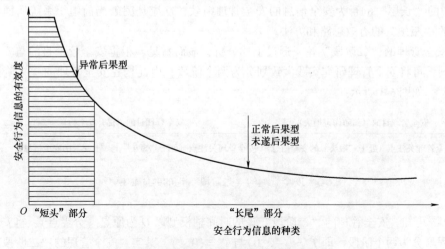

图6-2 安全行为信息的"长尾"模型

由图6-2可知，安全行为信息的"长尾"模型是用一半正态分布曲线来描绘安全行为信息的种类与有效度之间的关系。安全行为信息的"长尾"理论的基本内涵是：

1）若仅关注异常后果型安全行为信息进行行为安全管理工作，由此获得的行为安全管理绩效（就安全信息角度而言，行为安全管理绩效可用"行为安全管理绩效＝安全行为信息的有效度×行为安全信息量"来衡量）是极为有限的，这相当于仅关注图6-2曲线中的阴影部分（即"短头"）的安全行为信息（如人因事故与人员违章等信息），阴影部分的面积则表示基于异常后果型安全行为信息所获得的行为安全管理绩效。

2）若关注处于图6-2曲线中的非阴影部分（即"长尾"）的安全行为信息（如组织成员的安全参与和遵章守纪等信息），尽管这部分安全行为信息的有效度较低，但其信息量是极大的，甚至是无穷的，因而，理论而言，基于正常后果型安全行为信息和未遂后果型安全行为信息所获得的行为安全管理绩效是无限的，具有巨大的追求空间。

其实，安全行为信息的"长尾"理论与"正向安全管理（包括行为安全管理）研究实践（即从安全现象出发进行安全管理研究实践）不仅比逆向安全管理（包括行为安全管理）研究实践（即从事故出发进行安全管理研究实践）的内容更为丰富，且更能体现'预防为主'的安全核心思想"这一重要的安全科学研究实践方法论也完全吻合。由此易知，安全行为信息的"长尾"理论也可拓展至一般的安全管理领域，即提出更具普适性的安全信息的"长尾"理论，限于篇幅，此处不再赘述。

在传统的行为安全管理中，由于侧重点、精力、成本与技术等因素的限制，行为安全管理者更多关注的是少量的异常后果型安全行为信息，无法顾及在安全行为信息总量中占比极大的正常后果型安全行为信息和未遂后果型安全行为信息，但仅基于异常后果型安全行为信息的行为安全管理效果是极其有限的，也是极为狭隘的，会严重阻碍组织系统安全绩效的持续提升。而在信息时代，特别是大数据时代，由于信息收集与分析等的成本大大降低，行为安全管理者极有可能以很低的成本关注处于图6-2中的正态分布曲线"长尾"的安全行为信息，且关注曲线"长尾"的安全行为信息所产生的总体行为安全管理绩效甚至会超过关注曲线"短头"的安全行为信息所产生的总体行为安全管理绩效。

此外，目前就绝大多数组织系统而言，由于过去好的安全绩效，当前均面临提升安全绩效的"瓶颈"问题。综上分析，提出一个大胆假设：就信息时代，特别是大数据时代的行为安全管理而言，需同时关注处于图6-2曲线中的"短头"与"长尾"的行为安全信息，且应最大化地发挥处于图6-2中的"长尾"的行为安全信息的安全管理绩效，这应是突破当前组织系统所面临的提升安全绩效的"瓶颈"的有效思路和方法。

（2）安全管理的"二阶段"论。通过上述分析，显而易见，根据安全管理目的与安全管理关注点的不同，可将安全管理研究实践大致划分为两个阶段，由此构建安全管理的"二阶段"论的时间轴模型，如图6-3所示。

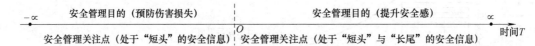

图6-3 安全管理的"二阶段"论的时间轴模型

由图6-3可知，安全管理的"二阶段"论的时间轴模型以 O 为原点（分界点），将安全管理研究实践过程划分为两个阶段，即 $T_1 = (-\varepsilon, 0)$ 与 $T_2 = (0, \varepsilon)$。其实，安全管理的"二阶段"论是根据行为安全管理元模型与安全行为信息的"长尾"理论提出的推论，其内涵已在上文做了分析，这里仅扼要剖析其主要内容：①在安全管理的 T_1 阶段：安全管理的目的是"预防伤害损失"，安全管理的关注点是处于图 6-2 中曲线"短头"的安全信息；②在安全管理的 T_2 阶段：安全管理的目的是"提升安全感"，安全管理的关注点是处于图 6-2 中曲线"短头"和"长尾"的安全信息。由该模型易知，安全管理的 T_1 阶段表示传统的安全管理模式，而安全管理的 T_2 阶段表示未来的安全管理模式，显然，就安全管理的系统性、超前性、前瞻性及内容而言，安全管理的 T_2 阶段均具有明显优势。

3. 模型的应用价值

行为安全管理元模型不仅具有极其丰富的内涵，且具有广泛而重要的应用价值。限于篇幅，本节不再详细拓展分析行为安全管理元模型的具体内涵，仅对其应用价值进行概括总结。显然，行为安全管理元模型不仅在理论层面可为进一步深入开展行为安全管理研究提供一种新的研究视野、方法、思路与框架，也在实践层面对行为安全管理工作具有重要的指导意义。因此，概括而言，行为安全管理元模型的应用价值主要包括理论价值与实践价值两方面，具体举例如下。

（1）理论价值举例：①为宏观层面的行为安全管理研究框架的设计提供依据和思路；②为安全行为的控制原理与方法研究提供了基本路径和切入点，即从安全行为的整个作用过程着手，开展全过程与全方位的安全行为的控制原理与方法研究；③若将安全管理学界定为"安全管理学是一门研究安全行为的控制原理与方法的科学"，行为安全管理元模型可指导安全管理学学科体系的建构；④拓宽了安全管理（包括行为安全管理）的研究疆域和视野，为安全管理（包括行为安全管理）的未来发展指明了方向；等等。

（2）实践价值举例：①为组织系统内的人因事故原因调查与分析提供依据；②为组织系统内的人因事故预防的基本理论路线与方法框架的设计提供依据；③指导行为安全管理失败的原因剖析；④指导组织系统行为安全管理过程中的安全行为信息收集；⑤指导安全行为结果的处置方式的选择与制定；⑥为组织系统行为安全管理或行为安全管理信息系统的设计与开发提供依据；等等。

6.1.3   结论

（1）行为安全管理元模型是以某一具体组织系统为对象，以组织系统安全绩效的变化为结果事件，以探求行为安全管理的基本思路和流程为目的，直接从安全行为本体出发，结合心理学与行为科学相关知识，运用严密的逻辑推理思维，并融合对人（包括个体与组织）的安全行为有重要影响的因素构建的。

（2）行为安全管理元模型的主体部分是组织系统中的安全行为主体的安全行为的产生及作用过程，可阐明个体人或组织人层面的安全行为作用机理、组织系统层面的安全行为管理内容、行为安全管理的逻辑起点与行为安全管理的四个关键节点及一个辅助节点等方面的基本内容。

（3）根据行为安全管理元模型的基本内涵，可提出行为安全管理元模型两层重要的延伸内涵，即安全行为信息的"长尾"理论与安全管理的"二阶段"论，它们均是极具前瞻性与时代性的安全管理理论。而且，行为安全管理元模型在理论层面与实践层面均具有广泛而重要的应用价值。

6.2 | 个人不安全行为分类及其责任认定模型

【本节提要】

为完善行为安全管理理论和安全信息认知理论，构建基于信息流的个人不安全行为分类模式和责任认定程序。首先，在分析信息流和认知流概念的基础上，提出行为流的概念，并构建由安全信息获取行为、分析行为和利用行为构成的个体层面的行为流模型。其次，分析不同行为模式对应的行为流模块，构建包括忽略、时间偏差、顺序偏差、目标偏差和单个动作执行偏差的不安全行为分类的基本框架，并分析不同行为流模块对应的偏差模式。再次，基于行为流构建不安全行为责任认定程序。最后进行实例分析。

人的不安全行为是最主要的事故致因因素。与技术故障相比，人的不安全行为更具复杂性和多样性。不同的不安全行为具有不同的诱发机理，对安全生产产生不同的影响，需要不同的管理措施，并且意味着不同的事故责任。换言之，全面、合理、有效的不安全行为分类是行为安全相关数据统计、行为安全管理、人因事故调查和事故定责的重要理论基础。为此，对不安全行为的分类进行深入研究具有重要理论与实践价值。根据认知心理学，人的行为是内在信息认知过程的外在表现，人的行为失误其实质是人的信息处理过程的失误。因此，对人的不安全行为进行深入分析与分类必须从人的信息认知特性与行为机理入手。

在理论层面，基于个体认知视角的已有研究虽然从认知的视角探析了不安全行为分类研究与应用，具有借鉴价值，但还具有以下主要缺陷：

1）只是给出了不安全行为分类的理论路线和结果，而没有给出具体的分析路径、程序、方法。换言之，上述分类研究还只是理论层面的分析，欠缺描述能力、解释能力和工程适用性。

2）由于在分析过程较大程度地依赖分析人员的领域知识和主观判断，导致本质上相同的不安全行为却被冠以不同"术语"，降低了分类结果的可读性和一致性。

在实践应用层面：

1）由于新技术的出现和社会技术系统复杂性的提高，人-机界面（更准确地说应该是人-系统界面）正由传统的模拟系统界面向数字化系统界面转变，而数字化的人-系统界面改变了信息的呈现方式和情境环境，由此改变了个体的信息认知特征（认知模式、认知过程、响应方式等），进而改变了个人的行为模式。

2）在实际的安全管理中，大多数企业没有深入统计人因事故和不安全行为的分类，这不利于行为安全管理，因为找不到侧重点，无法制定具有深刻针对性的整改和干预措施。

3）在实际的行为安全管理中，只是统计宏观的不安全行为，没有考虑微观的不安全行为机理，虽然这对传统的操作任务来说已经足够了，但是随着人-系统界面复杂性的提高，传统意义上的"操作员"正向着"分析员"和"决策员"转变，基于微观层面的行为机理分析与统计不安全行为显得迫在眉睫。

综上分析，为有效避免不安全行为分析中人员的主观偏见、经验限制和事故信息遗漏等缺点，保证不安全行为分类的全面性和一致性，基于信息认知进行不安全行为分析与分类都具有深刻的必要性。因此，基于信息流和认知流，提出行为流概念并分析其内涵，在分析现有不安全行为分类方法的基础上，以行为模式为中介，构建基于行为流的个体不安全行为分类框架。在此基础上，构建不安全行为责任认定程序。

本节内容主要选自本书第二作者的博士学位论文《理论安全模型的构建原理与新模型的创建研究》[2]。

6.2.1 行为流概念的提出及其内涵

人的行为是个体层面的信息处理（信息流）和认知过程（认知流）的外在体现，因此，在给出行为流的定义之前，有必要解释个体层面的信息流和认知流的内涵。在工程心理学研究过程中，个体的行为取决于个体对外界刺激（信息）的处理，在这个信息处理过程中，信息经历了三个状态，即感知信息→认知信息→决策信息。个体接收外界输入信息，并将这些信息经过神经系统加工处理，转换成内在的心理活动，进而支配人的行为，这个过程就是认知过程，即安全信息获取→安全信息分析→安全信息利用。在此基础上，由以"真信源-信源载体-感知信息-认知信息-响应动作-行动结果"为事件链构建的安全信息认知通用模型，可推知行为流的定义：行为流是个体在应对和处理外界刺激（信息）时的系列行为反应，包括安全信息获取行为、安全信息分析行为和安全信息利用行为。其理论内涵阐释如下：

（1）在定义解释方面。行为流是行为安全研究的一个新概念，主要用于描述个体在应对和处理外界刺激时的行为变化过程。从某个具体行为（或从微观层面）来看，安全信息获取行为将外界刺激转化感知信息；安全信息分析行为将感知到的信息经过分析、判断与决策，得到认知信息和决策信息；安全信息利用行为将得到的决策信息转化为操作动作。从系列连续行为反应（或宏观层面）来看，行为流则是安全信息获取行为、分析行为和利用行为不断循环往复的过程。微观层面的行为流是为了保证单个行为反应和执行动作的安全性（如正确关闭阀门 A），而宏观层面的行为流则是为了确保系列执行动作的安全性（如按照规定程序正确关闭阀门 A 和阀门 B）。无论是微观层面还是宏观层面，只要行为流出现偏差，都可能导致不安全行为的发生。

（2）在信息流、认知流和行为流的逻辑关系方面。它们不是互相独立的，而是相互依存的，是同一信息认知过程的不同表述。个体层面的行为流和认知流的实质是个体的信息处理过程；个体层面的认知流是信息流与行为流的纽带，即个体接收到的信息经过认知转化为个体行为；行为流是信息流和认知流的外显。这三种"流"之间通过认知信息和行为信息反馈，形成完整的闭环，即个体层面的信息认知过程。在这三种"流"过程中以及所形成的完整闭环中，任何偏差都会导致不安全行为的出现。上述关系可用图 6-4 表述。

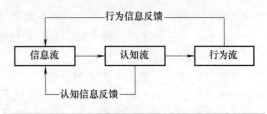

图 6-4 信息流、认知流和行为流之间的逻辑关系

（3）在行为流的理论意义方面。当前的不安全行为研究主要聚焦于安全信息的利用阶段（安全信息利用行为），即外显的操作动作，这只是研究了不安全行为的表象，并没有深入解释行为流的本质。换言之，主要聚焦于行为流的第三阶段，而忽视了行为流的第一与第二阶段。而基于信息认知的行为流理论则强调安全信息的获取、分析与利用全过程，可首先明确外显的安全信息利用行为偏差，通过回溯性分析、替代验证、调查取证等方法确定安全信息获取行为和安全信息利用行为出现的偏差。

需指出的是，无论是信息流、认知流还是行为流，都涉及个体注意力资源的分配和精神状态的影响。根据上述定义及内涵解释，可构建个体层面的行为流模型，如图 6-5 所示。

6.2.2 基于行为流的不安全行为分类框架

1. 行为模式

在任务执行过程中，个体根据需要调用不同的信息流模块和认知模块来完成任务，即特定岗位的行为流过程可能并不会完整地包含图 6-5 所示的所有行为流模块。换言之，行为流的三个过程（信息获取-信息分析-信息利用）并不适应于所有的任务，在某些情况下，并不相邻的认知行为阶段之间可能存在捷径。即使认知过程相同，不同认知阶段所起到的作用也存在区别。因此，为了提高所构建的不安全行为分类框架的工程实用性，在进行不安全行为分类时首先需要分析不同任务场景下可能对应的信息认知过程，确定个体所调用的行为流模块。

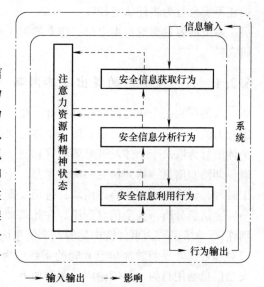

图 6-5　个体层面的行为流模型

根据 Jes Rasmussen 等提出的技能-规则-知识行为框架，可将人的行为模式分为三类：基于技能的行为模式、基于规则的行为模式和基于知识的行为模式：

1）基于技能的行为模式是指当个体面对非常熟悉的、常规的任务场景时，所采取的一种近似于本能反应的行为模式，即个体在应激后立即做出反应。在这种行为模式中，由于个体对任务非常熟练，基本可以认为无须任何思考。因此，该行为模式的行为流只包含安全信息获取行为和利用行为，不包括安全信息分析行为。

2）基于规则的行为模式是指个体面对比较熟悉的任务场景时所采取的一种行为模式。在该种行为模式中，个体在应激后首先进行信息处理，选取所需要的行为规程，然后按照规程规定执行任务。

3）基于知识的行为模式是指个体面对从未出现过的任务场景时，所采取的一种行为模式。在这种行为模式中，通常不存在可用的操作规程作为指导，个体需要依赖自身的知识经验对感知信息进行分析诊断并做出行为决策。根据技能-规则-知识行为框架，可将不安全行为模式划分为：基于技能的不安全行为模式、基于规则的不安全行为模式和基于知识的不安全行为模式。

实际上，个体所掌握的安全规章、制度和规则都属于安全知识范畴，因此基于规则和基于知识的行为模式之间没有严格的界限，在很多情况下可能无法清晰地判定个体究竟处于何种模式，这两种行为模式都涵盖了行为流的三个模块。在进行具体的不安全行为分析时，可将规则型和知识型行为模式一同视为规则型（因为安全制度、规章与规程是可见的信息线索，可为后期不安全行为责任认定提供支撑）。不同的行为模式对应的行为流模块如图 6-6 所示。

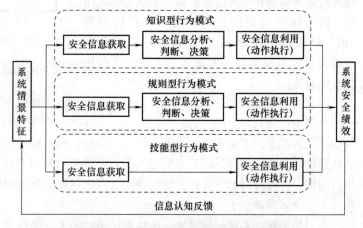

图 6-6　不同的行为模式对应的行为流模块

2. 不安全行为分类框架

在实际的不安全行为统计分析

中，能够直接明确统计的仅仅是不安全行为的表现形式，即安全信息利用行为，而不能直接统计安全信息获取行为和分析行为。在此，可用黑箱表示安全信息获取行为和分析行为的"模糊性"，用白箱表示安全信息利用行为的直接可知性。举例说明如下：有两个阀门 A 和 B，正确的行为是关闭阀门 A，如果操作人员关闭的是阀门 B，在统计分析时，只能在宏观层面直接判断操作人员做出了不安全行为（关闭了阀门 B），但在微观层面并不能直接判断行为流在什么环节出现偏差、出现什么偏差（如安全信息获取偏差、安全信息认知偏差、安全价值认知偏差、动作执行偏差）。因此，需要基于行为流分析微观层面的安全信息获取行为偏差、分析行为偏差和利用行为偏差，换言之，是行为流的三个模块偏差的"合力"导致了不安全行为输出，该逻辑论述可抽象如图 6-7 所示。

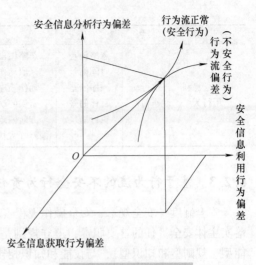

图 6-7　行为流偏差机理

安全信息获取阶段、分析阶段的基本差错模式和利用阶段的基本差错模式是不一样的，因此，在已有相关分类研究的基础上，将不安全行为基本差错模式分为：①忽略，全部忽略或部分忽略所规定的行为（全部/部分）；②时间偏差，时间的起始选择和持续范围出现偏差（太早、太晚、太短、太长）；③顺序偏差，相关的行为步骤、任务顺序之间出现偏差（重复、颠倒、插入）；④目标偏差，行为目标对象选择出现偏差；⑤单个动作执行偏差（这是安全信息利用阶段特有的偏差），执行单个动作时所采取的动作存在偏差，包括方向偏差、力量偏差（太大、太小）、速度偏差（太快、太慢）、距离偏差（太远、太近）。

确定了人为差错基本框架之后，将行为模式引入不安全行为分类过程中，分析不同的行为流模块对应的行为安全偏差，见表 6-3。感知偏差是指个体感知到的风险信息（通过自身风险感知和组织风险告知两种路径）和系统固有风险之间存在信息不对称、信息缺失。信息处理偏差是指感知到的信息在经过比较、过滤、筛选等过程得到认知信息时存在的偏差。认知偏差是指个体根据认知信息在进行安全分析与判断、安全预测与决策时出现的偏差。安全价值认知偏差是指个体根据安全价值认知（安全价值大或安全价值小）在面临选择执行或不执行所做出的安全预测与决策时存在的偏差。执行动作偏差是指执行动作本身存在的偏差。

表 6-3　不安全行为及其偏差分类

一　级	二级	基本偏差	解　释
安全信息获取行为	感知偏差	忽略偏差	未感知到所有信息，全部忽略或部分忽略信息
		时间偏差	没有及时感知到信息，用于感知信息的时间过长或过短
		顺序偏差	感知信息顺序错误（和各类信息的重要性与紧迫性有关）
		目标偏差	感知对象错误，得到错误的信息
安全信息分析行为	信息处理偏差	忽略偏差	没有对感知到的信息进行加工处理，或只进行部分处理
		时间偏差	处理不及时，处理时间过长或过短
		顺序偏差	对各类信息的处理顺序错误（重复处理、颠倒处理等）
		目标偏差	对错误信息进行处理，或信息处理的目标偏差（用于做什么）
	认知偏差	忽略偏差	没有做出安全预测决策
		时间偏差	未及时做出安全预测决策，做出决策的时间过早或过短
		顺序偏差	预测决策顺序出现错误（和各类任务的重要性与紧迫性有关）
		目标偏差	安全价值观偏差，做出了正确安全决策但采取了错误的动作

（续）

一　级	二级	基本偏差	解　释
安全信息利用行为	执行动作偏差	忽略偏差	忽略做出的安全预测与决策，没有采取行动
		时间偏差	采取动作过早或过迟，采取动作时间持续较长或较短
		顺序偏差	动作顺序出现偏差（重复操作、颠倒操作、插入操作等）
		目标偏差	错误的动作作用对象
		执行偏差	方向偏差（向前、向后、向左、向右等）、力量偏差（太大、太小）、速度偏差（太快、太慢）、距离偏差（太远、太近）

6.2.3　基于行为流的不安全行为责任认定

安全制度、安全规章、安全操作规程（以下统称规则）的制定与实施是组织行为安全管理和落实主体安全责任的首要职责，遵守规则是个体的安全义务。在个体三类不安全行为模式中（技能型、规则型和知识型），与技能和知识相比，规则是行为安全管理或不安全行为分析与责任调查的唯一"可见、可查"信息。因此，以规则为线索，根据不安全行为模式的划分，构建基于行为流的不安全行为责任认定程序，如图6-8所示。程序框架解释：①该框架是由系列"问题"构成的流程图，有明确的分析流程；②在该框架中，将不安全行为责任主体分为涉事个体（在开始分

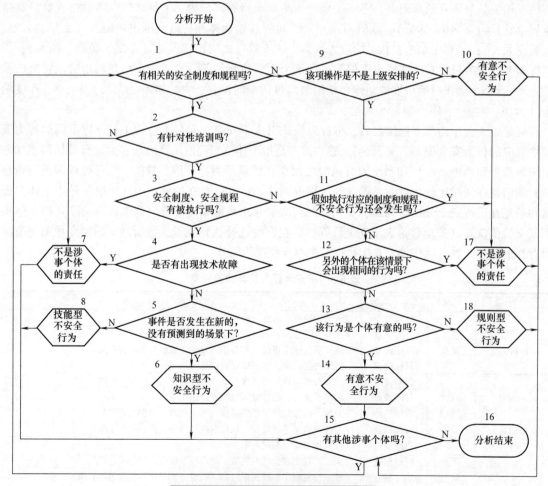

图6-8　个体不安全行为责任认定程序

析时涉事个体一般选为操作的执行者)、其他个体和组织;③在该框架中不安全行为分为技能型不安全行为、规则型不安全行为和知识型不安全行为,有意不安全行为和无意不安全行为;④为了最大限度地减少分析过程的主观性,框架中引入了假设方法(问题11)和替代法(问题12),保证了每个问题都具有明确的回答;⑤在每一条路线分析完以后,都进入"问题15:有其他涉事个体吗",巧妙地将涉事个体与其他个体和组织联系起来,可实现不安全行为分析的闭环,实现对不安全行为原因和责任的追溯。选取几个典型的程序运行线路分析如下:

(1) 不是涉事个体的责任,有五条路径:①1-2-7,组织制定了相关安全制度与规程,但是没有针对性培训教育,导致个体没有掌握应有的安全知识;②1-2-3-4-7,制定了相关安全制度与规程、有针对性培训、个体按照规则执行,但是由于出现技术故障导致不安全行为;③1-9-17,虽然组织没有制定相关安全制度与规程,但是该操作任务是组织下达的,属于组织的违章指挥;④1-2-3-11-17,安全制度与规程没有被执行,但是假设执行了相关安全制度与规程,不安全行为还是会发生;⑤1-2-3-11-12-17,安全制度与规程没有被执行,假设执行了相关安全制度与规程则不会发生不安全行为,但是另外的个体在该情景下也会出现不安全行为。

(2) 涉事个体责任(有意不安全行为),有两条路径:①1-9-10,虽然组织没有制定相关的安全制度与规程,但是该项任务不是组织下达的,属于个体违规操作;②1-2-3-11-12-13-14,安全制度规程没有被执行,假如执行相关安全制度规程,不安全行为不会发生,并且另外的个体在该情景下不会出现不安全行为,则个体是故意的,属于有意不安全行为。

(3) 知识型不安全行为1-2-3-4-5-6:组织制定了相关安全制度与规程、有针对性培训、个体按照规则执行、没有技术故障出现,出现了新的、非常规的场景,根据不安全行为模式的划分,此时的不安全行为属于知识型。技能型不安全行为1-2-3-4-5-8:组织制定了安全制度与规程,有相关安全教育培训,相关安全制度与规程有被执行,也不存在全新的、非常规的情境下出现的不安全行为。规则型不安全行为1-2-3-11-12-13-18:假如执行相关安全制度规程,不安全行为不会发生,并且另外的个体在该情景下不会出现不安全行为,而且个体不是故意的,则属于规则型不安全行为(如选错、用错特定的安全制度与安全规程)。

6.2.4 实例分析

为论证所构建的基于行为流的不安全行为分类模式和责任认定程序的有效性,选取天津"8·12"火灾爆炸事故的基层搬运操作为对象进行实证分析,选取"8·12"火灾爆炸事故是因为该事故调查是由国务院牵头成立调查组完成的,其调查与分析结果具有权威性。根据事故调查报告,最终认定事故直接原因:瑞海公司危险品仓库运抵区南侧集装箱内的硝化棉($C_{12}H_{16}N_4O_{18}$)由于包装破损(调查发现现场搬运工存在违规开展拆箱、搬运、装卸等作业),湿润剂散失出现局部干燥,在高温天气等因素的作用下加速分解放热,积热自燃,引起相邻集装箱内的硝化棉和其他危险化学品长时间大面积燃烧。现根据构建的不安全行为分类模式和责任认定程序分析如下:

1) 不安全行为分类:通过事故调查报告可知,瑞海公司现场管理混乱,缺乏相关的安全制度与规程,缺乏安全操作规程培训,没有告知搬运工硝化棉的危险特性,导致搬运工所获取的风险信息和硝化棉固有的风险信息之间存在信息不对称和信息缺失。由图6-6和表6-3可知,该情境下,搬运工在安全信息获取阶段没有获取到硝化棉的风险信息(完全忽略)。由于硝化棉的搬运属于常规操作,可以推知操作工的行为模式是技能型。因此,安全信息获取阶段硝化棉风险信息的忽略直接导致安全信息利用行为的错误,即现场搬运工违规拆箱、搬运、装卸等作业。

2) 不安全行为责任认定:根据不安全行为分类分析以及图6-8,可知该情景下不安全行为的发生路径是1-2-7或1-9-17,即该不安全行为的发生要归责于瑞海公司(缺乏相关的安全制度与规程，违规下达任务与违规指挥；缺乏安全操作规程培训）。上述分析结果符合事故调查报告，因此，所构建的不安全行为分类模式和责任认定程序具有可行性和有效性。

6.2.5　结论

（1）分析信息流和认知流的概念，提出行为流概念，并从三方面解析其内涵：①从微观和宏观两个层面解释行为流定义；②分析信息流、认知流和行为流之间的逻辑关系；③论述行为流的理论意义。构建个体层面的行为流模型。

（2）分析技能型、规则型和知识型三类行为模式，分析不同行为模式对应的行为流模块。将不安全行为基本差错模式分为：①忽略（全部/部分）；②时间偏差（太早、太晚、太短、太长）；③顺序偏差（重复、颠倒、插入）；④目标偏差；⑤单个动作执行偏差，包括方向偏差、力量偏差（太大、太小）、速度偏差（太快、太慢）、距离偏差（太远、太近）。

（3）构建基于行为流的不安全行为责任认定程序，并论述和分析其运行机制。通过选取天津"8·12"火灾爆炸事故的基层搬运操作作为对象进行实证分析。实例分析证明：基于信息流的个人不安全行为分类模式和责任认定程序具有可行性和有效性，可为行为安全管理提供理论借鉴。

6.3 | 人的双重安全态度理论模型

【本节提要】

不安全态度会导致不安全行为。安全态度是指员工对安全生产范围内各因素所具有的认识、情感倾向和行为反应。在该定义的基础上，分析安全态度的内涵，并论述其特性和功能。基于双重态度理论，论述内隐安全态度和外显安全态度的性质及形成过程。基于此，分析双重安全态度的类型，并建立双重安全态度理论模型，探讨双重安全态度的改变形式及其对安全行为的影响。研究表明，安全态度的研究需要更注重内隐安全态度的测量、安全态度的作用过程会受到环境变量和心理变量的影响、安全态度的改变需要更长的时间和更高的管理水平。

研究表明，大多数安全事故的发生是由于人的不安全行为。而人的不安全行为的发生，其内在原因中，除了人的生理原因和技术原因外，人的心理因素也是一项重要原因。心理学研究认为，态度是主体行为的准备状态，对主体行为具有支配性。因此，在安全管理组织中，人的安全态度决定了其能否进行有效的安全行为。通过安全态度管理，纠正不良安全态度，对控制人的不安全行为，从而预防事故的发生，具有重要意义。

目前，学界对于安全态度的研究，多采用安全态度测量表来探究人员安全态度的影响因素，以及研究人员安全态度与安全绩效、安全行为、事故等之间的关系。然而，对于安全态度的形成及其完整结构，学界中缺少系统性的理论研究。

因此，本节拟从心理学角度出发，提出安全态度的定义并解释其内涵，阐明安全态度的特性及功能，在态度研究成果的基础上，探究安全态度的完整结构和内容，分析安全态度的形成过程，并构建其理论模型，以期进一步推动安全态度的研究，为安全态度管理提供方法依据。

本节内容由第一作者的博士研究生黄玺协助撰写完成。

6.3.1　安全态度及其功能

1. 安全态度定义及内涵

心理学研究认为，态度是指个人对某一对象所持有的评价和行为倾向。个人不正确的态度是导致其不安全行为的重要原因，因此，使安全组织内人员形成正确的安全态度是预防事故发生的重要路径之一。安全态度是员工对安全生产所持的稳定概括的反应倾向，是对安全生产重要性的认知，是对贯彻安全方针的情感及对执行安全规章制度的承诺。基于以上描述，本书认为，在生产组织中，安全态度是指员工对安全生产范围内各因素所具有的认识、情感倾向和行为反应。

其中，个人持有安全态度，是安全态度的主体；安全生产范围内各因素是安全态度作用的客体，同时也影响员工安全态度的形成，主要包括安全生产任务、安全规章制度、安全操作规程、安全教育培训活动、安全职责、不安全行为、事故、隐患等；实践活动是安全态度作用的媒介，人的安全态度通过生产劳动、生活、学习、人际交往等实践活动表现出来。安全态度由安全认知、安全情感和安全意向三种心理成分组成，其中：①安全认知成分是安全态度形成的基础，是主体通过自身的感觉、知觉、记忆、思维、想象等对客体形成的知识、概念、意向或观念，充分了解是人对安全事物、安全现象形成稳定态度的前提，不具备一个清晰认识的安全态度也会是模糊的、易变的；②安全情感成分是安全态度的核心，是在安全认知基础上形成的某种安全情感体验，如喜爱或厌恶、重视或轻视、接受或拒绝、热情或冷漠等；③安全意向成分是人对安全事物或现象的态度的反应倾向，是其行为的准备状态，个体是否会在某种安全意向下表现出相应的外显行为，还受其他因素的影响，如环境因素、社会准则、其他心理因素等。

2. 安全态度的特性

不同的主体，由于自身文化水平、生活和工作经历、人物个性、安全价值观等具有差异，因此对同一个安全事物或现象具有不同的安全态度。此外，同一个主体对不同的安全事物或现象有不同的安全态度，甚至其对同一个客体的安全态度也会随时间不同、情境不同而变化。安全态度具有如下特性：

(1) 社会性。虽然人追求安全是本能欲望，但人的安全态度并非天生具有，而来自于后天的学习和生活经验获得。员工通过与他人的相互作用和周围环境的长期影响而逐渐形成安全态度。

(2) 对象性。安全态度是针对安全生产组织中的特定对象或特定事件产生的。在谈及或研究安全态度时，不可避免地要指明该安全态度指向的对象。比如对某类安全奖惩机制的态度、对安全生产检查的态度。

(3) 协调性。通常情况下，安全态度的三种心理成分是相互协调的。只有安全认知、安全情感和安全意向之间不发生矛盾，个人的安全态度才能表现出一贯性。例如某位员工认为某项安全检查工作对安全生产工作和自身安全有利（安全认知成分），因此对该项安全检查工作产生了拥护、认可之情（安全情感成分），于是在行为上表现出愿意配合该项工作的倾向（安全意向成分）。但是受到人复杂心理的影响，三种心理成分之间有时会发生矛盾，此时安全态度最易发生转变。

(4) 稳定性。员工对某种客体的安全态度一旦形成，将被储存于记忆系统中并具有一定的连续性和稳定性，尤其是某种安全态度客体直接关乎员工的自身安全时，相应的安全态度具有较高的稳定性，不容易受到外界环境的影响而发生改变。

(5) 内隐性。安全态度是人的一种内在的心理活动，不能被直接观察到，而只能通过人的外在行为，如四肢活动、表情、言语等表现出来。此外，由于受到员工自身复杂心理以及周围环境压力的影响，持有某种安全态度的员工有时会刻意压制内在的真实情感体验，使其实际的安全态度与其外在的行为表现不一致。例如，某位员工认为穿戴劳保用品很麻烦，本身并不愿意穿戴，但由于受到不穿戴劳保用品就要被罚款这一条例的约束，只能按要求穿戴劳保用品。

（6）两极性。态度对客观事物具有两种相互对立的极端状态。员工在对某种安全事物或现象形成安全态度后，其最终表现一定是对立两端的评价性反应，如拥护与反对、肯定与否定、积极与消极等。

3. 安全态度的功能

（1）行为预测功能。态度与行为之间存在着紧密的联系，这一点已经成为心理学界的共识。有关态度与行为之间的具体关系，社会心理学研究有以下几条主线：态度与行为有直接关系；态度和行为通过调节变量，经其他中介共同影响行为；态度的不同构成成分对行为有不同的作用。尽管研究主线不同，但态度体现的是人们的行为倾向，它对外在行为的预测作用不可否认。正确的安全态度能够带出有效的安全行为，而人的不安全行为是导致事故发生的最重要原因之一，因此安全态度对安全行为的预测功能是其核心功能。

（2）评价功能。安全态度的形成是伴随着对态度客体的评价结果产生的，因此在下一步的工作中，面对同一个态度客体，已经形成的安全态度会预示出员工的评价性反应。此外，由于态度具有作为内在关联的评价的特征，通过记忆中的知识网络或固有的偏见，在面对某些相似安全态度客体的时候，这种安全态度也能影响其对该客体的评价结果。

（3）适应功能。态度能够作为支持某种评价的一种知识结构，人形成的众多态度能够通过知识性网络相互关联。因此，员工在对某种安全事物或现象形成了某种安全态度后，这种安全态度能够储存在记忆中，与其他安全态度之间形成某种知识关联网络，帮助员工对组织中的其他因素进行认知、方便自身行为的调整，使员工更好地适应安全生产工作的需要。

（4）自我价值功能。一般认为，员工的安全态度体现了该员工对所在行业的安全生产方面具有价值判断和感情色彩的心理倾向，受到员工个人安全价值观的直接影响，因此在另一方面，安全态度通过相一致的安全行为表现出了员工的自我安全价值观。

（5）组织功能。安全态度的组织功能是从组织层面上表现出的。将内隐安全态度的概念引入组织文化理论中，那些不被员工本人意识到的内隐安全态度属于组织安全文化中的基础层。因此，正面的安全态度对形成优秀的组织安全文化和良好的安全氛围十分重要，从而能够进一步提高组织的安全生产绩效和安全管理水平。

6.3.2　双重安全态度的形成

1. 内隐安全态度与外显安全态度

态度不仅仅是人对客体的单一心理倾向，尤其是在复杂的社会环境中，除了能够意识到的或已经表现出的态度，人自身还可能具有某种自身无法意识到的内隐性态度。根据双重态度模型理论，人对同一态度客体能同时有着两种不同的态度，一种是能被人意识到的外显态度，另一种是无意识的习惯化的内隐态度。考虑到复杂环境的影响，可以认为被调查者能够同时具有两种安全态度，调查结果只能体现其外显安全态度和少数内隐安全态度，而大部分的内隐安全态度则继续潜在地影响员工的行为。为此，有必要对两种安全态度进行分析。

（1）内隐安全态度。人对安全的需求来自于自身生理欲望，因此人天生拥有安全需求，这种安全需求使得人对自我保护、维持自身安全状态具有先天的重视态度，并且这种安全态度中含有绝大部分的遗传成分。同时，人会主动记忆所经历过的危害自身安全的事故事件和事件中所涉及的危险因素并形成相应的安全态度，且这些安全态度能够长期储存在记忆系统中甚至伴随整个一生。这些储存式的安全态度逐渐形成不被人自身察觉的内隐安全态度。随着人的成长和周围环境的变化，有关记忆虽然可能会部分消失，但形成的内隐安全态度却更为长期地影响人的行为，在面对同样危害自身安全的事故或相似的危险因素时，这种内隐安全态度被自动激活并很少受意识的控制。也正是由于长期存在于人的记忆系统和认知系统中，内隐安全态度具有较高的稳定性，难以被改变。

（2）外显安全态度。态度建构观认为，人们可以根据当前的社会情境、自身行为、思想以及情感，建构一种新态度，这种新态度基于某种合理的原因形成，能够被提取且易于用言语表达。双重态度模型理论将这种能够根据当时人自身的思想、行为和环境而即时形成或改变的态度称为外显态度。在生产组织中，由于安全管理机制的约束、工作环境和人际关系的复杂性等诸多组织因素，员工会基于某种原因或需求，如为了适应生产组织、避免事故的发生、避免违反安全管理规程等，建立一种能被自我意识到且受自我控制的外显性安全态度。外显安全态度虽然能够被储存在记忆系统中，但不具有内隐安全态度那样的自动激活和高速应答特点，而是需要某个行为动机或一定的心理能量从记忆系统中调取或即时形成。值得强调的是，在面对同一态度客体时，即便是员工本人基于某种心理动机激活且对外表现出了相应的外显安全态度，他已经形成的内隐安全态度依旧潜在地影响着其安全行为和思想。

2. 内隐安全态度的形成

员工对同一安全事物能够同时具有内隐安全态度和外显安全态度。这两种安全态度虽共同存在于人的记忆系统中，但二者的评价反应不同，形成时间也有先后。个体具有认知能力后便具有内隐安全态度的形成能力，因此员工的内隐安全态度的形成要远远早于外显安全态度，反应的是在先前经验中，对某一安全态度客体的真实感觉的总结性评价结果。关于双重态度的形成，价值-账户模型记忆系统中价值负载信息具有不同类型的表征，从而形成内隐和外显态度。基于价值-账户模型，结合安全态度的特性和形成环境，能够更系统地解释双重安全态度的形成过程。依据价值-账户模型理论和安全态度三个组成成分，内隐安全态度形成过程如图6-9所示。

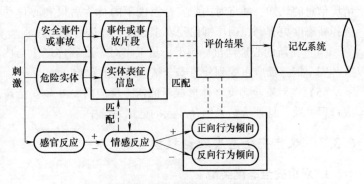

图6-9　内隐安全态度形成过程

从人脑对信息加工的角度看，内隐安全态度的形成过程主要包括认知信息输入、情感反应的信息匹配、信息评价及结果储存三个过程：①认知信息输入过程一般是两类信息的输入，一类是个体所经历的外界安全事故或事件片段和实体表征信息，另一类是个体在经历的过程中产生的感官反应，两类信息共同进入下一过程；②根据价值-账户模型的整合机制，人们对感官刺激引起的反应的正负性的强度和频率有着先天的敏感性，因此对于不同的感官反应，个体会形成不同类型、不同强度的情感反应，并与引起相应感官反应的事情片段和实体信息紧密连接、互相匹配；③在对安全态度客体形成情感反应后，大脑意识会对这种反应信息进行辨别，正性的安全情感反应激发与之一致的正向行为倾向，反性的安全情感反应则激发与之相反的反向行为倾向，行为倾向性强度与情感反应强度正相关，这种行为倾向便作为评价结果形成内隐安全态度，评价结果储存在人的记忆系统中。

3. 外显安全态度的形成

在员工需要一种新的安全态度以满足工作需求或适应工作环境时，便建立一种外显安全态度，而他已经具有的内隐安全态度继续留存并潜在地影响着其安全认知和安全行为。外显安全态度与内隐安全态度的形成原则和形成过程完全不同。内隐安全态度的形成遵循的是总和原则，它整体性地反映了对先前经验中态度客体的全部评价结果，而外显安全态度则是在平均机制下形成的，对当时的安全情境信息高度敏感。外显安全态度的形成主要包括情境信息输入、动机激发、价值评估、形成情感反应和态度形成及储存五个过程，过程如图 6-10 所示。

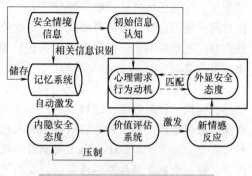

图 6-10　外显安全态度形成过程

（1）形成外显安全态度涉及的情境信息主要包括员工所在生产组织中的安全生产任务、安全工作奖惩机制、安全生产规章制度、安全生产检查、组织安全氛围、安全事故等。

（2）员工在获得周围的安全情境信息后会进行一项简单的分析（即初始认知），产生一定的心理压力，从而激发员工自身的某种需求或行为动机，比如在安全管理奖惩机制的压力下，员工会有避免自己有不安全行为从而不被罚钱的心理动机。

（3）在心理动机作用下是否会产生新的安全态度，还需要进行价值评估过程。情境信息中若具有与某种内隐安全态度有关联的信息，该态度将被自动激活。员工在进行价值评估时，完成对情境信息的认知，并将对内隐安全态度下的行为后果和心理动机下的行为后果进行价值衡量，若选择新态度更有利，则压抑内隐安全态度，并进行下一过程。

（4）在新的心理动机影响下，员工将对态度客体产生与内隐态度的情感不同的情感反应，且这种安全情感反应也受到外界安全情感反应的影响。

（5）在对安全态度客体形成新的情感反应后，外显安全态度的形成过程与内隐安全态度的形成过程一致，且评价结果储存在人的记忆系统中。

6.3.3　双重安全态度理论模型

1. 双重安全态度类型

个体最终持何种态度，取决于两种态度的强度以及个体具有多大的心理能量和动机。一般情况下，员工会报告更容易获取的内隐安全态度，但安全生产现场情况复杂，员工在工作中经常会面临有冲突的主观情境。为了明确具有双重安全态度的员工在实际工作中的安全态度报告情况，根据安全情境的情况和员工具有超越内隐安全态度的心理动机和能量的强度，将双重安全态度分为以下三种类型：

（1）自动激活。个体的风险感知能力对形成行为指向性的安全态度具有直接影响。当员工面临较大的风险或员工感知到切实关乎自身安全的风险和危险物时，被高速激活的内隐安全态度的强度具有绝对优势，员工甚至没有时间形成某个心理动机去调取或形成外显安全态度，这将导致第一种双重安全态度的情况。内隐安全态度可以被看作类似于"习惯"的东西，具有自动激活型的双重安全态度的员工，一般意识不到其中的内隐安全态度。

（2）双态权衡。双态权衡型和自动激活型双重安全态度的区别在于安全态度主体是否具有足够的行为动机和心理能量。组织安全氛围、安全生产任务、安全奖惩机制、安全标准规范、领导认可、自我工作认同等诸多因素影响着员工心理动机的产生，进而影响外显安全态度的形成。员工产生心理动机、从记忆系统中调取外显安全态度或者形成一个新的外显安全态度均需要心理能量。受外界影响而产生的心理能量的强度，取决于影响因素类别和员工自身对外界情境的敏感性。在价值评估系统中，员工会权衡两种安全态度反应结果的利弊，选择个人认为能够带来更多利益价值的安全态度。具有双态权衡型双重安全态度的员工可自我意识到其中的内隐安全态度。

（3）自动压制。当员工受外界影响，如生产组织中的安全管理因素使员工产生较大的心理压力、领导对安全工作的认可或产生对安全工作的自我认同等，产生的行为动机和心理能力非常强时，其外显安全态度的调取或产生以及对内隐安全态度的压制是近乎自动化的，此时导致了自动压制型的双重安全态度。自动压制型与双态权衡型的双重安全态度的区别在于，前者的价值评估系统不参与安全态度的选择，外显安全态度自动压制了内隐安全态度，也因此员工不能意识到自己的内隐安全态度。

2. 模型建立

员工既具有自动激活的内隐安全态度，也具有对环境信息敏感的易变型的外显安全态度，二者均属于行为指向型的安全态度。为了探讨安全态度和行为的关系，在上文研究的基础上，建立双重安全态度理论模型，如图6-11所示。

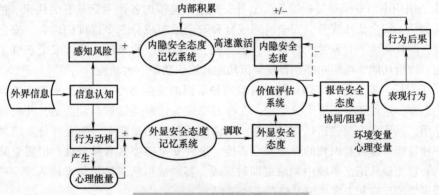

图6-11　双重安全态度理论模型

安全态度与行为之间并非简单的一对一的关系，两者之间存在着环境变量和心理变量在直接或间接地发生作用，导致安全态度作用时产生偏差。其中，环境变量如生产现场条件、重要他人的安全态度、安全管理制度的变化等，心理变量如员工的懒惰、侥幸、逆反、从众、厌倦、自负等不安全心理状态，都会与安全态度一起影响行为。此外，安全态度也会产生变化。研究认为，人对于发生过的严重事故有着深刻的记忆，形成的安全态度也不易改变，但对于不严重的事故，有关记忆会被逐渐遗忘，形成的安全态度也就不再存在。这一观点中的安全态度暗指内隐安全态度，其变化程度与储存时间长度和内隐安全态度的强度有直接关系。事实上，内隐安全态度是由于影响因素的不断累积而发生变化的，影响因素主要来自于外界环境的变化和自身行为结果的反馈，这种反馈可能增强也可能削弱内隐安全态度。而外显安全态度作为易变型的建构式态度，主要是通过即时地建构新态度来实现更新。

3. 对安全态度研究及管理的启示

对员工的安全心理状态的管理是安全生产管理的一个重要方面。在安全心理的研究中，不可避免地涉及安全态度的测量和影响因素研究，此外，在对员工进行安全行为管理时，不安全态度的更正也是管理重点之一。双重安全态度的研究对安全生产研究及管理具有重要启示：

（1）更加关注内隐安全态度的测量。在以往的安全态度测量中，测量结果是人们表现出来的单一向的安全态度，因此对于拥有双重安全态度的员工，这种测量结果显然无法反映出其安全态度的完整信息。使用内隐联想测试对安全态度进行评估的一系列研究，证明了内隐安全态度测试结果对安全行为的预测及管理是有效的。

（2）通过安全态度测量结果预测员工的行为，还需要考虑复杂的中介变量。通常而言，人们更愿意表现出与安全态度相一致的行为，但研究表明，单方面地从安全态度预测人们下一步的安全行为，其匹配率并不高。用双重安全态度模型解释其中的原因并不难，即一方面是由于外显安全态度的易变性，另一方面则是由于员工自身的心理变量和外界环境变量的影响。因此，使用安全态度预测安全行为，中介变量也是研究者需要考虑的重要因素。

（3）改变员工的安全态度需要更长的时间和更高的管理水平。员工报告其内隐安全态度类似于其表达一种行为习惯，要改变这种习惯并非一日之功，而需要外界影响和自身行为结果反馈的不断累积，此外员工选择报告其外显安全态度的同时，也隐藏了相应的内隐安全态度，因此若需要在较短时期内纠正员工的不良安全态度，安全生产管理中要更加注重安全制度的严格落实、组织安全氛围的改善和领导认同水平的提高，使员工具有更强的行为动机和心理能量去形成良好的外显安全态度。

6.3.4 结论

（1）生产组织中的安全态度指的是员工对安全生产范围内各因素所具有的认识、情感倾向和行为反应，包括了安全认知成分、安全情感成分和安全意向成分三个维度的内容。安全态度具有共同的特性，即社会性、对象性、协调性、稳定性、内隐性、两极性，此外安全态度主要具有行为预测功能、评价功能、适应功能、自我价值功能和组织功能五大功能。

（2）员工对同一安全态度客体能同时有着两种不同的安全态度：一种是一般不能自我意识到的内隐安全态度，这种安全态度十分稳定，在面对态度客体时能够被自动激活，并对行为起到默认策略的作用，其形成主要包括认知信息输入、情感反应的信息匹配、信息评价及结果储存三个过程；另一种是能被自身意识到的外显安全态度，该种安全态度具有易变性，但需要某个行为动机或一定的心理能量从记忆系统中调取或即时形成，其形成包括了情境信息输入、动机激发、价值评估、形成情感反应和态度形成及储存五个过程。

（3）根据安全情境的情况和员工具有超越内隐安全态度的心理动机和能量的强度，双重安全态度具有自动激活、双态权衡和自动压制三种类型。内隐安全态度只能通过外界影响和行为反馈的累积而改变，外显安全态度受外界影响容易发生改变并能够实现即时更新。此外，安全态度对安全行为的作用会受到环境变量和心理变量的影响。

（4）双重安全态度的研究对安全态度研究及管理有以下启示：要更加关注内隐安全态度的测量；通过安全态度测量结果预测员工的行为，还需要考虑复杂的中介变量；改变员工的安全态度需要更长的时间和更高的管理水平。

6.4 风险感知行为安全模型

【本节提要】

从主观意愿看，一个理性的人不会做出给自己带来风险的不安全行为，但事实是依然存在大量由不安全行为导致的事故，其原因是人们对风险的认识仍然具有片面性。为了更好地认识这种片面性，本节阐述了人的安全决策的有限理性，并结合前景理论重新构建了安全研究的行为模式，进而揭示了人的不安全行为产生的原因。本节采用的新视角分析安全行为及其建立的安全行为新模式，对指导人的不安全行为管控工作具有重要参考价值。

追求安全的理性的人，是基于什么原因做出的不安全行为？首先，我们有必要探究下安全的决策过程。安全的相对性决定了其本身就是一个概率问题，对于安全即使我们进行了充分的研究，也只能说有很大把握，其实质就是应用统计中的置信区间问题。相对性的安全为理性人的安全决策不可避免地带来了不确定性因素，即安全决策实质上就是有一种风险决策。

对于安全的风险决策，安全系统工程学很明确地指出安全系统不存在最优解，只有具有一定灰度的可接受的满意解。安全存在某种程度上的模糊性，一方面行为安全可能导致危险，另一方面不安全行为反而偶尔能带来安全。可接受的满意解同样也会随着时间变成问题解，没有绝对永恒的安全——这是安全研究的共识。因此我们对安全始终隔着一层看似一捅就破的纱，即安全的有限理性。

本节基于经济学中的前景理论引入安全决策的有限理性，重新解读安全行为的模式，从而以全新的视角解释不安全行为的产生原因。本节内容来自本书第一作者的研究生谢优贤的学位论文《安全容量的内涵及风险维度挖掘与安全降维的理论探究》[3]。

6.4.1　安全的行为模式

风险决策的前提是风险感知，风险感知属于心理学范畴，是个体对外界的客观风险的感受和认识，并强调个体由直观判断和主观感受获得的经验对感知的影响。主观性的感知具有有限理性，从而可能导致一次安全行为危险接受域的误判。由风险感知触发的安全行为模式有两种：①风险接受型，安全的结果给予维持行为现状的信心；②风险回避型，事故后采取改进措施。相关情况如图6-12所示。

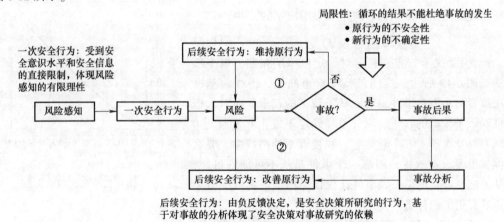

图 6-12　风险感知下的安全行为模式及局限性

从图6-12中可以看出结果的负反馈对行为的维持和改进至关重要，风险感知引发一次安全行为，然后行为后果决定后续的安全行为。后续安全行为依赖于对事故的认识，分为上述两种行为模式。前者因为无危的负反馈信息，使得原行为得到强化，人们很好地体会到了维持原状带来的效益，而不愿采取额外的安全投入，追求原行为带来的最大经济效益，但是循环结果并不能降低行为的不确定性，很难确保事故的不发生；后者由于事故的发生，通过事故的回溯研究，意识到纠正行为的重要性，此时为了避免类似事故的复发，人们就变得倾向于增加安全投入，强化预防管理措施避免事故的复发，力求避免和降低事故的损失。尽管对同类事故能起到很好的警示预防作用，但不能有效改变其他方向上事故的不确定性。如图6-12所示，后续安全行为依然是在事故的不确定下循环发生的，安全行为存在着不安全的隐患。

6.4.2　安全的有限理性

知识的局限性决定了在不同人中知识的分散性，面对社会中知识的分散化，决策者按照新古典式的理性计算成本就太高，理性人的现实表现就是尽可能采用经验规则或制度，通过规则来降低协调失灵的可能性。因此，决策存在有限理性。根据有限理性理论：在复杂的决策环境中，人的理性是有限的，作为有限理性的决策者不可能掌握完全的信息和知识，处理信息的能力也有限，对每一方案后果的预期不可能是完整和确定的，也并没有一套明确、完全一贯的偏好体系，人们对于风险的认知有着相当大的主观依赖性。

安全的有限理性包括两个方面：①对风险感知存在有限理性，由于受到安全意识水平以及安全信息传递和安全注意力差异等感知能力的限制，人们对风险的认知必然存在一定的差异，从而导致其风险接受域的误判，继而决定一次安全行为；②对于安全决策存在着有限理性，不同于信息感知的有限性，这是由关注角度不同带来偏好体系的转变，使得行为人的理性受到限制，往往导致启发式的决策偏见，这些偏见甚至连专家也不能避免，而这种有限理性在安全决策上最直观的体现就是，对事故人们没有信心杜绝，却有信心由事故分析其产生机理，以事故来验证安全，这无形中就存在了对安全的事故偏见，即安全决策建立在事故分析的基础之上，如图 6-12 所示。

安全决策的有限理性实质上就是一种决策偏见，下面通过对安全决策偏见的分析以及前景论中的确定性效应，来解释两种安全行为模式在有限理性下的循环机理。

6.4.3　前景理论下的后续安全行为

前景理论是由价值函数和决策权重所决定的，即

$$V = \sum_{i=1}^{n} \pi(p_i) v(x_i) \tag{6-2}$$

式中，$\pi(p_i)$ 是决策权重，它是对给定概率的扭曲，概率权重曲线如图 6-13 所示。实线是概率权重曲线，虚线为基准线。决策者对小概率事件主观地赋予较高的权重，而对大概率事件则赋予较低的权重，对于 0（确定不发生）和接近 0 的低概率以及对于 1（确定发生）和接近 1 的高概率，要么被过度权重要么被忽视，即当一个事件是从不可能到可能，或者从可能到确定的话，该事件比仅仅是增加或者减少概率的事件具有更大的冲击。

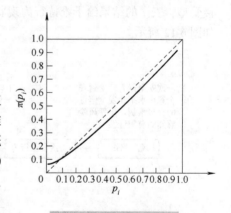

图 6-13　概率权重曲线

$v(x_i)$ 是价值函数，是决策者主观感受形成的价值，前景理论指出价值函数是以参考点为拐点将图形分为收益和损失两个区域，呈 S 形图像。收益区间的图形表现为下凹，更高的收益带来的效用随不确定性增长率逐渐降低，即风险回避特征；而在损失区域图形表现为下凸，由损失带来的负效应随不确定性增长率越来越低，反而更容易被人们所接受，即风险偏好特征，如图 6-14 所示。

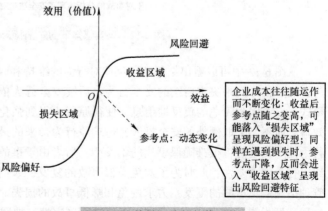

图 6-14　前景理论的价值函数

对于安全决策来说：面对收益，人们回避风险、拒绝安全投入，后续安全行为表现为对原行为的维持；面对事故损失，人们追加安全投入，后续安全行为表现为对原行为的改善。相关情况如图 6-15 所示。

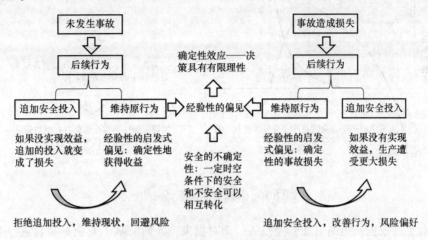

图 6-15　安全决策有限理性的解释

安全的不确定性决定了，即使是经历过验证的安全行为，也只是被验证过的那时的安全，并不能对其以后的安全进行保证，一定时空条件下安全可以与不安全相互转化，这就是安全具有有限理性的本质所在，人们有意识地放弃对部分安全知识的了解，甚至有意识地采取一种直觉的或冲动的行为方式来研究安全，即理性无知。

由不安全行为带来的重大事故发生概率较低，更加上生产实际中很多人一生基本上都不会遇上很大的生产事故，忽视安全所带来的大事故发生概率很低，不安全行为带来的事故是小概率事件。前景理论指出，在实际决策中人们有着高估小概率事件的理性偏见，从而解释了在对事故的严重度分析时，人们总会下意识地重视重大事故的原因。另外，安全的模糊性决定了人们对事故概率认识的主观性，概率本质上是主观概率的不确定性权重。与客观概率不同的是，前景理论指出概率权重之和小于 1，即事故概率权重和安全概率权重并不满足传统意义下的概率之和为 1，而以事故研究安全本身就建立在安全与事故互为对立的基础之上，这就是安全决策的事故偏见。

6.4.4　有限理性下安全行为的变异

理性的人是基于何种原因做出导致事故的不安全行为？前面分析了安全的有限理性，一方面一次安全行为受到知识水平的限制，另一方面后续安全行为决策依赖经验式偏见以及本质上的事故偏见。没有绝对的安全，安全为没有超过允许限度的危险，安全的内涵暗示了不安全行为的安全性，这就为事故的触发做出了铺垫。即所谓不安全行为如果没有带来超过允许限度的危险，就会使人产生安全错觉。随着安全科学的发展，事故发生率得到大幅度的降低。当然这种安全等级的提升必然伴随着相当大的安全投入，安全经济学中安全功能与效益模型指出，人们追求的是结合安全投入成本的安全效益，而不是致力于对安全等级的提升。安全等级的效益偏见如图 6-16所示。

如图 6-16 所示，正是这种安全效益化的有限理性制约，导致了安全行为不安全的变异。因为有限理性的存在，决策的模糊性往往会使得不安全行为以效益的合理化得以开脱。不确定的安全前提下，人们很难准确把握安全效益曲线，同样也很难确定效益与安全等级的权重。面临收益时，

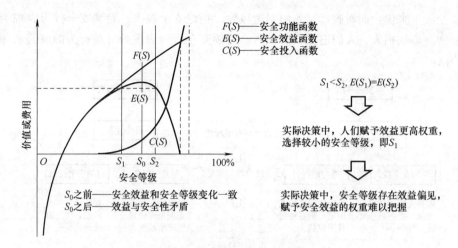

$F(S)$——安全功能函数
$E(S)$——安全效益函数
$C(S)$——安全投入函数

$S_1 < S_2, E(S_1)=E(S_2)$

实际决策中，人们赋予效益更高权重，选择较小的安全等级，即S_1

实际决策中，安全等级存在效益偏见，赋予安全效益的权重难以把握

S_0之前——安全效益和安全等级变化一致
S_0之后——效益与安全性矛盾

图 6-16　安全等级的效益偏见

人们赋予效益更高权重，拒绝追加安全投入；面对损失，人们又赋予安全更高权重，追加安全投入，提升安全等级。

　　另一方面，本身就是小概率事件的事故，随安全等级的提升，事故率的衰减速率越来越慢，极小的安全改善伴随越来越高的不对称的安全投入。前景理论下的概率权重函数指出人们往往在赋予小概率过高权重的同时，看轻小概率间的差异，即共同比率效应，进而产生了一种奇怪的安全现象——人们很重视对重大事故的预防，却不愿为了这种重视而提高已被接受的安全等级，安全被重视的同时反而也被无视着。这就是安全发展的瓶颈期，此时人们对安全的追求不再是无缺则全，巨大的安全成本带来对事故微乎其微的改善，因为有限理性的存在，人们理所当然地忽视小概率事故的变动，满足于当下的同样可接受的事故发生率，不再追求安全等级的提升。这种"无缺则止"的安全随着安全的动态变化逐渐向不安全演变，理性人的安全行为变异成了亚安全行为，直到事故的发生打破其安全错觉，安全行为彻底变成不安全行为。相关情况如图 6-17 所示。

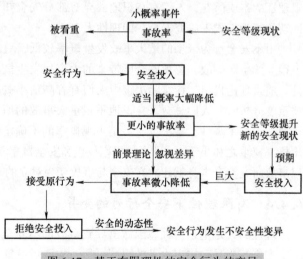

图 6-17　基于有限理性的安全行为的变异

6.4.5　结论

　　（1）归纳提炼出安全行为的反馈模式，得出安全决策对事故存在依赖性，行为模式具有一定的局限性，进而引入决策的有限理性。

　　（2）结合前景理论，揭示了安全决策的有限理性，验证了有限理性下的后续安全行为，通过概率权重函数指出了决策的事故偏见原因是安全与事故的概率权重之和实际上小于1。

　　（3）通过对事故的小概率属性研究，解释了当下安全被重视的同时却仍然被无视着这一矛盾现象的原因。指出了正是这种有限理性，安全变异为"无缺则止"的安全，在此基础上指导的理性人的安全行为无疑蕴含了不安全性。

（4）安全本质上就是概率性事件，通过前景理论，以一种崭新的视角解释了其行为模式，指出对这概率性事件，人们始终存在"有限理性"的认知，而且在安全研究时也始终会受到这一有限理性的影响。

6.5 安全行为管理"五位一体"模型

【本节提要】

为消除人的不安全行为，从源头预防事故，实现人本安全，基于行为科学原理与安全管理学方法，提出安全行为管理的定义，分析其内涵与理论基础。从组织活动、人员行为、效果评估、反馈机制与安全文化着手，构建安全行为管理"五位一体"模型，阐述其基础、调节与宣教功能；分析模型结构，解析其理论层、实践层与归纳层；评述模型的有效性。将模型用于特别重大交通事故实例分析，定位事故原因提出对策措施。

事故致因理论是安全管理的研究重点，大多数事故是人的不安全行为导致的，为减少甚至避免事故发生，人员行为管理尤为重要。下面结合行为科学、安全管理学的原理与方法，阐述安全行为管理的概念与内涵。基于组织活动、人员行为、效果评估、反馈机制、安全文化五部分，构建安全行为管理"五位一体"模型。对模型进行功能分析、结构解析与有效性评述。将模型应用于特别重大交通事故案例，提炼事故原因与对策措施。实践证明，该模型可被视为一种新型事故致因链，为安全管理与事故预防提供了新思路，具有一定理论与现实意义。

本节内容主要选自本书作者与张书莉共同发表的研究论文《安全行为管理"五位一体"模型构建及应用》[4]。

6.5.1 安全行为管理研究的原理

1. 安全行为管理定义与内涵

行为科学是用科学的研究方法，从人的需要、动机、目的等角度来研究行为规律，并借助这种规律性的认识来预测和指导人的行为。

安全管理是为实现安全生产目标而进行的有关计划、组织、控制和决策等活动；辨识生产中的不安全因素，从技术、组织、管理层面采取有力措施，防止事故发生。

基于行为科学与安全管理的定义，将安全行为管理界定为：以实现人的安全健康为出发点，运用行为科学与管理学的原理方法，基于人生理、心理、情感需求等特点研究行为规律，利用规律引导激发人的安全行为，识别纠正不安全行为，固化其安全意识，达到安全生产的目的。

安全行为管理的内涵：①研究目的是保护人的生命安全与身心健康，保证生产安全顺利进行；②研究对象是人，侧重研究人的行为，尤其是不安全行为；③研究方法是以人为本的安全管理，如考虑人员性别、年龄、身高、情感需求等；④研究结果是探寻行为出现的原因与规律，利用规律来管控人员行为，达到人本安全。

2. 安全行为管理的理论基础

轨迹交叉论认为，事故的发生是特定时空人不安全行为与物不安全状态轨迹的交点。建立轨迹交叉物理模型如图 6-18 所示，两小球分别代表人和物。当小球位于斜坡顶端，即人、物处于安全状态，则系统安全；当小球分别从斜坡滑下彼此相撞，即人、物同处于不安全状态且轨迹交叉，则系统发生事故。

安全行为管理是通过法律法规、规章制度、教育培训、行为纠正、习惯培养、文化熏陶等一系列管理方法，规范人员的日常行为，杜绝不安全行为的出现，继而保证不安全人、物轨迹分离，防止事故发生。其作用机理如图 6-19 所示。

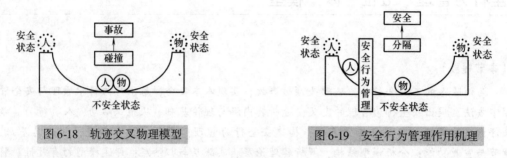

图 6-18　轨迹交叉物理模型　　　　　图 6-19　安全行为管理作用机理

6.5.2　安全行为管理"五位一体"新模型构建

1. 模型的构建

遵循安全管理的方法思路，以人员行为管理为核心，构建安全行为管理模型如图 6-20 所示。

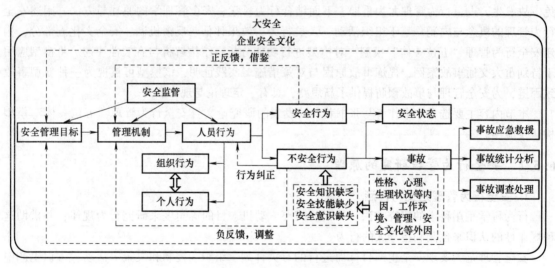

图 6-20　安全行为管理模型

2. 模型的组成要素及其内涵诠释

（1）安全管理目标。企业领导根据上级要求和本组织具体情况，参照历史经验与同类企业管理模式，在充分听取广大员工意见的基础上，制定安全工作总目标，如降低事故率、零隐患、零职业病等。

（2）管理机制。从管理目标出发，以企业安全生产方针为抓手，根据国家法律法规、行业标准等知识，多部门联合制定符合本企业员工的操作规章、教育培训制度、出勤制度等，形成一套完善的具有企业特色的管理机制。

（3）人员行为。人的行为贯穿企业整个运营过程，须把人员行为作为着眼点与落脚点。基于模型需要对人员行为分类，具体内容与特点见表 6-4，相互关系如图 6-21 所示。

表 6-4　基于模型需要的人员行为分类

分类标准	行为类别	具体内容	特　点
产生形式	组织行为	组织要素和外部要素相互作用而产生的行为，包括管理行为与业务行为，如产品设计、厂址选择、部门合作等	整体性、目的性、效果两重性
	个人行为	在自己能够完全支配的主观意识下用于表达自己内心活动的具体行为，如个人表情、语言、动作等	独特性、主观性、不可复制性
表现状态	安全行为	保护身心免受外界不利因素伤害的行为，如遵纪守法、按章操作、正确佩戴防护用品等	安全状态
	不安全行为	造成人身伤亡、财产损失、环境破坏事故的人为错误，如操作失误、冒险作业、不安全装束等	安全状态或事故

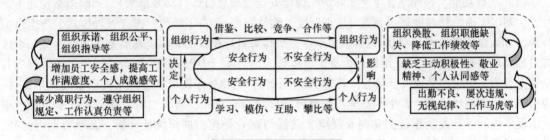

图 6-21　四种行为关系

1）根据行为科学理论，组织行为决定个人行为。组织承诺、组织公平会增加员工安全感与满意度，进而使员工认真工作，树立敬业精神。反之，组织行为是通过组织成员个体行为来实现的，因此个体行为影响组织行为。例如个体屡次违规，会使规章制度失去功效，进而丧失组织的领导与执行功能。

2）组织行为间相互借鉴、相互比较、相互合作等，个体行为间存在学习、模仿、互助等关系。

3）无论组织或个体行为，均出现两种行为状态，即安全行为与不安全行为。

（4）不安全行为原因。

1）组织与个体的不安全行为是导致事故的直接原因。

2）不安全行为的出现又是人安全知识缺乏、安全能力缺少和安全意识缺失的产物，安全观念的错误使个体忽视国家法律法规等制度，无视不安全行为带来的严重后果。

3）人安全观念的树立受到多因素影响，既有个体性格、心理生理状态等内部因素，又包含管理机制、工作环境、企业安全文化等外部因素。

（5）行为纠正。纠正不安全行为存在诸多困难，如影响因素的多样性、心理因素的不稳定性、行为失误的随机性等，因此需要从个体认知以及行为控制过程出发，采用变革管理机制、加强教育、改善环境等措施，培养安全思维，固化安全习惯，使个体达成对不安全行为危害性的自觉认同，形成自主的行为控制与纠正。

（6）事故。事故研究分三个方面：

1）事故应急救援。事前应辨识分析危险因素，制定应急救援预案，定期演练。事中立即响应救援，降低人员财产损失。

2）事故调查处理。事故发生后，有关部门成立事故调查组，去现场实施救援与考察取证，分析事故原因、预估事故损失以及处理相关责任人。

3）事故统计分析。搜集大量事故案例，运用统计学手段分析数据探索规律，归纳对策措施。前车之鉴后事之师，对已发生事故的学习成为安全行为管理不可或缺的一部分。

（7）反馈调节。系统本身的工作效果又作为信息调节该系统的工作，分正反馈与负反馈。当输出信息对原信息起促进、增强效果时为正反馈；反之，对原信息起阻碍、改变作用为负反馈。

（8）安全监管。政府、社会、企业的各类机构对运营过程进行监察、不定期检查，及时发现安全隐患，责令限期整改，保证人-机-环系统安全。

（9）安全文化与大安全。安全文化分为安全物质文化、行为文化、制度文化和观念文化，各自分别起着基础、载体、榜样和主导作用。安全文化程度由浅及深、由表及里，逐渐形成全方位涉及经济、科技、身心健康等各方面的大安全环境。

3. 模型的功能分析及其意义

（1）基础功能。领导结合企业实际情况设定安全管理总目标（如零事故），同时遵循企业生产特点，制定完整的管理机制（如教育培训制度、奖惩制度）。各下级组织遵守管理模式，产生组织行为（如人员定期培训）；组织包含众多个体，个体对管理模式的具体表现即为个体行为（如个体按时参加培训并认真学习）。组织行为决定个体行为，个体行为影响组织行为。组织、个体行为若是安全行为，则生产呈现安全状态；若为不安全行为，当物处于安全状态即未构成事故发生条件，或出于运气等偶然因素，即便不安全行为也可能表现安全状态，当人、物同处于不安全情况，则会引发事故。一旦发生事故，立刻开展应急救援与调查处理，进而统计分析，汲取教训。此外，在管理目标、管理机制与人员行为环节加强安全监管，打造安全双保险。

（2）调节功能。将安全行为信息反馈至管理机制、安全状态反馈至管理目标，管理人员提炼信息、学习借鉴优秀经验，进而提高目标或增强管理机制，实现正反馈调节。将不安全行为信息反馈至管理机制，事故信息反馈至管理目标，管理人员分析信息，反思不安全行为出现的原因、规律，总结事故征兆与对策措施，进而降低安全目标或修改管理机制，完成负反馈调节。反馈调节为管理人员提供信息支持，使企业目标与机制的制定更适应实际情况。

（3）宣教功能。在安全行为管理中，安全目标、管理机制、不安全行为的纠正、安全监管是一种硬实力，那么安全文化作为一种软实力，发挥着不可或缺的作用。企业营造一种安全氛围，员工从观念上树立安全思想，这种潜移默化的宣教功能逐渐在员工的安全行为中表现，形成对不安全行为的自觉控制与纠正，让自身成为安全的第一道防线。此外，员工的安全思想会感染家人，家人继续传播同化周边人，这样不断扩大安全范围，最终形成安全大环境。

（4）特别说明。因为物的设计、生产、加工、操作、检查、维修、管理等一系列环节，离不开人的操作，即人的行为，对人安全行为的管理，从另一种意义上说是对物的安全管理。人在物品设计至报废全过程均表现安全行为，随之物也一直处于安全状态；即便处于不安全状态，也会因为自身安全装置或人的检查监管，及时发现并解决问题。因此，无论管人或管物，究其根本是对人安全行为的管理。故模型主要针对人的行为管理，内含物的管理过程。

4. 模型结构解析

模型结构层如图6-22所示。理论层解释模型建立所需的理论依据，实践层表明模型的实际应用元素，将实践元组合为五部分，形成归纳层，故又称为安全行为管理"五位一体"模型。

（1）理论层。以流程思想为引导，综合安全系统管理中的系统思想、安全目标管理中的目标制定方法、安全体系化管理中的标准化方案、行为科学中的行为安全理论、ABC理论中前因后果的思想、PDCA理论中不断检查改进的动态循环思想以及事故处理中的调查统计方法等，为模型的构建奠定了坚实基础。

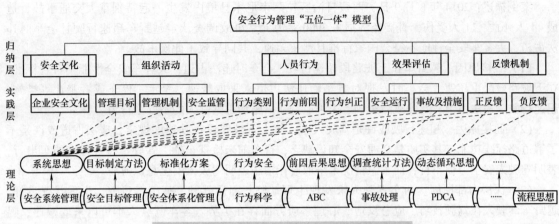

图 6-22 安全行为管理"五位一体"模型结构层

（2）实践层。安全监管、行为纠正、正负反馈等均为行为管理的具体环节，即实践元，实践元的设定及运行遵循相关理论。例如，所有实践元均依赖系统思想；依据目标制定方法来确立管理目标；行为类别、行为前因、行为纠正需结合行为安全知识等。

（3）归纳层。将实践元按功能归纳分类，安全文化是贯穿整个系统的灵魂，安全观念的养成是安全行为管理的最终目标；管理目标、管理机制、安全监管列为组织活动；人员行为包括行为类别、行为前因与行为纠正；效果评估包括安全运行、事故及措施；正、负反馈均属于反馈机制。组织活动、人员行为、效果评估与反馈机制在安全文化熏陶下，相互联系、相互影响，在模型中协调发挥作用。

5. 模型有效性分析

安全行为管理"五位一体"模型促进行为科学理论在我国的推广和应用，加强安全人员对事故直接引发者不安全行为的重视程度，在扩充安全管理理论方面也发挥了重要作用。

（1）模型继承并推进了行为安全"2-4"模型的原因分析，将个体的生理状况、心理状态、性格等内部因素列入分析过程，在探究人的不安全行为原因时更为准确，利于精准纠正。

（2）模型增添了反馈机制，将反馈的安全信息加以提炼，从安全现象提取安全规律，对安全行为给予表彰与奖励；将反馈的不安全信息加以分析研究，从事故中吸取经验教训，对不安全行为进行纠正与惩罚。既为管理目标、机制的制定提供信息渠道，使管理更贴合实际情况，又利于快速发现并及时弥补管理漏洞；同时通过奖惩制度规范人的行为，引导激发人的潜能，具有动态循环作用。

（3）模型展示了目标-实践-结果-分析-目标整个管理过程，软（安全文化）硬（行为纠正等）治理方法同时使用，内外原因分析相结合，具有完整性与逻辑性。

（4）模型补充了事故应急救援环节，对于减少人员伤亡、防止事故后果扩大具有关键作用。

（5）模型将行为科学理论引入安全管理，核心是及时发现并纠正人的不安全行为，预防事故发生，对煤矿、交通、建筑等多个行业均适用，因此，"五位一体"模型是具有普适性的安全行为管理模型。

6.5.3 安全行为管理"五位一体"模型在交通事故预防中的应用例子

根据国家安全生产监督管理总局发布的事故调查报告，应用安全行为管理"五位一体"模型定位事故原因并制定对策措施。

案例描述：2014 年 8 月 9 日，西藏自治区拉萨市尼木县境内发生一起特别重大交通事故，造成 44 人死亡、11 人受伤，直接经济损失 3900 余万元。事故调查认定越野车超速行驶且会车时违法占道，大客车安全性能不符合国家标准且严重超速，共同导致了此次事故。

（1）直接原因。越野车在上坡路段超速行驶，会车时违法占道；大客车安全性能不符合标准，在下坡路段严重超速，会车时发现对方车辆违法占道未采取减速、警示、停车或者避让等措施。超速行驶、违法占道、驾驶故障车辆、未采取避让措施均是驾驶人的不安全行为。

（2）间接原因。超速行驶或许是驾驶人不了解上下坡路段行驶速度规定，违法占道或许是不了解道路标线功能，其实质是交通安全知识缺乏；行车前未检查车辆，驾驶不符合标准的车出行，表明驾驶人安全习惯不良；而紧急情况未采取避让措施表明驾驶人安全意识薄弱。

（3）深层内部原因。两车驾驶人未发现生理缺陷、酒后驾驶、疲劳等迹象，生理状况良好。越野车驾驶人在驾驶技巧、应急反应、心理素质方面存在劣势。客车驾驶人本可以采取减速、鸣喇叭等措施来避免事故发生，但他从未避让，这是麻痹、侥幸、敷衍心理状态的体现。

（4）深层外部原因。拉萨市人民政府对交通运输企业属地安全管理不到位，尼木县人民政府对道路安全监管职责不到位；交警大队对事故易发路段查巡管控不力；汽车租赁公司安全管理制度不完善，安全责任不落实，违规承包车辆，未对汽车时速动态监控，行车前未进行安全检查，驾驶人安全培训制度缺失等；公司安全文化缺失，公司员工对安全思想认识不到位，导致特别重大交通事故发生。

从人员行为、反馈机制、组织活动、安全文化四个角度采取对策措施如下：

（1）人员行为。在选拔驾驶人时，要结合个人生理、心理、性格等特点，如红绿色盲症患者、性格过于急躁等人不适合从事驾驶工作。考虑驾驶员学习能力，采取通俗易懂、简单易学的教育方式，让交通知识牢记于心，如真实事故案例分析、交通法规讲解、定期考核等方法；同时进行模拟驾驶，在操作过程中发现不安全行为予以纠正，规范驾驶行为。

（2）反馈机制与组织活动。将事故信息反馈至管理目标与机制，凸显租赁公司管理机制的缺陷，如教育考核制度、监管制度、安全责任制度、应急救援体系、安全文化建设等。企业要立即调整目标制度，健全安全管理体系，将安全责任落实到人；同时各监管机构要认真履行职责，充分发挥第三方监管的作用，防止类似事故再发生。

（3）安全文化。结合企业特点制定安全方针，定期组织安全文化活动，如设计交通安全标语、交通安全微视频、安全文化晚会等，充分发挥安全文化引导、教化、激励、规约、渲染功能，逐渐营造安全大环境。

6.5.4　结论

（1）安全行为管理是依据行为科学来管理人的不安全行为，避免不安全人、物轨迹交叉，实现人本安全，是一种新的管理手段，为安全管理体系开辟了新分支。

（2）构建安全行为管理"五位一体"模型，以人的行为研究为核心，囊括组织活动、人员行为、效果评估、反馈机制、安全文化五个方面，管理内容全面，体系完整有序。

（3）分析模型的基础功能、调节功能、宣教功能；解析模型理论层、实践层与归纳层内涵。对模型进行评述，展示内因外因结合分析与反馈调节的优势，突出模型有效性。

（4）案例分析表明，模型可以详细解析事故原因，从多角度提出针对性措施，具有很强的实践性与可行性。

（5）探究人生理、心理、性格等原生因素，提高对不安全行为原因分析的准确性，但对其心理状态评估问题上还有待深入研究。

本章参考文献

[1] 吴超，王秉．行为安全管理元模型研究 [J]．中国安全生产科学技术，2018，14（2）：5-11.

[2] 黄浪．理论安全模型的构建原理与新模型的创建研究 [D]．长沙：中南大学，2018.

[3] 谢优贤．安全容量的内涵及风险维度挖掘与安全降维的理论探究 [D]．长沙：中南大学，2017.

[4] 张书莉，吴超．安全行为管理"五位一体"模型构建及应用 [J]．中国安全科学学报，2018，28（1）：143-148.

第7章

城市群公共安全资源共享新模型

7.1 城市群公共安全物资共享体系模型

【本节提要】

为给城市群公共安全物资共享提供理论依据，针对突发公共安全事件下城市群物资共享问题，开展城市群公共安全物资共享体系的研究。针对地区特性，提出基于需求的"地区-情景-应对"公共安全物资分类方法；依据公共安全物资共享的基本思路和主要涉及要素，构建城市群公共安全物资共享体系；为对体系进行可行性分析，提出体系评价的原则，并给出体系维护的切入点。

城市群是城市化发展到一定阶段出现的一种高级空间形态，是未来中国城市化发展的主要形态。城市群数量的不断增加和城市群规模的快速扩张，一方面为区域的快速发展提供了强有力的支撑，另一方面也形成了人口和建筑物的高度聚集，从而加大了城市群发生公共安全事件的风险。城市群公共安全事件的扩散和演变过程涉及多主体、多维度和多因素的交互作用，对区域内相关城市的生命财产、生态环境和社会秩序将造成严重的威胁和不可估量的损失和破坏。

公共安全物资是为了保障公共安全事件发生地区的民众生活，以及公共安全事件的有效和顺利解决所需要的救援性和保障性物资。适配和连续的公共安全物资供应能够最大限度地挽救公共安全事件发生后区域内相关城市的损失。在非应急情况下，城市储备的公共安全物资难免存在闲置、使用率低和资源浪费等问题；在应急情况下，单一城市无法对每一种突发公共安全事件的公共安全物资做到充分准备，导致单一城市在处理公共安全问题时存在能力不足的情况。面对上述公共安全物资配置与使用的矛盾，为寻求城市群公共安全问题应对和处理的时间效益最大化和灾害损失最小化，做到既能满足应对公共安全事件的紧急需求，又能最大限度降低公共安全物资的储备成本，协同与共享的应对策略就成为政府和学界高度关注的公共安全议题。

下面通过分析现有的公共安全物资的分类标准，提出基于需求的公共安全共享物资的分类方法。在此基础上，构建城市群公共安全物资共享体系，对体系的具体实施流程、评价及维护等进行解释说明，以期为城市群公共安全物资共享提供理论依据，增强城市群公共安全应对和治理能力。

本节内容由本书第一作者的研究生李思贤协助撰写完成。

7.1.1　基于需求的公共安全物资分类方法

1. 现有公共安全物资分类

有效处理公共安全事件的前提是拥有一定的公共安全物资储备，公共安全物资的保障能力是衡量应急管理能力的重要指标之一，对公共安全物资进行分类研究，并在此基础上确定公共安全物资的需求量，对提高公共安全事件的救助处理效果具有重要意义。

应对公共安全事件所需的公共安全物资种类较多，为了有效管理应急系统，需要对公共安全物资进行分类。现有的较常见的分类方式主要有：①按公共安全物资的性质和用途分类；②按公共安全物资使用的紧急情况分类；③按公共安全事件诱因分类。

分析现有公共安全物资分类方法可知，公共安全物资分类存在分类标准不统一、分类指标不明确和分类体系过于扁平化等问题，无法实现具有地区特性的公共安全物资分类，难以实现公共安全物资储备的成本最小化和应急时间效益最大化。

2. 基于需求的公共安全物资分类思路和步骤

公共安全事件的发生通常具有突发性和不可预测性，但这种突发性和不可预测性是相对的。不同地区可能发生的公共安全事件类型、公共安全事件危害性大小以及所需的公共安全物资种类和数量各不相同，因而针对地区特性对公共安全物资进行分类管理是非常必要的。

综合考量地区发生公共安全事件的类型、灾害危害性大小及所需公共安全物资的种类，可提出基于需求的"地区-情景-应对"公共安全物资分类方法，分类思路如图 7-1 所示。

基于需求的"地区-情景-应对"公共安全物资分类方法是综合考量地区公共安全事件类型、发生概率和危害性大小，经定性与定量分析，并结合物资需求紧急程度确定分类的方法，主要有如下四个步骤：

（1）预测该地区可能发生的公共安全事件。通过专业手段预测该地区可能发生的公共安全事件的类型、发生概率、烈度，得出该地区可能发生的 n 类公共安全事件的危害系数 H_i，$i = 1, 2, \cdots, n$。

（2）所需公共安全物资的定性分析。根据该地区可能发生的 n 类公共安全事件，参照国家发改委发布的《应急保障重点物资分类目录》列出的三大类、16 中类、65 小类公共安全物资，列出该地区可能需要的公共安全物资的类别及相对数量。

（3）所需公共安全物资的定量分析。定

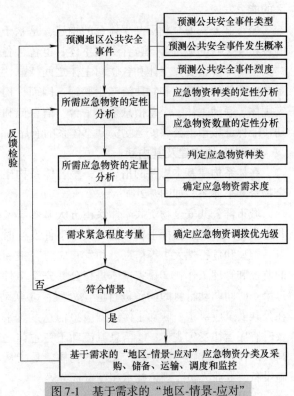

图 7-1　基于需求的"地区-情景-应对"
公共安全物资分类思路

义系数 S_{ij}，$S_{ij}=1$ 表示第 i 种公共安全事件需要第 j 种公共安全物资；$S_{ij}=0$ 表示第 i 种公共安全事件不需要第 j 种公共安全物资。定义需求度 D_j

$$D_j = \sum_{i=1}^{n} S_{ij} H_i \tag{7-1}$$

由此确定各类物资的需求度。

（4）需求紧急程度考量。公共安全物资的调度和投放按照生命救助阶段、工程保障阶段、工程建设阶段和灾后重建阶段的顺序，具有一定的优先级次，不同级次对应于不同的公共安全物资。

根据前三步，可确定该地区所需公共安全物资的类别及数量，由此可确保该地区有针对性的公共安全物资的采购和储备。根据第四步，可确定该地区突发公共安全事件后，运输和调度公共安全物资的先后顺序，从而保障公共安全物资有序、连续和有效的投放。基于需求的"地区-情景-应对"公共安全物资分类方法，使得区域公共安全物资的采购、储备、运输和调度具有区域针对性，确保了区域公共安全物资的有效储备，从而能确保该区域公共安全事件应对和处理的有序性和高效性。

7.1.2 城市群公共安全物资共享体系构建

1. 体系构建的基本思路及要素

体系即系统，是实现资源与信息共享的系统，是具有确定特性和功能的有机整体，具有整体性、相关性和动态性。构建城市群公共安全物资共享体系，旨在打破城市群内各城市间的壁垒，整合各城市间的资源，实现资源的共享，实现公共安全的协同治理。城市群公共安全物资共享体系的构建，首先是避免资源的浪费，提高资源的使用率；其次是为了实现公共安全应对的时间效益最大化和灾害损失最小化；同时也是为了提升应对公共安全的能力，以发达地区带动欠发达地区的能力发展。

城市群公共安全物资共享体系的构建，是基于城市群这一系统，涉及的主要对象为城市群内的各相互关联的城市，既包含受灾主体，也包含各联动主体。城市群内各城市主体在协同应对公共安全事件时，受灾主体和各联动主体之间依靠协同指挥平台进行一系列的应急处理活动，依靠系统中流动的信息流和物质流产生联通。因而，构建城市群公共安全物资共享体系时主要考虑受灾主体、联动主体、应急信息系统平台、信息流和物质流等主要要素，各要素之间协调有序的活动才能保证城市群公共安全物资共享体系的有序、高效运转。

2. 体系的构建及其内涵

在体系构建基本思路的指导下，整合体系构建所需包含的五大基本要素，构建城市群公共安全物资共享体系，如图7-2所示。

城市群公共安全物资共享体系由五大基本要素构成，其中：①应急信息系统平台是城市群公共安全协同治理的指挥平台，公共安全事件发生时，平台收集和发布公共安全事件的具体事发地点、类型和危害性大小等信息，并发布应急警报和动态的应急响应信息，同时承担整个应急过程的监控和管理工作；②受灾主体是指公共安全事件发生的城市，在公共安全应对时，受灾主体通过第一时间调动自身的储备进行应急处置；③联动主体是指城市群中受灾主体之外的其他城市，在公共安全应对中，联动主体依据应急信息系统平台的动态消息和指示，调动城市内的储备，并及时有序运往受灾主体；④信息流流动于各主体之间并连接各主体，保证应急动态消息的及时和高效的传达；⑤物质流是指广义上的物质，是指从联动主体调动至受灾主体的公共安全物资、设施设备、专业人员、理论技术和经费资金等。

当城市群内突发公共安全事件时，城市群公共安全物资共享体系随着体系内的信息流和物质流的流动开始运转，通过各主体间的协同运作，实现城市群公共安全物资的共享和公共安全事件

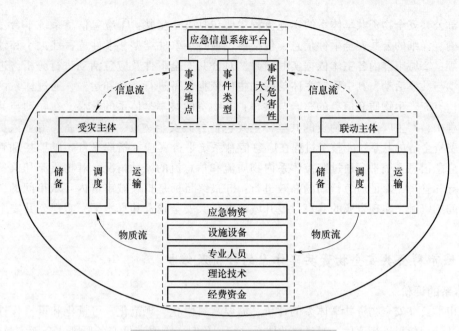

图 7-2　城市群公共安全物资共享体系

的协同应对。

3. 体系的实施流程

　　城市群内一旦突发公共安全事件，城市群公共安全物资共享体系便开始有序运转，体系的具体实施流程如图 7-3 所示。

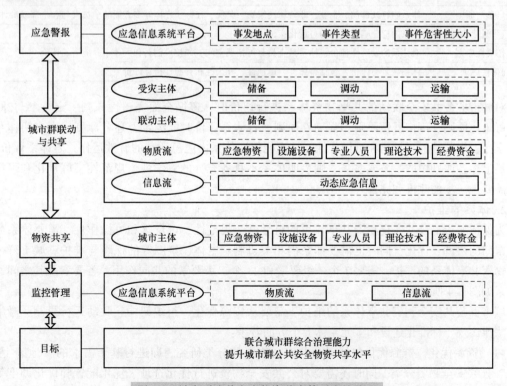

图 7-3　城市群公共安全物资共享体系实施流程

城市群公共安全物资共享体系的实施流程主要包括五个步骤：①应急信息系统平台发布应急警报和准确、详细的公共安全事件信息，包括事发地点、事件类型、事件危害性大小和动态应急响应信息等；②城市群内各主体依据实时情景，对公共安全事件及应急活动进行分析，进而产生一系列联动与共享活动，其中受灾主体与联动主体依据储备进行调动和运输，通过体系内流动的物质流和信息流产生物质和信息的整合与共享；③物资的共享是体系的核心，在联动与共享的协同治理过程中，产生广义上的物资的共享，主要包括公共安全物资、设施设备、专业人员、理论技术和经费资金等的共享；④整个过程在应急信息系统平台（应急指挥平台）的监控和管理下有序进行，应急信息系统平台通过监控体系内物质流和信息流的流动情况，对物质流和信息流进行有效的引导和管理，保证应急行动的高效进行；⑤最终目标是打破城市群内各城市间的壁垒，整合各城市间的资源，实现资源的共享，提升城市群公共安全物资共享水平，实现公共安全的协同治理。

7.1.3 城市群公共安全物资共享体系的评价及维护

1. 体系的评价

对城市群公共安全物资共享体系的评价，需要从科学化、规范化、可量化和可操作性等方面对其构建及治理效果进行评估。对建立的体系进行评价时，需要满足五条原则：全面完整性原则、全员参与原则、规范可量化原则、可拓展性原则和强韧性原则，具体评价内容见表7-1。

表7-1　城市群公共安全物资共享体系评价原则

评价原则	具体评价内容
全面完整性原则	体系内基础要素是否齐全，是否满足体系基本功能，包括资源共享、技术共享、信息共享、标准化共享和法律法规的规范和有效性评价
全员参与原则	体系内行政部门、企业、非营利性组织、公民、社区、媒体等多方面的全员参与和全部动员评价
规范可量化原则	体系内应急响应活动的可量化指标评价
可拓展性原则	对体系的发展性评价，体系是否具有可拓展空间，如技术创新和人才培养能力的评价
强韧性原则	体系恢复力评价，包括鲁棒性、迅速性、冗余性和有源性指标评价

对城市群公共安全联动的共享物资体系进行评价时，遵循全面完整性原则、全员参与原则、规范可量化原则、可拓展性原则和强韧性原则。若体系评价时能满足上述各原则，则表明体系具有科学性、规范性、可量化和可操作性，从而能保证体系内应急活动的有效运作；若体系评价时，未满足上述各原则中的一条或多条，则表明体系不具备充分的科学性、规范性、可量化和可操作性，需要进一步的改进和完善。

2. 体系的维护

为保证城市群公共安全物资共享体系的科学性、规范性、可量化和可操作性，需要体系内部各要素间的协调、优化，同时也需要体系内相关机制、主体、氛围等的保障与维护。城市群公共安全物资共享体系的维护，需要7个一级要素和23个二级要素的共同作用，各要素及其之间的相互关系如图7-4所示。

城市群公共安全物资共享体系的维护，需要从资源优化、组织架构、联动运行机制、激励约束、法律法规、标准化建设和多元主体七个方面着手：

（1）资源优化。资源优化包括对公共安全物资的分类研究，即进行基于需求的"地区-情景-应对"公共安全物资分类，同时还需要对公共安全物资进行优化选址、优化配置和优化调度等各方面的研究。

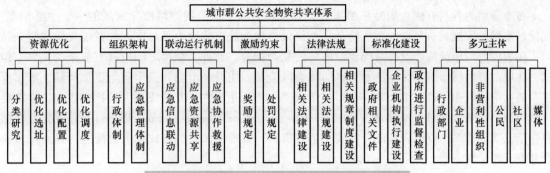

图 7-4　城市群公共安全物资共享体系的维护要素

（2）组织架构。组织架构是指行政体制和应急管理体制，组织架构的优化与完善是维护体系的必要手段。

（3）联动运行机制。加强联动运行机制，主要包括应急信息联动、应急资源共享和应急协作救援。

（4）激励约束。加强应急联动激励约束，包括对积极参与应急协作的城市政府主体的奖励规定和对消极参与应急协作的城市政府的处罚规定。

（5）法律法规。完善法律法规的建设，形成完备的区域应急管理法律法规体系，可从区域应急法律建设、区域应急法规建设和相关规章制度建设等方面进行。

（6）标准化建设。完善标准化建设，使区域应急管理做到规范化与标准化。

（7）多元主体。整合应急联动多元主体，打破区域城市间的壁垒，实现体系内行政部门、企业、非营利性组织、公民、社区、媒体等多方面的全员参与与全部动员评价。

7.1.4　结论

（1）通过分析现有公共安全物资的分类方法，为延续已有分类方法的优点并避免其缺点，提出具有地区特性的公共安全物资分类方法，即基于需求的"地区-情景-应对"的公共安全物资分类方法。

（2）从"资源共享，协同治理"的基本思路出发，整合体系构建所需包含的受灾主体、联动主体、应急信息系统平台、信息流和物质流五大基本要素，构建城市群公共安全物资共享体系，并对体系的内涵及具体实施流程进行解释说明。

（3）提出城市群公共安全物资共享体系评价需遵循的五大原则，在此基础上提出体系维护涉及的 7 个一级要素和 23 个二级要素，从各要素着手对体系进行完善和优化，进而实现体系的协调运转和应急活动的有序高效进行。

7.2　城市群公共安全信息共享体系模型

【本节提要】

为提高城市群公共安全联动性，建立城市群 PSISS，给出其定义和总体架构，并将 PSISS 分为内容体系和技术支撑体系进行描述。对城市群公共安全信息进行分类，基于此构建 PSISS 的信息传递体系，并分为信息层、网络层、管理层进行体系构建。对构建共享体系的技术进行分析，基于此构建共享体系的技术体系架构。

城市群因为其具有优秀的经济聚集效益和规模效益，成为我国城市化发展的一个主要形态。现代城市群的发展具有复杂的系统特征，不仅仅表现为城市建设中日益庞大的系统规模和复杂结构，还表现为城市设施建设、系统建设内部的复杂耦合。此外，城市之间也具有复杂的关联。但是，在城市群发展形态下，存在着更多的社会风险源，使得城市公共安全问题更加严峻，城市群复杂的系统特性也使得城市公共安全事故造成更多的衍生事件，并造成更大的社会损失。本节提出城市群公共安全信息共享体系（Public Safety Information Sharing System，PSISS），并依托互联网建立信息共享体系，以整合城市公共安全信息资源，实现资源共享和优化资源配置，提高城市群公共安全联动性水平。

本节内容由本书第一作者的博士研究生黄玺协助撰写完成。

7.2.1 城市群 PSISS 概述

1. 建设背景

城市群是指在特定地域范围内，以一个特大城市为核心，由三个及以上的大中城市或都市圈为基本构成单元，依托发达的交通通行等基础设施网络，所形成的空间结构紧凑、经济联系紧密，并以实现高度同城化和一体化为目标的城市群体。根据城市群中公共安全风险形成的机理和过程，城市公共安全风险主要分为自然灾害、事故灾难、公共卫生和社会安全四类。

由于安全信息是安全工作的基础，城市群公共安全管理首要的是风险信息的管理。同时，由于以物联网、云计算等新技术为代表的互联网信息技术的迅速发展和城市群发展中日益凸显的公共安全问题，使用信息技术进行风险信息管理成为必然途径。因此，现有技术条件下的城市群公共安全信息化，是指在城市群公共安全规划和建设过程中，依据城市群的发展条件和所处地域特点，以建设城市群公共安全信息共享体系为核心，利用信息技术、地理探测技术、监控技术以及相关活动，整合城市群公共安全信息资源，搭建城市群公共安全信息平台，以积极预防各种城市公共安全重大事故发生，并提高应急救援效率，从而保护人民生命财产安全，减少社会危害和经济损失，进而为城市环境和人民生活安全提供有效保障的重要城市建设项目。

2. 城市群 PSISS 定义

查阅相关文献，信息共享，尤其是互联网时代的信息共享，是指通过网络（包括局域网、Internet）共同管理，分享数据库（服务器）中的数据信息，在不同层次、不同部门信息系统之间进行信息和信息产品的交流和共用，做到资源与他人共同分享，以合理分配资源、降低社会成本、创造更多经济效益。基于以上定义，本书拟给出城市群 PSISS 的定义：在城市群区域范围内，运用地理信息技术、监控监测技术等建立城市群公共安全信息大数据库，并依托网络信息平台，实现城市群公共安全信息的数据共享，以提高城市群公共安全联动水平和应急救援效率。根据以上对城市群 PSISS 的定义，建立结构图，如图 7-5 所示。

城市群 PSISS 结构包含了三个层次，即信息层、技术层和网络层。其中，信息层包括了

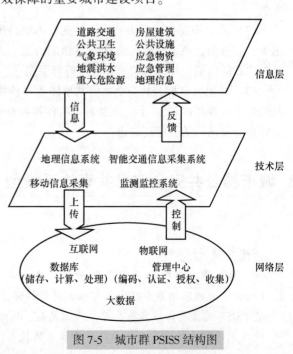

图 7-5　城市群 PSISS 结构图

城市群内全部的安全信息，安全信息通过各类信息采集系统和监控系统，上传到网络层，也就是城市群公共安全共享平台。该平台由安全信息数据库和公共安全信息管理中心两部分组成。其中，数据库负责所上传的安全信息的储存、计算和处理，管理中心则负责对安全信息进行编码、对使用用户进行认证、授予用户对数据库的查询和下载权利，并收集用户反馈信息。通过对三个层次的分析，可以认为城市群 PSISS 主要包括内容体系和技术支撑体系，其中，内容体系包含了城市群安全信息的收集、处理和上传、管理，技术支撑体系则负责共享信息平台的搭建，即数据库和管理中心的构建。

3. 城市群 PSISS 建设必要性

城市公共安全问题，尤其是城市群之间的跨域危机问题，是由多个危险因素共同作用诱发的复杂系统性问题。但是，从已建立的城市公共安全体系所取得的成效来看，目前我国的城市公共安全体系存在着较多问题，主要包括：①在组织机构方面，主要为政府参与，而社会公众参与度不高，并以单项灾种管理划分各部门，形成了过度集中的政府指挥模式；②在应急预案体系中，行业条块分割，应急预案之间没有实现有机整合；③在应急技术方面，先进的技术应用度不高，现存的应急技术不成熟、不完备、联动性差，导致应急技术与应急需求之间存在断层。

为解决以上问题，有学者提出建立信息化的应急联动响应系统、建立城市公共安全规划信息系统，并将 GIS、GPS 等地理勘察技术应用于城市公共安全管理中，建立城市公共安全的地理信息系统，以实现城市公共安全状况的及时监测、预测以及对突发城市安全事件的应急响应。但是，在过度集中的政府指挥模式下，城市公共安全信息化建设依凭技术性推进，所取得的效果并不显著，城市特大安全事故依旧发生且后果严重。城市公共安全信息化建设存在的主要问题有：①城市公共安全信息化在各公共管理部门的建设程度不均，主要表现为重应急管理、轻事故预防，重行政管理、轻公共事业管理；②公共安全管理部门之间缺乏横向交流和沟通，往往带来公共安全的"信息孤岛"现象，导致公共安全信息服务条块分割化，增加了公共安全信息发挥有效作用的难度，这与社会民众对集约直接的安全信息需求相矛盾；③城市公共安全信息开放度不够，政府及生产企业对公共安全信息拥有绝对的掌握权，但是在关系到社会民众的生产生活的公共安全方面，尤其是公共卫生、安全生产、食品药品、产品质量监督检查、应急预警等方面的安全信息，往往涉及多方利益，为了维护社会稳定、维护企业经济利益、简化事故处理，存在安全事故瞒而不报、警示信息未标明等情况。

因此，在城市群公共安全管理中，亟待建立一种信息共享体系和互联互通的网络服务体系，充分发挥信息技术的优势和作用，整合城市群公共安全信息资源，促进各公共安全管理部门之间的工作联动和配合，提高管理工作协调性，实现城市群公共安全信息服务渠道和服务方式多元化，为政府部门、企业事业单位、科研院所、高校以及社会公众提供查询、浏览、下载、申请定制等多层服务，促进城市之间跨区域的整体联动。

4. 建设城市群 PSISS 可行性

城市群公共安全管理，包括了多个行为主体，包括政府部门、私营部门以及第三部门（志愿团体、非营利组织、非政府组织、社区企业、合作社、社区互助组织等）。因此建立城市群 PSISS 需要两个层次的紧密合作：第一个层次是城市群各个行政主体之间的联动合作，即以市（区）为单位进行的相互交流和信息共享；第二个层次是城市群各个行为主体之间的联动合作，其中包括政府、企业、社区、非营利组织的参与，实现信息资源的合理配置。目前针对以上两个层次的紧密合作，具有相当大的可行性，主要表现在：

1) 利益的一致性。由于城市群地理上的邻近，城市群内任何安全事故都会对城市群内各个城市造成影响，也就是说，城市群作为一个有机的整体，城市公共安全事故的预防和控制是所有行政主体共同的工作职责和共同追求。

2）府际关系受到重视。学界和社会对政府间关系的研究在不断深入和刷新，政府之间从以往的纵向府际关系逐渐过渡到横向，甚至是网络状的府际关系，对于构建一个跨行政主体、跨部门、综合社会各方力量的信息共享体系提供了政策基础。

3）信息技术的不断发展。网络信息技术极大地提高了信息的传播速率，建立跨地区的信息共享网络，利用计算机技术、网络技术等实现城市公共安全信息的跨域传播，形成全覆盖式的信息共享网络，实现城市群公共安全信息共享。

7.2.2 城市群 PSISS 的内容体系

1. 信息资源体系

城市群公共安全信息按照城市公共安全风险，可以分为三大类。主要包括社会公共安全信息、地理环境安全信息以及危险源安全信息，这三类组成了城市群公共安全的信息资源体系。具体分类见表 7-2。

表 7-2 城市群公共安全信息范围

一级划分	二级细分	安全信息举例
社会公共安全信息	社会治安规范类	治安环境信息、治安动态信息、犯罪信息、安全法律法规信息
	消费经济类	消费行为安全信息、消费产品信息
	社会生活类	城市道路交通信息、交通事故信息、公共场所安全信息、旅游休闲安全信息、建筑设施安全信息
	公共卫生类	食品安全信息、药品安全信息、空气质量测评信息、疫病疫情信息
地理环境安全信息	气象信息	气候和气温变化信息、极端气候信息
	地震信息	地震应急救援信息、地震地区实况信息、保障措施及应急救援预案信息
	洪水信息	洪涝灾害应急救援信息、保障措施及设备信息、应急预案信息、灾害状况信息
	地理位置信息	安全规划所涉及的应急救援力量、危险源、防护包围目标等的地理位置、地理分布信息
危险源安全信息	危险源属性信息	生产企业单位信息、生产场所信息、危险源位置信息
	危险源状况信息	危险物质信息、危险容器（储罐）信息、危险管道信息、危险锅炉信息
	危险源安全参数信息	危险源生产储存容量信息、火灾爆炸指数信息、事故后果预测及评估信息

2. 信息传递体系

信息传递是整个 PSISS 建立的运输通道，负责整个城市群公共安全信息的传输，直接关系到整个网络的信息流通顺畅。由于城市群公共安全信息分布广泛、内容繁多，给信息资源的发送、传播以及共享造成了很大的障碍，也为事故后的应急救援和重建带来困难。因此，信息传送体系的建设和发展必须科学化、自动化。信息传送设备主要包括光纤、交换机、防火墙、计算机终端等。城市群 PSISS 中的信息传递体系主要包括信息分析、筛选、发送、接收、反馈、处理几个过程。

（1）信息分析。通过信息收集系统收集的信息要进行信息分析，得出结论或预判后，才能够进入信息传输系统中。例如，当灾害发生前或发生时，灾害预测系统或监测装置检测到灾害发生的信息和相关情况，然后通过交换机发送到信息分析站，分析站对特定的灾害信息进行分析，如地震灾害，把地震灾害发生前的各种前兆，发生时的等级、地点、地势、人员分布情况等进行深层次加工，形成系统的情报信息，发送给政府应急机构和灾害应急信息资源共享平台。

（2）信息筛选。安全部门对信息进行深加工后，由政府应急机构和信息资源共享平台中的信息中心再对信息进行分类加工、挑选，再连接信息资源共享平台中的相关灾害信息。

（3）信息发送。上述这些经过筛选的信息由信息资源共享平台转发给不同的安全管理部门和应急保障部门、各级政府和应急平台以及各个灾害应急防护目标，在同城市可以用有线传输，远距离可以用无线卫星传输，以便做好及时的安全应急预警和灾害的各种救助工作。

（4）信息接收。不同的应急保障部门、各级政府和应急平台以及各个灾害应急防护目标做好信息的接收后，应急保障部门由中央政府为中心，研究公共安全信息，成立指挥和综合协调机构，再同各级政府、应急平台做好联动机制，控制事故的发生，或在事故无法避免的情况下将损失降到最低。

（5）信息反馈。由于公共安全事故，尤其是自然灾害，在发生前及发生时的情况变化非常快，因此，各级政府和应急平台、基层组织应把最新安全信息反馈给指挥和协调机构，以便及时调整公共安全事故处理机制。

（6）信息处理。根据某一区域公共安全事故发生的相关信息，指挥和协调机构和应急机构应该以中央政府为中心，在城市应急法律法规的保障中，调动各级政府和应急平台，做好群众思想工作、群众转移工作和后勤保障工作，运用公共安全基础保障设施把应急物资调到所需之处，为各级防护目标做好防护准备。

基于以上过程，建立城市群公共安全信息传递体系，如图 7-6 所示。

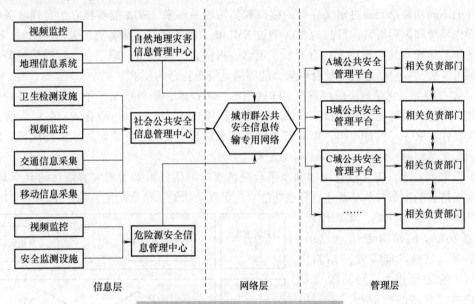

图 7-6　城市群公共安全信息传递体系

城市群公共安全信息传递体系，包括了三个层次，信息层、网络层以及管理层。在信息层，首先由视频监控、安全监测装置等信息采集装置获取信息，反馈到各类公共安全信息管理中心，然后由信息管理中心分析分类，并通过中间网络层传输到各个对应的部门，信息层主要负责信息的分析、筛选和发送。网络层主要负责数据的转换，是整个公共安全信息传送体系的中心。信息通过网络层传送到管理层，城市群各城市公共安全管理平台、各级管理部门等进行信息反馈，或根据相关风险信息制定应急决策，以便及时进行预警和应急救援。同时，各级公共安全负责部门之间要进行信息共享和工作联动。

7.2.3　城市群 PSISS 技术支撑体系

1. 相关技术分析

随着计算机技术、通信技术、网络技术的发展，要建立完善的城市群公共安全信息共享体系，首先要构建信息共享平台，实现信息的输出和录入。信息共享平台由数据库和管理中心两部分构成。如何集成安全信息构建数据库、如何实现与用户的交互都需要相关技术作为支撑，并涉及多个层次的技术问题，包括建立城市群公共安全信息数据库、数据存取控制、共享网络平台以及信息的发布与管理四个层次。按照四个层次对相关主要技术进行分析：

（1）元数据。元数据是指数据的数据，是关于数据的内容、质量和其他状况的特性信息，在许多领域都有自己的定义和应用。采用元数据的描述手段适用于多样化的公共安全信息，可以描述信息对象之间的内在关系，并提高信息的可检索性，拓展多种信息服务，加强安全信息的服务机制，可以促进公共安全信息资源描述的标准化，也可以尽快建立规范化的信息数据库，并提高安全信息数据库数据质量，进一步促进城市群公共安全信息资源的共享。

（2）XML 技术。元数据是一种理论模型，XML 技术是这种理论模型的实现。XML 即扩展标记语言，是一种简单的数据库存储语言，城市群 PSISS 的建立需要整合来自不同数据库的信息，XML 技术不仅可以提供读取功能，还可以提供语义转达功能，给异构数据库信息共享的交换提供了一种标准的格式、一种新的信息共享方式。

（3）SOA 技术。SOA（Service Oriented Architecture）是面向服务的体系架构。可以根据需求将应用程序的不同功能单元通过定义良好的接口和契约联系起来。SOA 能够独立于实现服务的硬件平台、操作系统和编程语言，目前的 SOA 通过 XML 语言描述接口，服务更加灵活。同时，SOA 的面向服务体系结构及其实现技术具有开放、灵活、松耦合、可重用、跨平台、标准化的特点，用于构建城市群公共安全信息资源整合框架，能够满足资源整合的要求。

（4）Web 服务。它是解决应用程序之间通信的一项技术，服务定义了用于所有服务的标准和运行设施，描述一系列操作的接口，它使用标准规范描述接口，可以让所有的服务以一致的方式实现交互操作。SOA 是设计原则，Web 服务则是技术规范。它能更好地解决系统跨区域、跨平台的需求，实现系统的通用性。

（5）互联网技术。灾害信息资源共享平台最终要靠网络技术来实现灾害信息的共享与发布。用网络实现信息的发布与共享要建立导航功能、注册登录功能、检索功能，除了上述主要功能外，还包括其他一些常用功能，比如论坛、行业信息发布、网站服务信息提示、通知通告等。这些功能需要网站制作技术、网站的运行技术、网站的规划与开发技术、网站的维护技术等。用户只需打开浏览器，浏览器通过协议连接到基于的灾害应急信息资源共享平台的服务器上，这样就可以轻松访问所有的应用，查询所需信息，与管理部门密切互动，关注安全事故情况，实现安全信息共享。

2. 技术体系架构

基于上述技术，构建一个面向服务、规范统一、灵活可扩展的城市群公共安全信息共享平台，实现各类安全业务系统的互通互联和数据共享。基于 SOA 的 PSISS 技术体系架构如图 7-7 所示。

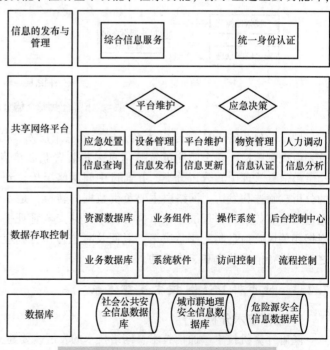

图 7-7 基于 SOA 的 PSISS 技术体系架构

PSISS 技术体系包括了四个层次：

1）数据层主要包括提供服务的各个应用系统数据源。根据总体架构分为社会公共安全信息数据库、城市群地理安全信息数据库、危险源安全信息数据库。它是信息资源整合的核心，各种信息资源以元数据的形式储存，以文本格式表示，这些数据大都来自各类公共安全信息收集系统。这类数据资源由各个主管部门统一建设，遵循共享的原则，各个相关安全管理部门都可以使用。元数据目录是数据提供部门按统一的标准规范从各类数据中抽取出来的核心数据，最后由信息共享平台及相关技术工作人员存储在书目检索平台中，以供用户查询和检索。数据层将集成的数据通过数据采集和交换服务系统传递给数据存取控制层。

2）数据存取控制层，它是整个平台的控制中心，包括各类业务系统、数据库等。它也是各部门通过接口开发的一系列应用，包括内部应用、跨部门应急应用、综合应用和公共服务应用等。内部应用是部门自行开发，集成在公共安全信息共享平台中；跨部门应急应用是在进行安全决策时调集各个安全管理部门人员物资的综合应用系统；综合应用是指安全事故发生前后应急预警、风险分析、资源配置、重建等；公共服务应用是通过共享平台的门户网站向公众提供应急预警、事故发布等信息，也提供公众登录查询。应用系统包括各种信息分析的软件，如层次分析法软件、数据挖掘及数学建模等相关分析软件等。

3）共享网络平台是城市群 PSISS 的核心部分，该层提供多种安全服务：查询服务、信息资源发布服务、信息更新服务、人力调动服务、物质和设备服务、信息分析服务、应急决策服务、应急处置服务、协同服务等。当用户注册登录后，可以享受不同的服务，这其中包括：第一类是系统维护管理人员和开发人员通过管理系统对所有的系统和用户进行统一管理，开发人员调用数据库，运用相关软件，快速构建各类灾害应用系统，维护管理人员对系统进行维修和保护，包括用户注册审核、权限管理、状态监测等；第二类是灾害管理部门，经过认证后，可发布有关灾害信息、政策信息，并提供信息服务，也可向灾害信息共享的其他部门提供灾害主题服务；第三类是普通用户，无须登录就可直接访问客户端网站查询安全事故相关的地理信息、救援信息、受灾民众信息等。

4）信息的发布与管理层，主要提供友好的用户界面，实现各种人机交互服务。它将共享网络平台集成的各种服务通过统一的界面显示在用户面前，用户可以查询所需灾害信息服务，参与信息决策，管理部门也可通过这个门户发布灾害信息。

7.2.4　结论

（1）城市群 PSISS 包括了信息层、技术层和网络层三个层次，其中信息层包含了城市群区域内所有的公共安全信息；技术层由各类信息采集系统组成，并将公共安全信息上传到网络层；网络层包括了数据库和信息管理中心，它是总体系的核心，对公共安全信息进行储存、计算和处理，并面向用户进行公共安全信息的使用授权。

（2）城市群 PSISS 由内容体系和技术支撑体系两部分构成。其中，内容体系的功能是收集城市群公共安全信息并上传到各个公共安全管理网络平台，供各类安全管理部门和用户进行信息提取和浏览，其核心是信息传递体系，首先由视频监控、安全监测装置等信息采集装置获取信息，反馈到各类公共安全信息管理中心，然后由信息管理中心分析分类，并通过中间网络层传输到各个对应的部门。

（3）技术支撑体系是总体系的技术核心，是利用元数据、XML 技术、SOA 技术、Web 服务、互联网技术进行信息共享网络平台的构建，包括了四个层次，即数据层、数据存取控制层、共享网络平台、信息的发布与管理层。共享网络平台是城市群 PSISS 的核心部分，该层提供多种安全服务：查询服务、信息资源发布服务、信息更新服务、人力调动服务、物质和设备服务、信息分析服务、应急决策服务、应急处置服务、协同服务等。

7.3 城市群公共安全检验检测能力共享体系模型

【本节提要】

　　为优化城市群公共安全联动的检验检测能力，针对国内外现状，开展对城市群公共安全联动的检验检测能力共享体系的研究。首先对城市群公共安全联动等基本概念进行界定，接着对公共安全所需的检验检测能力进行分类，进而初步建立起城市群公共安全联动的检验检测能力共享体系，在此基础之上构建体系评价模型。

　　从实践的角度来说，检验检测产业正蓬勃发展，从理论的角度来说，城市群公共安全检验检测能力共享体系较为空白。经文献调研发现，目前学界对城市群公共安全应急联动、城市群资源配置、行业检验检测能力体系的研究较多，公共安全与检验检测分别受到国家层面甚至公众层面的关注，国务院把第三方检验检测认证产业作为重点发展的八大技术服务业之一，在全国范围内，北京、上海、广州等地根据自身情况，都有了不同程度的建设与发展。大多数的研究是从应用的层面进行，但基于公共安全的检验检测未形成体系，关于城市群公共安全检验检测能力的研究还很少。

　　鉴于此，下面从基础的理论知识出发，针对目前学术界"应用实践热"的现象，弥补理论体系空缺。保障公共安全基础性技术工作，规范不同行业不同区域公共安全的检验检测标准，深化公共安全综合监管，消除公共安全事故隐患，落实法律法规规章制度及其他标准。基于公共安全体系与检验检测体系，结合城市群的特征，整合资源，构建城市群公共安全联动的检验检测共享体系，为城市群能力共享提供体系理论依据，增强城市群公共安全治理能力。

　　本节内容主要选自本书作者与高开欣共同发表的研究论文《城市群公共安全联动的检验检测能力共享体系》[1]。

7.3.1 城市群公共安全联动的相关概念界定

　　城市群公共安全联动的检验检测能力共享体系这一核心概念，由城市群、城市公共安全、联动、检验检测能力、共享体系五个主要要素组成，其核心内容是城市公共安全与检验检测能力，立意主题是联动与共享体系，视角是城市群。理解这五个要素的定义与内涵是了解核心概念的前提与基础。

1. 城市群与城市公共安全

　　简言之，城市群就是城市群体。城市群并非是简单的城市组合与聚集，而是在经济聚集效益与规模效益的推动下所聚集的城市群体。学界从地域、系统、发展以及综合等不同视角给出了城市群的定义，经归纳分析，城市群是特定地域范围内，工业化和城镇化发展到较高阶段以后，以中心城市为核心向周围辐射构成的空间组织紧凑、经济密切联系、地域特色鲜明、功能分工合作的社会生活空间网络。城市群是巨型复杂系统，人群与建筑物密集，导致公共安全治理具有复杂性和动态性，人力物力分散，专业技能有待提高，信息化建设滞后。

　　公共安全的落脚点是安全，研究范围是公共，即为大家共同的安全。广义上公共安全是指不特定多数人的生命、健康、重大公私财产以及社会生产、工作生活安全。包括整个国家、社会以及每个公民一切生活方面的安全，自然也包括免受犯罪侵害的安全。国内大多学者认为，公共安全主要涉及四个领域，即自然灾害、事故灾难、公共卫生事件和社会安全事件。

结合公共安全三角形模型与公共安全基础知识和城市的特征与公共安全的特征，从大安全的视角出发，城市公共安全具有复杂性、人群聚集性、脆弱性与敏感性等特点。城市公共安全涉及范围主要包括七方面：城市工业危险源、城市人口密集的公共场合、城市公共设施、城市自然灾害、城市公共卫生、恐怖袭击与破坏、城市生态环境。

2. 城市群公共安全联动的定义与内涵

城市群公共安全联动是城市群区域内整合各城市间公共安全人力、物力及其他力量，实现资源的优化与合理配置，实现信息协同与共享，保障城市群整体公共安全，在危及公共安全的事件发生之后，防止二次事故的发生与地域上的扩散。基于城市群的复杂特点，加强城市群内部联动是十分必要的。

城市群公共安全联动包括五个要素，分别是主体、客体、资源、信息及目标：①主体横向协同，纵向联动，融合治理，联动上级政府与下级政府，协同城市群区域内各政府与各职能部门，融合企业与社区共同治理；②防止客体扩散，防止公共安全事故深度扩散或广度扩散，也包括谣言的扩散等；③联动资源，资源包括人力资源、物力资源、设施设备资源、技术资源、其他特殊保障资源等保障城市公共安全的资源；④共享信息，包括事态信息、环境信息、资源信息、其他涉及公共安全的信息；⑤统一目标，城市群区域内统一共同治理公共安全的目标，为达到统一目标而开展相关工作，消除区域壁垒，避免出现只为单个城市或区域目标而努力的现象。

3. 城市群公共安全联动的检验检测能力与共享体系

检验是指通过观察和判断，必要时结合测量、试验所进行的符合性评价，它强调结果是否满足标准与要求。检测是指按照规定程序对给定产品的一种或多种特性进行测量、化验等处理的技术操作。它强调的是测量和操作的过程，以获取结果。综上，检验检测能力就是确定物质的性质、特征、组成成分、优良程度，或是对物质进行技术指标测试的能力，承担的工作包括检验、检测、检疫、鉴定、检查、计量、校准、教学和科研等工作。

检验检测机构要承担五个方面的职责：①具有检测安全隐患与分析判断的能力，出具的检验检测报告要符合法律法规的要求；②为安全监管部门提供执法依据，为技术标准、规范提供理论依据；③为安全事故调查提供物证调查分析；④为涉及安全的设备、产品提供安全认证及质量检测；⑤为安全设施验收和安全评价等提供技术支持。

体系即系统，共享体系就是实现资源与信息共享的系统。此外，早在1972年就有人提出了能力的相关概念，大都是从资源的视角对能力的概念进行分析，包括资源是能力之源，能力是通过资源配置实现预期目标的活动，利用组织资源完成协调性任务的活动等。

综上所述，检验检测共享体系就是组织通过优化配置检验检测的资源，在组织内部实现资源与信息共享，执行一系列互相协调的任务，最终实现目标的系统。

7.3.2　公共安全检验检测能力范围及分类

检验检测资源是国家经济建设、社会管理和公共事务的重要技术支撑，是国家综合国力、科技、经济、军事能力发展的象征。

1. 公共安全检验检测能力的维度考量

基于维度对公共安全检验检测能力进行考量，分别包括时间维、空间维、数量维、逻辑维、专业维及环境维六个维度：①时间维是对检验检测活动进行时间顺序的衡量标准，包括事前、事中、事后检验检测；②空间维是对检验检测活动范围的衡量，包括区域内检验检测、跨区域检验检测和联动检验检测；③数量维是指检验检测所涉及的检验检测数量，包括单个待检物及一系列待检物等；④逻辑维是对整个检验检测活动的逻辑衡量，包括对待检物的认识、检验检测计划的选定、检验检测的实施、检验检测结果共享及对结果采取相应措施；⑤专业维是检验检测所涉及的知识与专业内容，包括设备学、管理学、自然科学、信息学、运筹学、公共安全学和安全系统学等，表明检验检测是一门综合交叉技术，需多门学科和技术的支持；⑥环境维是检验检测活动所涵盖的环境因素，包括自然环境、科技环境、经济环境、政治社会环境和文化环境。

2. 公共安全检验检测纵横向分类

公共安全检验检测纵向分类与横向分类分别是基于时间维与专业维的视角进行分类。纵向分类以时间为基准，将公共安全检验检测分为事前、事中和事后检验检测，并对其类型、对象、实例及依据进行分析与归纳，见表7-3；横向分类以自然灾害和人为事故为分析节点，进行分类分析，如图7-8所示。

表7-3　公共安全检验检测纵向分类

时间节点	主要类型	主要对象	典型实例	活动主要依据
事前检验检测	质量安全检验检测	食物、生产设备、建筑物等	检验食物成分含量是否达标、设备是否安全，及无损检测等	法律法规国家标准行业标准
	自然灾害预测预防	地震预测、天气预报等	预测地震、预测恶劣天气的发生等	
事中检验检测	状态监测	生产设备、建筑物等	检测设备转子的磨损情况	
	故障诊断		检验桥梁承压情况等	
事后检验检测	事故调查取证	事故现场、犯罪物证等	火灾爆炸现场的残留物检验检测、犯罪现场的痕迹检测等	

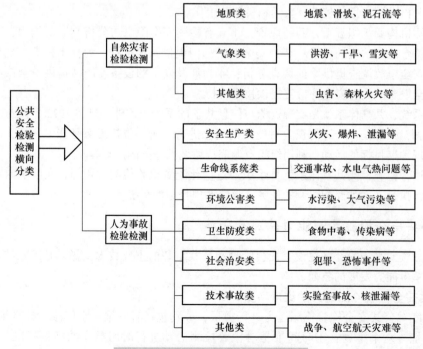

图7-8　公共安全检验检测横向分类

7.3.3 城市群公共安全检验检测能力的共享体系建立

体系是具有确定的特性和功能的有机整体，具有整体性、相关性和动态性。

1. 共享体系建立的基本思路

建设城市群公共安全联动的检验检测能力共享体系，一方面是避免资源与人才的浪费，提高设备和资源的使用率和产出效益；另一方面是为提升应对公共安全的能力，以发达地区带动较发达地区的能力发展。

针对目前检验检测机构需求对接难、信息化管理水平低等问题，共享体系要涵盖物资、人员、法律、标准、信息能力共享，包括纵向、横向和综合协调机制，实现多线性与双维度的体系构架，即涉及的各领域要联合发展、共同作用，与此同时，体制内与体制外的单位与机构联动发展、共同协作，做好检验检测工作。

从物资的角度来说，要对公共安全检验检测资源进行优化；从技术的角度来说，要引进高素质人才，提升设备的可靠性、精确性等其他重要性能；从立法的角度来说，完善公共安全检验检测法律建设；从标准的角度来说，要进行检验检测标准化建设；从信息的角度来说，要建立"互联网+检验检测"平台。基于这一思路，将建立城市群公共安全联动的检验检测能力共享体系。

2. 体系层次及其内涵

根据共享体系五要素，对体系分为五个层次，在条件允许的情况下，这五个层次可共同进行，构建共享体系。体系框架如图 7-9 所示，共包括 5 个一级要素和 15 个二级要素。

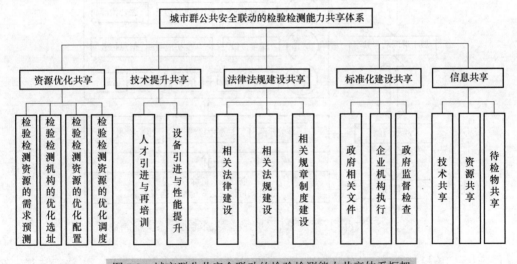

图 7-9 城市群公共安全联动的检验检测能力共享体系框架

（1）资源优化共享包括四个二级要素，分别是检验检测资源的需求预测、检验检测机构的优化选址、检验检测资源的优化配置、检验检测资源的优化调度。这四方面是提升城市群整体检验检测能力的重要手段，也是提升共享水平的必经之路。

（2）技术提升一方面是要引进高素质创新性人才，并定期对在职人员进行再培训，提高整体科研水平，另一方面是要提升设备重要性能，引进高性能设备。

（3）法律法规建设一方面是要加强建设关于城市群公共安全联动、检验检测活动及机构的相关法律法规（如城市公共安全检验检测能力配置、区域公共安全检验检测联合实施的程序及方法等方面的法律法规），打破城市间的政府壁垒，实现政府间的协同合作，完善法律法规体系，让各活动的开展有法可依，另一方面是区域间法律法规规范统一问题，如地方性法规以及规章制度统一标准化。

（4）标准化建设的主要目的是研究公共安全检验检测领域标准化共性特点，研制公共安全标准制定指南。标准化建设是国家急需的公共安全信息、数据、术语、标识、编码、代码以及检验检测具体活动（如数据采集方式、各理化指标等具体标准）等基础通用标准在全国范围统一，与国际接轨。实际按照现行最新公共安全相关标准（包括自然灾害、事故灾难、公共卫生、社会安全和其他公共安全领域，涵盖预测预警、监测评估、应急处置和恢复重建的各个阶段的公共安全标准体系等标准）实施。

（5）信息共享要实现事态信息、环境信息、资源信息、其他涉及公共安全检验检测信息的共享，要保证城市群各城市资源与人员的信息共享，也要实现待检物信息与检验检测结果共享，依附"互联网＋"平台实现这一要素。

信息共享是整个体系关键的一环，要实现能力的共享，上述条件缺一不可。

3. 体系实施流程建构

城市群公共安全联动的检验检测能力共享体系实施流程如图 7-10 所示，包括城市公共安全分析、城市群联动与共享、检验检测活动的开展，以及最终目标的达成。

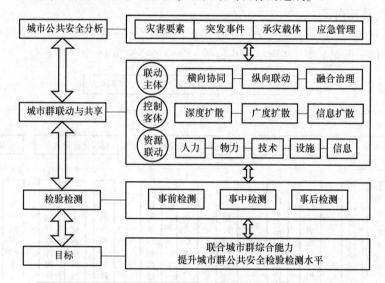

图 7-10　城市群公共安全联动的检验检测能力体系实施流程

（1）对要实施检验检测行动的目标进行分析与分类，判断检验检测目的，以法律法规、规章制度、行业标准为蓝本，对城市群联动共享与检验检测活动实施详细计划。

（2）进行城市群联动与共享，实现纵向到底，横向到边，从中央到地方，从各地方政府到各职能部门，融合第三方企业机构和社区力量，实现资源、技术、信息等多方面区域优化与共享。

（3）检验检测的活动是此体系的核心，对待检物进行检验检测，并根据不同的目的撰写报告书，根据标准出具符合法律法规要求的检验检测结果。

（4）最终目标是联合城市群区域内的综合能力，最大限度地提升城市群公共安全检验检测能力，预防危及城市群公共安全事件的发生，减弱城市群公共安全事故的扩散，增强事后调查取证能力。

4. 体系的评价方法构建

对建立的体系进行评价需满足四条原则：全面完整性原则、实用可操作性原则、可拓展性原则和强韧性原则：①遵循全面完整性原则，即对体系进行完整性评价，体系应有的基础要素是否齐全，是否满足体系基本功能；②遵循实用可操作性原则，即对体系进行有效性评价，体系是否能高质量且高效率地完成要素功能；③遵循可拓展性原则，即对体系进行发展性评价，由于区域差异或各方面发展情况不同，需要特殊指标的加入，这就要使体系具有可拓展的空间；④遵循强韧性原则，即对体系恢复力进行评价，体现在鲁棒性、迅速性、冗余性及有源性四个指标，鲁棒性和迅速性描述的是体系的动态过程，即体系受影响的结果；冗余性和有源性描述体系应对影响的手段。一般而言，建设韧性工程包括预测、监控、响应、恢复及学习这五个关键步骤。

体系评价模型如图 7-11 所示，下面着重对恢复力评价的内容进行分析：

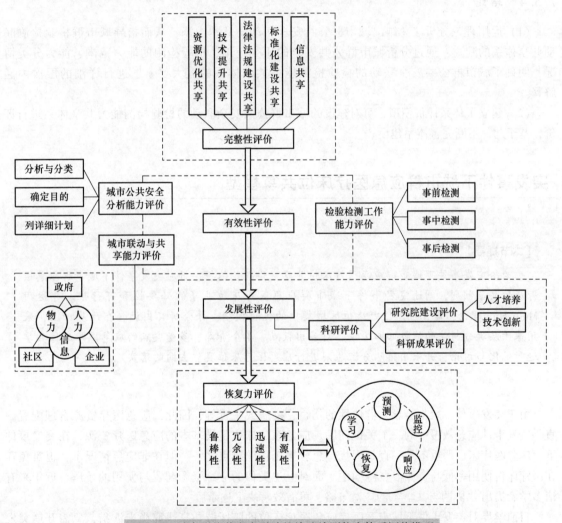

图 7-11　城市群公共安全联动的检验检测能力体系评价模型

（1）韧性工程所涵盖的五个过程：①预测是基于理论分析与模拟结果进行，在很大程度上来说是取决于想象，这个过程将有利于应急预案的产生，在城市群公共安全联动的检验检测能力共享体系中，预测部分主要是对城市群区域所需的检验检测能力以及区域间能力共享的预测；②监控是洞悉、检测事件的过程，目的是在体系恶化之前及时检查到异样，结合应急预案采取措施，本节所指监控即城市群区域联动共享及检验检测工作的监控，保证工作的正常开展；③响应是事件中采取行动的能力以及采取措施对于体系的影响，实际情况中，这种影响是需要时间反应的；④恢复是措施作用结束后系统的状态，简单分为三种，恢复到以前的状态、恢复到优于以前的状态、恢复到劣于以前的状态；⑤学习是指基于前四个阶段，通过体系的自动调整，实现优于事件发生前的状态。

（2）恢复力评价的四个指标：①鲁棒性是指体系损毁前承受风险冲击和扰动的能力；②迅速性是指体系从损毁状态恢复到事前状态的速度；③冗余性是指遭受风险冲击和扰动的部件、组件可更换的能力；④有源性是指体系发现安全问题并确定优先顺序的能力、当危机发生时体系调动应急救灾资源的能力，也可认为是体系人力、物力和财力的可用程度。

7.3.4 结论

（1）运用理论分析法总结出城市群公共安全联动的基本内涵，从而指导城市群检验检测联动共享体系的建立；通过分析城市群公共安全的研究范围、检验检测的能力范围、能力分类情况，明确了城市群公共安全联动的检验检测能力共享体系的五大要素，进行详细的层次内涵解释。

（2）建立了体系评价模型，可对建设的城市群公共安全联动的检验检测能力共享体系进行评价，基于此，不断完善体系建设。

7.4 突发事件下城市群应急医疗床位共享模型

【本节提要】

为给突发事件下城市群应急医疗床位共享提供理论依据，针对突发事件下城市群应急医疗床位共享问题，阐述突发事件下城市群应急医疗床位共享的必要性和可行性。并运用 Multi-Hub 理论，建立应急医疗床位区域集中的优化模型，并分析其内涵。在此基础上，采用基于层次分析法的线性回归方法，对多出救点、单个资源、多受灾点的应急医疗床位共享进行优化与讨论，并采用排队分配原则进行应急医疗床位具体去向的落实。

由于突发事件一般都会导致群体性的伤亡、疫病或中毒等，因此，应急医疗资源合理配置一直是突发事件应急救援中的一个关键问题。应急医疗床位是最基本的应急医疗资源，在突发事件下，应急医疗床位严重不足一直是困扰应急救援工作的难点之一。但在非应急情况下，也难免存在医疗床位使用率低与资源浪费等问题。面对上述类似的应急资源配置与使用的矛盾，近年来有诸多学者提出"协调与共享"的应对策略，可有效解决上述矛盾。

目前学界对突发事件下城市群医疗应急医疗床位的跨区域共享研究尚未涉猎，急需开展突发事件下城市群应急医疗床位共享研究。鉴于此，下面运用 Multi-Hub 理论、线性规划和层次分析法，分别构建基于 Multi-Hub 理论的应急医疗床位区域集中的优化模型和多出救点、单个资源、多受灾点的应急医疗床位优化模型，以期为突发事件下城市群应急医疗床位共享提供理论依据。

本节内容主要选自本书作者与尹敏等共同发表的研究论文《突发事件下城市群应急医疗床位共享建模》[2]。

7.4.1　突发事件下城市群应急医疗床位共享的必要性和可行性

理论而言，一项研究应具备充分的必要性和可行性。为证明突发事件下城市群应急医疗床位共享的科学性和实用性，极有必要对突发事件下城市群应急医疗床位共享的必要性和可行性进行论证分析。

1. 必要性分析

目前，我国应急医疗床位配置严重失衡，从而造成宏观层面医疗床位的配置结构不合理，使用率参差不齐，对应急救援的长足发展有一定的制约。总而言之，解决这一问题迫在眉睫。因此，对城市群应急医疗床位共享非常必要。具体分析如下：

（1）应急医疗床位分布不均衡。目前，我国部分城市间的应急医疗床位分布不均衡，亟待进行城市群应急医疗床位共享，以最大限度地解决应急医疗床位配置的不均衡，展示城市群共享的优越性，从而利用城市群的联动作用提高城市应急救援的能力，不断推动城市群应急医疗床位共享的优化。

（2）城市群管理者尚未意识到城市群应急医疗床位共享的重要性，以致城市群在应急医疗床位方面的共享尚未涉足，并且城市应急医疗床位在以下两方面存在使用过度和使用不足共存的现象：①由于突发事件的灾害性，单个城市无法供应所需求的应急医疗床位，而在正常情况下，城市拥有的应急医疗床位又存在闲置现象；②由于应急医疗床位在地域上、层级上分布不均匀的矛盾，加之人们的从众心理和趋好心理，突发事件之后的伤者更倾向于去往医疗水平高、规模更大的医院就医，会导致这些类型的医院应急医疗床位使用率超过100%，而其他低等级的医院应急医疗床位闲置。城市群应急医疗床位共享的研究可中和应急医疗床位使用过度和使用不足共存的现象，完善应急医疗床位的配置。

（3）一般而言，对于小型的突发事件，城市可依靠自身应急医疗床位资源及时进行灾后救援。但若发生的突发事件超过该受灾城市的承灾能力，则需依靠城市群内的应急医疗床位分配进行有序救援。突发事件按照危害程度分为特别重大、重大、较大和一般突发事件，前三类突发事件一旦发生，会超过单个城市的承灾能力。而近几年，我国前三类突发事件频发，如地震、洪涝、雪灾等。因此，为保证前三类突发事件发生时应急救援有序高效开展，城市群应急医疗床位共享的研究很有必要。而且，我国正在极力地发展城市群联动协调发展战略，城市群的概念已广泛出现于信息、交通、经济等领域，城市群应急床位共享的研究可使城市群共享的边界范围得以扩张，推动城市群成熟发展。

（4）城市群应急医疗床位共享时，可能由于理论和方法的不完善，出现混乱无序的现象，造成资源的拥堵和浪费，通过该课题研究可使这一现象得到有效避免。

2. 可行性分析

城市群是指在特定的地域范围内，各城市依托基础条件，按照一定的结构发生紧密联系，共同构成的地域整合体。起初，城市群的建立是为方便跨区域的企业或者政府协同发展采取的联合战略。而现将其用于应急医疗床位调配这一领域，有充分可行性，具体解释如下：

（1）城市群协同共享的概念已提出很久，也运用至各领域，且效果良好，使城市群在应急医疗床位共享时有雄厚的机制基础。例如，苏雪串认为城市群在企业和产业的发展这一领域有重要的作用，从而促进地区经济的发展；尹锋等人提出城市群信息资源共享能够避免信息的遗漏、缺失和重复。因此，城市群内各区域间在经济、政治、信息等资源方面都有着良好的联系和共享，充分为城市群内各区域在其他更多的方面间共享提供较为完善的机制，在经济、政治以及信息交流等机制的基础上，将城市群概念应用于应急医疗床位的分配领域，使城市群在应急医疗床位共享时的达成度和实现度更高。同时,《安全生产"十三五"规划》中曾提出建立京津冀、长江经济带、泛珠三角、丝绸之路沿线等地区应急救援资源共享及联合处置机制,所以,城市群应急医疗床位共享具有明显的可行性。

(2) 城市群的应急医疗床位共享能够保证应急救援的及时性。突发事件下,应急医疗床位的特点是必须具有及时性,需保证应急医疗床位能够在规定最佳时间内提供给应急医疗机构,使整个应急救援过程不中断。而突发事件的灾害性和波及范围广的特性,导致突发事件一旦发生,不止波及一个城市,利用城市群进行应急医疗床位的共享,可快速调取距离波及范围最近的应急医疗资源,尽可能以最经济的方式开展应急救援工作。

(3) 城市群的应急医疗床位共享能够保证应急救援的有序性和高效性。对应急医疗床位要有条不紊地进行集中和分配,以免应急医疗床位调配过程中的阻塞。而利用城市群实施应急医疗床位的共享,利用城市群现有的各种信息,能实现高效的应急医疗床位调配。

7.4.2 两个模型

1. 基于 Multi-Hub 理论的应急医疗床位区域集中的优化模型

整体而言,突发事件的应急是"在何时,调用何地的何种资源,救援何地"。而本次研究中,按照条件设定,重点研究"在何时,调用何地的应急医院床位,救援事件突发地"。若城市群中某城市发生了突发事件,其余城市对其进行应急医疗床位支援,所有的地区都向该地及波及地区提供应急医疗床位,考虑人力、物力、财力和道路的状况,不仅不会对受灾点给予帮助,还会因为无序的救援,造成资源的拥堵,导致救援不及时,带来严重后果。因此,需对每个城市的应急医疗床位进行有序的集中整合,即先进行应急医疗床位的区域集中的优化研究。

应急医疗床位的跨区域调配具有整体性和共享性的特点,应从系统的角度考虑整个过程中出现的问题。Multi-Hub 理论是将城市群看成一个整体,综合考虑整体的应急资源作为公共应急资源,建立一个调配的综合交叉网络。如此,可掌握城市群现有的应急资源数量、种类、分布等信息,提高应急资源共享效率。同时,该理论近年来在应急管理和应急资源优化调度等方面应用广泛,且可将复杂的关系简单化,解决实际问题的效果良好。因此,Multi-Hub 理论在城市群应急医疗床位共享中具有可行性。

根据 Multi-Hub 理论,每个城市都有一个一级应急医疗床位储备点和若干个二级应急医疗床位储备点,城市间的一级应急医疗床位储备点互相联系,每个二级应急医疗床位储备点彼此联系,而且一般只向与之对应的一级应急医疗床位储备点运送应急医疗床位。但是如果二级应急医疗床位储备点接近受灾点,可直接向受灾点提供应急医疗床位。同时,如果两个二级应急医疗床位储备点距离较近,也可相互联系。当受灾点是一级应急医疗床位储备点所在的城市时,该城市的二级应急医疗床位储备点向一级应急医疗床位储备点运送应急医疗床位;其余城市的二级应急医疗床位储备点先向对应的一级应急医疗床位储备点运送,再由各自的一级应急医疗床位储备点向受灾点输送;个别距离受灾点较近的非受灾点二级应急医疗床位储备点可直接向受灾点运送应急医疗床位。若受灾点是二级应急医疗床位储备点所在的城市,则距离较近的跨城区二级应急医疗床位储备点可直接提供应急医疗床位,其余地区的应急医疗床位先通过各自的一级应急医疗床位储备点进行集中,输送到受灾点所属一级应急医疗床位储备点,再统一运送到受灾点。

综上分析,构建基于 Multi-Hub 理论的应急医疗床位区域集中的优化模型,图 7-12 表示由甲、乙、丙三个城市组成的城市群结构,其中 A、B、C 分别表示城市甲、乙、丙的一级应急医疗床位储备点,A_1、A_2、A_3 和 A_4 分别表示城市甲的二级应急医疗床位储备点,B_1、B_2 和 B_3 分别表示城市乙的二级应急医疗床位储备点,C_1、C_2 和 C_3 分别表示城市丙的二级应急医疗床位储备点。若城市甲的二级应急医疗床位储备点 A_4 不依照此优化网络进行分配，那么 A_4 应向其一级应急医疗床位储备点 A 处共享应急床位，而根据 Multi-Hub 集中优化模型，A_4 距离 B 处更近，向 B 处提供共享应急医疗床位更符合实际情况和成本效益原则。同样的情况还有城市乙的二级应急医疗床位储备点 B_3。

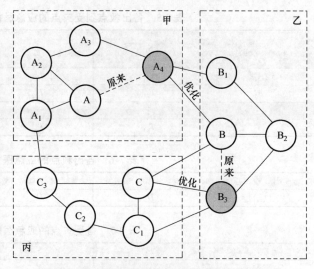

显然，基于 Multi-Hub 理论的应急医疗床位区域集中的优化模型不仅能使各城市对自身所拥有的应急医疗床位资源有足够的了解和控制，且能使城市在提供应急医疗床位时有条不紊，寻找最佳共享路线，提高应急救援的效率。同时，此模型中的城市群应急医疗床位储备点可作为下阶段模型中城市群应急医疗床位调配的出救点。

图 7-12　基于 Multi-Hub 理论的应急医疗床位区域集中的优化模型

2. 多出救点、单个资源、多受灾点的应急医疗床位优化模型

城市群应急医疗床位共享的过程主要包括两个阶段，分别是应急医疗床位的区域集中和多出救点、单个资源、多受灾点的应急医疗床位分配。若两个阶段同时实现最优，则说明整个应急医院床位在城市群中的共享效果实现最优。

对应急医疗床位的区域集中模型，已建立 Multi-Hub 网络进行相关优化，后续的工作是将所有非受灾点的应急医疗床位调往受灾点。此时，可将该问题简化为应急医疗床位由多个出救点向多个受灾点的调度问题（即单个资源、多出救点多受灾点的调配问题）。由运筹学理论可知，就解决资源调配问题而言，线性规划具有较好的效果，且简单可行。因此，采用线性回归模型进行应急医疗床位调配的优化。但对于多出救点、单个资源、多受灾点的调配问题，可考虑时间最短、成本最低或者两者兼顾，为减少工作量，可预先进行三种情况的重要性判定，选择最应该考虑的因素进行建模。即在线性回归之前，采用层次分析法（AHP）进行分析。

（1）对问题进行数学语言描述。假设出救点有 n 个，分别为 A_1，A_2，…，A_i（$i = 1, 2, 3, …, n$）；受灾点有 m 个，记作 S_1，S_2，…，S_j（$j = 1, 2, 3, …, m$）；应急物资只有应急医疗床位一种，记作 Z；X_{ij} 表示从出救点 A_i 运往受灾点 S_j 处的应急医疗床位的数量；C_{ij} 表示从出救点 A_i 运往受灾点 S_j 的应急医疗床位的单位成本，具体见表 7-4。T_{ij} 表示从出救点 A_i 运往受灾点 S_j 处所需要的单位时间，具体见表 7-5。D_i 表示出救点 A_i 的应急医疗床位供给量，具体见表 7-6。Y_j 表示受灾点 S_j 的应急医疗床位需求量，具体见表 7-7。

表 7-4　各出救点到受灾点的应急医疗床位运送的单位成本

受灾点 出救点	S_1	S_2	…	S_m
A_1	C_{11}	C_{12}	…	C_{1m}
A_2	C_{21}	C_{22}	…	C_{2m}
⋮	⋮	⋮	⋮	⋮
A_n	C_{n1}	C_{n2}	…	C_{nm}

表 7-5　各出救点到受灾点的应急医疗床位运输的单位时间

受　灾　点 出　救　点	S_1	S_2	...	S_m
A_1	T_{11}	T_{12}	...	T_{1m}
A_2	T_{21}	T_{22}	...	T_{2m}
⋮	⋮	⋮	⋮	⋮
A_n	T_{n1}	T_{n2}	...	T_{nm}

表 7-6　各出救点的应急医疗床位供给量

出　救　点	A_1	A_2	...	A_n
供给量	D_1	D_2	...	D_n

表 7-7　各受灾点的应急医疗床位需求量

受　灾　点	S_1	S_2	...	S_m
需求量	Y_1	Y_2	...	Y_m

（2）根据表 7-4 至表 7-7 提供的数据及运筹学相关知识，对该问题做出数学模型描述。针对不同的目标函数，可发现该问题有三种模型，分别是以成本最低为目标函数、以时间最短为目标函数和以时间短、成本低双目标建立函数，具体分析如下。

1）若以成本最小为目标，可建立如下数学模型

$$\min \sum_{i=1}^{n} \sum_{j=1}^{m} C_{ij} X_{ij} \tag{7-2}$$

$$\text{s. t.} \begin{cases} \sum_{j=1}^{m} X_{ij} = D_i & (7\text{-}3) \\ \sum_{i=1}^{n} X_{ij} = Y_j & (7\text{-}4) \\ \sum_{i=1}^{n} D_i = \sum_{j=1}^{m} Y_j & (7\text{-}5) \\ X_{ij} \geqslant 0 & (7\text{-}6) \end{cases}$$

目标函数式（7-2）为从 A_i 到 S_j 运送单位应急医疗床位成本和应急医疗床位数量乘积和的最小值。约束条件式（7-3）表示为从出救点 A_i 地输送的应急医疗床位等于其实际供给量；式（7-4）受灾点 S_j 接收的应急医疗床位等于其实际需求量；式（7-5）表示所有出救点的应急医疗床位实际供给量等于所有受灾点的应急医疗床位实际需求量；式（7-6）表示从任意出救点运送到任意受灾点的应急医疗床位的数量非负。

2）若以时间最短为目标，可建立如下数学模型

$$\min \sum_{i=1}^{n} \sum_{j=1}^{m} T_{ij} X_{ij} \tag{7-7}$$

$$\text{s. t.} \begin{cases} \sum_{j=1}^{m} X_{ij} = D_i & (7\text{-}8) \\ \sum_{i=1}^{n} X_{ij} = Y_j & (7\text{-}9) \\ \sum_{i=1}^{n} D_i = \sum_{j=1}^{m} Y_j & (7\text{-}10) \\ X_{ij} \geqslant 0 & (7\text{-}11) \end{cases}$$

目标函数式（7-7）为从 A_i 到 S_j 运输单位应急医疗床位所需时间和应急医疗床位数量乘积和的最小值。约束条件式（7-7）、式（7-8）、式（7-9）、式（7-10）和式（7-11）和以成本最小为目标函数的模型一致。

3）若同时考虑成本和时间，可建立如下数学模型

$$\min \sum_{i=1}^{n} \sum_{j=1}^{m} C_{ij}X_{ij} \tag{7-12}$$

$$\min \sum_{i=1}^{n} \sum_{j=1}^{m} T_{ij}X_{ij} \tag{7-13}$$

$$\text{s. t.} \begin{cases} \sum_{j=1}^{m} X_{ij} = D_i & (7\text{-}14) \\ \sum_{i=1}^{n} X_{ij} = Y_j & (7\text{-}15) \\ \sum_{i=1}^{n} D_i = \sum_{j=1}^{m} Y_j & (7\text{-}16) \\ X_{ij} \geqslant 0 & (7\text{-}17) \end{cases}$$

目标函数式（7-12）和式（7-13）是 A_i 到 S_j 运送的应急医疗床位的成本小，同时时间最短。约束条件式（7-14）、式（7-15）、式（7-16）和式（7-17）与上述两个模型一致。

可行的模型有多个，约束条件一致，但是目标函数有差别，因此需预先对目标函数重要性程度进行判定，选择最佳目标函数。根据层次分析法的相关理论知识：

1）构建层次分析结构图。

将目标层设计为"选择合适的目标函数"（A）；准则层有四个要素，分别为交通路况（B_1）、车辆型号（B_2）、车辆数量（B_3）、运送距离（B_4）。其中，需说明的是：车辆型号（B_2）是指运送应急床位的物流车辆，因为运送应急床位的物流车辆型号的选择对整体共享成本抑或整体时间都有相应的影响。大型车辆所消耗的租金、油耗成本高且快，反之，小型车辆消耗的成本低但需要更多数量且慢。方案层有三个方案，分别为以成本为目标函数（C_1）、以时间为目标函数（C_2）和同时以时间和成本为目标函数（C_3）。构建的层次分析结构模型如图 7-13 所示。

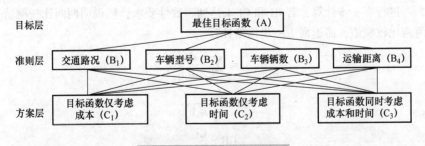

图 7-13　层次分析结构模型

2）对准则层中的各个要素进行两两比较，形成判断矩阵。采用萨蒂（T. L. Saaty）的 $1\sim9$ 比例标度法进行数值标度，见表 7-8。根据表 7-8 中的标度和专家咨询法，考虑实际情况，对准则层中的四个要素进行两两比较，得到对应的判断矩阵，分别见表 7-9 至表 7-13，图中具体数值用字母代替。

表 7-8　因素两两比较 1~9 比例标度

标　度	定　　义
1	i 与 j 同样重要
3	i 比 j 稍微重要
5	i 比 j 明显重要
7	i 比 j 强烈重要
9	i 比 j 极端重要
2、4、6、8	相邻判断的中值

表 7-9　A-B 判断矩阵

A	B_1	B_2	B_3	B_4
B_1	u_{11}	u_{12}	u_{13}	u_{14}
B_2	u_{21}	u_{22}	u_{23}	u_{24}
B_3	u_{31}	u_{32}	u_{33}	u_{34}
B_4	u_{41}	u_{42}	u_{43}	u_{44}

表 7-10　B_1-C 判断矩阵

B_1	C_1	C_2	C_3
C_1	v_{11}	v_{12}	v_{13}
C_2	v_{21}	v_{22}	v_{23}
C_3	v_{31}	v_{32}	v_{33}

表 7-11　B_2-C 判断矩阵

B_2	C_1	C_2	C_3
C_1	q_{11}	q_{12}	q_{13}
C_2	q_{21}	q_{22}	q_{23}
C_3	q_{31}	q_{32}	q_{33}

表 7-12　B_3-C 判断矩阵

B_3	C_1	C_2	C_3
C_1	z_{11}	z_{12}	z_{13}
C_2	z_{21}	z_{22}	z_{23}
C_3	z_{31}	z_{32}	z_{33}

表 7-13　B_4-C 判断矩阵

B_4	C_1	C_2	C_3
C_1	p_{11}	p_{12}	p_{13}
C_2	p_{21}	p_{22}	p_{23}
C_3	p_{31}	p_{32}	p_{33}

3）计算每个判断矩阵的特征向量和特征值，进行一致性检验。先用方根法对每个判断矩阵每一行的元素相乘再计算 n 次方根（n 为矩阵阶数），然后归一化处理得到特征向量。特征向量分别记作 $U = (u_1, u_2, u_3, u_4)^T$，$V = (v_1, v_2, v_3)^T$，$Q = (q_1, q_2, q_3)^T$，$Z = (z_1, z_2, z_3)^T$，$P = (p_1, p_2, p_3)^T$。每个特征向量分别右乘对应的判断矩阵，以 A-B 判断矩阵为例，假设 A-B 判断矩阵以 A 表示，根据式（7-18），得到特征根 $\lambda_{\max}$，再根据式（7-19）和式（7-20），分别得出 CI 和 CR 的值，其中 RI 的取值可查表 7-14。其余各判断矩阵均依此步骤进行一致性检验。若 CR 小于 0.1，则证明一致性检验通过，可进行下一步计算；若 RI 和 CI 未达到一致性要求，则说明两两比较赋值不合理，要求重新进行两两比较赋值，需返回上一步重新计算。

$$\lambda_{\max} = \sum_{i=1}^{n} \frac{(AU)_i}{nu_i} \tag{7-18}$$

$$CI = \frac{\lambda_{\max} - n}{n - 1} \tag{7-19}$$

$$CR = \frac{CI}{RI} \tag{7-20}$$

表 7-14　RI 的取值

阶数	3	4	5	6	7	8	9	10	11	12	13	14
RI	0.58	0.89	1.12	1.26	1.36	1.41	1.46	1.49	1.52	1.54	1.56	1.58

4）计算各个方案的权重，结果见表 7-15。

表 7-15　方案权重

| 方案 \ 层次 | B_1 | B_2 | B_3 | B_4 | 权重结果 |
	u_1	u_2	u_3	u_4	
C_1	v_1	q_1	z_1	p_1	$G_1 = u_1 v_1 + u_2 q_1 + u_3 z_1 + u_4 p_1$
C_2	v_2	q_2	z_2	p_2	$G_2 = u_1 v_2 + u_2 q_2 + u_3 z_2 + u_4 p_2$
C_3	v_3	q_3	z_3	p_3	$G_3 = u_1 v_3 + u_2 q_3 + u_3 z_3 + u_4 p_3$

根据表 7-15，可得出三个方案的权重向量 $G = (G_1, G_2, G_3)$，对 G_1、G_2、G_3 的值进行排序，最大的值 G_i 对应的方案 C_i 为选择的方案。即目标函数的选择依此确定。

（3）根据选择的目标函数选择其对应的模型。如此一来，未优化之前，需对每个目标函数都进行计算，之后再选择最经济快速的方案，工作量巨大；用 AHP 优化之后，预先将影响目标函数的相关因素进行重要性程度分析，提前确定合理的目标函数，计算其中一种模型即可，工作效率大大提高。将模型投入实践，快速选择合适的方法，得到各地具体向受灾地区提供的应急医疗床位供给量，对研究应急医疗床位的共享有重要参考意义。

7.4.3　突发事件下城市群应急医疗床位具体去向分配及共享流程

1. 突发事件下城市群应急医疗床位具体去向分配

上文已详细介绍采用 Multi-Hub 理论、层次分析法和线性规划的方法进行城市群应急医疗床位的集中和调配的过程，在此，介绍城市群具体应急医疗床位去向分配过程，如图 7-14 所示。其中，医院 A 比医院 B、C 规模大、医疗人员数量多素质高、医疗技术水平高，医院 B 和医院 C 各方面水平相差无几。

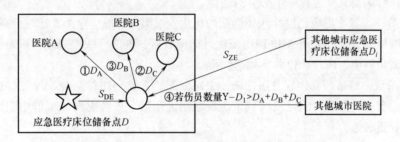

图 7-14　突发事件下城市群应急医疗床位具体去向分配程序

（1）根据上述优化调配方案从各城市应急医疗床位储备点调用应急医疗床位，假设应急医疗床位储备点供应的应急医疗床位分别为 S_{DE}、S_{ZE}，和为 S，伤员数量为 Y。

（2）判断是否有可以就地医治的伤员，可就地医治的伤员数量为 D_1，再将剩余的（$Y - D_1$）伤员先往医院 A 运送，尤其是受伤严重的伤员，达到医院 A 的容纳上限 D_A 后，再考虑运往医院 B 和医院 C。

（3）因医院 B 和 C 各方面差不多，此时考虑运送距离、运送时间和运送成本等因素，选择医院 C 运送，直到达到医院 C 的容纳上限 D_C。

（4）剩下的伤员则选择运往医院 B，若剩余伤员数量超过医院 B 的容纳上限 D_B，则考虑向其他城市距离较近的医院输送；若没有超过医院 B 的容纳上限，则剩余伤员全部运往医院 B，直到伤员输送完毕，城市群应急医疗床位共享结束。

2. 突发事件下城市群应急医疗床位共享流程

突发事件下城市群应急医疗床位共享流程（图7-15）可分为三个阶段，分别依次为：

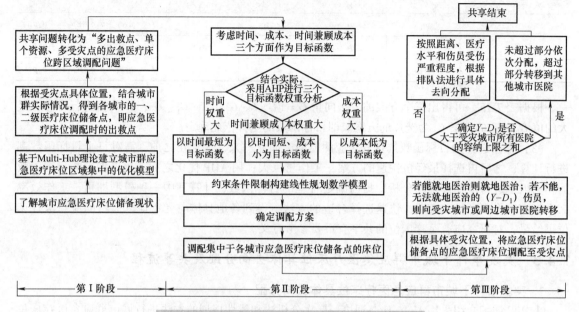

图 7-15　突发事件下城市群应急医疗床位共享流程

（1）第Ⅰ阶段：城市群应急医疗床位集中的优化。主要采用 Multi-Hub 理论进行建模，寻找城市群中各个城市的应急医疗床位储备点，使城市群应急医疗床位先聚集于一处，再统一调配，避免城市群应急医疗床位共享过程中不必要的拥堵。

（2）第Ⅱ阶段：城市群应急医疗床位调配的优化。以第Ⅰ阶段应急医疗床位储备点为出救点，根据实际情况明确受灾点，采用 AHP 确定最优目标函数后，再进行线性规划，可最大限度地减少工作量，提高城市群应急医疗床位共享效率。

（3）第Ⅲ阶段：城市群具体应急医疗床位去向分配。主要利用排队分配原则，应急医疗床位先集中于受灾位置处再分配，满足受灾城市医院容纳上限后，再考虑向城市群中距离较近城市输送伤员，分出轻重缓急，有条不紊。

7.4.4 结论

（1）突发事件下城市群应急医疗床位共享具有充分的必要性和可行性；构建的基于 Multi-Hub 理论的应急医疗床位区域集中的优化模型表明，通过建立应急医疗床位优化模型，可避免应急医疗床位在调配过程中的拥堵，能够使受灾地点以最快的速度接收到应急医疗床位的供给，即提高应急医疗床位共享的效率，以保证城市群应急救援的时效性和有序性。

（2）运用层次分析法和线性规划结合的方法，构建的多出救点、单个资源、多受灾点的应急医疗床位优化模型表明，先用 AHP 进行权重计算，选择权重最大的目标函数，再进行对应的线性规划，可大大降低计算量，减少工作量，以最高的效率实现城市群应急医疗床位的共享优化，符合成本效益原则。

（3）采用排队分配原则落实城市群应急医疗床位的去向，考虑现实因素，使突发事件下城市群应急医疗床位共享更具体，切实解决实际共享问题。此外，突发事件下城市群应急医疗床位共享的总体流程包括集中、调配和分配具体去向三个阶段，若它们同时达到最优，就能使整个共享模型实现最优化。

本章参考文献

[1] 高开欣，吴超．城市群公共安全联动的检验检测能力共享体系 [J]．中国安全生产科学技术，2017，13（3）：102-107.

[2] 尹敏，吴超，李孜军．突发事件下城市群应急医疗床位共享建模 [J]．中国安全生产科学技术，2017，13（7）：74-81.

第8章

安全文化新模型

8.1 安全文化的特点、功能与类型模型

【本节提要】

　　为挖掘并明晰安全文化的特质，进而促进安全文化学研究及其学科建设，运用文献分析法和模型构建方法，提炼与分析安全文化的主要特点与功能，并构建安全文化特点的三角形模型与安全文化功能的人形结构模型。在此基础上，划分安全文化的类型，并构建安全文化的六维分类体系模型。

　　本节从安全文化学高度，运用文献分析法（即以现有的安全文化特点、功能与类型的研究文献为主要基础，并以文化学（包括企业文化学）中的文化特点、功能与类型的相关论述为辅助参考）和模型构建方法，基于安全科学角度审视与考察安全文化，对安全文化的特点、功能与类型进行总括性与系统性阐释，以期挖掘并明晰安全文化的特质，进而促进安全文化学研究及其学科建设。

　　本节内容主要选自本书作者发表的研究论文《安全文化学的基础性问题研究》[1]。

8.1.1 安全文化特点的三角形模型

1. 特点提取及其模型构建

　　基于安全科学视角审视人类文化，结合已有的相关安全文化研究成果，并借鉴其他文化类型的特点，本书将与其他文化类型特点有明显区别的安全文化重要特点提取并归纳为10项，即自然性与普遍性、人本性与实践性、累积性与时代性、严肃性与活泼性、"硬件"性与"软件"性、稳定性与变异性、目标性与创塑性、系统性与独特性、个体性与群体性以及滞后性与长期性。由此，构成安全文化特点的三角形模型，如图8-1所示。

　　由图8-1可知，可将安全文化的10项重要特点依次划分为核心特点、元素（内容）特点、创造（建设）特点与作用特点四个不同层面。其中，核心特点是安全文化的最基本和最根本特点，它决定着其他三个层面的安全文化特点；元素（内容）特点是安全文化重要内容（包括形式）的显著特点，它是安全文化特点的直接体现；创造（建设）特点，即安全文化的创造机制特点，是创造（建设）安全文化需遵循的特点，是保证安全文化特点有效释放与彰显的关键；作用特点是安全文化作用机制的特点，是其他安全文化特点综合作用的结果。由此可见，上述 10 项安全文化的重要特点几乎涵盖了安全文化的本质、元素（内容，包括形式）、生成、创造（建设）与作用机制等方面的重要特点，即对安全文化的重要特点做出了系统论述。总而言之，各层面的安全文化特点互相关联，互相影响，共同构成丰富而独具特色的安全文化特点。

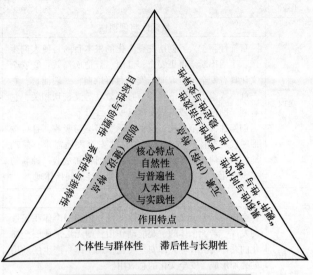

图 8-1　安全文化特点的三角形模型

2. 特点之含义解释

基于安全文化特点的三角形模型具体解释了各层面的安全文化特点，见表 8-1。

表 8-1　各层面的安全文化特点

层面	具体特点及其含义			
核心特点	自然性与普遍性		人本性与实践性	
	自然性：①就生物学角度而言，人类属于生物界的一个种群，具有某些生物本能属性，而著名心理学家马斯洛指出，安全需要（仅高于生理需要）是人的第二层基本需要，由此观之，安全文化本质上是人类安全需要的本性对象化；②人类创造安全文化必要以一定的自然环境为条件，且也只能以自然为对象		人本性：①安全科学的最终目的是保护人的身心安全（包括健康），因此，这就要求安全文化必须要体现人本性；②安全文化的核心是"以人为本"，其目的是实现人的安全价值，其本质在于追求人们对安全价值的认同	
	普遍性：①人性普同，安全人性也是，且人都有安全需求这一基本需求；②一般而言，人类在生存与发展的同一历史时期所面临的安全问题具有共性（即相似性）。由此，导致人类安全文化必然具有某种普遍性		实践性：①安全文化诞生于人类的安全生产与生活领域，它是人类安全经验与理论总结、归纳、传播、继承、优化和提炼等形成的文化成果；②反之，安全文化又反作用于人类安全实践活动，并指导安全实践，再次升华并发展成为新的安全文化内容	
元素（内容）特点	累积性与时代性	严肃性与活泼性	"硬件"性与"软件"性	稳定性与变异性
	累积性：指安全文化元素（包括形式）的积聚，一般表现为安全文化元素从某一个体、群体、时代向另一个体、群体、时代的延续发展与累积叠加过程，这是安全文化形成与发展的前提和条件	严肃性：安全与否直接危及人的生命，因此，安全文化具有严肃性，如安全制度文化（包括安全法律法规与安全规章制度等）和安全禁忌等	就安全文化内容而言，具有"硬件"性与"软件"性"硬件"性：即显性安全文化，如安全器物与一些强制性安全对策（如法律法规、规章、制度、守则、规范、纪律，以及伴随的安全职权与监管）	稳定性：指安全文化具有相对稳定性，即某一个体或群体的安全文化一旦形成，在一段时期内基本保持稳定
	时代性：随着时代变迁，人类和社会发展的安全需求与所面临的安全问题在不断变化，因此，安全文化的内容需随着时代的变化而不断演变，这就是安全文化时代性的体现	活泼性：或称为趣味性，它是文化的共有特征，安全文化也是如此，正因安全文化具有活泼性，才使安全文化具备其品味价值，让人们在品味中了解安全、认识安全并认同安全	"软件"性：即隐性安全文化，如安全理念、价值观、信念、道德、伦理，以及伴随的规劝、说服、调节和安全宣传教育等	变异性：指安全文化在累积发展过程中不断变化的特性，这是因为安全文化需不断进行扬弃与自我更新，以保持其活力，并适应时代与现实要求，这是安全文化发展的环节与契机

(续)

层面	具体特点及其含义	
	目标性与创塑性	系统性与独特性
创造（建设）特点	目标性：①人类创造安全文化的根本目的是使人们生产、生活不断变得更安全、健康、舒适而高效；②安全文化具有安全价值取向与安全目标取向，一般而言，它与群体或组织的经济利益与社会效益等又密切相关，它有利于助推群体或组织实现其安全目标 创塑性：安全文化不仅可继承、借鉴与吸收，且可按照时代与群体（或组织）的具体安全发展需求，能动地、科学地、有意识地、有目的地创新和塑造一种新的安全文化，这也是文化时代性与变异性的间接体现	系统性：又称为全面性。安全文化内涵丰富，涉及人们安全生产与生活领域的方方面面，因此，在安全文化建设中，必须以系统工程思想为指导，综合运用各种方法与手段，构建安全文化系统，这也是安全文化评价需把握的特点 独特性：不同个体或群体（国家、民族、地区、行业与企业等）的安全文化具有自身独特的特点，因此，安全文化建设（创造）要结合自身特性有针对性地建设（创造），以提高其适用性
	个体性与群体性	滞后性与长期性
作用特点	个体性：安全文化总体效用的发挥依赖于个体积极性的发挥，若无个体的主观能动作用，则无法形成安全文化的总体功能效应，即安全文化作用个体所产生的效用的叠加形成了安全文化的总效用 群体性：安全文化具有共享性，安全文化的规范与约束等安全要求适用于群体所有个体，此外，群体压力有助于安全文化效用最大化发挥	滞后性：一般而言，个体或群体对某一具体的安全文化的认知、认同，及内化于心与外化于行是一个漫长的过程，由此可知，安全文化的作用效果不会短期显现，具有滞后性 长期性：因安全文化长时间作用，可固化个体或群体的安全认识与安全行为习惯等，一旦固化，它就具有显著的长久性与顽固性，短期内不易发生变化

8.1.2 安全文化功能的人形结构模型

1. 功能提炼及其模型构建

安全文化的最终目的是塑造人形成理性的安全认识，引导完善人的安全人性，提高人的安全素质，增强人的安全意识与安全意愿等。基于此，可提炼出安全文化的八项主要功能，即满足安全需要的功能、认知与教育功能、导向与认同功能、规范与调控功能、情感与凝聚功能、融合与守望功能、辐射与增誉功能、激发与跃迁功能。由此，它们共同构成安全文化功能的人形结构模型，如图8-2所示。

由图8-2可知，安全文化的主要功能由基本功能（头部）、直接功能（双腿与双臂）与深层外延功能（胸腹）三个不同层次的功能构成，各功能彼此影响、相互促进，共同决定安全文化的效能（即效用）。其中，基本功能是安全文化的最基础功能，可为其他功能的发挥提供基础和保障；直接功能是安全文化的表层效用，可为其他功能的发挥起到支撑作用；深层外延功能是对安全文化效用的扩大与升华，可为改善组织安全状况或突破组织安全水平提供助力与动力。

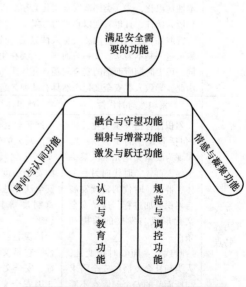

图8-2　安全文化功能的人形结构模型

2. 功能之含义解释

基于安全文化功能的人形结构模型解释了各层次具体的安全文化功能及其含义，见表8-2。

表 8-2　各层次的安全文化功能及其含义

层次	具体功能及其含义
	满足安全需要的功能
基本功能	马斯洛指出，安全需要（即身体与生活的安全保障，及生产与生活的稳定感与秩序感等需要）是人的第二层基本需要，若人的安全需要得不到满足，就会使人产生不同层次与程度的痛苦、焦虑与不安，而依赖于安全文化就可有效解决这一问题。显而易见，人的安全需要是人创造安全文化的根本内驱力，而安全文化的基本功能就是满足人的安全需要

层次	认知与教育功能	导向与认同功能	规范与调控功能	情感与凝聚功能
直接功能	认知功能：安全文化行为是一种个体后天习得的行为，它具有启迪人的安全思维、增强人的安全知识、拓宽人的安全视野、提升人对安全的认识与保障能力等独特作用 教育功能：安全文化的认知功能是借助其安全教育功能实现的，这是因为安全文化内容包含大量安全教育成分	导向功能：①安全文化集中体现某一组织的安全理念与目标等，对组织安全行为方向有显示、诱导与指向作用；②安全文化行为是个体经后天观察、模仿、选择与塑造而来的，因此，安全文化对个体后天的安全文化行为塑造有导向作用 认同功能：安全文化可促使人对安全本身及其保障条件或要素价值的认同	规范功能：安全文化可按一定安全行为准则对人的行为具有规定、约束与模塑作用 调控功能：与规范功能类似，但侧重点不同，它强调安全文化对人的干预与调节作用，如调控生产、效益与安全的关系，个体与群体的关系，及个体自身的安全需要与其他需要的平衡	情感功能：使人在情感上对安全产生归属感与依赖感，即从心理层面开始喜爱安全，并热爱与支持安全工作 凝聚功能：使人们在观念上达成安全共识，从而使群体的安全行为与习惯趋于一致，进而增强群体的内聚力

层次	融合与守望功能	辐射与增誉功能	激发与跃迁功能
深层外延功能	融合功能：①将不同利益群体或组织内部的不同群体融合成为一个共同体，使他们具有共同的安全理念与安全目标，共同为保障群体或组织安全而努力；②能够带有异质安全文化倾向的个体，同化为本群体或组织的个体 守望功能：或称为防守（屏蔽）功能。安全文化可保持自身安全理念与价值观等的纯洁性与一贯性，以防止外部消极或异质安全文化对其的干扰或渗透	辐射功能：①同化内部小的异质安全文化；②可向外部扩散，影响其他群体或组织，以至整个社会的安全文化，从而扩大组织或群体的安全文化影响力 增誉功能：优秀的组织安全文化可为组织塑造良好的整体安全形象，特别是对于企业和国家尤为重要，它可增强企业与国家的国际市场竞争力	激发功能：安全文化对强化人的安全行为动机，激发人重视与保障安全的主动性、积极性与创造性均具有显著作用 跃迁功能：安全文化可鼓励人主动挖掘自身潜力，勇于创新，努力突破自我，鼓励人努力保障个体与群体（或组织）的安全，即最大限度地发挥个体的自主保安价值，这是群体或组织安全水平实现突破与跃迁的动力来源

由表 8-2 可知，可将安全文化的重要功能概括为促使安全文化主体（包括个体、群体或组织）对"我需要安全吗？""安全本身及其保障条件或要素等对我有价值（即重要）吗？""我关注安全吗？""我的认识或行为等符合安全要求吗？""我应该或必须要这样做才安全吗？"及"我可以保障安全吗？"六个问题做出正面回答，并进行内心的反复反思与行为的适时外显表达。

8.1.3　安全文化的六维分类体系模型

科学史证明，对事物进行科学的分类，进而可暴露各类的本质和联系。此外，安全文化作为一种客观存在，渗透于个体和群体之中，覆盖人类生产与生活的各个领域，极为复杂。为进一步认识安全文化的本质与特性等，极有必要结合安全文化学研究与实践需要，从不同角度对安全文化进行科学分类。

与其他诸多事物的分类一样，站在不同的角度或出于不同的需要（或目的），对安全文化的类型可以做出不同的划分。本书主要基于文献，分别从文化学与本质安全视角对安全文化的分类，结合安全文化学研究与实践（如安全文化比较与建设等）需要，构建安全文化的六维分类体系模型，如图 8-3 所示。

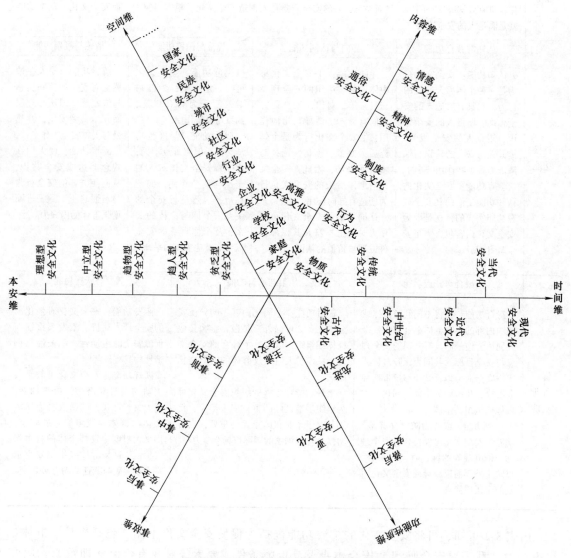

图 8-3 安全文化的六维分类体系模型

由图 8-3 可知，安全文化可按空间维、内容维、时间维、功能性质维、事故维与本安维六个不同维度对安全文化的类型进行划分。显而易见，本安维与事故维侧重于安全科学视角，内容维与时间维侧重于文化学视角，而空间维与功能性质维将安全科学视角与文化学视角二者兼顾。因此，就安全文化学研究与实践需要而言，安全文化的六维分类体系对安全文化类型的划分较为科学、全面，且具有显著的安全文化学特色。在此，对各维度的安全文化类型的具体划分进行解释，见表 8-3。

表 8-3 不同维度的安全文化类型

维度	类型及其解释与举例							
空间	家庭安全文化	学校安全文化	企业安全文化	行业安全文化	社区安全文化	城市安全文化	民族安全文化	国家安全文化 ……
	基于空间维度，可按安全文化主体的不同对安全文化进行分类，比较典型的是家庭、学校、企业、行业（如交通、航空与矿山行业等）、社区、城市、民族、国家安全文化。其中，企业安全文化侧重于生产领域，其他均属于公共安全领域							

维度		类型及其解释与举例				
内容	层次	物质安全文化	行为安全文化	制度安全文化	精神安全文化	情感安全文化
		包括人类为保障安全而制造使用的各类有形的物质（如安全防护工具、器材与设施设备等），以及安全资金投入	包括人们生活与工作方面的安全行为方式，如生活中的驾驶、作息规律与穿马路等；工作中的安全操作规范与安全决策行为等	包括正式制度（如安全法律法规、标准规范、正式组织和政策等）与非正式制度（如安全民俗、禁忌和非正式的安全公约或组织等）	包括安全意识形态（如安全价值理念和伦理道德等）、安全科学研究（安全学科和专业等）与安全文艺作品等	特指以人的情感性安全需要为基本条件和基础形成的一种安全文化形式，它是基于人的本性产生的，可视为群体的一种最原始的安全文化形式
	受众对象	高雅安全文化			通俗安全文化	
		精英与文化等阶层品味与享用的安全文化，如安全科学研究、安全工程技术与高雅安全文艺作品等			普通大众接触与享用的大众化的安全文化，如安全民俗、安全传说故事与安全标语等	

维度		类型及其解释与举例			
时间	四分法	古代安全文化	中世纪安全文化	近代安全文化	现代安全文化
		基于时间维度，根据历史年代划分方法，可将安全文化划分为古代、中世纪、近代与现代安全文化			
	二分法	传统安全文化		当代安全文化	
		包括世代相存留下来的种种物质的、制度的和精神的安全文化实体意识，如安全生产与生活习俗、安全饮食禁忌与安全古文古训等。需指出的，其中腐朽的，甚至反动的安全文化，如迷信保安等，需筛选摈弃		指符合当代社会与企业安全发展要求与方向的安全文化，如以人本安全理念、安全发展理念、安全法治理念、科技兴安理念、本质安全理念与技术、安全系统思想、安全权利维护及事故科学与控制等	

维度		类型及其解释与举例			
功能性质	功能特性	先进安全文化		落后安全文化	
		指对组织（包括企业与社会等）安全发展起正向作用的安全文化（如安全科学研究、法治与科技兴安等）		指对组织（包括企业与社会等）安全发展起消极作用的安全文化（如安全迷信与安全诚信缺失等）	
	主次地位	主流安全文化		亚安全文化	
		指在组织中占据主流地位、被绝大多数组织成员所遵循和认同的安全文化，如组织正式颁布的安全法律法规与规章制度等		指在组织中不起主导作用的部分个体所拥有的安全文化，这是因为组织中的部分个体总受原有环境中的安全文化影响或拥有一些固有的安全文化倾向	

维度	类型及其解释与举例				
事故	事前安全文化		事中安全文化		事后安全文化
	根据群体（如国家与民族等）应对事故的事前、事中与事后的安全文化表现（如持有态度、行为准则、制度设计与器物设置等），可将安全文化划分为事前安全文化、事中安全文化与事后安全文化				

维度	类型及其解释与举例				
本安	贫乏型安全文化	趋人型安全文化	趋物型安全文化	中立型安全文化	理想型安全文化
	秉承这类安全文化的组织对人与物的本质安全化都没有足够重视，组织安全文化水平极低	秉承这类安全文化的组织侧重于本质安全型人的塑造，但其弱化了从技术方面来实现物的本质安全化	秉承这类安全文化的组织侧重于物的本质安全化，但这类组织弱化了本质安全型人的素质，人的安全素质较低	秉承这类安全文化的组织对提高人和物的本质安全化程度都给予了适当的关注和投入，但两者都不硬	秉承这类安全文化的组织既重视本质安全型人的塑造，也关注物的本质安全化程度的提高，较理想

此外，还可由上述分类维度延伸出其他分类方式，如基于安全文化的物质层、行为层、制度层与精神层四个层次，根据不同群体（或组织）对各层次安全文化的重视程度不同，依次可将安全文化分为物质导向型、行为导向型、制度导向型与精神导向型四种类型。需指出的是，安全文化类型的划分维度不仅限于上述六个维度，有时出于安全文化学研究与实践需要，还需挖掘其他更多的安全文化分类维度，或需将若干分类维度结合起来使用，以对安全文化的性质和状况从不同维度进行全面剖析。

8.1.4 结论

（1）安全文化的重要特点有自然性与普遍性、人本性与实践性、严肃性与活泼性等 10 项；构建的安全文化特点的三角形模型表明，安全文化的 10 项重要特点依次可划分为核心特点、元素（内容）特点、创造（建设）特点与作用特点四个不同层面，各层面的安全文化特点互相关联，互相影响，共同构成丰富而独具特色的安全文化特点。

（2）安全文化的主要功能有满足安全需要的功能、认知与教育功能、融合与守望功能等八项；构建的安全文化功能的人形结构模型表明，安全文化的主要功能由基本功能、直接功能与深层外延功能三个层次的功能构成，各功能彼此影响、相互促进，共同决定安全文化的效能（即效用）。

（3）构建的安全文化的六维分类体系模型表明，可按空间维、内容维、时间维、功能性质维、事故维与本安维六个维度对安全文化的类型进行划分，且每个维度又可细分为多种安全文化类型。

8.2 安全文化关联模型

【本节提要】

　　为运用模型方法厘清和明晰两种典型而重要的安全文化关联关系，基于模型的定义，提出安全文化关联模型的定义，并剖析其类型及其建模过程。在此基础上，以组织安全文化为例，基于安全文化所具有的"生物基因"特性，借鉴生物中心法则，构造与解析安全文化中心法则模型，并基于安全"3E"对策与安全文化对策，构造与解析"3E + C"广义安全管理模型。

　　本节以组织安全文化为例，运用建模方法分别构造和解析两种典型的安全文化关联模型，以期厘清并明晰上述两种重要的安全文化关联关系，进而促进安全文化研究与实践。

　　本节内容主要选自本书作者王秉与吴超的专著《安全文化学》[2]的第 9 章 9.1 节"典型安全文化关联理论"。

8.2.1 安全文化关联模型的定义与内涵

1. 定义

模型一直是诸多学科领域研究者最常讨论的重要学科术语之一，建模是自然科学与社会科学领域一种常用的研究方法。模型是相对原型而言的，在科学研究中，简言之，原型是指研究者所关注的现实世界中的实际研究对象，而模型则是指研究者所关注的实际研究对象的替代物。按照模型替代原型的方式（即模型的表现形式），可将模型划分为物质模型与理想模型，物质模型又可细分为直观模型和物理模型，理想模型也可细分为思维模型、符号模型和数学模型。其中，在社会科学研究领域，运用最为普遍的模型是理想模型。同样，就安全社会科学（如安全文化学）研究领域而言，也是如此。需强调的是，框架→理论→模型是安全社会科学研究的一种常见范式，从一定意义讲，模型方法实则是安全社会科学研究从定性研究向定量研究过渡的典型研究方法之一。换言之，模型方法有助于使安全文化学研究实现定量化。

此外，根据模型的用途，还可将模型分为工业模型、金融模型与建筑模型等。由此推理，所谓安全文化模型，是指模型方法运用至安全文化学研究领域所建立的科学模型。显而易见，安全文化关联模型是安全文化模型之一，具体言之，它是表示安全文化内部各元素相互间存在的内部关联关系，以及安全文化与其他安全体系元素或非安全体系元素间存在的外部关联关系的模型。换言之，安全文化关联模型是研究者认识和掌握安全文化关联关系的一种安全文化学研究方法。

2. 基本内涵

由安全文化关联模型的定义可知，安全文化关联模型主要包括安全文化内关联模型与安全文化外关联模型两种：①安全文化内关联模型是指表示安全文化内部各元素相互间存在的内部关联关系，如安全文化层次结构模型、安全文化演化模型、安全文化评价模型及传统安全文化与现代安全文化间的关联模型等；②安全文化外关联模型是指表示安全文化与其他安全体系元素或非安全体系元素间存在的外部关联关系的模型，如安全文化与安全工程技术、安全教育和安全管理等间的关联模型，以及安全文化与其他文化类型间的关联模型等。需明确的是，该研究所构造的安全文化关联模型仅限于安全文化各层次间的安全文化内关联模型及安全文化与安全"3E"对策（即安全工程技术对策、安全教育对策和安全法治对策）间的安全文化外关联模型。

此外，所谓安全文化关联模型的构建，即安全文化关联关系建模（或模型化），是指以安全文化为中心，以安全文化内部各元素相互间存在的内部关联关系，以及安全文化与其他安全体系元素或非安全体系元素间存在的外部关联关系为基础，基于关联思维，运用相似原理等建模原理和分门别类、归纳总结、逻辑推理与类比分析等建模方法，建构旨在揭示安全文化关联关系的科学模型的过程。简言之，安全文化关联关系建模是把安全文化关联关系模型化的过程，以实现安全文化关联关系的逻辑化、集成化、结构化和明晰化。显而易见，通过安全文化关联关系建模便于将安全文化关联关系形象地表示出来，可使安全文化关联问题变得简明、扼要而清晰，有助于窥见其本质关联关系。

8.2.2　安全文化中心法则模型

随着学界对组织（包括企业）研究的不断深入，诸多研究者越发意识到，就本质规律而言，组织与生物体间实则存在颇多相似之处，如组织同生物体一样，也具有其生命周期、机体结构、代谢机理与遗传规律等。基于此，越来越多的学者开始借鉴运用生命科学原理来丰富和发展组织管理理论，由此形成的经典的组织管理理论有组织生命周期理论与组织遗传理论等。其中，就组织遗传理论而言，学界对其的研究尚处于起步阶段，其内涵和内容还具有广阔的研究发展空间。此外，目前学界尚未有学者基于生命科学理论来探讨组织安全管理（包括组织安全文化）理论。而经比较发现，安全文化作为组织安全发展的根本保障，它所具有的决定性、独特性、稳定性、变异性（随着时间、环境与人的安全需求等的变化而发生适当"变异"，以适应新的环境与人的安全需求等）、复制性（遗传性）和可塑性等特点，与生命科学理论中的"生物基因"的特点具有高度相似性。鉴于此，本书作者尝试基于生命科学视角，借鉴生物遗传学经典理论之生物中心法则，构建安全文化中心法则模型，以揭示典型的安全文化内关联关系，同时也为安全文化研究与建设提供一种新的思路和视角，并丰富和发展组织遗传理论。

1. 生物中心法则简介

为揭示生物遗传信息的流向和传递规律，F. Crick 于 1958 年首次提出生物中心法则，并于 1970 年又重申生物中心法则的重要性，同时提出完整的生物中心法则的图解形式（见图 8-4）。所谓生物中心法则，简而言之，即为 DNA、RNA 与蛋白质三大生物大分子间遗传信息转移的基本法则。在此，仅阐释生物中心法则的核心思想：

① 生物遗传信息的转移可分为两类，即生物遗传信息按 DNA→RNA→蛋白质（具体为 DNA→DNA，即复制；DNA→RNA，即转录；RNA→蛋白质，即翻译）的流程（如图 8-4 实线箭头所示），或 RNA→DNA→蛋白质（具体为 RNA→RNA，即复制；RNA→DNA，即逆转录；DNA→蛋白质）的流程（如图 8-4 虚线箭头所示）转移。其中，前者普遍存在于所有生物细胞中，而后者仅存在于 RNA 病毒中。换言之，生物遗传信息的重要转移流程是"由 DNA 到 RNA 到蛋白质"，故人们将这一流程称为生物遗传信息传递的标准流程。

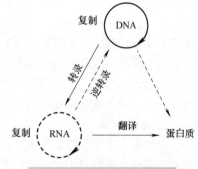

图 8-4　生物中心法则模型

② 蛋白质决定生物性状，且反过来协助生物遗传信息的整个传递过程。此外，朊病毒的发现表明自然界中存在着以蛋白质为遗传信息的可能性，即在蛋白质的指导下合成蛋白质，但此假说尚未完全被证实，若被证实，它将是生物中心法则现时已知的唯一例外。

总而言之，生物中心法则阐明了核酸（即 DAN 与 RAN）与蛋白质间互为作用、互为影响并互相配合完成遗传信息的复制、传递、加工和修饰等生命活动的规律。

2. 模型构建

文献［2］在传统的组织安全文化的"四分法"基础上，重新将组织安全文化分为情感安全文化、精神安全文化、制度安全文化、行为安全文化和物质安全文化五个层次，见表 8-4。

表 8-4　组织安全文化的五个层次

层　　次	具 体 内 涵
情感层	特指以人的爱与被爱的需要为基本条件和基础，以人的完善自我安全人性的需要和实现自主保安价值的需要为辅助驱动力形成的一种组织安全文化，它是基于人的本性产生的，可视为是一种最原始的组织安全文化，是组织安全文化的基础和内在需要，贯穿于组织安全文化的其他层次，并对它们产生巨大影响
精神层	主要指所有组织成员共同信守的重要安全信仰、安全价值理念与职业安全伦理道德等，是组织安全文化的核心
制度层	主要指对组织和组织成员的行为具有安全规范性和安全约束性影响的组织安全文化部分，它集中体现组织安全制度与安全行为规范等对组织中个体行为与群体行为的安全要求
行为层	主要指组织和组织成员的安全行为方式表现，如组织的安全决策行为、组织成员在生活和工作中的安全行为表现等
物质层	主要指组织中凝聚着本组织的理念安全文化和制度安全文化的生产过程和器物的总和，是看得见、摸得着的形象安全文化层面，如安全防护工具、器材与设施设备及安全技术工艺、安全资金投入等

需指出的是，鉴于行为安全文化和物质安全文化均是组织安全文化外化（或外显）的表现形式，故本书将二者概括归纳为同一类，即行为/物质安全文化。由此，根据组织安全文化所具有的"生物基因"特性与组织安全文化的层次，运用类比的方法，依次界定组织安全文化 DNA、组织安全文化 RNA 与组织安全文化蛋白质含义，并分析它们与生物 DNA、RAN 和蛋白质间的相似性，具

体见表8-5。

表8-5　组织安全文化DNA、RAN和蛋白质

名　　称	含　　义	与生物DNA、RAN和蛋白质的相似性
组织安全文化DNA	精神安全文化	生物DNA是控制生物形状的最根本遗传物质，是决定某一生物物种的所有生命现象的基本单位；而精神安全文化（组织安全文化DNA）作为组织安全文化的核心，可以从本质上决定组织安全文化的根本属性和内容。总而言之，生物DNA与精神安全文化均具有遗传性、稳定性、独特性与变异性，即二者具有高度的相似性
组织安全文化RNA	制度安全文化	生物RNA的最重要功能是为生物DNA所携带的遗传信息向生物蛋白质传递发挥媒介作用，此外，若一些病毒中无DNA，则RNA可携带遗传信息间接指导生物蛋白质的合成；而制度安全文化（组织安全文化RNA）作为具有组织特色的各类安全规章制度与安全行为规范等，一方面可视为联系精神安全文化与行为/物质安全文化的中介，即在二者间起着安全文化信息传递作用；另一方面，制度安全文化也在一定程度上具有安全文化信息的自我复制和传递作用，且可反作用于精神安全文化，进而影响行为/物质安全文化。因此，生物RNA与制度安全文化具有高度的相似性
组织安全文化蛋白质	行为/物质安全文化	经生物DNA或生物RNA所携带的生物遗传信息的传递过程，最终使生物遗传信息表达在生物蛋白质上，决定生物蛋白质的结构与功能的特异性，进而使生物体表现出不同的遗传形状，即实现遗传信息的表达和外显；而行为/物质安全文化（组织安全文化蛋白质）作为组织安全文化的外部直观表现形式（即组织安全文化的性状体现），也可视为精神安全文化与制度安全文化的具体表达或外显。因此，生物蛋白质与安全行为/物质文化两者具有高度的相似性

其实，生物遗传信息的整个传递和表达过程还需生物体本身提供能量与加工场所等，这是生物遗传信息传递和表达的基础和内在需要，且它贯穿于整个生物遗传信息传递和表达过程，因此，生物体本身为生物遗传信息的传递和表达提供能量与加工场所等的作用与情感安全文化的功能极其相似，即情感安全文化是组织安全文化系统信息顺利传递的保证和内在需要。此外，需明确的，行为/物质安全文化也会反过来协助促进精神安全文化和制度安全文化的形成与传播，且可进行自我复制。由此，借鉴生物中心法则模型并将其进行适当扩展，构建安全文化中心法则模型，如图8-5所示。

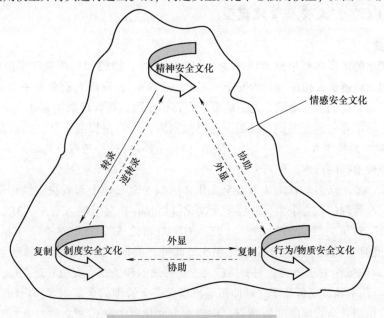

图8-5　安全文化中心法则模型

3. 模型解析

由图 8-5 可知，安全文化中心法则模型类似于生物中心法则模型，但其内涵比生物中心法则模型的内涵更为丰富，可视为生物中心法则模型的"拓展版"。将其内涵具体解析如下：

（1）安全文化中心法则模型旨在揭示情感安全文化、精神安全文化、制度安全文化和行为/物质安全文化相互间的关联关系。其中，安全文化中心法则模型的中心思想是揭示精神安全文化（组织安全文化 DNA）、安全制度文化（组织安全文化 RNA）与行为/物质安全文化（组织安全文化蛋白质）三者间的信息传递或转移方向（由上分析，可将组织安全文化系统信息传递方式概括归纳为表 8-6），同时也间接阐明了组织安全文化的内在层次结构和运行规律。此外，安全文化中心法则模型也揭示了情感安全文化在组织安全文化系统信息传递过程中的核心作用（前文已做详细阐释，此处不再赘述）。

表 8-6　组织安全文化系统信息传递方式

传 递 类 型	传 递 流 程
主流方式	精神安全文化→制度安全文化→行为/物质安全文化；制度安全文化→行为/物质安全文化
辅助方式	制度安全文化→精神安全文化→行为/物质安全文化；精神安全文化→行为/物质安全文化
其他方式	制度安全文化→行为/物质安全文化→精神安全文化；行为/物质安全文化→制度安全文化

（2）类似于生物中心法则模型，安全文化中心法则模型的中心思想并非为精神安全文化、制度安全文化和行为/物质安全文化间的简单的线性信息转移与传递关系，而是涵盖了情感安全文化四者间复杂的互为作用、促进与配合，即关联关系，它们共同构成四位一体的组织安全文化信息循环系统，共同完成组织安全文化的"遗传信息"的复制、传递、加工和外显等安全文化运行活动，进而促进组织安全文化信息的传播和组织安全文化水平的提升。

总而言之，安全文化中心法则模型阐明了情感安全文化、精神安全文化、制度安全文化和行为/物质安全文化相互间复杂的关联关系，从而为安全文化研究与组织安全文化建设厘清了思路。

8.2.3　"3E＋C"广义安全管理模型

1. 模型构建

综观前人提出的诸多典型事故致因理论（如海因里希、博德和亚当斯等事故因果连锁理论，以及劳伦斯模型、轨迹交叉模型与行为安全"2-4"模型等），发现它们具有一个共同点，即均表明人的不安全行为和物的不安全状态是造成事故的直接原因，而管理缺陷是造成事故的根本原因，这已成为国内外学术界的研究共识。针对上述事故致因，人们在长期安全实践活动中总结归纳出安全"3E"对策，即技术（Engineering）、法治（Enforcement）与教育（Education），它被认为是组织安全管理所应遵循的根本原则与方法。

在此基础上，鉴于众多学者均认为安全文化在组织安全管理中起着决定性作用，换言之，它理应也是组织安全管理的核心手段，故将安全文化（Culture）对策融入安全"3E"对策，进而提出安全"3E＋C"对策。需明确的是，"3E＋C"对策之安全文化对策应包括安全伦理道德（Ethics），安全伦理道德属于精神安全文化层次。此外，根据广义安全管理的概念，安全"3E＋C"对策应属于广义安全管理范畴，它囊括广义安全管理的四条核心安全管理手段。换言之，安全"3E＋C"对策可几乎涵盖或可基于它延伸拓展出广义安全管理的全部内容和内涵。由此，基于上述分析，并结合组织安全管理的实际特点，构建安全文化外关联模型之"3E＋C"广义安全管理模型，如图 8-6 所示。

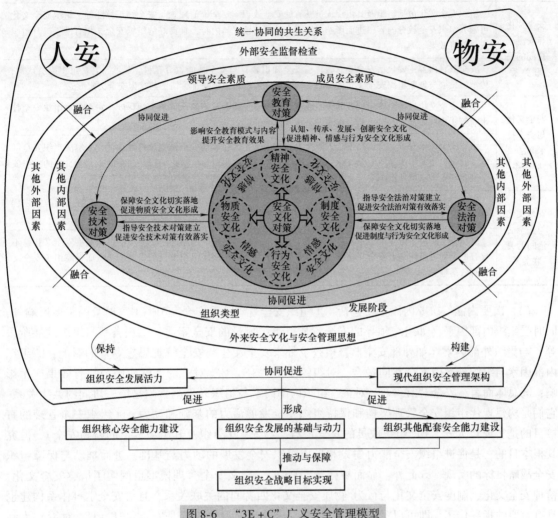

图 8-6　"3E + C" 广义安全管理模型

2. 模型解析

由图 8-6 可知，"3E + C" 广义安全管理模型的主体结构由核心要素（即安全 "3E + C" 对策）和辅助要素（即组织内部因素与组织外部因素）两大类要素融合而成，模型看似简单，实则内涵丰富，具体解析如下：

（1）核心内涵。该模型旨在阐明安全 "3E + C" 对策之安全文化对策与安全 "3E" 对策（除安全文化对策外，安全 "3E" 对策是最为重要的组织安全管理体系元素）间的相互关联关系，这是最为重要的安全文化外关联关系。由图 8-6 可知，安全文化对策相对于安全 "3E" 对策而言，处于中心地位，以突出其在组织安全管理中的核心基础地位，但它与安全 "3E" 对策间又存在紧密的相互关联关系，即互为促进和影响的关系（扼要解析见表 8-7）。此外，安全 "3E" 对策三者间也是协同促进的关系。由此可见，保障组织安全发展需四种安全对策（即安全 "3E + C" 对策）相互配合与促进，换言之，它们共同决定组织整体安全管理水平。

表 8-7　安全文化对策与安全 "3E" 对策间的关联关系

关联关系	具 体 解 释
安全文化与安全教育间的关联关系	组织安全文化包括组织及其组织成员共有的安全认识、安全价值理念与安全知识技能等，组织安全文化可融入组织安全教育内容，进而影响组织安全教育的模式与内容，且良好的组织安全文化有助于提升组织安全教育效果
	安全教育内容主要包括安全观念教育、安全知识教育与安全技能教育三种，显然，它是组织成员认知、传承、发展与创新组织安全文化的核心手段，可有效促进组织精神、情感与行为安全文化形成
安全文化与安全技术间的关联关系	组织安全文化显著影响组织及其组织成员对组织安全技术对策的认同与重视程度，它可促进组织安全技术对策实现有效落地，且可指导组织安全技术对策的建立
	组织安全技术对策注重运用安全工程技术（如安全工艺技术与安全设施设备等）手段来解决组织安全问题，它是典型的组织物质安全文化，不仅有助于促进组织物质安全文化的形成，有助于营造良好的组织安全文化氛围，且可使组织安全文化融入组织安全技术对策，从而保障组织安全文化有效落地
安全文化与安全法治间的关联关系	组织安全文化显著影响组织及其组织成员对组织安全管理制度，即组织安全法治对策的认同与重视程度，它可促进组织安全法治对策实现有效落地，且可指导组织安全法治对策的建立
	组织安全法治对策注重运用安全管理制度手段来解决组织安全问题，它是典型的组织制度安全文化，不仅有助于促进组织制度安全文化形成，且可使组织安全文化融入组织安全管理制度，从而保障组织安全文化有效落地

（2）次要内涵。次要内涵主要包括：①组织安全管理除受安全 "3E + C" 对策的重要影响外，同时受组织内部因素（如组织领导的安全素质、组织成员的安全素质、组织类型与组织发展阶段等）与组织外部因素（如外部安全监督检查及外来安全文化与安全管理思想等）的影响；②组织内部因素与组织外部因素会共同融合，对组织安全 "3E + C" 对策的实际实施与执行效果产生影响；③总体而言，安全 "3E + C" 对策、组织内部因素与组织外部因素间是统一协同的共生关系，它们是构建现代组织安全管理架构和保持组织安全发展活力的基础和动力；④组织安全管理的直接目的是实现 "人安"（即组织成员的安全）与 "物安"（组织及其组织成员的财物安全），但究其根本目的，是促进组织安全能力建设和形成组织安全发展的动力与基础，进而推动与保障组织安全战略目标的实现；⑤此外，显而易见，"3E + C" 广义安全管理模型也阐明了情感安全文化、精神安全文化、制度安全文化与行为/物质安全文化四者间的关联关系，且对安全学科体系构建也具有重要的指导作用，即可以 "3E + C" 广义安全管理模型（主要是安全 "3E + C" 对策）为基础演绎构建出整体安全学科体系（限于篇幅，不再详述）。

8.2.4　结论

（1）安全文化模型是指模型方法运用至安全文化学研究领域所建立的科学模型；安全文化关联模型是表示安全文化内部各元素相互间存在的内部关联关系，以及安全文化与其他安全体系元素或非安全体系元素间存在的外部关联关系的模型；安全文化关联模型主要包括安全文化内关联模型与安全文化外关联模型两种；安全文化关联关系建模是指以安全文化为中心，以安全文化内部各元素相互间存在的内部关联关系，以及安全文化与其他安全体系元素或非安全体系元素间存在的外部关联关系为基础，基于关联思维，运用相似原理等建模原理和分门别类、归纳总结、逻辑推理与类比分析等建模方法，构建旨在揭示安全文化关联关系的科学模型的过程。

（2）安全文化具有 "生物基因" 特性，具体表现为它所具有的决定性、独特性、稳定性、变异性、复制性（遗传性）和可塑性等特点与 "生物基因" 的特点具有高度相似性；基于生命科学视角，运用类比法，借鉴生物遗传学经典理论之生物中心法则构建的安全文化中心法则模型揭示了情感安全文化、精神安全文化、制度安全文化与行为/物质安全文化四者间的复杂的互为作用、促进与配合的关联关系（具体为精神安全文化、制度安全文化与行为/物质安全文化三者间的信息传递或转移方向，以及情感安全文化在组织安全文化系统信息传递过程中的核心作用），从而为安全文化研究与组织安全文化建设厘清了思路。

（3）安全"3E + C"对策属于广义安全管理范畴，囊括广义安全管理的四条核心安全管理手段；基于安全"3E + C"对策构建的"3E + C"广义安全管理模型的主体结构由核心要素（即安全"3E + C"对策）和辅助要素（即组织内部因素与组织外部因素）两大类要素融合而成，旨在阐明安全"3E + C"对策之安全文化对策与安全"3E"对策间的相互关联关系，同时也表明安全"3E + C"对策、组织内部因素与组织外部因素间是统一协同的共生关系等。

8.3 | 安全文化建设原理模型

【本节提要】

　　本节为夯实安全文化建设的理论基础，进一步丰富安全文化学原理，以组织安全文化建设为着眼点，构建安全文化建设原理模型。提炼并构建组织安全文化建设的两条核心原理模型，即组织安全文化方格理论模型和杠杆原理模型，并构建其"轮形"体系结构。

　　为深入研究组织安全文化建设的普适性原理，从组织安全文化建设的基点（人与物）出发，以降低组织安全文化建设阻力的阻碍作用、提升组织安全文化的建设效率为着眼点，提炼并构建组织安全文化建设原理模型（包括组织安全文化方格理论模型和杠杆原理模型），以期为组织安全文化建设提供理论指导，进而丰富安全文化学原理，促进安全科学发展。

　　本节内容主要选自本书作者发表的研究论文《安全文化建设原理研究》[3]。

8.3.1　组织安全文化方格理论模型

1. 理论模型的提出

　　综观诸多比较有代表性的事故致因理论（如海因里希、博德、亚当斯等事故因果连锁理论以及劳伦斯模型、轨迹交叉模型、行为安全"2-4"模型等），发现它们具有一个共同点，即均强调人的不安全行为和物的不安全状态是造成事故的直接原因，而管理缺陷是造成事故的根本原因，这已成为国内外学术界的研究共识。另外，研究指出，塑造本质安全型人和实现物的本质安全化是解决安全管理"空白"地带（缺陷）的最根本且最有效的途径。因此，安全管理和安全文化建设所追求的最终目的都可视为是提高人和物的本质安全化程度。换言之，组织安全文化建设应从"人的本质安全化"和"物的本质安全化"两条脉络着手，既要关注"人"，也要关注"物"，要坚持"两手抓"，二者不可偏废，这也与目前组织安全文化建设实际相吻合的。由此，提出组织安全文化方格理论模型，如图 8-7

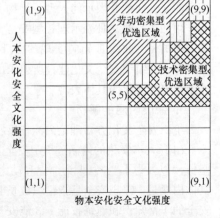

图 8-7　组织安全文化方格理论模型

所示。

2. 关键方格的含义解释

由图8-7可知，组织安全文化方格矩阵的横坐标表示物本安化安全文化强度，纵坐标表示人本安化安全文化强度。按照不同强度分为九个档次，1为最低，9为最高，纵横交错，共同构成了具有81个方格的矩阵。其中，五个方格具有组织安全文化的典型意义，分别解释如下：

（1）（1,1）为贫乏型安全文化。秉承这类安全文化的组织既不重视人的本质安全化，也不关注物的本质安全化，组织安全文化水平极低。这类组织的人的安全意识和素质低，安全宣传教育和监督检查不到位，工艺技术落后，设备可靠性差，组织抗灾能力弱。因此，这类安全文化下的组织事故频发，事故起数居高不下，如果没有特殊的条件支撑与保护，势必被淘汰。

（2）（1,9）为趋人型安全文化。秉承这类安全文化的组织重点强调本质安全型人的塑造，这类组织的安全文化以"以人为本"为核心理念，用先进安全理念引导人的安全价值取向，用系统的安全培训教育提高人的安全意识和素质，用完善的安全行为规范保障人的安全行为养成。但这类组织弱化了从技术方面来提高物的本质安全化程度，设备、生产工艺等存在较大的安全隐患，绝大多数事故都是由物的因素引起的，即因物的因素导致的事故频发。

（3）（9,1）为趋物型安全文化。秉承这类安全文化的组织高度关注物的安全，偏向采用提高设备可靠性、工艺技术水平、系统抗灾能力、机械化程度、安全设施设备投入等措施来预防事故，进而提高组织的安全水平，成本较高。但这类企业弱化了对人的安全意识、素质等的提高。此外，许多特定条件下的研究发现，86%～96%的伤害事故都是由人为原因所致。因此，这类安全文化下的组织提高自身安全水平的效果不明显且不持久，绝大多数事故都是由人的因素引起的，即因人的因素导致的事故频发。

（4）（5,5）为中立型安全文化。秉承这类安全文化的组织对提高人和物的本质安全化程度都给予了适当的关注和投入，但"两手"都不硬，人和物的本质安全化程度都不理想，组织安全水平提升效率低，事故原因中既有物的因素，也有人的因素。

（5）（9,9）为理想型安全文化。秉承这类安全文化的组织既重视本质安全型人的塑造，也关注物的本质安全化程度的提高，是最为理想的双强组织安全文化模式，这类组织一定是安全水平持续提高的组织。

由上所述可知，五种不同类型的安全文化的作用曲线，即不同类型安全文化与组织事故量之间的关系曲线可抽象为图8-8所示。其中，曲线I表示贫乏型安全文化的作用曲线；曲线II表示趋人型、趋物型和中立型安全文化的作用曲线；曲线III表示理想型安全文化的作用曲线。需要说明的是，曲线III趋向实现"零事故、零伤害"的安全目标，是组织安全文化建设所追求的最终目标，也是优秀组织安全文化的具体表现。

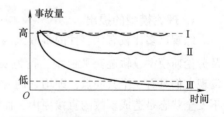

图8-8　不同类型安全文化的作用曲线

3. 深层内涵的解析

组织安全文化方格理论内涵丰富，可从不同角度分析得出其不同的深层内涵，具体分析如下：

（1）人本安化的内涵。组织安全文化方格之人本安化维度，从组织安全管理角度来讲，就是坚持"以人为本"，以人为前提和动力，努力把组织成员塑造成想安全、会安全、能安全的人。其具体内涵是：①想安全是指组织成员具有强烈的自主安全意识；②会安全是指组织成员具有保障安全的丰富知识和熟练技能；③能安全是指组织成员本身能够有效地保障安全。塑造本质安全型人不是一味强调对人的硬性约束和人的被动服从，而要通过长期培养人的安全主体意识、安全责任意识，并弘扬人的安全主观能动性，使人充分发挥其自主保安能力和价值。塑造本质安全型人是一项系统工程，需要理念导向系统（安全价值理念）、行为养成系统（安全行为规范）和安全环境系统（良好的安全环境）的关联互动。其中，理念导向系统是内因，是内动力；行为养成系统是枢纽，是启动力；安全环境系统是外因，是影响力：三力交互，叠加共振，构成了塑造本质安全型人的有机整体。换言之，塑造本质安全型人要以理念为先导，以制度做支撑，以环境为基础，具体如图 8-9 所示。

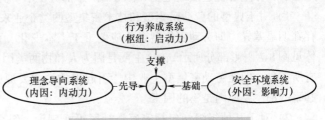

图 8-9 本质安全型人的塑造机理

（2）物本安化的内涵。组织安全文化方格的物本安化维度，就是以提高设备或组织物质系统本身的安全性为导向，通过设计、技术改进等手段来确保即使在误操作或发生故障的情况下也不会造成事故，即物的安全准则。由轨迹交叉理论可知，事故是由于物的不安全状态和人的不安全行为在一定的时空里的交叉所致。据此可知，实现物的本质安全化的基本途径有：①消除物的不安全状态，如替代法、降低固有危险法、被动防护法等；②设备能自动防止误操作和设备故障，即避免人操作失误或设备自身故障所引起的事故，如连锁法、自动控制法、保险法等；③通过时空措施防止物的不安全状态和人的不安全行为的交叉，如密闭法、隔离法、避让法等；④通过"人-机-环"系统的优化配置，提高系统的抗灾能力，使系统处于最佳安全状态。总之，物的本质安全化是从控制导致事故的"物源"方面入手，提出的防止事故发生的技术途径与方法。

（3）理想型安全文化的建设思路和实质含义。在人本安化与物本安化的互相推动中建立理想型安全文化模式，其实质是建设组织本质安全文化。其建设思路为：由组织安全文化方格理论模型可知，人本安化与物本安化两个维度在组织安全文化建设实践中既相互独立，又相互交叉，联系紧密，在组织安全文化建设实践中是相互推动、共同发展的，即人本安化需要依赖于物本安化（如通过物本安化可以有效改善组织的安全环境，这为实现人本安化创造了有利的外因条件），物本安化也必然依赖于人本安化（如通过对组织成员的安全教育和培训，可以有效降低人的误操作，而且通过人的安全意识和责任的培养，以及对人的主观能动性的弘扬等，可以促使组织成员积极探索实现物的本质安全化的新方法、新技术等）。因此，建立理想型组织安全文化，避免组织安全文化畸形发展，必须要把人本安化与物本安化的安全文化建设结合起来，实现二者的结合和互动发展。由上述分析可知，理想型组织安全文化即组织本质安全文化，这是组织安全文化建设所追求的最终目标，它是指以组织安全价值理念为主导，以风险预控为核心，在此基础上形成的被组织成员所接受的组织安全价值观、信念、行为准则与保障组织安全的物质表现的总和。

（4）安全文化建设目标的设定。由理想型安全文化的建设思路可知，组织安全文化建设应从人本安化与物本安化两方面着手，据此讨论组织安全文化建设目标的设定。以方格（5，5），即中立型安全文化为界限，图 8-7 中的阴影部分表示优良型安全文化，且其优良度（即安全文化强度）随着人本安化安全文化强度和物本安化安全文化强度的增强而增强，其作用曲线可抽象为图 8-10。因而，组织安全文化建设应以优良型安全文化区域内的某一方格为某一阶段

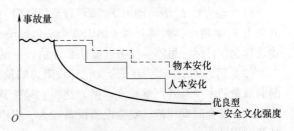

图 8-10 优良型安全文化的作用曲线

的具体安全文化建设目标，逐步提升组织安全文化强度。

（5）安全文化建设任务重心的选择。根据组织实际情况，选择合理的组织安全文化建设任务重心，任务重心优选区域范围如图 8-7 阴影部分所示。具体分两方面讨论：

1）对于典型的劳动密集型和技术密集型两类企业来说，各自的企业安全文化建设的侧重点应存在明显差异，即劳动密集型企业应侧重于人本安化，而技术密集型企业应侧重于物本安化（具体见图 8-7 阴影部分所示），这主要是因为人和物两类因素分别在两类企业事故原因中所占的比重有所差异，即在劳动密集型企业中，引起事故的主要原因是人的因素，而在技术密集型企业，引起事故的主要原因是物的因素。

2）对于其他组织（包括家庭、社区等）来说，组织安全文化建设应从"人本安化"与"物本安化"两方面同时抓起，但并不是说其安全文化建设就没有侧重点，也应根据自身劣势或不同阶段的实际需要，灵活调整安全文化建设的任务重心，使其安全文化建设方案最优化。

（6）安全文化建设水平的评估。从"人本安化安全文化强度"和"物本安化安全文化强度"两个维度，分别构建各维度的安全文化强度评价指标体系，并采用相关安全文化评估方法和技术手段，就可以评估得出组织安全文化强度（即组织安全文化强度在组织安全文化方格理论模型中的具体位置）。此外，通过评估反馈，及时调整和优化组织安全文化建设方案，进而提升组织安全文化建设效率并降低其建设成本。

8.3.2 组织安全文化杠杆原理模型

1. 原理模型的构建

由组织安全文化方格理论可知，组织安全文化建设应从人本安化与物本安化两方面给组织安全文化建设注入动力。从理论上讲，动力的作用位置具体可分为两方面：①一部分动力仅贡献于组织安全文化建设，即不用于减弱直至消除组织安全文化建设阻力所带来的负面影响（阻碍作用）；②另一部分动力则需要用于减弱直至消除组织安全文化建设阻力所带来的负面影响（阻碍作用），以促进组织安全文化建设，不妨把这部分动力和组织安全文化建设阻力分别设为 F_1 和 F_2，由此构建组织安全文化杠杆原理模型，如图 8-11 所示。

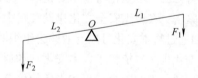

图 8-11 组织安全文化杠杆原理模型

2. 原理模型的构成要素释义

由图 8-11 可知，F_1 与 L_1 分别构成该模型的动力与动力臂，F_2 与 L_2 分别构成该模型的阻力与阻力臂。其中，F_1 和 F_2 的含义上面已做了解释，不再赘述，但尚未解释 L_1 和 L_2 的含义。此外，还需具体限定 F_2 的含义。鉴于此，将该模型的动力臂 L_1、阻力 F_2 和阻力臂 L_2 的具体含义分别解释如下：

（1）动力臂 L_1 表示动力 F_1 减弱直至消除阻力 F_2 的阻碍作用的有效度，有效度越高，则所需的动力 F_1 就越小，就越有利于组织安全文化建设。它主要是由安全文化建设方案（包括安全文化建设理念、目标、思路、任务、方法和评估等）的适宜性和可行性决定的。

（2）阻力 F_2 表示组织安全文化建设阻力的量的大小，即在人本安化与物本安化两方面所存在漏洞数量的多少及其严重程度。换言之，它是指落后组织安全文化的量的大小，如在组织安全价值观念、安全制度规范、安全设施设备投入、组织成员的安全行为习惯养成等方面存在的漏洞及其严重程度。

（3）阻力臂 L_2 表示改变阻力 F_2 的难易程度，这主要与组织和组织成员的自身特性有关，如组织安全管理的惯性，组织成员行为的惯性、思想的惰性、变革的适应性以及对既得利益的守护等。

3. 原理模型的内涵解析

由物理学中的杠杆平衡条件可知，要使杠杆平衡，作用在杠杆上的两个力矩（力与力臂的乘积）大小必须相等，用代数式表示为

$$F_1 L_1 = F_2 L_2 \qquad\qquad (8-1)$$

式中，F_1、L_1、F_2 和 L_2 分别表示动力、动力臂、阻力和阻力臂。

由式（8-1）可知，要减小 F_1 的值，具体有三种途径：增大 L_1 的值、减小 F_2 的值或减小 L_2 的值。一般来说，F_2 的值是确定的，因此，减小 F_1 只能采用增大 L_1 的值或减小 L_2 的值的途径来实现。由此，可把杠杆分为费力杠杆和省力杠杆。所谓省力杠杆，就是指动力臂比阻力臂长的杠杆，反之则为费力杠杆。

有鉴于此，物理学中的杠杆原理同样适用于解释组织安全文化杠杆原理模型，分析如下：

（1）组织安全文化杠杆原理模型的构成要素中的 F_2 与 L_2 的乘积表示组织安全文化建设阻力的阻碍作用强度，而 F_1 与 L_1 的乘积表示用于减弱组织安全文化建设阻力的阻碍作用的那部分组织安全文化建设动力的作用强度。

（2）若 F_2 与 L_2 的乘积与 F_1 与 L_1 的乘积相等，则表示组织安全文化建设阻力的阻碍作用已完全被消除。从理论上讲，这只是一种理想状态，因为组织安全文化建设阻力是不可能彻底被消除的，即其阻碍作用不可能完全被消除，只能尽可能减弱其阻碍作用。

（3）一般来说，在某一确定的时间段内，组织安全文化建设阻力的量的大小，即阻力 F_2 也是确定的。若要减小动力 F_1 的值，同样有两条途径，即增大 L_1 的值或减小 L_2 的值。由上述对组织安全文化杠杆原理模型的构成要素的释义可知，这两条途径的实质内涵是：①提高组织的安全价值观念和安全文化建设方案的适宜性和可行性；②采用教育培训以及加强与组织成员之间的沟通等措施，减弱、纠正组织成员的不正确认识和行为等，逐步摆脱落后组织安全文化对组织成员的思想和行为等的负面影响，进而增强组织成员对组织安全文化建设理念等的认同感。

8.3.3　组织安全文化建设原理的体系结构模型

组织安全文化方格理论和杠杆原理不是各自独立的，它们之间彼此影响，相互促进，共同为组织安全文化建设奠定了理论基础。由此，建立组织安全文化建设原理的"轮形"体系结构模型，如图 8-12 所示。

该"轮形"体系结构模型看似简单，实则内涵丰富。由图 8-12 可知，组织安全文化建设方案的要素构成"轮形"体系结构的"轮辋"；而各组织安全文化建设方案的要素是制定组织安全文化建设整体方案的基础，两者间的关系类似于"轮辋"与"轮胎"间的关系（"轮辋"是"轮胎"的直接支撑构件），因此，组织安全文化建设的整体方案构成"轮形"体系结构的"轮胎"；组织安全文化方格理论构成"轮轴"；组织安全文化方格理论通过"轮辐"对组织安全文化建设方案发挥指导作用。另外，若要使轮子正常运转

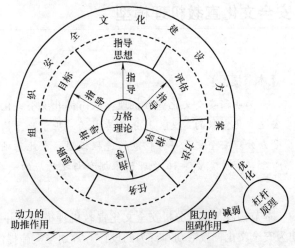

图 8-12　组织安全文化建设原理的"轮形"体系结构模型

起来，即使组织安全文化建设方案有效运行起来，必须要对其施加动力，但轮子又受到与接触面间的摩擦力的阻碍作用，它们分别相当于组织安全文化建设动力的推动作用和阻力的阻碍作用。对于该体系结构的深层内涵，具体解释如下：

（1）由组织安全文化方格理论的内涵可知，它为组织安全文化建设方案的要素设计（包括组织安全文化建设的指导思想、目标、思路、任务、方法及评估手段的确定）提供了理论依据。需要说明的是，通过评估组织安全文化的建设效果，并将评估结果及时反馈至组织安全文化建设者，这有助于及时优化和调整组织安全文化建设方案，因此，在组织安全文化建设方案的设计阶段，有必要考虑并制定组织安全文化建设效果的评估手段。鉴于此，本书把组织文化建设效果的评估手段也看成组织安全文化建设方案的要素之一。

（2）由组织安全文化杠杆原理的内涵可知，它指明了组织安全文化建设者减弱组织安全文化建设阻力的阻碍作用的方法和具体措施，而方法和措施的本质是优化组织安全文化建设方案，这类似于通过改造"轮胎"本身（如改变表面粗糙程度等）来减小其与接触面间的摩擦力。

8.3.4　结　论

（1）组织安全文化方格理论模型是基于组织安全文化建设的两种重要途径，即人的本质安全化和物的本质安全化提出并构建的。其方格理论模型中的五个关键方格分别代表五种典型的组织安全文化模式，指出理想型安全文化是最为理想的双强组织安全文化模式。

（2）组织安全文化方格理论模型内涵丰富，可从不同角度分析得出其不同的内涵，它对组织安全文化建设方案的要素设计（包括组织安全文化建设的指导思想、目标、思路、任务、方法及评估手段的确定）和优化具有重要的理论指导作用。

（3）组织安全文化杠杆原理模型指出了用最小的组织安全文化建设动力来减弱组织安全文化建设阻力的阻碍作用的思路和具体途径，即提高组织的安全价值观念和安全文化建设方案的适宜性和可行性或采用教育培训和加强与组织成员之间的沟通等措施，进而减弱、纠正组织成员的不正确认识和行为，增强组织成员对组织安全文化建设理念等的认同感。

（4）组织安全文化建设原理的"轮形"体系结构模型表明组织安全文化方格理论和杠杆原理之间彼此影响、相互促进，它们共同为组织安全文化建设奠定了坚实的理论基础。

8.4 安全文化宣教机理模型

【本节提要】

为明晰安全文化宣教机理，从而提升安全文化宣教效果，基于宣传与教育的定义，提出安全文化宣教的定义，并分析其内涵。基于此，构建并解析安全文化宣教的"5-13"模型和受众处理安全文化符号信息的过程模型。在此基础上，提炼驱动受众心理的猎奇心理、重情心理与审美需要等16条理论依据和与之对应的一些具体方法。

本节构建与深入分析安全文化宣教机理模型，并基于此探讨受众的心理驱动原理与方法，以期为安全文化宣教活动和行为的设计、筹划与实施提供理论依据，从而提升安全文化宣教效用。

本节内容主要选自本书作者发表的研究论文《安全文化宣教机理研究》[4]。

8.4.1　安全文化宣教的定义与内涵

1. 定义

目前学界对安全文化宣教尚无具体定义，基于宣传与教育的定义，本书作者对其进行定义。安全文化宣教是指某一组织（如学校、社区与企业等）根据其现实和未来发展的安全需要，遵循组织成员（受众）的认知学习特点、规律和自身需要，有目的、有计划、有组织地运用各种被赋予了特定安全意义的安全文化符号传播，并发挥其引导和教化的作用，进而说服受众获得并接受一定的安全观念、知识和技能等，以提高受众的安全意愿、意识、知识和技能等，并规约受众不安全行为为目的的一种组织宣教活动和行为。

2. 内涵

基于安全文化宣教的定义，分析其内涵，具体如下：

（1）安全文化宣教是组织文化宣教的主要内容，是组织安全工作的重要组成部分，是一种有效而重要的组织安全管理手段。这是因为：①组织安全文化是组织文化的重要组成部分；②安全文化宣教是提高组织成员的安全意识和塑造组织成员的安全行为习惯的直接而有效的手段；③安全文化宣教是组织建设安全文化的必要环节。

（2）安全文化宣教的实施主体是组织（即安全文化宣教是一种组织行为），其内容的设置及其主要受众对象、宣教时段与空间位置等的设定应以组织的现实和未来发展的安全需要为依据。这是因为：①安全文化宣教带有极强的目的性，是组织为实现组织设定的安全愿景和目标等而策划、组织并支持运作的，力图使受众按组织的安全文化宣教意图行动的一种组织行为；②就组织而言，为增强安全文化宣教的效用，安全文化宣教内容的设置及其主要受众对象、宣教时段与空间位置等的设定应具有针对性，即要与组织的现实和未来发展的安全需要相吻合。

（3）安全文化宣教的内容、形式与媒介等应尽可能符合受众的认知学习特点、规律和自身需要，这可显著提升安全文化宣教的效果。这是因为对于受众群体而言，符合受众的认知学习特点、规律和自身需要的安全文化宣教内容、形式与媒介等是受众期待得到的安全信息和视听觉体验，既可极大调动受众的学习积极性和兴趣，又可使受众更易理解、认可和接受安全文化宣教内容。

（4）受众对安全文化宣教内容和形式的最直接接触和体验是各种被赋予了特定安全意义的安全文化符号，如安全标语、漫画、手册、PPT、操作姿势、文学作品、微电影、歌曲与小品等。

（5）安全文化宣教的目的是使受众获得并接受一定的安全观念、知识和技能，进而提升自身安全素质和规范自身不安全行为，这一目的的实现过程本质上是一个不断说服受众的过程，说服方式主要有两种：①心理动态说服，是指经过安全文化宣教改变受众的认识和心理，导致其行为发生改变；②组织安全文化说服，是指通过安全文化宣教影响受众的安全价值观，建立新的安全价值观，从而达到改变受众不安全行为的目的。

（6）安全文化宣教是一项系统工程，其过程需涉及一系列战略、战术和方法。安全文化宣教战略是指导安全文化宣教全过程的计划和策略，应根据组织的实际安全管理情况制定；安全文化宣教战术和方法是保障安全文化宣教有效、顺利开展的措施和手段，可从受众的态度、宣教内容的强度及形式的灵活度等方面加以设计。

（7）安全文化宣教的最终目标是使受众形成一种相对完善、成熟而理性的安全思维、观念、知识和技能等来认知并解决已有的或未来可能出现的各种安全问题。换言之，使受众走向并拥有最理性、最正确的安全思维和认知，辨识、规避或控制有可能造成个人或他人伤害的危险是安全文化宣教的根本所在。

3. 功能

安全文化宣教有劝服、引导、灌输、教化、激励、规约、批评、环境和文化功能九项主要功能，见表8-8，并可将它们划分为基本功能、直接功能和深层功能三个不同层次，各功能彼此影响、相互促进，共同决定着安全文化宣教的效果。其中，基本功能为其他功能的发挥提供基础和保障；直接功能为其他功能的发挥起到支撑作用；深层功能是其基本功能和直接功能的升华和外延。

表8-8　安全文化宣教功能的分类及其含义

层次	名称	具体含义
基本功能	劝服功能	通过安全文化宣教阐明某些安全理念与知识等，使受众相信并在认识和行为上做出相应改变
直接功能	引导功能	安全文化宣教内容可为受众的思想与行为等指明方向，对受众的思想与行为等具有引导作用
	灌输功能	通过安全文化宣教可将安全价值观念与知识等灌输至人们的头脑并不断强化，理性和系统性是其特色
	教化功能	安全文化宣教可融入受众的生存环境，对受众的安全信仰与行为等具有全方位的教育感化作用
	激励功能	安全文化宣教注重对符合组织安全价值标准的行为不断给予鼓励和强化，从而产生模仿与激励效应
	规约功能	安全文化宣教内容可直接或间接规范和约束受众的行为等，即它是受众的安全行为基准和参考
	批评功能	安全文化宣教内容可对某些不符合组织安全价值标准的认识与行为等进行否定或批判，具有批评作用
	环境功能	安全文化宣教有助于为受众群体营造良好的安全氛围和创造舒适的生活和工作环境
深层功能	文化功能	安全文化宣教既要传递安全文化，还要满足安全文化本身延续和更新的要求，影响安全文化发展

8.4.2　安全文化宣教的"5-13"模型

1. 模型构建

模型是对事物在空间结构和时间序列上进行的一种描述，是人类把握和认识事物变化的有力工具。若要对安全文化宣教现象进行具体而系统的考察，就需借助简化的模型再现安全文化宣教现象。所谓安全文化宣教模型，是指研究安全文化宣教过程、性质与效果的公式，它既是对复杂安全文化宣教现象过程和环节的高度概括与抽象，也可对人们了解、认识与研究安全文化宣教现象给予极大启迪。此外，安全文化宣教模型研究同安全文化宣教活动本身一样，也是一个不断发展与完善的过程。根据传播学、教育学和文化学相关知识，并结合安全文化宣教的自身特点，构建安全文化宣教的"5-13"模型，如图8-13所示。

2. 模型解析

安全文化宣教的"5-13"模型看似简单，实则内涵丰富，可视为是描述安全文化宣教行为的一种简洁而完整的范式和方法。将其内涵解释如下：

（1）"5"表示在安全文化宣教单向过程中，按先后次序所涉及的 Ⅰ、Ⅱ、Ⅲ、Ⅳ 与 Ⅴ 这五个关键环节，即该模式把安全文化宣教单向过程分解成宣教者、安全文化符号、媒介、受众和宣教效果五个必要要素，完整阐述了整个安全文化宣教过程，同时，也表明上述五要素对安全文化宣教效果起着决定性作用。其中，宣教者、媒介、受众和宣教效果四个要素的内涵显而易见（限于篇幅，不再赘述），本书仅解释安全文化符号的内涵。安全文化符号包含形式（意指）和内容（所指，主要包括安全理念、知识和技能等），一个安全文化符号可携带一种或多种安全文化基因（如安全理念、制度规范与知识等），即安全文化宣教者实则是将安全文化基因植入安全文化符号，让受众借助安全文化符号来体验和认知安全文化宣教内容和意图。

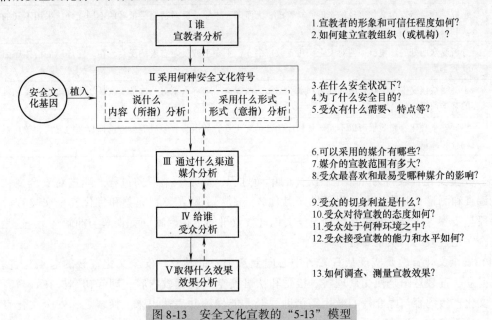

图 8-13　安全文化宣教的"5-13"模型

　　（2）"13"表示对安全文化宣教单向过程中所涉及的五个关键要素具有直接、重要影响的 13 个问题，即因子（表 8-9），设计和优化安全文化宣教模式需从这 13 个问题着手，即要着眼于思考并回答它们。换言之，上述 13 个因子是设计和优化安全文化宣教模式与提升安全文化宣教有效性的重要突破点。

表 8-9　影响安全文化宣教过程的重要问题（因子）的含义

问题	具体含义
1	宣传者的形象和可信任程度直接影响着受众对安全文化宣教内容的相信程度和响应积极性，即影响对受众的劝服作用
2	宣教活动一般是由某一组织（机构）策划并组织开展的，因此需考虑如何科学、合理地建立安全文化宣教组织（机构）
3	安全文化宣教内容应与组织现在的实际安全状况相吻合，针对实际安全问题，对症下药，有针对性地进行安全文化宣教
4	宣教目的（目标）是宣教者期望给组织和组织成员带来的某种变化，安全文化宣教内容应与宣教目的（目标）密切结合
5	安全文化宣教内容、形式等应尽可能满足受众的自身需要并符合受众的心理、审美等特点，且要真实、充实且简练
6	根据组织的财力和现有的宣教媒介等实际情况，对安全文化宣教媒介进行预选，形成安全文化宣教媒介备选集合
7	根据安全文化宣教媒介的宣教覆盖范围大小，结合宣教范围的实际需求，在安全文化宣教媒介备选集合中进行进一步筛选
8	受众对宣教媒介具有选择性，因此，要了解和分析受众最注重和最易受影响的宣教媒介，这有助于选择最佳的宣教媒介
9	安全文化宣教要抓住广大受众群体最切身、最迫切、最易感动的安全需要和事实，这有助于劝服受众

（续）

问题	具 体 含 义
10	掌握受众接受安全文化宣教的态度，对赞成、无所谓、中立、反对甚至带抵触的不同受众，采用不同的宣教方式和措施
11	分析受众所处的环境，一些对安全文化宣教持中立、不在乎或反对态度的受众，在一定环境的群体压力下容易改变态度
12	了解受众接受安全文化宣教的能力和水平，如阅读能力、理解水平等，这是受众认知和理解安全文化宣教内容的基本前提
13	根据安全文化宣教效果可以不断调整和优化安全文化宣教的内容、手段等，应选择合理的方法和工具对其进行调查和测量

（3）安全文化宣教行为并非是一次性的单向过程，而是一个双向过程。通过对安全文化宣教效果的调查和测量，并将测定结果反馈至其他各要素，不断调整、完善和优化安全文化宣教的内容、手段与步骤等，分析并排除影响安全文化宣教效果的干扰因素（如误解与曲解等），这是进行有效安全文化宣教的一项重要程序。

（4）安全文化宣教要实现从宣教者中心向受众中心的转移。安全文化宣教的起点是宣教者，终点是受众，宣教意图是使受众理解、接受和认可安全文化宣教内容，即起初掌握在宣教者手中的安全文化宣教内容与媒介等的效用需借助受众才能发挥并表达出来。换言之，安全文化宣教要实现从"宣教者中心"向"受众中心"的转移，尽可能使安全文化宣教内容、形式与媒介等更适合受众，更受受众喜爱，这有助于消除宣教者与受众间的张力关系，使受众不再仅是被动接受，而转为积极参与、主动接受和交流的情境中。因此，该模式在分析影响安全文化宣教过程的13个重要问题（因子）时，对与受众有关的因素的分析和考虑有所侧重。

8.4.3 受众处理安全文化符号信息的过程模型

1. 模型构建

由安全文化宣教的定义与内涵可知，受众对安全文化宣教信息的接收过程其实是受众对安全文化符号信息的处理过程。在此过程中，受众的心理紧张程度和具体行为选择随着所接受的视听觉（以视觉为主）刺激的变化而变化。根据知觉心理学，基于受众的视听觉认知特点，建立受众处理安全文化符号信息的过程模型，如图8-14所示。

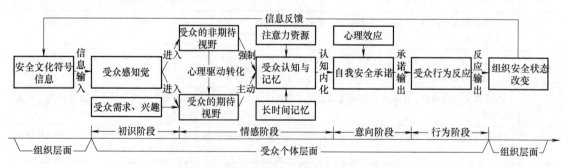

图8-14　受众处理安全文化符号信息的过程模型

2. 模型解析

该模型将受众对安全文化符号信息的处理过程分为四个具有先后顺序的阶段：初识阶段、情感阶段、意向阶段和行为阶段，经历了从感性认识、认知认识、制度规范认识到价值认识四个不同层次，这符合人的一般认知过程。各阶段的具体内涵分别解释如下：

（1）初识阶段。受众对安全文化符号信息的感知觉，是安全文化宣教功能发挥的基本条件。安全文化符号信息通过视听觉信号对受众产生刺激，然后受众根据其对安全文化符号内涵的预知性，实现短暂的接触和感知，这就需要安全文化符号内容和形式对受众具有视听觉冲击力。

（2）情感阶段。受众对安全文化符号信息的选择、认知和记忆，是安全文化宣教功能发挥的保障和基础。因受受众需求与兴趣的影响，受众对安全文化符号信息具有选择性和偏好，即起初有些安全文化符号信息是受众期待视野范围中的信息，反之另一些则是受众非期待视野范围中的信息，这就需通过一些受众心理驱动方法改变受众期待视野，从而使这部分安全文化符号信息也转化为受众期待视野范围中的信息，最后进入受众期待视野的安全文化符号信息被受众主动认知并记忆。但还是有少数尤为重要的安全文化符号信息无法进入受众期待视野，这就需采取一些强制性手段或措施（如安全考核机制与安全惩罚制度等）使受众对其进行被动认知和记忆。

（3）意向阶段。受众在接受与认可安全文化符号信息的基础上，形成自我安全承诺，愿意接受并遵从安全文化符号所表达的安全理念和规范等，是安全文化宣教效用的内在表现。若安全文化符号信息得到受众的理解和认同，这只是有了被执行的可能，真正要通过受众实际行动体现出来还需受众形成自我安全承诺，这是一个受众心理意向选择的过程。

（4）行为阶段。受众按照安全文化符号所传递的安全理念与制度等规范自己的行为，并养成良好的安全习惯，是安全文化宣教效用的外在表现。

基于上述分析和拓扑心理学中的心理场概念，还可采用心理场来表示受众对安全文化符号信息的处理机理。心理场通常被用来描述人与外界环境因素的作用关系，认为某一个体的行为取决于该个体与外界环境因素的相互作用。因此，可用心理场来表示受众对安全文化符号信息的处理机理，具体可抽象为一个基本公式来表达，该公式可表示为

$$B = f(P \cdot E) \tag{8-2}$$

式中，B 为受众个体行为；f 表示受众个体特性与安全文化符号信息作用的函数；P 为受众个体特性；E 为安全文化符号信息。

式（8-2）表明，受众个体的行为（包括心理活动）会随着安全文化符号信息作用的变化而变化，而安全文化符号信息作用的变化主要可通过改变安全文化宣教内容、形式、媒介与手段等来实现。

此外，该模型也表明安全文化宣教的整个作用过程可分为组织和个体两个层面。个体层面即受众对安全文化符号信息的处理过程，这里不再赘述。组织层面包括两方面：①安全文化符号信息是组织负责设计并传播的，主要包括安全文化符号质量的把关与传播，其质量包括安全文化符号的内容和形式，其传播包括宣教媒介的选择和布置（如时间与区域等的选择），以及对安全文化宣教过程的防干扰保护等。②安全文化宣教的整体效果是通过组织安全状态的改变体现出来的，这是安全文化宣教对所有受众个体作用效果的集中表现，另外，还可根据组织安全状态的改变，通过信息反馈作用及时调整或优化安全文化符号信息，这是不断提升安全文化宣教效果和确保安全文化符号信息时效性等的关键。

3. 受众的心理驱动原理及方法

由上述分析可知，在受众处理安全文化符号信息的过程中，若采用一些受众心理驱动方法来改变受众期待视野，则可使更多的安全文化符号信息进入受众期待视野，进而可提升安全文化宣教的效果。因此，有必要深入剖析受众的心理驱动原理，从而找出驱动受众心理的具体方法。分析可知，受众的心理驱动过程实质上是一个引起受众注意→受众产生兴趣和需要→促成受众欲望

的过程。由此，从心理学角度，根据相关心理学知识和人性需求，本书提炼出 16 条受众心理驱动的理论依据和与之对应的一些具体方法（表 8-10）。需说明的是，这些受众心理驱动的理论依据和具体方法等并不是相互独立的，在应用过程中应根据实际情况选择一种或多种配合使用，从而提高受众心理驱动的效果。

表 8-10 受众心理驱动的理论依据及具体方法

序号	理论依据	具体方法
1	猎奇心理	增加安全文化宣教内容、形式，甚至是媒介等的新颖度，或设置一些谜语竞猜等新鲜的宣教内容
2	重情心理	采用情感启迪法，从受众一致在乎的感情（亲情、爱情、友情等）着手，刺激、唤醒受众的安全意愿和责任
3	联想心理	采用联想法，从受众熟悉且关注度高的事物着手，这容易使受众产生联想，有助于使其理解和记忆宣教内容
4	恐惧诉求	采用"敲警钟"法，通过强调事故的严重性或安全的重要性，唤起受众的安全意识，并促成其态度和行为的改变
5	群体心理	采用氛围感染法，通过营造良好的群体安全氛围，发挥群体效应和群体环境压力驱动作用，从而扩大宣教效应
6	求知心理	根据受众当前急需的安全知识或迫切需要解决的安全问题，设置与之对应的安全文化宣教内容
7	求简心理	受众通过选择性注意、理解和记忆来对付"信息超载"，即具有求简心理倾向，应保证宣教内容简练而完整
8	求好心理	采用批评法或赞扬法，给某种不安全行为等贴上一个不好的标签，或对有益于安全的行为等进行正面肯定和赞扬
9	求真心理	采用证词法或转移法，用安全科学理论来简洁论证或利用某机构（或人）的权威、影响力来代言宣教内容
10	娱乐心理	采用幽默法等，设置诙谐幽默的安全文化宣教内容或采用形象、活泼的安全文化宣教形式或媒介等
11	安全需要	采用正面法或反面法，通过一些含有伤害、事故惨象或美好安全图景的宣教内容、形式，唤起人强烈的安全需要
12	审美需要	采用设计法或"包装"法，通过设计宣教形式和"包装"宣教内容，使宣教形式变得形象、生动而富有美感
13	关怀需要	采用祝愿法与换位法，宣教内容要体现对受众的安全关爱和祝愿，或通过换位方式将宣教者与受众置于同一处境
14	褒扬需要	采用期望激励法、榜样法，宣教内容要体现对受众好的安全表现的期待和正面激励，或通过树立榜样进行宣教
15	尊重需要	采用互动法等，宣教内容和方式既要体现宣教者与受众间的平等交流，也要符合礼貌原则，表示对受众的尊重
16	体验需要	采用练习法、情景模拟法与角色扮演法等，设置可让受众参与并亲身体验、实践的安全文化宣教内容和形式

8.4.4 结论

（1）安全文化宣教是一种组织宣教活动和行为。其重要目的是使受众获得并接受一定的安全观念、知识和技能，进而提升自身安全素质和规范自己的不安全行为；其最终目标是使受众形成一种相对完善、成熟而理性的安全思维、观念、知识和技能等来认知并解决已有或未来可能出现的各种安全问题；它具有劝服、引导与灌输功能等九项功能，各功能彼此影响、相互促进，共同决定着安全文化宣教的效果。

（2）构建的安全文化宣教的"5-13"模型表明，安全文化宣教过程是一个双向过程，其单向过程包括宣教者、安全文化符号、媒介、受众和宣教效果 5 个要素。此外，该模型提取出对安全文化宣教单向过程中所涉及的 5 个关键要素有直接、重要影响的 13 个问题（因子），并指出这 13 个问题是设计和优化安全文化宣教模式和提升安全文化宣教有效性的重要突破点。

（3）构建的受众处理信息的过程模型表明，受众对安全文化宣教信息的接收过程其实是受众对安全文化符号信息的处理过程，包括初识阶段、情感阶段、意向阶段和行为阶段四个具有先后顺序的阶段，并指出安全文化宣教的整个作用过程可分为组织和个体两个层面。此外，还可采用心理场来表示受众对安全文化符号信息的处理机理。

（4）通过采用一些受众心理驱动方法来改变受众的期待视野，从而使更多的安全文化符号信息进入受众的期待视野是提升安全文化宣教效果的关键；受众心理驱动应从受众的猎奇心理、重情心理与审美需要等 16 条受众心理驱动的理论依据和与之对应的一些具体方法着手。

8.5　安全文化认同机理模型

【本节提要】

为明晰企业安全文化认同机理，进而提升企业安全文化建设效率与质量，分析企业主流安全文化的形成过程，并构建企业安全文化认同机理模型。在此基础上，分别从个体认同、群体认同与组织认同三个层面，阐释企业安全文化认同机理，提取对企业安全文化认同有显著影响的 11 个关键因素，并指出促进企业安全文化认同应从这些关键影响因素着手。

本节剖析企业主流安全文化的形成过程，分析企业主流安全文化对企业安全文化认同的作用，构建并深入阐释企业安全文化认同机理模型，并提取对企业安全文化认同有显著影响的因素，以期为提高企业安全文化认同度，进而提升企业安全文化建设效率与质量提供理论依据和指导。

本节内容主要选自本书作者等发表的研究论文《企业安全文化认同机理及其影响因素》[5]。

8.5.1　企业主流安全文化的形成过程分析

1. 企业安全文化的源头

一般而言，一个企业安全文化的源头有企业领导安全文化、安全咨询师安全文化与企业安全精英安全文化三类，分别解释如下：

（1）企业领导安全文化。领导者（如领导者的安全理念、安全认识或安全示范等）是企业安全文化建设的关键因素。一位创业者或组织的新任领导者，对于如何保障、管理企业安全生产与发展总有个人的安全理念、安全认识与安全经验，以及安全管理原则与风格，这可称为企业领导安全文化。企业领导者总偏向于期望企业按自己的想法去要求员工或用自己的思维方式去总结企业成败的经验。对于企业安全管理也是如此，当企业领导的安全文化理念被广大员工所认同时，也就完成了企业领导安全文化向企业安全文化的转换。换言之，企业领导安全文化就成了企业安全文化。

（2）安全咨询师安全文化。社会分工的不断细化与社会、国家、企业对安全工作的不断重视，催生了大量专门从事企业安全管理咨询的机构。它们拥有大批学有专长的安全咨询师，为企业安全发展与管理进行策划、献计献策，其中，也包括企业安全文化建设方面的策划者。诸多企业因缺乏企业安全文化建设专门人才，无能力进行企业安全文化建设方面的设计与谋划。因此，就需依赖于企业安全管理咨询机构的企业安全文化专家完成相关企业安全文化建设工作。尽管安全咨询师会在总结企业已有安全经验、听取企业各方建议的基础上设计企业安全文化，但是，安全咨询师会在企业安全文化建设建议中不可避免地赋予个人的安全价值观与理念，从而使其设计的企业安全文化带有显著的安全咨询师的安全文化色彩。此外，安全咨询师会尽最大努力说服企业领导者或通过企业安全培训方式促使员工接受并认同其企业安全文化建设建议，实现安全咨询师安全文化向企业安全文化的转换。

（3）企业安全精英安全文化。部分企业（如美国的杜邦公司、陶氏化学公司，以及中国石化集团公司、金川集团股份有限公司等）不仅有若干安全技术专家，且有若干精通安全管理、熟悉企业安全文化理论的安全精英。安全精英长期生活在企业中，了解企业的安全状况、存在的安全问题与迫切的安全需要，因而，他们可提出切合企业实际的可行安全工作建议，容易被企业领导者与广大员工所接受和认同，从而实现企业安全精英安全文化向企业安全文化的转换。

需要指出的是，一般而言，企业安全文化并不是上述某种安全文化的单独作用结果，而是上述两种或三种安全文化共同作用的结果，差异只不过是何种安全文化最终会处于主导地位（即成为企业主流安全文化）。

2. 企业主流安全文化形成的基本条件

无论上述何种安全文化，要真正成为企业安全文化，首要条件是它应获得企业主流安全文化地位。换言之，只有获得主流地位的企业安全文化，才能顺畅地在企业组织中传播，才有可能被广大员工所认同和接受，进而成为企业强势安全文化。研究指出，具有主流地位的企业文化是指具有合法性、可信性与有效性的文化。因此，要赋予某种企业安全文化以主流地位，需对其合法性、可信性与有效性进行论证。论据越充分，理论基础越深厚，其主流地位就越凸显。换言之，企业安全文化的合法性、可信性与有效性可视为是其成为企业主流安全文化的基本条件。在此，对上述三个基本条件进行具体解释，见表8-11。

表8-11　企业主流安全文化形成的基本条件解释

基本条件	论证过程	具体解释
合法性	指企业最高安全管理机构赋予企业安全文化以合法地位的过程	①核准选择机构：由企业最高安全管理机构（如企业安全生产委员会、安环部等）核准选择拥有合法地位的企业安全文化；②核准选择程序：一般应采取广泛参与、民主协商与少数服从多数的方式；③核准选择人员组成：研究表明，参与选择的员工越广泛，其合法性就越强
可信性	指昭示企业安全文化的安全内涵、意义与价值的过程	①昭示内容：企业安全文化的基本内容、核心安全价值观、意义、价值与选择该企业安全文化的目的等，使员工对该企业安全文化确信不疑；②昭示手段：安全会议、培训班、正式文件、板报、海报、杂志及微信公众平台等传播方式，尽可能做到尽人皆知、皆懂、皆信
有效性	指昭示企业安全文化现实可行，可保障实现企业安全愿景的过程	①揭示企业建设该企业安全文化所存在的自身优势；②援引实际经验，列举类似企业安全文化建设的成功案例或把该企业安全文化与员工已有的安全表现、行为等联系起来，从而证明其可行性与有效性；③先行选择少数群体试点，获得成功经验后，再向整个企业组织内推广

由表8-11可知，企业安全文化主流地位的合法性涉及企业组织权力及其运作程序问题；可信

性涉及企业安全文化的安全价值观，甚至安全伦理观问题；有效性涉及企业及其员工的实际经验问题。总之，某种企业安全文化一旦同时具备合法性、可信性与有效性，就满足了成为企业主流安全文化的基本条件，即获得了牢固的企业主流安全文化地位。

8.5.2 企业安全文化认同机理模型

1. 模型构建

由上述可知，企业主流安全文化形成后，下一步最主要的任务就是如何促使员工认同企业主流安全文化。换言之，企业主流安全文化的形成为企业员工认同企业安全文化奠定了基础。由此，构建企业安全文化形成机理模型，如图 8-15 所示。

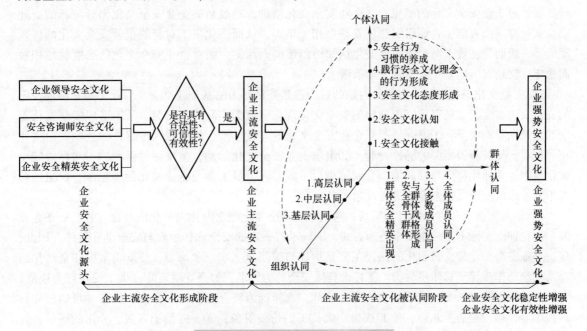

图 8-15 企业安全文化认同机理模型

2. 模型解析

由图 8-15 可知，企业安全文化按"企业安全文化源头→企业主流安全文化→企业强势安全文化"的先后次序，历经"企业主流安全文化形成阶段"与"企业主流安全文化被认同阶段"两个先后阶段，形成了稳定性与有效性极强的企业强势安全文化。此外，企业安全文化认同机理模型表明企业安全文化认同涉及个体认同、群体认同与组织认同三个层面，三者之间相互影响，共同影响企业安全文化认同，且每个层面认同企业安全文化的过程与机理存在差异。企业主流安全文化的形成过程已做详细阐释，此处不再赘述，本书着重分别从个体认同、群体认同与组织认同三个层面来阐释企业安全文化认同机理。

（1）个体认同。企业组织由若干群体构成，每个群体又由若干个体成员构成，一种文化的个体认同，是群体认同乃至组织认同的基础。由此可知，唯有每个个体成员均认同企业主流安全文化时，该企业主流安全文化才可成为企业强势安全文化。若仅有企业高层与领导者认同企业主流安全文化，而无广大个体成员认同的基础，企业主流安全文化很可能无法处于强势，或者仅处于形式主义状态。个体企业安全文化认同过程可分为具有先后次序的五个阶段：安全文化接触、安全文化认知、安全文化态度形成、践履安全文化理念的行为形成与安全行为习惯的养成，分别解释如下；

1) 安全文化接触。文化接触是个体认同文化的第一步，只有接触企业安全文化并获得其某些信息，才有可能谈及是否认同。个体认同企业安全文化的路径很多，如新员工正式入职前的安全培训或从企业的安全类会议、杂志、网页、微信公众平台等渠道或媒介获得。一般而言，员工接触企业安全文化的路径越广、机会越多，获得企业安全文化信息的量就越大、质就越高，则认同的可能性也就越大。

2) 安全文化认知。安全文化认知是员工对获得的企业安全文化信息进行感知与思维的过程。在此过程中，员工不仅了解了企业安全文化的内容构成及各要素的安全内涵，且理解了企业安全文化的意义、价值与企业安全文化对员工的基本安全要求。员工认知企业安全文化的路径主要有两条：①员工个体或小组自发学习，如部分较大的企业均有自己内部的安全杂志，可以刊登并传播员工学习企业安全文化的感想；②企业安全文化培训，一般新的企业安全文化倡导与新的企业安全文化方案出台前，企业组织往往要举办相关培训，从而强化员工对新的企业安全文化的深入理解。一般而言，员工对企业安全文化认知得越透彻而深刻，则对企业安全文化的态度就越积极而稳定，就越有可能自觉履行其安全承诺。

3) 安全文化态度形成。态度是内隐的行为，是外显行为的基础与准备。因此，只有形成一定的安全文化态度，才最有可能把抽象的安全文化理念引渡为实际安全行为。员工形成安全文化态度的路径主要有两条：①增强员工对企业安全文化的态度体验，如接触大量感性的企业安全文化相关材料，使其获得相关的感性经验；②组织企业安全文化活动，渲染一种强烈的、浓厚的安全文化氛围，从而使员工身临其境，受到感染。一般而言，员工参与企业文化活动越多，积累经验越丰富，形成安全文化态度的进程就越顺畅。

4) 践履安全文化理念的行为形成。这是企业安全文化理念内化向外化的转化过程。一条企业安全文化理念实际上是一组安全行为方式，即标示着一定的安全动作组合与安全动作程序。因此，促进企业安全文化理念行为化的路径主要是指导与组织员工学习和练习，使员工掌握安全动作组合及安全动作步骤。具体步骤为：①提出具体安全行为标准，如企业制定的《员工安全行为规范》与《员工安全条例》等；②提供安全行为示范，选择行为符合安全行为标准的员工（可通过先行培训培养）做安全行为示范，使其成为广大员工的仿效对象；③及时给予客观、公正的评价，评价是确保行为学习与练习效果的重要条件，它可以让学习者知道自己的优点与不足，以保持学习安全行为的自觉性；④给予适当强化，正强化能使符合安全行为标准的行为巩固且持续，负强化（如惩罚、批评等）能使不规范行为停止或弱化。

5) 安全行为习惯的养成。这是安全行为的动力定型化与自动化。企业安全文化理念一旦转化为安全行为习惯，就会以极大的惯性由安全行为表现出来。使员工养成安全行为习惯的主要方法就是举一反三、反复练习，逐渐塑造员工养成良好的安全行为习惯。

(2) 群体认同。个体认同企业安全文化是群体认同企业安全文化的基础，但群体对企业安全文化的认同并不是个体对企业安全文化认同的简单相加，群体认同有其独特的机制与模式，主要包括群体安全精英出现、安全骨干群体与群体风格形成、大多数成员认同和全体成员认同四个先后阶段，分别解释如下：

1) 群体安全精英出现。群体安全精英是群体中对安全内涵认识深刻、安全实践经验丰富、安全理论基础深厚且热爱、认可安全工作的人，能开展良好的企业安全管理工作，且可指导、教育与保护其他成员免受伤害。因此，他们深受群体成员爱戴，有威信与安全影响力。群体安全精英在企业安全文化认同过程中的作用具体表现为：

a. 带头作用。他们因接受了企业组织的提前安全培训，或在实际工作中已积累若干安全感悟、个人的安全价值观与企业安全文化取向不谋而合等，因此，他们最先积极响应企业发出的安全文化倡导，最先对企业安全文化建设方案身体力行，对群体成员起着带动作用。

b. 示范作用。群体安全精英在全面、深刻理解企业安全文化理念的基础上，密切联系工作实际，将抽象的企业安全文化理念转换为具体形象的可操作的安全行为方式，且采取实际行动，为群体成员做好示范。

c. 领导作用。一般而言，群体安全精英同时也是群体中的安全领导，负有企业安全管控责任，对群体成员拥有安全指示、劝导、监督与纠正的权威。因此，群体安全精英在推进企业安全文化认同中，一是对于积极认同企业主流安全文化的骨干给予及时的指导与关怀，二是对于抵触企业主流安全文化的现象给予特别关注与适度的批评，防止其对企业安全文化认同产生负面影响。

2）安全骨干群体与群体风格形成。安全骨干群体是积极拥护群体安全精英的一群人，是群体中的群体，他们作为企业组织的一部分群体，已形成了自己的安全风格，即群体安全文化。群体安全文化作为企业主流安全文化所属的亚安全文化，内含企业主流安全文化的骨架与精髓，体现企业主流安全文化的核心安全理念，同时又具体反映了群体的安全需要。因此，群体安全文化对企业主流安全文化起着支撑、辅助作用。此外，形式多样且符合企业主流安全文化的群体安全文化为丰富与创新企业安全文化注入了动力。

3）大多数成员认同。由群体动力学可知，大多数群体成员对企业安全文化的认同可在群体认同企业安全文化中发挥群体动力作用。该作用实则是群体安全规范（如群体安全规章制度、群体安全文化等）给予群体成员的压力（如舆论压力、惩罚压力等），促使群体成员规范个人的不安全行为和认识。换言之，若一个群体的大多数成员均认同企业安全文化，则表明企业安全文化已成为群体安全规范，且该安全规范被大多数成员所遵守，从而对少数不认同企业安全文化的成员形成压力，压力的作用结果是从众，即采取与大多数成员相符的安全理念与行为方式。

4）全体成员认同。若构成企业组织的每个群体均认同了企业主流安全文化，则企业主流安全文化自然就成了企业强势安全文化。

（3）组织认同。群体整合为组织，但组织安全文化认同过程不同于群体认同过程。一般而言，企业组织分为高层、中层与基层三个不同层次。企业组织安全文化认同过程通常是从高层向基层逐渐进行的，分别解释如下：

1）高层认同。企业组织高层结构是指组织的最高决策指挥机构，如董事会董事及董事长、管理委员会总经理与各专门业务总监（尤其是企业安全负责人）等，他们享有充分的权力，既能决定企业安全文化发展方向，选择企业安全文化类型，也能控制企业安全文化建设进程。企业组织高层认同应主要解决三方面问题：

a. 对企业安全文化的认识：企业高层对企业安全文化及其建设的意义、价值，以及应该将其置于何种地位等的认识，直接影响着其对企业安全文化建设的重视程度。

b. 对企业安全文化建设任务的分配：人人均负有建设企业安全文化的责任，应做到人人参与。因此，企业安全文化建设任务的合理分配尤为重要，必须要有企业高层专门负责才可保证企业安全文化建设在企业组织的各个领域里全方位展开。

c. 个人的企业安全文化角色定位：企业组织给企业高层赋予了特殊的企业安全文化角色，企业高层不仅要坚决履行安全承诺与践履企业安全文化规范等，还应给普通成员扮演安全模范角色，做好安全示范，这对企业安全文化建设的实际效果具有巨大影响。

2）中层认同。企业组织中层结构比较复杂，如子公司经理、分部部长与总部的安全职能机构的负责人等，他们对待企业安全文化的态度，不仅影响中层本身对企业安全文化的认同，且影响企业高层对企业安全文化建设的信心以及基层成员建设企业安全文化的积极性。企业组织中层认同应主要解决三方面问题：

a. 具体化。将口号化的员工安全行为指南与抽象的企业安全文化理念化为员工的安全行为规范，将企业安全文化目标化为员工具体工作目标，并融入员工的实际工作活动。

b. 均衡化。企业组织中层在企业安全文化建设中存在比较普遍的问题是失衡，如"先紧后松""搞突击"与"雷声大雨点小"等问题，这违背企业安全文化建设循序渐进与日积月累的原则，影响企业安全文化建设的进程。解决失衡问题的有效方法是制订有效性与可行性较强的企业安全文化建设计划，指导企业安全文化建设工作有序开展。

c. 协调化。企业组织中层结构处于纵横交叉点（纵向有上司与下属，横向有各职能业务部门），因此，在企业安全文化建设中他们应充分发挥协调作用，如明确各部门职责或采用规章制度形式分配布置任务等，从而促进企业安全文化建设效率与质量。

3）基层认同。由广大员工构成的基层是企业组织的基础，一般而言，若每个基层组织均认同了企业主流安全文化，则表明企业主流安全文化已正式成为企业强势安全文化。企业组织基层认同应主要解决两方面问题：

a. 营造基层组织环境的安全文化氛围。从硬件到软件、视觉到听觉、个体到集体，全方位积极营造与企业安全文化内容相融合的基层组织环境的安全文化氛围，使企业员工置身于其中自然受到企业安全文化的感染，并自觉履行自己的安全承诺。

b. 组织开展丰富多彩的安全文化活动。开展温情安全管理、安全分享、安全知识竞赛与安全文学作品竞赛等安全文化活动，吸纳基层员工广泛参与企业安全文化建设，并尽可能做到安全文化活动经常化，从而为保持基层安全文化活力注入新鲜元素。

8.5.3 企业安全文化认同的影响因素分析

基于企业安全文化的认同机理，从个体认同、群体认同与组织认同三个维度，提取对企业安全文化认同有重要影响的 11 个关键因素，见表 8-12，加快企业安全文化的认同速度、提升企业安全文化认同水平应从这 11 个关键因子着手。

表 8-12　企业安全文化认同的影响因素及其含义

一级因子	二级因子	具体解释
个体认同影响因子	社会角色	个体在群体中扮演的角色影响其对企业安全文化的认同。一般而言，担任安全职务或负有一定安全领导责任的成员与其他成员相比，对企业安全文化的认同度偏高
	已有安全文化倾向	因个人的社会背景、学历、工作经历与安全认知等差异，各成员均具有各自的安全文化倾向，已有的安全文化倾向与企业安全价值观取向的匹配度（包括一致、反对与不相关）直接影响成员对企业安全文化的认同
	安全素质	个体的安全意愿、安全意识、安全态度、安全责任、安全知识与安全技能等个体安全素质构成要素均显著影响着个体对企业安全文化态度及行为方式
	外界因素	群体关系、内聚力、安全规范与企业安全文化氛围等外界因素均会影响个体对企业安全文化的认同
群体认同影响因子	群体安全精英素质	群体安全精英是群体认同企业安全文化的关键，起着引领、示范与领导作用。因此，他们的领导能力、安全专业能力、道德修养与个人见识等均影响其在企业安全文化认同中的作用的发挥
	群体关系	群体关系是指群体成员之间的人际关系，即成员与成员之间的心理距离，这直接影响群体的内聚力。大量事实表明，内聚力高的群体有利于群体认同企业文化，群体对企业安全文化的认同也是如此
	安全文化传播强度	企业安全文化在群体内部的传播强度会显著影响群体对企业安全文化的认同效果。因此，应从企业安全文化传播手段、途径、方式与方法等方面着手，促进企业安全文化传播，从而提高群体认同速度与效果

（续）

一级因子	二级因子	具 体 解 释
组织认同影响因子	企业安全发展战略	企业安全发展战略既影响企业安全文化类型的选择，也影响企业安全文化理念的确立及内容的设计。若企业安全发展战略与企业安全文化间具有高度的契合性，则必能加快企业安全文化认同进程
	企业组织结构	企业组织结构（包括中央集权制、分权制、直线式以及矩阵式等）直接影响企业安全文化理念类型的确立，如中央集权制倡导统一、集中、安全纪律等安全理念，分权制倡导安全责任、分工、协作等安全理念
	企业安全沟通网络	企业组织的安全沟通网络的效用影响企业安全文化信息的传播，顺畅且较开放的通道与多种多样的信息传播方式有利于企业高层信息向中层和基层传播，有助于加快企业中层与基层的企业安全文化认同速度
	社会安全文化环境	社会安全文化环境对企业组织安全文化认同起着挑战或支持作用，社会安全文化环境到底起何种作用关键取决于企业组织安全文化对社会安全文化的适应性及其相应应对策略

8.5.4　结论

（1）企业安全文化的源头有企业领导安全文化、安全咨询师安全文化与企业安全精英安全文化三类；某种企业安全文化真正成为企业安全文化的首要条件是成为企业主流安全文化；企业安全文化的合法性、可信性与有效性是其成为企业主流安全文化的三个基本条件。

（2）企业安全文化认同机理模型表明企业安全文化按企业安全文化源头→企业主流安全文化→企业强势安全文化的先后次序，先后历经企业主流安全文化形成阶段与企业主流安全文化被认同阶段两个阶段，形成了稳定性与有效性极强的企业强势安全文化；企业安全文化认同涉及个体认同、群体认同与组织认同三个层面，三者之间相互影响，共同影响企业安全文化认同，且每个层面认同企业安全文化的过程与机理存在差异。

（3）个体企业安全文化认同过程包括安全文化接触、安全文化认知、安全文化态度形成、践履安全文化理念的行为形成与安全行为习惯的养成五个阶段；群体认同企业安全文化过程包括群体安全精英出现、安全骨干群体与群体风格形成、大多数成员认同和全体成员认同四个阶段；组织认同企业安全文化过程包括高层认同、中层认同与基层认同三方面。

（4）从个体认同、群体认同与组织认同三个维度提取了对企业安全文化认同有重要影响的11个关键因素，指出加快企业安全文化的认同速度、提升企业安全文化认同水平应从这11个关键因子着手。

8.6 安全文化落地机理模型

【本节提要】

　　为提升组织安全文化落地效率，运用文献分析法与归纳法，对组织安全文化落地的机理开展系统研究。首先，提出组织安全文化落地的定义，并分析其内涵。其次，提炼与分析组织安全文化落地的基本目标、基本前提、基本原则与影响因素四个基础性问题，并阐释组织安全文化落地的本质。最后，构建与解析组织安全文化落地的操作过程模型，并详细论述组织安全文化落地的途径及其具体操作方法。

本节从组织安全文化落地的定义与基础性问题着手，运用文献分析法与归纳法，对组织安全文化落地的机理及方法论进行深入研究，以期为提升组织安全文化落地效率（即组织安全文化落地效果与组织安全文化落地所需时间的比值）提供理论依据和方法论指导。

本节内容主要选自本书作者王秉与吴超的专著《安全文化学》[2]的第9章第9.5节"组织安全文化落地的机理与方法论"。

8.6.1 组织安全文化落地的定义与内涵

1. 定义

显而易见，"组织文化（包括组织安全文化）落地"这一学术概念中的"落地"一词应是一个形象的称谓。结合学者对组织安全文化落地的理解，这里给出组织安全文化落地的定义：组织安全文化落地是指组织和组织安全领导者所倡导的安全理念被组织成员接受并践行，直至视为他们的共同安全信仰的过程或结果。

2. 基本内涵

基于组织安全文化落地的定义，剖析其基本内涵，具体分析如下：

（1）组织安全文化落地是一种过程或结果。从组织成员的安全表现（主要包括安全认识与行为表现）变化的角度看，组织安全文化落地是组织成员逐渐接受并践行组织和组织安全领导者所倡导的安全理念的过程；从组织安全文化作用的角度看，组织安全文化落地是组织安全文化作用于组织成员所产生的作用结果，由此可见，组织安全文化落地是组织安全文化作用发挥的根本途径和手段。

（2）组织安全文化落地是安全文化实现"以文化人"的过程，整个过程大致包括安全理念被接受阶段、安全理念被践行阶段与安全信仰形成阶段三个主要阶段。

1）安全理念被接受阶段。这即组织成员接受组织和组织安全领导者所倡导的安全理念的过程，具体为"组织成员认知安全理念→组织成员认同安全理念→组织成员接受安全理念"，即"安全理念被组织成员内化于心（理解）→安全理念被组织成员固化于心（认同并铭记）→安全理念被组织成员感化于誓（接受，或承诺）"的过程。

2）安全理念被践行阶段。这即组织成员按照组织和组织安全领导者所倡导的安全理念规范自己的行为，并养成良好安全习惯的过程，即"安全理念被组织成员强化于行（规范行为）→安全理念被组织成员融化于习（融入习惯）"的过程。

3）安全信仰形成阶段。这即组织成员对组织和组织安全领导者所倡导的安全理念达成共识，并把安全当成他们的一种共同信仰，简言之，即"安全理念被组织成员习化于'神'（习惯化为信仰），即真正实现文化于人"的过程。

（3）组织安全文化落地的主体是组织安全理念，并非组织安全文化。严格地讲，组织安全文化落地的主体是组织的安全宗旨、使命、愿景与价值观等组织安全理念，并非组织安全文化，这是因为：理论而言，组织安全文化原本就是落地的，它是一种真实的客观存在，但对组织和组织安全领导者而言，可能并不是一种理想的组织安全文化，让组织和组织安全领导者所倡导的安全理念落地就是要塑造一种组织和组织安全领导者理想化的组织安全文化。

（4）在某一确定阶段（即组织安全理念未发生变化的阶段），组织安全文化完全落地是几乎不可实现的，只能尽可能增强组织安全文化落地程度。从理论与实践的双重视角看，组织安全理念至少应讲求实用性、适用性、指导性、目标性、长远性、引领性与前瞻性。显而易见，在某一确定阶段（即组织安全理念未发生变化的阶段），组织安全理念所具备的上述基本属性决定组织安全文化是可落地的，但几乎是不可能实现完全落地的，这是因为：①组织安全理念的实用性、适用性、指导性与目标性为组织安全文化落地提供了可能与基础；②理论而言，组织安全理念的长远性、引领性与前瞻性是组织安全文化发展与创新的根本动力，而若在某一确定阶段，组织安全文化实现了完全落地（即该阶段的组织安全理念完全变成了"现实"），这与组织安全文化发展与创新之需是相悖的（除非该阶段的组织安全理念的设计是不合理和不科学的）。因而，只能通过各种途径尽可能增强组织安全文化落地程度。此外，需明确的是，组织安全理念设计应是组织安全文化落地与发展的最关键环节。

8.6.2　组织安全文化落地的基础性问题

理论而言，明晰组织安全文化落地的基础性问题是研究组织安全文化落地的机理及方法论的基础。经分析，本书提炼出组织安全文化落地的四个基础性问题，即组织安全文化落地的基本目标、基本前提、基本原则与影响因素。

1. 基本目标

由组织安全文化落地的基本内涵可知，概括而言，组织安全文化落地的目标就是塑造一种组织和组织安全领导者理想的组织安全文化。细言之，组织安全文化落地的基本目标主要包含两个层面，依次为：

（1）表层目标。使组织成员在正确认知与高度认同组织和组织安全领导者所倡导的安全理念的基础上，将组织和组织安全领导者所倡导的安全理念转变为他们的安全行为准则，从而保证组织成员能够规约自己的行为，并积极履行自己的安全职责，实现行为自觉。

（2）深层目标。在组织高层、组织安全管理层与组织成员三者间形成安全共识的基础上，将组织和组织安全领导者所倡导的安全理念转变为他们共同的安全信仰，做到组织上下同欲，即形成人人尽可能为保障组织及组织成员安全而努力的良好的组织安全文化氛围。

2. 基本前提

由组织安全文化落地的基本内涵可知，组织安全文化落地的第一步是组织成员认知组织安全理念。因而，组织安全文化落地的基本前提是正确表达组织安全理念。换言之，唯有正确的组织安全理念才可落地，有误的组织安全理念极难也不该落地。一般而言，正确表达安全理念主要包括以下两个层面的要求：

（1）概念正确，能恰当回答问题。一般而言，组织安全理念的最重要内容包括组织安全使命（如金川集团股份有限公司的安全理念——员工的生命安全与健康高于一切）、组织安全愿景（如埃克森美孚公司的安全理念——实现无伤害、无事故、无疾病和对环境无影响的作业操作）、组织安全信念（如杜邦公司的安全理念——所有安全事故皆可预防）与组织安全价值观（如杜邦公司的安全理念——所发现安全隐患必须及时更正）四部分，它们依次回答"为什么要保障组织及组织成员安全""组织所要达到的安全目标是什么""为什么可实现组织及组织成员安全"与"如何实现组织安全目标"四个问题。在组织安全理念设计的过程中，要避免上述组织安全理念的四个核心部分出现相互混淆或误用的现象。

（2）内容正确，能充分涵盖应有的内容。

1）组织安全理念的内容正确要求组织安全理念要真实，即组织安全理念应源于组织安全管理的主要成功经验，并符合组织安全管理实际（如行业特征与组织安全文化发展阶段等）、安全科学规律及绝大多数组织成员的安全理念。

2）组织安全理念的内容正确要求组织安全理念要回答"安全对组织及组织成员的价值是什么"，即组织安全文化理念应要阐明安全对组织及组织成员的价值，从而激发组织成员的安全意愿

3）组织安全理念的内容正确要求组织安全理念要回答"组织如何看待安全"，即组织安全理念应点明安全在组织运营与发展过程中的地位（包括安全与效益及生产间的优先关系等），目的是使组织在运营与发展过程中尽可能遵循"安全优先"原则。

3. 基本原则

组织安全文化落地是一项长期而复杂的系统工程。为增强组织安全文化落地操作的高效性与有效性，组织安全文化落地操作至少应遵循三项基本原则，即系统性（即全面性）原则、融合性原则与持续性原则。具体解析如下：

（1）系统性（即全面性）原则。系统性是组织安全文化的主要特征之一，它对组织安全文化落地操作提出两点要求：①组织安全文化的所有层次和要素均要相互匹配，且任何组织安全文化载体均应为表达和传递组织安全理念服务；②组织安全文化传播应辐射至每位组织成员，即组织安全文化落地操作应讲求全员参与。

（2）融合性原则。

1）塑造理想的组织安全文化并非与原有的组织安全文化（包括组织安全管理模式）相脱节，应在梳理与分析原有组织安全文化特点的基础上，将所要塑造的理想的组织安全文化与原有的组织安全文化相衔接，这是组织安全文化落地的重要环节。

2）组织安全文化作为组织文化的组成部分之一，组织安全文化落地操作应将组织安全文化与现有组织文化进行有机融合，从而避免组织安全文化与组织文化间出现相矛盾或"两张皮"的现象。

（3）持续性原则。累积性是组织安全文化的主要特征之一。由此观之，组织安全文化落地应是一项长期性的任务，在组织安全文化落地操作过程中，应讲求在时间纵向上的重复。细言之，组织安全文化落地操作（主要包括组织安全文化传播与强化等工作）要不断重复进行，唯有这样，才能将组织安全文化强化于组织成员的习惯，即使组织成员形成良好的安全习惯。

4. 影响因素

理论而言，找准组织安全文化落地的影响因素是制定提升组织安全文化落地效率的相关策略的立足点与出发点。换言之，提升组织安全文化落地效率应从组织安全文化落地的影响因素着手。鉴于此，从理论角度出发，基于组织安全文化的定义与内涵，从个体、组织与社会三个维度，提取对组织安全文化落地有重要影响的10个关键因素，见表8-13。

表8-13　组织安全文化落地的影响因素

因素	具体因素举例	备注说明
个体因素	个体角色	组织个体在组织中所扮演的角色会对组织安全文化落地产生直接影响。一般而言，组织安全文化在担任安全职务或负有安全管理责任的组织成员群体更易落地
	个体安全价值观	组织个体安全价值观与组织安全价值观的契合度会对组织安全文化落地产生影响。理论而言，组织个体安全价值观与组织安全价值观的契合度与组织安全文化落地效率呈正相关关系
	个体安全素质	组织个体的安全素质（如安全知识与技能水平、安全认知能力与安全意识水平等）会对组织安全文化落地产生影响。理论而言，它与组织安全文化落地效率呈正相关关系
	个体安全需求	组织个体安全需求的高低直接决定着其安全意愿的强烈程度，进而会对组织安全文化落地产生影响。理论而言，它与组织安全文化落地效率呈正相关关系

（续）

因素	具体因素举例	备 注 说 明
组织因素	组织安全形象	组织安全形象是组织安全文化影响力的直接显现。理论而言，组织安全形象与组织安全文化落地效率呈正相关关系
	组织领导的重视程度	组织领导对组织安全文化建设的重视是组织安全文化落地的关键。理论而言，组织领导对组织安全文化建设的重视程度与组织安全文化落地效率呈正相关关系
	组织安全文化的独特性	组织安全文化的独特性直接决定组织成员识别组织安全文化的难易程度，且可提高组织成员附属于组织而获得的自尊和自豪感。因此，它一般与组织安全文化落地效率呈正相关关系
	组织安全文化的传播强度	良好的组织安全信息沟通不仅能提升组织安全管理效率与质量，也可提高组织安全文化传播强度。一般而言，组织安全文化的传播强度与组织安全文化落地效率呈正相关关系
	组织成员间的群体关系	理论而言，群体关系（如组织内聚力与公平性等）会显著影响组织安全文化落地的效果
社会因素	社会安全文化环境	社会安全文化环境对组织安全文化落地起着挑战或支撑作用。具体言之，组织安全文化对社会安全文化环境的适应性会显著影响组织安全文化落地效率

8.6.3　组织安全文化落地的本质和操作过程模型

1. 组织安全文化落地的本质

组织安全文化的作用强度可用组织安全文化力的大小来表征。所谓组织安全文化力，是指组织成员在组织安全文化场（组织安全文化场是由组织安全文化在其周围激发产生的）中活动时所受到的组织安全文化场的作用力。有鉴于此，组织安全文化落地的本质实则是组织安全文化力的逐渐释放过程或组织安全文化力对组织成员的作用结果。因而，可基于组织安全文化力的释放机理来阐释组织安全文化落地的本质，并可根据组织安全文化力的强度来评估组织安全文化落地效果。由组织行为学知识可知，组织安全文化力的释放应包含以下两方面：

（1）组织安全文化对组织成员个体的作用力。由组织安全文化落地的定义与内涵可知，从组织成员个体角度看，组织成员对组织安全文化是一个逐渐习得的过程，主要包括认知、认同与践行三个核心环节。基于此，可用认知力、理解力和接受力三个力的合力来表示组织安全文化对组织成员个体作用力的大小，这是组织安全文化力作用的内在表现，可将其称为组织安全文化内驱力。此外，根据拓扑心理学知识，理论而言，个体的原始认知力、原始理解力和原始接受力的大小仅受组织成员个体属性的影响，但其实际释放还受环境因素的影响。因此，可将组织安全文化内驱力表示为

$$f_{内驱力} = \varphi(f_1 + f_2 + f_3) \tag{8-3}$$

式中，$f_{内驱力}$为组织安全文化内驱力；φ为环境影响系数；f_1、f_2和f_3分别为组织成员个体的认知力、理解力和接受力。

此外，若假设某一特定组织中的所有组织成员个体所受到的环境的影响基本相同，即φ是一个定值，根据式（8-3），可将总的组织安全文化内驱力表示为

$$F_{内驱力} = \sum_{i=1}^{m} f_{i内驱力} = \sum_{i=1}^{m} \varphi(f_{1i} + f_{2i} + f_{3i}) \tag{8-4}$$

式中，$f_{i内驱力}$为第i个组织成员个体所受到的组织安全文化内驱力；m为组织成员数；f_{1i}、f_{2i}、f_{3i}分别为第i个组织成员个体的原始认知力、原始理解力和原始接受力。

（2）组织成员群体的助推力。从组织动力学角度看，组织安全文化的凝聚功能、激发功能与

跃迁功能等深层次功能的发挥均需依赖组织成员群体间彼此影响、感染与模仿的心理特征，即羊群效应。换言之，羊群效应有助于组织主流安全价值观的形成和落地。因而，从组织成员群体角度看，组织安全文化功能的发挥（即组织安全文化落地）正是依赖于组织成员的群体动力所推动的，组织成员群体的助推力显著影响组织安全文化作用辐射面的大小，这可视为是组织安全文化力的外在表现，则可将其称为组织安全文化外驱力。组织安全文化外驱力受诸多因素（如组织成员间的关系与内聚力等）的影响。

由上述分析可知，就某一特定组织而言，组织安全文化力是总的组织安全文化内驱力与组织安全文化外驱力之和，可把它表示为

$$F = F_{内驱力} + F_{外驱力} \tag{8-5}$$

式中，F 为组织安全文化力；$F_{内驱力}$ 为总的组织安全文化内驱力；$F_{外驱力}$ 为组织安全文化外驱力。

由此，可根据式（8-3）、式（8-4）与式（8-5），对组织安全文化力的强度（即组织安全文化落地的效果）进行评估。此外，还可将组织安全文化的释放机理（即组织安全文化落地的本质）抽象表示为图 8-16。

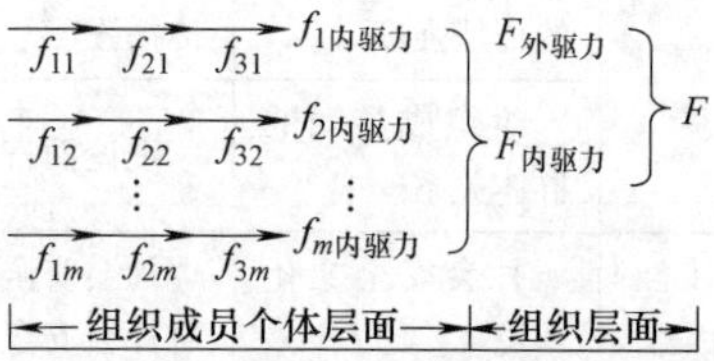

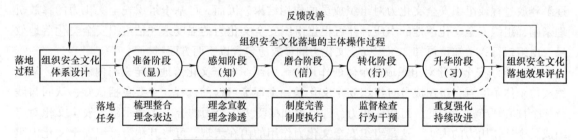

图 8-16　组织安全文化落地的本质

2. 组织安全文化落地的操作过程模型

本书作者在分析组织安全文化的基本内涵时，基于组织安全文化落地的定义，把组织安全文化落地的整个过程大致划分为安全理念被接受阶段、安全理念被践行阶段与安全信仰形成阶段三个阶段，每一阶段又包含若干具体阶段。但是，显而易见，上述组织安全文化落地过程的划分方式不利于指导组织安全文化落地的实践操作。鉴于此，本书基于组织成员接受心理角度，并结合组织安全文化落地的实际操作案例，创新性地构建组织安全文化落地的操作过程模型，如图 8-17 所示。

图 8-17　组织安全文化落地的操作过程模型

由图 8-17 可知，该模型可完整表达组织安全文化落地的整个操作流程（包括落地过程各阶段及其与之对应的落地任务），思路明晰，任务明确，主次分明，简单易行，操作性较强（对其具体解释见表 8-14）。需指出的是，鉴于组织安全文化体系设计与组织安全文化落地效果评估两个阶段是组织安全文化建设初期与末期（即组织安全文化建设评估）的工作重点，并非组织安全文化落地的核心环节，故该模型未包含与其对应的主要落地任务（表 8-14 也不再对这两个阶段做具体解释）。

表 8-14　组织安全文化落地的操作过程

落地过程阶段名称及其解释说明		落地过程各阶段所对应的落地任务及其解释说明	
准备阶段（显）	将组织安全文化元素融入组织安全文化载体，即使组织安全文化外显	梳理整合理念表达	在梳理整合组织安全文化元素的基础上，准确表达组织安全文化元素（主要是组织安全理念）
感知阶段（知）	使组织成员知道与理解组织安全理念是什么，及组织安全理念的内涵是什么	理念宣教理念渗透	采取各种宣教方式大力宣贯组织安全理念，将组织安全理念融入组织各项工作环节和内容

（续）

落地过程阶段名称及其解释说明		落地过程各阶段所对应的落地任务及其解释说明	
磨合阶段（信）	使组织成员相信组织安全理念对个人和组织均是正确而重要的，即使组织成员认同组织安全理念	制度完善制度执行	依据组织安全理念与组织安全文化落地的前两个阶段的实施情况，完善并严格执行相关制度
转化阶段（行）	使组织成员的日常行为与组织安全理念保持一致，即积极践行组织安全理念所倡导的行为	监督检查行为干预	对组织成员的日常行为进行监督检查，对不符合组织安全行为规范的行为进行及时干预与纠正
升华阶段（习）	使组织成员在长期践行组织安全理念的基础上，习惯成自然，直至形成与组织安全理念相符的信仰	重复强化持续改进	对符合组织安全理念的组织成员的安全价值观与行为等进行重复强化与持续改进

8.6.4　结　论

（1）组织安全文化落地是指组织和组织安全领导者所倡导的安全理念被组织成员接受并践行，直至视为他们的共同安全信仰的过程或结果。组织安全文化落地的整个过程大致包括安全理念被接受阶段、安全理念被践行阶段与安全信仰形成阶段三个阶段，每一阶段又包含若干具体阶段。此外，组织安全文化落地的基本目标是塑造一种组织和组织安全领导者理想的组织安全文化，基本前提是正确表达组织安全理念，基本原则是系统性（即全面性）原则、融合性原则与持续性原则，影响因素主要包括三个层面，即个体因素、组织因素与社会的因素。

（2）组织安全文化落地的本质是组织安全文化力的逐渐释放过程或组织安全文化力对组织成员的作用结果。构建的组织安全文化落地的操作过程模型可完整表达组织安全文化落地的整个操作流程，表明组织安全文化落地的主体操作过程包括五个阶段，即准备阶段（显）、感知阶段（知）、磨合阶段（信）、转化阶段（行）与升华阶段（习）。

8.7　情感性安全文化的作用机理模型

【本节提要】

为促进情感性安全文化建设，解析人的情感性安全需要内涵，将人的情感性安全需要分为爱与被爱的需要等三个不同层次，从安全文化与心理相结合的角度，提出情感性安全文化，分析其内涵和功能；基于此，建立与剖析情感性安全文化的作用机理模型，指出情感性安全文化是组织安全文化建设的基础和内在需要。

本节分析人的情感性安全需要的内涵，从安全文化和心理相结合的角度，提出情感性安全文化，并探讨其内涵、功能与作用机理等，以期为情感性安全文化建设提供依据和指导，进而促进组织安全文化建设。

本节内容主要选自本书作者发表的研究论文《情感性组织安全文化的作用机理及建设方法研究》[6]。

8.7.1　情感性安全需要的内涵

1. 内涵释义

情感需要是人类特有的需要，包括给予和接受，它是一种感情上的满足和心理上的认同，主要包括表达悲欢的需要、倾诉的需要、爱与被爱的需要、尊严的需要和完善生命的需要五种类型。情感对于人的实践活动的作用具有积极和消极双重特性。这里的人的情感性安全需要特指能够引发人的积极的行为反应，并有利于保障个人和他人安全，促进人的安全素质提升的情感需要。

2. 类型及功能分析

基于上述对情感性需要的分类和情感性安全需要的定义，这里将情感性安全需要划分为爱与被爱的需要、完善自我安全人性的需要和实现自主保安价值的需要三种类型，具体解释如下：

（1）爱与被爱的需要。一般而言，人都具有被他人爱和爱抚他人的需要。这在人的情感性安全需要方面的具体表现为：①"被爱"的需要使人明白个人安危不仅是个人需要，更是别人（如亲人、同事等）的需要，从而使其更加注意个人安全问题；②"爱"的需要可使人做到不伤害他人或尽可能保护他人不受伤害，促使人思考个人的行为等是否会给他人带来伤害，进而纠正自己的不安全行为或判断做出有利于他人安全的行为。总而言之，爱与被爱的需要可激发人产生安全责任感，使人明白重视安全是值得且幸福的。

（2）完善自我安全人性的需要。马斯洛认为，人的高层次需要主要体现人对"完满人性"的追求，同样，大多数人也都有完善个人安全人性的需要，即逐渐摒弃马虎、侥幸、鲁莽、懒散等个人安全人性弱点，尽可能把个人塑造成一个拥有更多安全人性优点的人。

（3）实现自主保安价值的需要。马斯洛认为，人的最高层次的需要是自我实现的需要。因此，一般情况下，人都具有主动、自控的一面，且都具有很强的生理安全欲和安全责任心，并想方设法尽其最大努力确保个人和组织安全，即实现自主保安价值。

需要指出的是，人的爱与被爱的需要是最基本的情感性安全需要，完善自我安全人性的需要是较高层次的情感性安全需要，实现自主保安价值的需要是最高层次的情感性安全需要，人的高层次的情感性安全需要是基本的情感性安全需要的升华。基于上述分析可知，情感性安全需要至少具有刺激与动员功能和提醒与说服功能这两项基本功能，其深层次功能在于激发人的安全责任感和规范、约束人的不安全行为。人的情感性安全需要的分类及功能如图8-18所示。

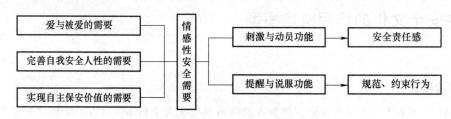

图 8-18　人的情感性安全需要的分类及功能

8.7.2　情感性安全文化的内涵

从安全科学角度看，安全文化由安全物质文化、安全制度文化、安全行为文化和安全观念文化四个层面构成，即安全文化的"四要素"或"四分法"，各自分别起着基础、载体、榜样和主导作用。鉴于组织（包括家庭、社区与企业等）安全文化受人的情感性安全需要影响较大，从安全文化和心理相结合的角度，这里提出情感性安全文化。在此基础上，基于安全文化"四分法"的逻辑思路，将组织安全文化分为情感性安全文化、观念性安全文化、制度性安全文化、行为性安全文化和物质性安全文化五个层面。

1. 内涵释义

情感性安全文化的具体内涵解释如下：

（1）情感性安全文化是组织安全文化的基础和内在需要，贯穿于组织安全文化的其他层次，并对它们产生巨大影响，如图8-19所示（图中观念性安全文化本质上等同于精神性安全文化），主要表现在两方面：①实施组织安全文化建设的关键是确立并贯彻以人为本的理念，即基于人的情感性安全需要，关心、理解、激励和信任组织成员，使组织成员主动发挥其主观能动性，充分展示组织成员的安全创造力；②情感性安全文化强调用情感激发组织成员的安全责任感并纠正组织成员的错误安全认识和不安全行为，将个人、亲人和组织的安全和发展融为一体，用美好的愿景（亲人团聚、同事互助互安、组织成员与组织共平安等）激励人、鼓舞人，让组织成员更容易接受和认同组织的安全制度、规范等，进而调动组织成员的安全主动性、积极性和创造性。

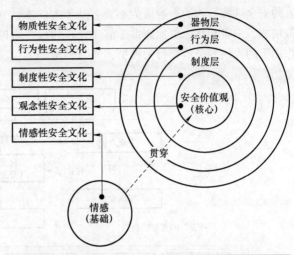

图8-19 情感性安全文化对其他层次安全文化的影响

（2）情感性安全文化是依赖于人的情感性安全需要形成并发挥作用的。其中，人的爱与被爱的需要是其形成的基本条件和基础，而人的完善自我安全人性的需要和实现自主保安价值的需要是其追求的最终目标。

2. 功能分析

基于情感性安全文化的具体含义，提炼出情感性安全文化的四项重要功能，具体解释如下：

（1）情感性安全文化有助于减小组织安全管理和安全文化建设阻力。情感是组织成员对组织成员和组织事物的心理体验和心理反应，促使组织成员安全责任的生成，即爱自己、爱组织成员、爱组织财产和环境等，这样组织成员间才能够实现安全思想意识的一致、安全理想信念的相投，以及安全行为习惯的相近等。情感性安全文化能增强组织成员对组织安全管理制度和安全文化理念等的认同感，进而自觉纠正自己的错误认识并规范自己的行为等。

（2）情感性安全文化有利于提高组织安全文化的品位和层次。情感性安全文化是维系组织成员间良好关系的纽带，实施情感性安全文化建设能够增进管理者和被管理者间的沟通和理解，能够增强组织成员的主人翁意识，促使先进的组织安全理念迅速深入人心，得到组织成员的拥护支持和切实贯彻，从而提高组织安全文化的品位和层次。

（3）情感性安全文化有利于组织安全文化向生产力的转化。组织安全文化不是片面追求组织安全，而是挖掘组织成员的安全智力资源，提高劳动绩效，关心、尊重与成人才。情感性安全文化是组织安全文化力向生产力转化的催化剂，能够提升生产效率，提高组织形象，增强组织知名度和美誉度，增强市场竞争力。

（4）情感性安全文化有利于组织安全文化的突破与创新。只有将组织安全文化理念根植于组织成员，组织才能具有永久安全发展的生机与活力。情感性安全文化鼓励组织成员挖掘自身潜力，勇于创新、突破自我，鼓励组织成员自主保安价值的实现，实现组织与组织成员的双安效果，这是组织安全文化创新与突破的动力来源。

8.7.3 情感性安全文化的作用机理模型

1. 爱与被爱需要作用下的人的安全选择行为模型的构建与解析

爱与被爱的需要是人最基本的情感性安全需要，是情感性安全文化发挥作用的核心基础。换言之，组织安全文化的核心基础是人的情感性安全需要，尤其是人的爱与被爱的需要，若没有其作为基础，组织安全文化就会失去其存在的本质意义和价值。因此，了解人的爱与被爱的需要对人的安全选择行为的影响极为必要。基于人的本性（一般而言，人们普遍重视亲情、爱情和友情等情感，三者相比，更加侧重于前两者）和行为动机（情感需要等）等特征，建立爱与被爱需要作用下的人的安全选择行为模型，如图 8-20 所示。

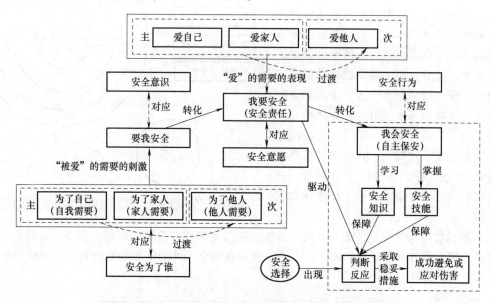

图 8-20　爱与被爱需要作用下的人的安全选择行为模型

该模型的具体内涵解析如下：

（1）在人的"被爱"需要刺激作用下，人按"要我安全→我要安全（安全责任）→我会安全（自主保安）"的次序完成动态的心理认知过程，最终使人具有强烈的安全意识和安全意愿，并开始主动学习安全知识和掌握安全技能（包括对个人安全人性的完善）。

（2）安全责任是促使人选择安全型行为的心理驱动力，它是人的被爱与爱的需要共同作用的结果，即它既是在人的"被爱"的需要刺激作用产生的，又是人的"爱"的需要的具体体现。总的来说，两者是互相促进的关系，即两者作用于人的安全责任上表现出叠加效应。

（3）当人面临安全选择（指面临潜在或外显危险时，人所做出的具体行为选择，如采取冒险行为或避险措施等）时，一般来说，人若具备必要的安全知识和安全技能就可以成功避免或应对伤害，但还是有人会表现出冒险等不安全行为，原因是其忘记个人的安全责任，最终归结于人的被爱与爱的需要。

（4）在人的被爱与爱的需要作用下，人也表现出对完善自我安全人性的需要和实现自主保安价值的需要的高层次情感性安全需要的趋向和追求（如自主保安等具体表现），表明人的被爱与爱的需要的基础作用。

（5）组织安全文化建设的基点在于促进组织成员间的情感（尤其是人的"被爱"与"爱"的需要）的涌动，让组织成员明白保护个人或其他组织成员安全不仅是个人需要，而且也是一份组织（包括家庭）责任，必须以严谨、认真的态度承担这份责任，这就是将情感载体置于组织安全文化的重要意义和价值。

（6）人的爱与被爱的需要的最终作用结果是实现人的"被爱"的需要。从"为了自己（自我需要）、为了家人（家人需要）"向"为了他人（他人需要）"的过渡和人的"爱"的需要从"爱自己、爱家人"向"爱他人"的过渡，使组织成员把组织安全视为个人安全责任的根本动力和保障。

2. 安全文化作用下的人的行为取向的自控模型的构建与解析

人的行为动机是为了满足个人的某种需要，但无论哪种社会的人，其需要的满足都会受到限制，从一定意义上讲，文化是为限制（也是更好地满足）人的各种需要而设的，即文化会对人的行为选择产生显著影响。为满足人的各种安全需要，人们积累许多物质生产所需的安全知识和技能，制定规范人行为的一系列安全法律法规、安全制度和安全行为规范等，并产生旨在保障人们生产、生活安全的安全价值观和安全道德等，即安全文化。为阐明情感性安全文化对人的安全选择行为取向的影响，基于日本学者滨口惠俊提出的人的行为取向的控制模型，融入情感性安全文化的影响，建立安全文化作用下的人的行为取向自控模型，如图8-21所示。

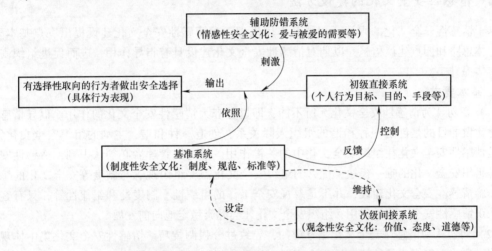

图 8-21　安全文化作用下的人的行为取向的自控模型

就某一特定组织而言，图 8-21 中模型的具体含义如下：

（1）组织个体为满足个人的某种需要开始行动，要确定目标，明确所要达到的目的，要考虑、整合并利用现有的资源与手段，计算投入与回报比率，分析其行为的安全性，最终决定具体采取何种行为，这就是模型中的"初级直接系统"。

（2）组织个体在情感性安全需要的刺激下产生极强的安全责任感、安全意识和安全意愿，促使其根据个人的安全经验及组织的相关安全规定等判断其行为的安全性，即是否有损于个人或其他组织成员的安全，保证尽可能选择安全性相对高的行为，这就是模型中的"辅助防错系统"，即情感性安全文化。需要指出的是，从理论上讲，组织个体的这一行为选择过程是在其情感性安全需要作用下的主动行为。

（3）组织个体的行为不是随心所欲的，组织为保证组织个体行为的安全性，需制定一些组织安全基准供组织个体作为参考依据，进而做出相对安全的行为选择，即其行为受到组织安全基准的限制，这就是模型中的"基准系统"，即制度性安全文化。具体内容包括组织安全法律法规、安全制度、安全行为规范和安全标准等。经过基准系统的过滤，去掉一些不符合组织安全基准的需要和行为。基准系统影响目标的设定和行为手段的选择，反馈给行为体，使其调整行为。需要指出的是，从理论上讲，组织个体的这一行为选择过程是在组织安全基准作用下的被动行为。

（4）基准系统是由一个次级间接设定的，这个系统包括组织的安全价值观、安全态度和安全道德等，即观念性安全文化。同时，基准系统又起着维持组织的安全价值观和安全态度等的作用。

由上述分析可知，情感性安全文化不仅会激发组织个体的安全责任感，进而促使其注意安全问题并规范个人行为，而且也是制度性和观念性组织安全文化有效发挥作用的必要保障，其作用相当于一个"辅助防错系统"，尽可能激发、说服组织个体纠正其不安全的认识和行为。总而言之，在组织安全文化作用下，组织个体的行为选择过程就是一个趋向选择安全型行为的决策过程。理论而言，决策是自由的，其实不然，决策要受各种主客观因素的影响，如组织个体所采取的具体行为就要受组织安全文化的制约，即组织安全文化为组织个体行为选择与决策提供有力的制约，即组织安全文化强制，它是情感性、制度性和观念性等组织安全文化共同作用所产生的。正是这种"强制"大幅度缩小个人选择的余地，进而也大大降低组织个体行为的危险性，使得组织个体在相同情境下总是倾向于选择相似的安全型行为。

8.7.4 情感性安全文化的建设方法

基于情感性安全文化的内涵、功能及作用机理，对情感性安全文化建设提出三点基本要求、两条总体思路和四点建议措施，以期对情感性安全文化建设具有指导作用，进而促进组织安全文化的整体提升。

1. 基本要求

（1）切勿认为情感性安全文化无所不能，即过分夸大情感性安全文化的作用。倡导情感性安全文化建设的目的是创造一种和谐的组织人际关系，创造一种和谐、主动的组织安全文化氛围，这就是情感性安全文化在组织安全文化中的关键作用。但组织管理者必须认识到，情感性安全文化不是组织安全文化的唯一模块，优秀的组织安全文化需要组织观念与制度等安全文化的综合作用，实施情感性安全文化建设，并不是忽视安全工作的组织性、制度性和纪律性等，只有客观正确地认识情感性安全文化的作用，组织安全文化才会健康稳定地向前发展。

（2）切勿认为情感性安全文化是务虚的，导致过分强调技巧。情感性安全文化集中体现为理解、尊重和关心组织成员的情感性安全需要，注重与组织成员的沟通交流，既要注重正式的、制度化的沟通，更要注重非正式的、坦诚的交流。情感性安全文化不应该被安全管理者当作笼络人心的工具，更不应该过分强调情感性安全文化的建设技巧，虚情假意和功利性的做法在短期内可能会有比较好的效果，但最终只会使组织成员产生厌烦甚至逆反心理，结果可能会适得其反。

（3）切勿认为情感性安全文化建设成本低廉。情感性安全文化能够激发组织成员的内在安全动力，诱发组织成员的安全潜力，充分挖掘并有效利用组织成员的自主保安价值，降低组织安全管理成本，即情感性组织安全文化是一种简单而有效的组织安全文化建设手段。但是，情感性安全文化的建设需要组织安全管理者等在组织成员的情感性安全需要上关心组织成员，在精神上感召组织成员等，需要付出巨大成本，尤其是精神成本。因此，将情感性安全文化的建设简单化、模式化的做法是十分不可取的。

2. 建设思路

在情感性安全文化建设过程中，应把握以下两条总体思路：

（1）以人的爱与被爱的需要这一最基本的情感性安全需要为基点，将亲情、爱情以及组织成员间的情感进行有效融合，将三方面情感植入情感性安全文化性建设，并努力实现人的"被爱"的需要从"为了自己（自我需要）、为了家人（家人需要）"向"为了他人（他人需要）"的过渡，以及人的"爱"的需要从"爱自己、爱家人"向"爱他人"的过渡，从而为情感性安全文化建设注入更强动力。

（2）在重视人的爱与被爱需要的基础上，逐步引导组织个体向人的完善自我安全人性需要和实现自主保安价值需要的高层次的情感性安全需要爬升，进而提升组织情感性安全文化的作用效果。而且，高层次的情感性安全需要也会对低层次的情感性安全需要产生影响，共同促进情感性安全文化建设，如图 8-22 所示。

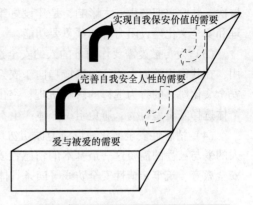

图 8-22　情感性安全需要在情感性安全文化建设中的转化过程模型

3. 建议措施

基于情感性安全文化建设的基本要求和思路，对情感性安全文化建设提出四点具体建议措施：

（1）开展亲情性组织安全教育，筑牢亲情性安全防线。亲情作为人们最为重视的情感，组织成员的亲人应是亲情性组织安全教育的主体，通过亲情性安全教育阐明安全对于生命和对于亲情的重大意义。因此，亲情性组织安全教育应围绕"安全就是幸福"或"安全就是生命"等主题，让组织成员明白"没有安全就没有家庭幸福"和"没有安全就没有职工生活幸福"，让组织成员深刻体会到安全对于生命和对于亲情的无可替代性，如开展亲情性事故案例教育、现身说法教育或召开事故危害和后果分析会等具体方法。

（2）构建情感性安全文化宣传网络，营造浓厚的情感性安全氛围。借助情感性安全文化宣传网络，实现情感的耳濡目染的作用。因此，应充分利用安全标语、安全宣传画、安全宣传栏、安全文化墙、组织内部网络平台等载体，将家庭和组织的情感性安全关怀、祝福和教育及时传递给每位组织成员，形成全过程、全方位的情感性安全文化宣传网络，进而形成时时、处处、人人讲安全的浓厚情感性安全氛围。

（3）注重情感投资，做到处处尊重、关心和爱护组织成员。组织安全管理者要加强与组织成员间的沟通，及时给予组织成员情感性安全关怀，且在沟通的过程中要及时发现并解决组织成员在生产、生活中所面临的安全问题和困难，从而使组织成员感受到组织对组织成员安全和组织安全的重视，以及对组织成员的关心，进而有效激发组织成员搞好安全的自觉性和热情，使组织成员养成互相关心、互相提醒的良好习惯，同时也有助于增强组织成员对组织安全管理制度和安全文化理念等的认同感，减小组织安全管理和安全文化建设的阻力。

（4）激励、肯定组织成员的自主保安行为，引导组织成员不断完善自我安全人性和充分发挥自主保安能力。坚持物质激励和精神激励相结合，可适当加大精神激励力度，对为保障组织安全而付出个人努力的员工进行荣誉表彰等激励和肯定，发挥他们的榜样作用，促使更多组织成员向他们学习和靠拢。安全管理制度等并非不存在任何漏洞，对于安全管理制度等中没有做出规定的，但本质上有助于组织安全的行为，即安全管理制度等的"空白"地带，需要引导组织成员不断完善自我安全人性，使组织成员充分发挥自我保安能力并主动采取有利于组织安全的行为，而不管这种行为是否在自己职责范围之内。

8.7.5　结论

（1）人的情感性安全需要包括爱与被爱的需要、完善自我安全人性的需要和实现自主保安价值的需要三个不同层次，它具有刺激与动员功能和提醒与说服功能两项基本功能，其深层次功能在于激发人的安全责任感和规范与约束人的不安全行为。

（2）从安全文化和心理相结合的角度提出的情感性安全文化内涵丰富，它依赖于人的情感性安全需要形成并发挥作用，是组织安全文化建设的基础和内在需要，贯穿于组织安全文化的其他

新创理论安全模型

层次，并对它们产生巨大影响，是建设好组织安全文化的前提条件，具有有助于减小组织安全管理和安全文化建设阻力等四项重要功能。

（3）爱与被爱需要作用下的人的安全选择行为模型表明人的爱与被爱的需要的基础、核心作用，在其作用下的人的行为选择趋向于安全型；安全文化作用下的人的行为取向的自控模型阐明安全文化对人的行为选择的影响机理，突出情感性安全文化的防错功能和基础作用，即促使组织个体选择安全型行为，避免组织个体产生不安全的认识和行为。

（4）情感性安全文化建设应遵循切勿认为情感性安全文化无所不能等三点基本要求，把握以人的爱与被爱的需要这一最基本的情感性安全需要为基点等两条总体思路，并从开展亲情性组织安全教育、筑牢亲情性安全防线等四条具体建议措施着手。

8.8 "互联网＋"背景下的安全文化建设模型

【本节提要】

为促进安全文化建设，提升全民安全文化素质，根据"互联网＋"的含义，从安全文化建设视角提出"互联网＋安全文化"的定义。根据信息传播的"六度传播"理论，构建六度安全文化传播模型。在此基础上，提出以互联网思维为指导的"互联网＋安全文化"的安全文化建设模型，并给出其建设框架。与此同时，系统探讨"互联网＋"背景下的安全文化建设优化方法。

本节提出"互联网＋安全文化"的建设模式，并构建安全文化传播模型，搭建安全文化建设框架，同时探讨互联网与安全文化充分融合的具体实现方法，以期充分发挥安全文化效用，进而提升全民安全文化素质水平。

本节内容主要选自本书作者与黄玺共同发表的研究论文《"互联网＋"背景下的安全文化建设模式研究》[7]。

8.8.1 "互联网＋安全文化"概述

1. 定义

学界对"互联网＋"尚未形成统一定义。一般而言，"互联网＋"是指基于高速度的移动通信网络，具有大数据的存储、挖掘、分析和智能感应功能，同时继承了互联网多项交互的传播能力，能够实现远距离、实时和多媒体传播。具体可分三个层次来深入理解"互联网＋"的概念：①技术层面上，它是指以互联网技术为核心，并可在社会、经济、生活中得到广泛应用的一整套信息技术；②经济层面上，它体现了以互联网为基础设施和实现工具的经济发展新常态；③网络层面上，它是一种可实现物质、信息、能量交融传播的大物联网。

基于上述对"互联网＋"的理解，这里给出"互联网＋安全文化"的概念：以互联网与安全文化的深度融合为着眼点，以推动安全文化传播建设为直接目的，以社会组织和成员为对象，以安全文化宣教为侧重点，将互联网技术作为实现工具，即将互联网平台技术、信息通信技术、传媒手段和大数据技术等综合运用于安全文化建设，以实现安全文化全方位与多渠道传播，进而为提升全民安全文化素质服务的一项安全文化建设思维与工程。基于此，建立"互联网＋安全文化"

288

的概念模型，如图 8-23 所示。

2. 基本内涵

为准确理解上述"互联网 + 安全文化"的定义，有必要根据其概念模型，分析其内涵。

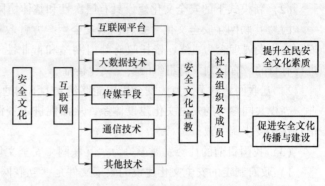

图 8-23　"互联网 + 安全文化"的概念模型

（1）"互联网 + 安全文化"的目的。直接目的在于促进安全文化传播与建设。这是因为，安全文化属于文化，要实现其"文之教化"的功能，就需要将其进行大范围的传播。最终目的在于提高全民安全文化素质。事故频发的根本原因是人的安全文化素质偏低。因此，提高全民安全文化素质是保障安全的有效对策之一。

（2）"互联网 + 安全文化"的对象。"为提升全民安全文化素质服务"这一目的，决定了"互联网 + 安全文化"的对象是全民范围的社会组织及其成员：

1）在"互联网 +"背景下，网络信息传播不再受地域和时间限制，并具有高效、实时、快速的特点。因此，在"互联网 + 安全文化"模式下，人人都能获得优秀、先进的安全文化内容。

2）"安全是每个人的事"早已成为重要的安全理念。唯有每个个体的安全文化素质达到一定水平，企业、行业乃至整个社会的安全文化素质提高到一定水准，社会的安全才能从根本上得到保障。

（3）"互联网 + 安全文化"的着眼点和实现工具。唯有安全文化建设发展体现出"互联网 +"带来的发展新形态，"互联网 + 安全文化"才具有意义。因此，进行互联网与安全文化的融合是"互联网 + 安全文化"的工作着眼点。要实现深度融合，就要使网络信息传播在安全文化传播过程中占据主导地位，以把握和控制传播方向。安全文化与互联网进行融合要以互联网为实现工具，这是因为智能互联网是集能量、物质、信息的大物联网，而物联网技术的核心依旧是互联网技术。

（4）"互联网 + 安全文化"的主要途径。安全文化宣教是提升组织成员的安全意识和素质最为有效、应用最广的途径。因此，安全文化建设的主要途径在于安全文化宣教。在互联网时代背景下，将先进的网络传播技术用于安全文化宣传，将大大强化宣传效果。同时，安全文化教育作为安全文化建设的重要组成部分，既可传递安全文化，还可满足安全文化本身延续和更新的要求。

3. 优势性分析

"互联网 + 传统行业"式的发展模式不仅仅是创新的产物，更是创新的源泉和发展的动力，为传统行业的市场发展带来了巨大的发展空间和光明的发展前景。但安全文化产业目前尚处于萌芽时期和发育状态，同时，安全文化的宣教大多仅局限于生产安全领域内，社会公众的接受程度不高。"互联网 +"行动计划为安全文化产业的发展和安全文化传播带来机遇。因此，极有必要建立"互联网 + 安全文化"的新型建设模式，以解决安全文化产业发展动力不足、安全文化传播范围受限以及传播理念、手段过于陈旧等问题。具体言之，建立"互联网 + 安全文化"模式具有以下三点优势：

（1）"互联网 + 安全文化"使安全文化传播实现在线化、数据化、个性化、自主化。

1）互联网的网状传播能力实现了安全文化信息的实时传播，此外，多个媒体同时在线进一步扩大了安全文化的传播面。

2）网络信息的数据化提高了安全文化传播效率，快速的信息反馈有利于安全文化信息的及时更新，从而确保了安全信息的时效性和科学性。

3）安全文化符号、图片、动态影像等多种宣传方式增添了安全文化的生动性和趣味性，更能获得公众的兴趣和关注。

（2）新模式下的安全文化建设具有层次性和整体协同性。

1）"互联网＋安全文化"是在国家安全生产方针政策和决策部署的指导下，以宣传贯彻国家安全文化发展理念为主线，依托政府部门网站和行业性专业网站等，打造安全文化网络平台，以进行有目的、有计划、有组织的安全文化传播。

2）互联网背景下，有关安全机构能够建立上下沟通联动机制，并形成由政府部门、行业、企业、高校共同参与的安全文化建设体系，从而促进了资源信息的及时共享，保证安全文化建设与信息化建设步调一致。

（3）我国目前的社会发展形势为"互联网＋安全文化"的发展提供了良好的基础和条件。

1）政府制定的安全文化建设的政策文件是"互联网＋安全文化"的基础。目前我国已拥有较为完整的安全文化建设政策体系，其中主要包括全国性的安全文化建设计划、纲要以及企业安全文化建设有关政策、指导意见、评价标准等。

2）人民群众日益渐增的安全需求是"互联网＋安全文化"发展的现实条件。随着我国民众生活水平的不断提高，他们更加关心如何进一步提高自身的生产生活的安全保障水平。

3）企业是发展"互联网＋安全文化"的主力军。各生产企业通过安全文化理念导入、安全管理机制创新、制度完善等措施，在企业生产组织中营造了浓厚的安全文化氛围。

8.8.2 "互联网＋"背景下的安全文化建设的概念模型

1. 传播模型的构建与解析

在以智能互联网为核心的信息传播系统中，个人不仅仅是传播受者，也是信息传播者。同时，不同于以往的信息单向传播模式，互联网背景下的信息传播更注重互动性。有学者认为，网络信息传播遵循"六度传播"理论，并提出网络信息的"六度传播"模式。在此基于"六度传播"理论，提出"互联网＋安全文化"模式下的六度安全文化传播模型，如图8-24所示。

在六度安全文化传播模型中，个人就是一个传播基本单元，既是传播者（C），也是传播受者（R），每个传播主体自身的安全文化知识来源因人而异，既可能通过专业的安全教育、安全职业培训等获取较为系统的安全文化知识，也可能通过公众层面上的安全科学知识普及、安全文化宣传等获取零碎的安全文化信息。根据"六度传播"理论，由6个人构成完整的传播社交单元。在这个单元里，紧密的社交人脉关系使得每个人均能够接触到不同领域、不同行业甚至是不同国家的优秀、先进的安全文化，因此打破了以往安全文化传播的区域限制和专业限制。

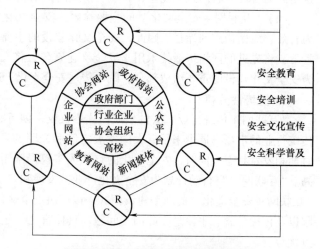

图8-24　"互联网＋安全文化"模式下的六度安全文化传播模型

目前互联网中，安全文化传播媒介可以分为六大类，即政府网站、协会网站、企业网站、教育网站、新闻媒体以及公众平台。这些传播媒介的建设由政府部门、安全行业和安全企业、安全协会组织以及高校共同完成。同时，在传播社交单元中，每个传播主体可根据自身的需求、偏好等来选取获得信息和传播信息的媒介。例如将自己的安全文化心得、个人创作、所见所闻、意见观点等利用博客、微博、邮件、论坛等予以发布。

安全文化建设的根本在于提高社会公众对安全文化理念的认知程度，因此，在"互联网+安全文化"传播模式中，核心的传播环节是公众平台传播，关键的传播主体是社会各界的民众所组成的网络群体。从社会学角度来看，网络系统是社会系统的子系统，具有开放性、流动性等特征。公众平台上的网络群体，一方面既能够接受其他五大媒介的安全文化信息，还能够对安全文化信息进行内部讨论和拓展，这一特点也使得公众平台传播具有传播速度快、能力强、创新速度快的优点。但另一方面，网络群体容易受到外界价值观干扰，且社会民众更愿意关心与自己利益有关的事物。要引导网络群体积极地参与安全文化传播，同时保证传播内容的专业性和有效性，需要从完善各网站内容、实现安全各界的合作和联动着手，具体路径将在下文进行探讨。

2. 建设框架的构建与解析

"互联网+安全文化"意味着互联网要与安全文化建设事业充分融合，以充分发挥互联网的优势。为此，就需将互联网作为工作的技术核心，以互联网思维为指导来开展安全文化的传播建设工作。关于互联网思维，有学者提出互联网的九大思维，即用户、平台、流量、极致、简约、大数据、跨界、社会化和迭代思维。在此，基于互联网九大思维和六类安全文化传播媒介，给出"互联网+安全文化"的安全文化建设框架，如图 8-25 所示。

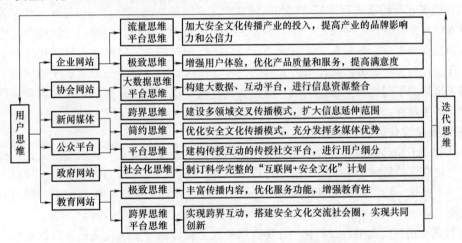

图 8-25　"互联网+安全文化"的安全文化建设框架

在互联网九大思维中，首要的是用户思维，该思维要求互联网背景下的各个工作环节都要以用户为中心去考虑问题。因此，各类安全文化传播媒介都要以用户思维为指导思想开展工作。其次，由于建设重点和方向不同，各类安全文化媒介的建设指导思维也不同。其中，安全企业网站应运用流量思维、平台思维和极致思维，努力加大安全文化宣传投入，并提高安全文化产品质量、完善售后服务，努力打造强大的企业品牌影响力和公信力。公众平台和各大新闻媒体要运用简约思维和平台思维，优化安全文化的传播形式，并建构安全文化信息交流平台。各安全协会网站要运用大数据思维、平台思维，整合安全文化信息资源，促进安全文化跨界传播。政府网站主要运用社会化思维，以发展全民优秀安全文化、构建社会大安全观为重点，开展安全文化宣教工作。教育网站则要运用极致思维、跨界思维、平台思维，增强安全文化教育性，同时还要构建安全文化交流圈，集社会各界的努力，实现安全文化内容的丰富创新和继承发展。最后，各媒介网站都要在迭代思维的指导下，收集用户反馈信息，进行安全文化建设的成果展示和阶段总结，并及时将信息返回到建设起点，重新以用户思维为指导，把握发展定位、调整建设方向、优化传播内容，进而开展下一步安全文化建设。从而在不断的迭代循环中，实现网站建设的发展和安全文化内容的不断创新。

8.8.3 "互联网+"背景下的安全文化建设的优化路径

1. 完善丰富安全文化类相关网站

（1）充分利用多媒体的优势。在信息冗余的大背景下，简洁易理解的信息更能获得公众的关注，因此，安全文化宣传首先要激发网络群体的兴趣，提高其关注度。在一定程度上，多媒体技术的发展为此带来了实现办法。例如，将3D技术、Flash动画技术等运用于安全文化宣教中，或是视频画面中配以简明扼要的文字等。生动形象的宣传方式不仅有利于提升网络群体的好感度，更能激发网络群体的热情。

（2）保证安全文化建设的科学性和专业性。一方面，各层次网站和公众平台要确保发布的信息是真实科学的，尤其是政府网站和新闻媒体网站，要能够在事故发生后的第一时间里提供真实、权威的信息，同时把握社会舆论方向，避免虚假信息的恶意传播。另一方面，安全文化理念要适应各行业的安全生产现状，要能够引导组织成员获得必要的安全知识和具有安全意识。此外，安全文化传播要结合事故实例，提高网络群体对安全文化的重视度。

（3）注意各平台传播内容的互动性和亲民性。互联网的本质特性之一便是互动性，为了充分调动这种互动性，可以设立网站用户留言、评论、线下服务等板块，与用户之间进行交流沟通从而了解人们的安全需求、评估安全素质水平，而后进行用户细分，以便于有针对性地开展安全文化普及工作。同时，也要考虑到传播内容的亲民性，包括安全预防措施是否易于被实施、安全观念是否易于被接受等问题都要加以考虑。安全文化宣教要从贴近民众生活的角度出发，以激发网络民众学习的主动性，保证安全文化活动的有效开展。

2. 拓宽安全文化网络传播渠道

（1）多终端开辟传播路径。要利用互联网信息多渠道传播的特点，扩大安全文化传播的覆盖面。除了上述在网站界面和网络平台上进行传播以外，还有很多可行路径。例如，针对不同用户使用的终端不同这一特点，安全报刊可提供电子刊的网络订阅服务，利用电子邮件进行传播推广；可将安全类书籍加入电子书籍库，在手机、个人计算机等终端进行推送等。

（2）构建全民性交流平台。要利用社交网络构建全民性的安全文化交流平台以及综合性的安全论坛，让普通民众也能通过论坛发布自己对安全事故问题的见解，也可提供话题让专业人员与安全文化爱好者之间展开辩论，进行探讨。同时也要支持安全专业人员、安全教育人员等在博客上发表具有专业性、权威性的博文，以搭建安全文化的专业交流平台。

3. 促进网络安全文化产业建设与创新

（1）制作科学的安全文化产品营销策略。安全文化企业不仅要制定科学的产品开发策略，还要有良好的网站经营策略，以促进安全文化消费市场的线上发展。同时，也要依靠优秀的产品打造品牌效应，并组织安全文化专业活动，以巩固品牌的影响力和公信力。

（2）促进安全文化产业商业模式创新。各安全行业在互联网思维的指导下，要朝着大平台、大融合、大联盟的方向发展，要汇集优秀安全产业项目用以搭建安全项目平台，同时也要搭建互动交流平台，以吸引更多的安全专业人才。另外，各安全行业要运用产品思维和用户思维，要能够通过大数据技术和程序化平台，捕捉消费者的消费方向，从而了解消费者的安全需求，并进行安全文化产品的内容创新、功能升级。

（3）做好由制造到整合的联动工作。企业需要不断开展创新型的战略行动，要同时建立多个"瞬时优势"。对安全文化企业来说，高质量、实用性强的安全文化产品、完善的安全文化服务体系等均可带来"瞬时优势"。整合多个瞬时优势并将它们设法相关联、有序更新循环，能为安全文化企业带来流动性的竞争优势，使得优秀的企业在较长时间内有着良好的发展。

4. 建立安全文化网络传播能力评价机制

媒介的安全文化传播能力，决定了该媒介在安全文化传播方面的影响力。要建立安全文化网络传播能力评价机制，科学评价各安全文化传播媒介的传播能力。此外，评价结果对修正各媒介网站在传播工作中存在的问题、完善安全文化产业营销策略等具有重要作用。对安全文化网络传播能力进行评价，可采取定性分析与定量分析相结合的评价方法：

1）在定性分析方面，分析资料主要来自于安全工作总结和评价。要建立评价专家组，广泛听取传播受众的意见，同时也要严格进行工作评价，以防止安全文化传播工作流于形式和安全文化传播单位建而不营、工作长期空转等问题。

2）在定量分析方面，要遵循客观性、可获取性、普适性、准确性以及可比性的原则，科学地选择评估指标。可以将安全宣传教育资本投入、人力资源投入作为投入指标，将安全活动带来的经济效益、社会效益作为产出指标，同时也要考虑到安全文化产业的内外因素影响等，并赋予各指标以权重，从而进行定量分析。

8.8.4　结论

（1）"互联网＋安全文化"实质是一项安全文化建设工程，以全体社会组织及成员为对象，将互联网技术应用于安全文化宣教中，以期提升全民安全文化素质水平，促进安全文化传播建设。

（2）"互联网＋"背景下的安全文化传播表现为"六度传播"模式：①安全文化信息可通过6个人组成的传播社交网络和六类安全文化传播媒介实现跨界传播；②安全文化传播的核心环节是公众平台传播，关键的传播主体是网络群体。

（3）"互联网＋安全文化"建设模式中，互联网九大思维为建设的指导思维。其中各大安全文化传播网站面对的主要对象不同，具体指导思维也各有侧重，但用户思维始终是首要思维。此外，安全文化建设可从完善丰富安全文化类相关网站、拓宽安全文化网络传播渠道、促进网络安全文化产业建设与创新、建立安全文化网络传播能力评价机制四条具体路径进行优化。

本章参考文献

［1］王秉，吴超，杨冕，等 . 安全文化学的基础性问题研究［J］. 中国安全科学学报，2016，26（8）：7-12.

［2］王秉，吴超 . 安全文化学［M］. 北京：化学工业出版社，2018.

［3］王秉，吴超 . 安全文化建设原理研究［J］. 中国安全生产科学技术，2015，11（12）：26-32.

［4］王秉，吴超 . 安全文化宣教机理研究［J］. 中国安全生产科学技术，2016，12（6）：9-14.

［5］施波，王秉，吴超 . 企业安全文化认同机理及其影响因素［J］. 科技管理研究，2016，36（16）：195-200.

［6］王秉，吴超 . 情感性组织安全文化的作用机理及建设方法研究［J］. 中国安全科学学报，2016，26（3）：8-14.

［7］黄玺，王秉，吴超 . "互联网＋"背景下的安全文化建设模式研究［J］. 中国安全科学学报，2017，27（5）：13-18.

后记：意犹未尽

刚刚将本书定稿，课题组又创建和发表了系列新的理论安全模型，而且这些模型都极具推广价值。如此一来，一种意犹未尽的感觉油然而生。诚然，有前景的研究领域的成果都是层出不穷的，一本书不可能概括所有成果。因此，本书在某种程度上是开放的，是包容的，是一部抛砖引玉之作，也是给安全科学展示一个富有广阔前景的新研究领域。

随着社会的快速发展，新技术、新产品、新能源、新材料、新食物、新交通、新空间、新居住、新穿戴、新环境、新社交、新思潮、新追求、新关系等不断涌现，新风险、新伤害、新事故、新灾难等也必将相继而来。在这种情况下，聪明而富有眼界的安全科学研究者与实践者会采取实时甚至超前的应对措施，这个过程将产生大量新的安全科学技术研究课题，由此也会创造出诸多新安全理论、新安全方法、新安全原理、新安全管理思想、新安全学科分支、新安全技术和新安全工程等。同理，新的理论安全模型也会不断涌现。

在过去相当长的一段时间里，为什么我国安全科学理论研究总体水平比较落后呢？其原因主要是我们的研究思维被周围现实牵着转，实用主义的功利意识强，科研思维狭窄片面，缺乏国际视野或前瞻性，学习借鉴思维重于创新思维。当然，还有一个客观原因就是，现实安全的相对性和被动性禁锢了安全科学理论研究的创新思维。如果能够克服上述不足，并站在安全科学学的高度去开展安全科学相关研究与探索，那么安全科学理论的创新源泉将源源不断。

在本书的撰写过程中，我们深深感受到，随着人类社会进入信息（或大数据）时代以及信息化程度和智能化程度的不断提升，信息的作用日益重要并无处不在，信息不对称和信息认知偏差等带来的负面效应或事故灾难与日俱增。但是传统的事故或伤害分析主要聚焦于物质（物质思维）和能量（能量思维），而从信息视角去探究复杂系统安全事故致因，则大都是由人对信息的认知缺陷或是信息不对称造成的。从信息着手，可把生产安全、社会安全、自然灾害、公共卫生等突发事件关联起来，比物质思维和能量思维更具普适性，而且可解释传统理论不能解释的许多新的事故灾难发生机理，同时信息也可表达物质和能量产生的事故和损失等。此外，从宏观层面看，应急管理部组建的重要目的之一就是实现安全与应急信息畅通，凸显了信息在安全机制体制中的重要战略性作用。因此，基于信息开展安全科学理论与实践研究，可使安全科学研究更加广泛，更能关联一切，更能解释一切，更好地统领一切，更有利于构筑符合新时代新要求的复杂安全系统，进而更加符合现代信息社会的安全发展需求。因此，以信息为主要研究对象的安全理论创新与建模势在必为，大有可为。

著　者